高等职业教育智能建造系列教材

平法识图与节点构造

（含装配式节点）

主　编　曹　杰　许崇华
副主编　祝和意　杨云清　涂群岚
陈清奎　宁　尚

北京理工大学出版社
BEIJING INSTITUTE OF TECHNOLOGY PRESS

内容提要

本书按照模块化组织内容，系统阐述了建筑工程平法施工图识读方法及节点构造，具有较强的针对性、实用性。本书以传统建筑16G101系列平法图集的节点构造为基础，结合装配式建筑G310系列图集的相关内容进行编写。全书共分为8章，主要内容包括绪论、基础平法识图、梁构件平法识图、柱构件平法识图、板构件平法识图、剪力墙平法识图、现浇混凝土板式楼梯平法识图、装配式钢筋混凝土板式楼梯平法识图等，涵盖了传统建筑和装配式建筑中常用的节点构造类型。

本书可作为高职高专院校建筑工程技术、工程造价、建设工程监理及其他相近专业的教材，也可作为装配式建筑方向土木工程类相关专业的教学用书，还可作为土建工程技术管理人员，尤其是装配式建筑方向专业技术人员的培训及参考用书，也特别适用于土建工程施工员岗位从业人员及初学者使用。

图书在版编目（CIP）数据

平法识图与节点构造：含装配式节点 / 曹杰，许崇华主编. —北京：北京理工大学出版社，2020.1（2020.2重印）

ISBN 978-7-5682-8017-4

Ⅰ.①平…　Ⅱ.①曹…　②许…　Ⅲ.①建筑制图—识图　②节点　Ⅳ.①TU204.21　②TU311

中国版本图书馆CIP数据核字（2019）第297439号

出版发行／北京理工大学出版社有限责任公司

社　　址／北京市海淀区中关村南大街5号

邮　　编／100081

电　　话／（010）68914775（总编室）

（010）82562903（教材售后服务热线）

（010）68948351（其他图书服务热线）

网　　址／http://www.bitpress.com.cn

经　　销／全国各地新华书店

印　　刷／天津久佳雅创印刷有限公司

开　　本／787毫米×1092毫米　1/16

印　　张／15

字　　数／364千字

版　　次／2020年1月第1版　2020年2月第2次印刷

定　　价／48.00元

责任编辑／钟　博

文案编辑／钟　博

责任校对／周瑞红

责任印制／边心超

编委会名单

编审委员会：赵　研　袁建新　张银会

主　　　编：曹　杰　许崇华

副　主　编：祝和意　杨云清　涂群岚　陈清奎　宁　尚

参 编 人 员：（按姓氏拼音排序）
韩　笑　何　强　皇甫艳丽　靳佳琦
阚积鹏　李　辉　李会敏　李　志
孟文静　张田心

主 编 单 位：承德石油高等专科学校
日照职业技术学院

副主编单位：陕西铁路工程职业技术学院
内蒙古建筑职业技术学院
江西建设职业技术学院
中领互联（北京）教育科技有限公司
济南科明数码技术股份有限公司

参 编 单 位：陕西铁路工程职业技术学院
山东百库教育科技有限公司
中领互联（北京）教育科技有限公司
济南科明数码技术股份有限公司
国育百城（北京）教育科技有限公司
重庆建筑工程职业学院

总 序

建筑业作为国民经济的支柱型产业，经历了曲折而漫长的发展过程。随着我国工业化和城市化发展进程的加速，建筑业也面临着新的发展机遇和挑战。遵循国家的发展战略，装配式建筑、绿色建筑、建筑节能等将成为我国建筑业发展的新方向、新标杆。

行业在发展，人才培养需先行，因此，在高职教育中应跟着行业发展，积极培养符合行业需求的装配式建筑人才，提高人才培养的质量。高职教育以培育生产、施工、管理、服务第一线的高素质技术技能人才为根本任务，在建设人力资源强国和高等教育强国的伟大进程中发挥着不可替代的作用。装配式建筑教育和建筑专业的可持续发展是院校的共同呼唤和追求。

为深入贯彻落实习近平总书记在全国教育大会上的讲话以及《国家教育事业发展“十三五”规划》《高等职业教育创新发展三年行动计划》等相关文件精神，加快高职教育改革和发展的步伐，全面提高建筑产业现代化人才培养质量，需要对课程体系建设进行深入探索，在此过程中，教材无疑起着至关重要的基础性作用，高质量、先进理念的教材是提高我国装配式建筑人才队伍建设水平的重要保证。

因此，本教材涵盖了传统建筑和装配式建筑中常用的节点构造类型，涉及面全，知识点广，实用性强。教材内容逻辑清晰、结构合理、表述生动、交互性强、数字化浓、特色显著，以实现模块化教学，突出以学生自主学习为中心，以问题为导向的理念，评价体现过程性考核，充分体现了现代高等职业教育的特色。在开发教材的同时，各门课程建成了涵盖课程标准、电子教案、教学课件、图片资源、视频资源、动画资源、试题库、实训任务书等在内的丰富完备的数字化教学资源，将多种学习方式有机整合，形成教师好用、学生爱学的数字化教材。因此本套教材的出版，既适合高职院校建筑工程类相关专业教学使用，也可作为企业培训员工的参考用书。

希望通过此系列教材的出版，能够为解决装配式建筑产业发展的人才瓶颈问题做出贡献，也对促进当前高职院校“特高”建设具有指导借鉴意义。

编审委员会

FOREWORD 前言

为贯彻落实国家关于建筑节能和发展绿色建筑、装配式建筑的法律法规和政策，大力推广应用装配式建筑，本书编写团队在基于多年的教学经验和工程实践经验的基础上，按照最新 16G101 系列图集、装配式建筑系列图集及相关国家标准规范、行业标准等文件进行编写，在传统平法识图的基础上增加了装配式建筑的相关内容。

本书在编写过程中，以传统建筑的平法识图为基础，增加了装配式建筑平法识图的内容，内容更加丰富，层次更加清晰，同时，也积极响应了国家“十三五”期间大力发展装配式建筑的号召。本书共分为 8 章，主要包括绪论、基础平法识图、梁构件平法识图、柱构件平法识图、板构件平法识图、剪力墙平法识图、现浇混凝土板式楼梯平法识图、装配式钢筋混凝土板式楼梯平法识图等内容，基本涵盖了传统建筑和装配式建筑中常用的节点构造类型。

本书主要具有以下特点：

（1）尊重职业教育的特点和发展趋势，合理把握“基础知识够用为度、注重专业技能培养”的编写原则。

（2）注重反映装配式建筑平法施工图识读的方法，并以国家最新标准规范和行业标准为蓝本。

（3）内容安排上以传统建筑平法施工图识读为基础，增加了装配式建筑平法施工图识读的内容，两者层次分明。

（4）教材中涵盖了丰富的数字化教学资源，方便教师授课和学生课下自主学习。

本书由曹杰、许崇华担任主编，祝和意、杨云清、涂群岚、陈清奎、宁尚担任副主编。具体分工为：第 1 章由祝和意、何强负责编写，第 2 章由杨云清、李辉负责编写，第 3、4 章由涂群岚、韩笑、孟文静负责编写，第 5、6 章由陈清奎、皇甫艳丽、张田心负责编写，第 7、8 章由宁尚、李志、阚积鹏负责编写。曹杰、许崇华主要负责本教材编写的组织协调工作，包括章节内容的梳理、教材目录的确定以及教材内容的审核等，李会敏、靳佳琦主要负责全书整体统稿工作。

由于编者水平有限，加之编写时间仓促，书中难免存在缺漏及不妥之处，敬请广大读者和专家批评指正。

编　者

CONTENTS 目录

CONTENTS

CONTENTS

CONTENTS

第1章　绪　　论

1.1　平法简介

1.1.1　平法的概念

平法是“混凝土结构施工图平面整体表示方法”的简称。平法是按照平面整体表示方法的制图规则，将构件的结构尺寸、标高、构造、配筋等信息直接表达在各类构件的结构平面布置图上，再与标准构造详图相配合，形成一套完整的结构设计施工图纸。

山东大学陈青来教授是我国平法的创始人，1995年7月“混凝土结构平面整体表示方法”通过原建设部科技成果鉴定，1997年被国家科委列为“九五”国家级科技成果重点推广计划项目，也是国家重点推广的科技成果。由中国建筑标准设计研究院编制的《混凝土结构施工图平面整体表示方法制图规则与构造详图》系列图集，至今已经经历了五个版本、四次修订，现用版本为16G101系列图集。

平法图集的产生，改变了传统的将构件从结构平面布置图中索引出来再逐个绘制配筋详图的烦琐办法，是我国结构施工图设计方法的重大创新。

1.1.2　平法的特点

平法的特点是“平面表示”和“整体标注”，即在一个结构平面图上同时进行梁、柱、墙、板各种构件钢筋数据的标注。

1.1.3　平法的实用效果

(1)结构设计实现标准化。执行国家建筑标准设计图集《混凝土结构施工图平面整体表示方法制图规则与构造详图》，使结构施工图的设计更加标准化，单张施工图纸的信息量大而集中；构件类型分明，层次清晰，表达准确。

(2)构造设计实现标准化。标准构造详图能保证节点构造在设计与施工两个方面均能达到质量，其直观性强，施工易操作。

(3)大幅度降低设计成本和消耗，节约自然资源。

(4)大幅度提高设计效率。

(5)平法施工图便于施工，更便于施工管理。传统的施工图纸在进行施工及验收时，需要反复查阅大量图纸，而平法施工图只要一张图纸就包括了一层梁、板等构件的全部信息。

1.2 工程施工图识读的内容和步骤

每一个建筑物建造时都要依据设计图纸进行施工，建筑工程施工图是工程技术界的通用语言，是工程技术人员进行信息传递的载体。它是具有法律效力的正式文件，是建筑工程重要的技术档案。设计人员通过施工图表达设计意图和要求；施工人员通过施工图纸，理解设计意图，并按照图纸进行施工；监理人员、造价人员按照图纸进行监理和计算工程造价。因此，建筑工程图的识读是土建类专业人员必须掌握的专业知识。

1.2.1 识读的内容

建筑工程施工图通常包括建筑施工图、结构施工图、设备施工图三部分图纸。其中，结构施工图纸主要包括：结构设计总说明、基础施工图、柱结构施工图、梁结构施工图、板结构施工图、楼梯施工图及详图等。

按照平法设计绘制的施工图，一般是由各类结构构件的平法施工图和标准构造详图两大部分构成，但对于复杂的工业与民用建筑，还需增加模板、开洞和预埋件等平面图。只有在特殊情况下才需增加剖面配筋图。

按照平法设计绘制结构施工图时，必须根据具体工程设计，按照各类构件的平法制图规则进行绘制。出图时，宜按基础、柱、剪力墙、梁、板、楼梯及其他构件的顺序排列。

在进行平法施工图的绘制时，应将所有构件进行编号，编号中含有类型代号和序号等。其中，类型代号的主要作用是指明所选用的标准构造详图；在标准构造详图上，已经按其所属构件类型注明代号，以明确该详图与平法施工图中该类型构件的互补关系，使两者结合构成完整的结构设计图。

1.2.2 识读的步骤

在识读结构施工图时，首先阅读结构设计总说明，再按照施工顺序看图纸，先粗看后细看。对于某一张结构施工图纸，先看定位轴线，再从左到右，自上而下，按照构件编号顺序阅读构件的相关信息。

1.3 普通钢筋混凝土结构的一般构造

1.3.1 混凝土的选用

《混凝土结构设计规范(2015 年版)》(GB 50010—2010)中规定混凝土结构的混凝土应按下列规定选用：

(1)素混凝土结构的混凝土强度等级不应低于C15；钢筋混凝土结构的混凝土强度等级不应低于C20；采用强度等级为400 MPa及以上的钢筋时，混凝土强度等级不应低于C25。

(2)承受重复荷载的钢筋混凝土构件，混凝土强度等级不应低于C30。

1.3.2 混凝土结构的环境类别

环境类别是指混凝土结构暴露表面所处的环境条件，设计时可根据实际情况确定适当的环境类别。混凝土结构的环境类别见表1-1。

表1-1 混凝土结构的环境类别

环境类别	条件
一	室内干燥环境； 无侵蚀性静水浸没环境
二a	室内潮湿环境； 非严寒和非寒冷地区的露天环境； 非严寒和非寒冷地区与无侵蚀性的水或土壤直接接触的环境； 严寒和寒冷地区的冰冻线以下与无侵蚀性的水或土壤直接接触的环境
二b	干湿交替环境； 水位频繁变动环境； 严寒和寒冷地区的露天环境； 严寒和寒冷地区冰冻线以上与无侵蚀性的水或土壤直接接触的环境
三a	严寒和寒冷地区冬季水位变动区环境； 受除冰盐影响环境； 海风环境
三b	盐渍土环境； 受除冰盐作用环境； 海岸环境
四	海水环境
五	受人为或自然的侵蚀性物质影响的环境

注：1. 室内潮湿环境是指构件表面经常处于结露或湿润状态的环境；
2. 严寒和寒冷地区的划分应符合现行国家标准《民用建筑热工设计规范》(GB 50176)的有关规定；
3. 海岸环境和海风环境宜根据当地情况，考虑主导风向及结构所处迎风、背风部位等因素的影响，由调查研究和工程经验确定；
4. 受除冰盐影响环境为受到除冰盐盐雾影响的环境；受除冰盐作用环境指被除冰盐溶液溅射的环境以及使用除冰盐地区的洗车房、停车楼等建筑；
5. 暴露的环境是指混凝土结构表面所处的环境。

1.3.3 混凝土保护层的最小厚度

为了保护钢筋在混凝土内部不被侵蚀，并保证钢筋与混凝土之间的黏合力，钢筋混凝土构件必须设置保护层。最外层钢筋外边缘至混凝土表面的距离称为混凝土保护层。

混凝土保护层的最小厚度应根据混凝土结构的环境类别、构件类别和混凝土强度等级来选取。构件中受力钢筋的保护层厚度不应小于钢筋的公称直径；设计使用年限为50年的混凝土结构，最外层钢筋的保护层厚度应符合表1-2的规定；设计使用年限为100年的混凝土结构，最外层钢筋对保护层厚度不应小于表1-2中数值的1.4倍。

表1-2　混凝土保护层最小厚度　mm

环境类别	板、墙、壳	梁、柱
一	15	20
二a	20	25
二b	25	35
三a	30	40
三b	40	50

注：1. 混凝土强度等级不大于C25时，表中保护层最小厚度数值应增加5 mm；
2. 钢筋混凝土基础宜设置混凝土垫层，基础中钢筋的混凝土保护层厚度应从垫层顶面算起，且不应小于40 mm。

1.3.4　钢筋的选用

《混凝土结构设计规范(2015年版)》(GB 50010—2010)中规定混凝土结构的钢筋应按下列规定选用：

(1)纵向受力普通钢筋可采用HRB400、HRB500、HRBF400、HRBF500、HRB335、RRB400、HPB300级钢筋；梁、柱和斜撑构件的纵向受力普通钢筋宜采用HRB400、HRB500、HRBF400、HRBF500级钢筋。

(2)箍筋宜采用HRB400、HRBF400、HRB335、HPB300、HRB500、HRBF500级钢筋。

(3)预应力筋宜采用预应力钢丝、钢绞丝和预应力螺纹钢筋。

钢筋的强度标准值应具有不小于95%的保证率。

1.3.5　钢筋的锚固

1. 钢筋的锚固长度

为保证钢筋混凝土构件可靠工作，防止纵向受力钢筋从混凝土中拔出来导致构件破坏，钢筋在混凝土中必须有可靠锚固。

钢筋的锚固长度是指受力钢筋通过混凝土与钢筋的黏结作用，将所受力传递给混凝土所需的长度。

(1)受拉钢筋的基本锚固长度。当计算中充分利用钢筋的抗拉强度时，受拉钢筋的锚固长度应符合下列要求：

普通钢筋

$$l_{ab}=\alpha\frac{f_y}{f_t}d \tag{1-1}$$

式中　l_{ab}——受拉钢筋的基本锚固长度；

f_y——普通钢筋的抗拉强度设计值；

f_t——混凝土轴心抗拉强度设计值，当混凝土强度等级高于C60时，按C60取值；

d——锚固钢筋的直径；

α——锚固钢筋的外形系数，按表1-3取用。

表 1-3　锚固钢筋的外形系数 α

钢筋类型	光圆钢筋	带肋钢筋	螺旋肋钢丝	三股钢绞线	七股钢绞线
α	0.16	0.14	0.13	0.16	0.17
注：光圆钢筋末端应做 180°弯钩，弯后平直段长度不应小于 $3d$，但作受压钢筋时可不做弯钩。					

为方便工程应用，16G101 系列图集给出了受拉钢筋基本锚固长度，见表 1-4、表 1-5。

表 1-4　受拉钢筋基本锚固长度 l_{ab}

钢筋类型	混凝土强度等级								
	C20	C25	C30	C35	C40	C45	C50	C55	>C60
HPB300	39d	34d	30d	28d	25d	24d	23d	22d	21d
HRB335	38d	33d	29d	27d	25d	23d	22d	21d	21d
HRB400、HRBF400、RRB400	—	40d	35d	32d	29d	28d	27d	26d	25d
HRB500、HRBF500	—	48d	43d	39d	36d	34d	32d	31d	30d

表 1-5　抗震设计时受拉钢筋基本锚固长度 l_{abE}

钢筋类型		混凝土强度等级								
		C20	C25	C30	C35	C40	C45	C50	C55	>C60
HPB300	一、二级	45d	39 d	35d	32d	29d	28d	26d	25d	24d
	三级	41d	36d	32d	29d	26d	25d	24d	23d	22d
HRB335	一、二级	44d	38d	33d	31d	29d	26d	25d	24d	24d
	三级	40d	35d	31d	28d	26d	24d	23d	22d	22d
HRB400、HRBF400	一、二级	—	46d	40d	37d	33d	32d	31d	30d	29d
	三级	—	42d	37d	34d	30d	29d	28d	27d	26d
HRB500、HRBF500	一、二级	—	55d	49d	45d	41d	39d	37d	36d	35d
	三级	—	50d	45d	41d	38d	36d	34d	33d	32d
注：1. 四级抗震时，$l_{abE}=l_{ab}$； 2. 当锚固钢筋的保护层厚度不大于 $5d$，锚固钢筋长度范围内应设置横向构造钢筋，其直径不应小于 $d/4$(d 为锚固钢筋的最大直径)；对梁、柱等构件间距不应大于 $5d$，对板、墙等构件间距不应大于 $10d$，且均不应大于 100 mm(d 为锚固钢筋的最小直径)。										

(2)受拉钢筋的锚固长度。受拉钢筋的锚固长度应根据锚固条件按下列公式计算，且不应小于 200 mm：

$$l_a=\zeta_a l_{ab} \tag{1-2}$$

式中　l_a——受拉钢筋的锚固长度；

ζ_a——受拉钢筋锚固长度修正系数，按表 1-6 取值。当多于一项时，可按连乘计算，但不应小于 0.6；对预应力筋，可取 1.0。

(3)受拉钢筋抗震锚固长度 l_{aE}：

$$l_{aE}=\xi_{aE} l_{ab} \tag{1-3}$$

式中　l_{aE}——受拉钢筋抗震锚固长度，计算值不应小于 200 mm；

ξ_{aE}——抗震锚固长度修正系数，对一、二级抗震等级取 1.15，对三级抗震等级取 1.05，对四级抗震等级取 1.00。

表 1-6　受拉钢筋锚固长度修正系数

锚固条件		ζ_a	备注
带肋钢筋的公称直径大于 25 mm		1.10	
环氧树脂涂层带肋钢筋		1.25	
施工过程中易受扰动的钢筋		1.10	
锚固区保护层厚度	$3d$	0.80	中间按内插取值
	$\geqslant 5d$	0.70	

2. 钢筋锚固的构造

当纵向受拉普通钢筋末端采用弯钩或机械锚固措施时，包括弯钩或锚固端头在内的锚固长度(投影长度)可取为基本锚固长度 l_{ab} 的 0.6 倍。弯钩和机械锚固的形式(图 1-1)和技术要求应符合表 1-7 的规定。

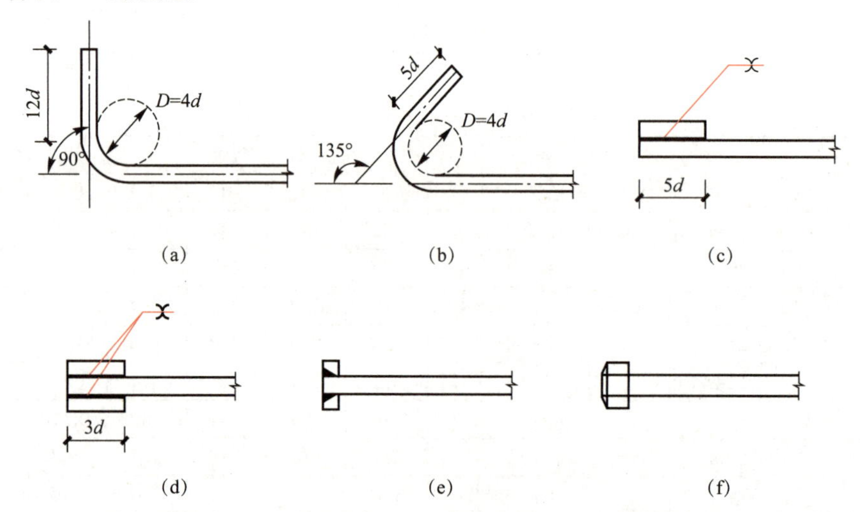

图 1-1　钢筋弯钩和机械锚固的形式和技术要求

(a)90°弯钩；(b)135°弯钩；(c)一侧贴焊锚筋；(d)两侧贴焊锚筋；(e)穿孔塞焊锚板；(f)螺栓锚头

表 1-7　钢筋弯钩和机械锚固的形式和技术要求

锚固形式	技术要求
90°弯钩	末端 90°弯钩，弯钩内径 $4d$，弯后直段长度 $12d$
135°弯钩	末端 135°弯钩，弯钩内径 $4d$，弯后直段长度 $5d$
一侧贴焊锚筋	末端一侧贴焊长 $5d$ 同直径钢筋
两侧贴焊锚筋	末端两侧贴焊长 $3d$ 同直径钢筋
焊端锚板	末端与厚度 d 的锚板穿孔塞焊
螺栓锚头	末端旋入螺栓锚头

注：1. 焊缝和螺纹长度应满足承载力要求；
2. 螺栓锚头和焊接锚板的承压净面积不应小于锚固钢筋截面面积的 4 倍；
3. 螺栓锚头的规格应符合相关标准的要求；
4. 螺栓锚头和焊接锚板的钢筋间距不宜小于 $4d$，否则应考虑群锚效应的不利影响；
5. 截面角部的弯钩和一侧贴焊锚筋的布筋方向宜向截面内侧偏置。

3. 纵向钢筋弯折的最小弯弧内径 D_{min} 的要求

纵向钢筋弯折和弯钩的构造要求如图 1-2 所示，具体弯折尺寸见表 1-8。

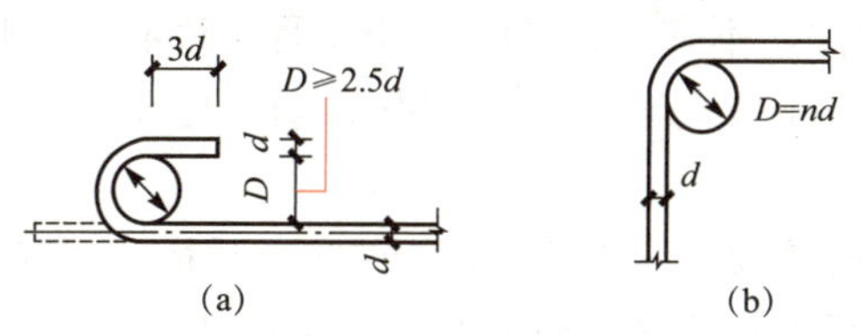

图 1-2　钢筋弯折的弯弧内直径

(a)光圆钢筋末端 180°弯钩；(b)末端 90°弯钩

表 1-8　纵向钢筋弯折的最小弯弧内径 D_{min}　　mm

钢筋类别			D_{min}
光圆钢筋			2.5d
框架结构顶层端部节点处梁上部纵筋、柱外侧纵筋节点角部		d≤25	12d
		d>25	16d
其他	335 MPa 级、400 MPa 级带肋钢筋		4d
	500 MPa 级带肋钢筋	d≤25	6d
		d>25	7d

1.3.6　钢筋的连接

当钢筋长度不能满足混凝土构件的要求时，就需要将钢筋进行连接。常用的钢筋连接方式有绑扎搭接、机械连接和焊接连接三种。为保证工程质量，机械连接接头及焊接接头的类型及质量应符合国家现行有关标准的规定。混凝土结构中受力钢筋的连接接头宜设置在受力较小处；在同一根受力钢筋上宜少设接头；在结构的重要构件和关键传力部位，纵向受力钢筋不宜设置连接接头。

1. 绑扎搭接

(1)轴心受拉及小偏心受拉杆件的纵向受力钢筋不得采用绑扎搭接；其他构件中的钢筋采用绑扎搭接时，受拉钢筋直径不宜大于 25 mm，受压钢筋直径不宜大于 28 mm。

(2)同一构件中相邻纵向受力钢筋的绑扎搭接接头宜互相错开。钢筋绑扎搭接接头连接区段的长度为 1.3 倍搭接长度，凡搭接接头中点位于该连接区段长度内的搭接接头均属于同一连接区段(图 1-3)。同一连接区段内纵向受力钢筋搭接接头面积百分率为该区段内有搭接接头的纵向受力钢筋与全部纵向受力钢筋截面面积的比值。当直径不同的钢筋搭接时，按直径较

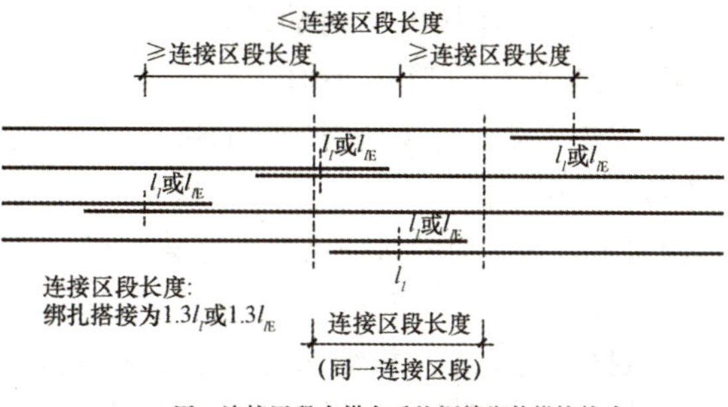

图 1-3　同一连接区段内纵向受拉钢筋的绑扎搭接接头

注：图中所示同一连接区段内的搭接接头钢筋为两根，当钢筋直径相同时，钢筋搭接接头面积百分率为 50%。

小的钢筋计算。

(3)位于同一连接区段内的受拉钢筋搭接接头面积百分率：对梁类、板类及墙类构件，不宜大于25%；对柱类构件，不宜大于50%。当工程中确有必要增大受拉钢筋搭接接头面积百分率时，对梁内构件，不宜大于50%；对板、墙、柱及预制构件的拼接处，可根据实际情况放宽。

(4)并筋采用绑扎搭接连接时，应按每根单筋错开搭接的方式连接，接头面积百分率应按同一连接区段内所有的单根钢筋计算。并筋中钢筋的搭接长度应按单筋分别计算。

纵向受拉钢筋绑扎搭接接头的搭接长度，应根据位于同一连接区段内的钢筋搭接接头面积百分率按下列公式计算，且不应小于300 mm：

$$l_l=\zeta_l l_a \tag{1-4}$$

式中 ζ_l——纵向受拉钢筋搭接长度修正系数，按表1-9取用。当纵向搭接钢筋接头面积百分率为表1-9的中间值时，修正系数可按内插取值。

l_l——纵向受拉钢筋的搭接长度。

表1-9 纵向受拉钢筋搭接长度修正系数

纵向搭接钢筋接头面积百分率/%	≤25	50	100
ζ_l	1.2	1.4	1.6

(5)构件中的纵向受压钢筋当采用搭接连接时，其受压搭接长度不应小于纵向受拉钢筋搭接长度的70%，且不应小于200 mm。

(6)在梁、柱类材料中，当受压钢筋直径大于25 mm时，应在搭接接头两个端面外100 mm的范围内各设置两道箍筋。

2. 机械连接

(1)纵向受力钢筋的机械连接接头宜相互错开。钢筋机械连接区段的长度为35d，d为连接钢筋的最小直径。凡接头中点位于该连接区段长度内的机械连接接头均属于同一连接区段(图1-4)。

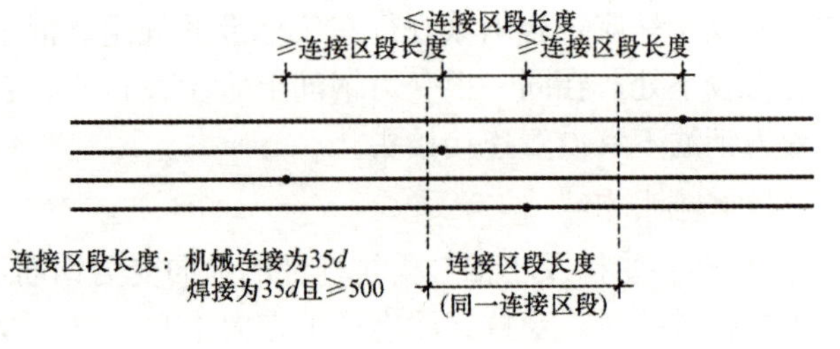

图1-4 同一连接区段内纵向受拉钢筋机械连接、焊接接头

(2)位于同一连接区段内的纵向受拉钢筋接头面积百分率不宜大于50%；但对板、墙、柱及预制构件的拼接处，可根据实际情况放宽。纵向受压钢筋的接头百分率可不受限制。

(3)机械连接套筒的保护层厚度宜满足有关钢筋最小保护层厚度的规定。机械连接套筒的横向净间距不宜小于25 mm；套筒处箍筋的间距应满足相应的构造要求。

(4)直接承受动力荷载结构构件中的机械连接接头，除应满足设计要求的抗疲劳性能外，位于同一连接区段内的纵向受力钢筋接头面积百分率不应大于50%。

3. 焊接连接

(1)纵向受力钢筋的焊接接头应相互错开。钢筋焊接接头连接区段的长度为35d且不小于 500 mm，d 为连接钢筋的最小直径，凡接头中点位于连接区段长度内的焊接接头均属于同一连接区段(图 1-4)。

(2)纵向受拉钢筋的接头面积百分率不宜大于 50%。但对预制构件的拼接处，可根据实际情况放宽。纵向受压钢筋的接头百分率可不受限制。

1.4 装配式钢筋混凝土结构的一般构造

1.4.1 混凝土的选用

混凝土的力学性能指标和耐久性要求等应符合现行国家标准《混凝土结构设计规范(2015 年版)》(GB 50010—2010)的规定。在装配式混凝土结构中，预制构件的混凝土强度等级不宜低于 C30；预应力混凝土结构的混凝土强度等级不宜低于 C40，且不应低于 C30；现浇混凝土的强度等级不应低于 C25。普通钢筋采用套筒灌浆连接和浆锚搭接连接时，钢筋应采用热轧带肋钢筋。

混凝土强度等级应满足“结构设计总说明”的规定，当混凝土强度满足：同条件养护的混凝土立方体试件抗压强度达到设计混凝土强度等级值的 75%，且不应小于 15 N/mm^2 时，方可脱模；当达到设计混凝土强度等级时，方可吊装。

1.4.2 混凝土结构的环境类别

同普通钢筋混凝土结构的一般构造要求。

1.4.3 混凝土保护层的最小厚度

装配式混凝土结构的保护层厚度同普通钢筋混凝土结构的一般构造要求，见表 1-2。

叠合梁混凝土保护层厚度示意如图 1-5 所示，图中 d_1 和 d_2 分别为梁上部和下部纵向钢筋的公称直径，d 为二者的较大值。板混凝土保护层厚度示意如图 1-6 所示，钢筋锚固板混凝土保护层厚度示意如图 1-7 所示，梁纵筋机械连接接头处混凝土保护层厚度示意如图 1-8 所示，梁纵筋套筒灌浆连接接头处钢筋的混凝土保护层厚度示意如图 1-9 所示。

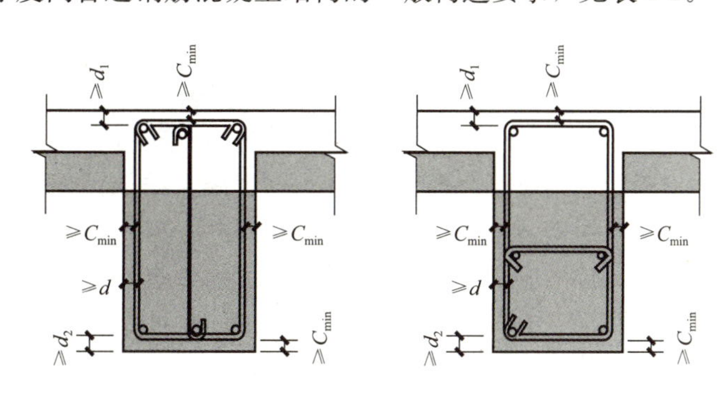

图 1-5　叠合梁混凝土保护层厚度

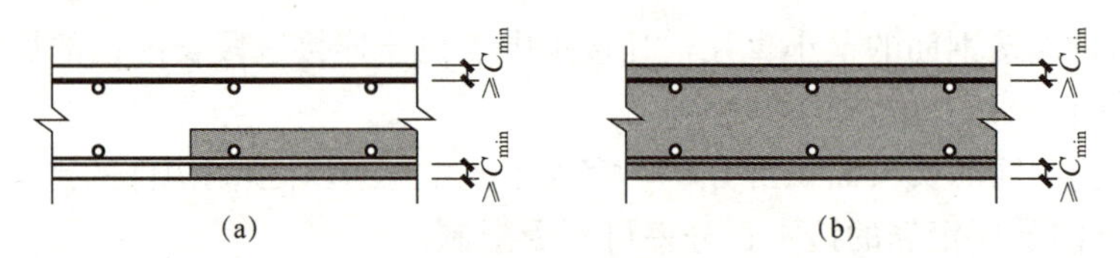

图 1-6　板混凝土保护层厚度

(a)叠合板；(b)预制板

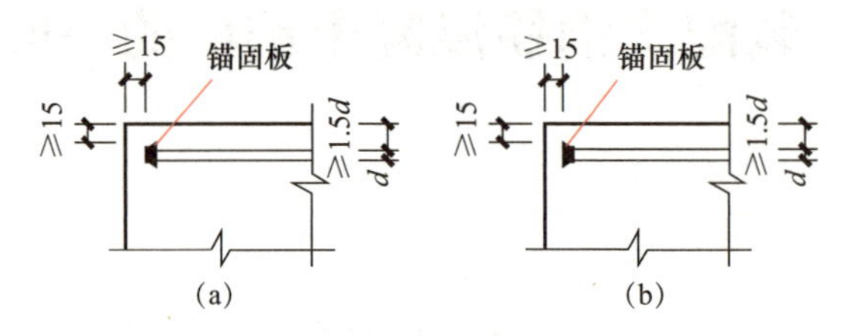

图 1-7　钢筋锚固板混凝土保护层厚度

(a)正放；(b)反放

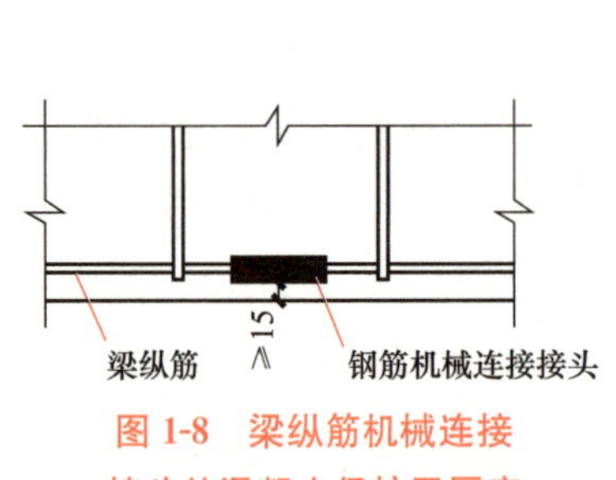

图 1-8　梁纵筋机械连接接头处混凝土保护层厚度

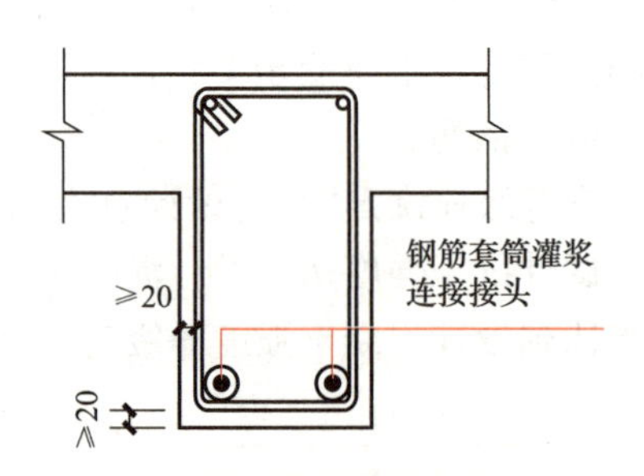

图 1-9　梁纵筋套筒灌浆连接接头处钢筋的混凝土保护层厚度

锚固板混凝土保护层厚度的规定适用于环境类别为一类中设计使用年限为 50 年的结构，更长使用年限结构或其他环境类别时，按照现行国家标准《混凝土结构设计规范(2015 年版)》(GB 50010—2010)增加保护层厚度的相关规定，或对锚固板进行防腐处理。

1.4.4　钢筋的选用

钢筋和钢材的力学性能指标和耐久性要求等应符合现行国家标准《混凝土结构设计规范(2015 年版)》(GB 50010—2010)和《钢结构设计标准》(GB 50017—2017)的规定。

钢筋的选用应符合现行国家标准《混凝土结构设计规范(2015 年版)》(GB 50010—2010)的规定。普通钢筋采用套筒灌浆连接和浆锚搭接连接时，钢筋应采用热轧带肋钢筋。

钢筋焊接网应符合现行行业标准《钢筋焊接网混凝土结构技术规程》(JGJ 114—2014)的规定。预制构件的吊环应采用未经冷加工的 HPB300 级钢筋制作。吊装用内埋式螺母或吊杆的材料应符合现行国家相关标准的规定。

1.4.5　钢筋的锚固

1. 钢筋的锚固长度

(1)受拉钢筋的基本锚固长度。当计算中充分利用钢筋的强度时，混凝土结构中纵向受拉钢筋的锚固长度应按下列公式计算：

预应力钢筋：

$$l_{ab}=\alpha\frac{f_{py}}{f_t}d \tag{1-5}$$

式中 l_{ab}——受拉钢筋的基本锚固长度；

f_{py}——预应力钢筋的抗拉强度设计值；

f_t——混凝土轴心抗拉强度设计值，当混凝土强度大于 C60 时，按 C60 取值；

d——锚固钢筋的直径；

α——锚固钢筋的外形系数，按表 1-3 取值。

预应力受拉钢筋基本锚固长度，见表 1-4、表 1-5。

(2)受拉钢筋锚固长度 l_a、受拉钢筋抗震锚固长度 l_{aE}同普通钢筋混凝土结构的受拉钢筋锚固长度和受拉钢筋抗震锚固长度的要求。

2. 钢筋锚固的构造

预制构件纵向钢筋宜在后浇带混凝土内直线锚固；当直线锚固长度不足时，可采用弯折、机械锚固方式，并应符合现行国家标准《混凝土结构设计规范(2015 年版)》(GB 50010—2010)和《钢筋锚固板应用技术规程》(JGJ 256—2011)的规定。

当纵向受拉钢筋末端采用钢筋弯钩或机械锚固方式时，包括弯钩或锚固端头在内的锚固长度(投影长度)可取为基本锚固长度 l_{ab}的 60%。

钢筋弯钩、机械锚固的形式和技术要求应符合表 1-7 和图 1-10 的规定。

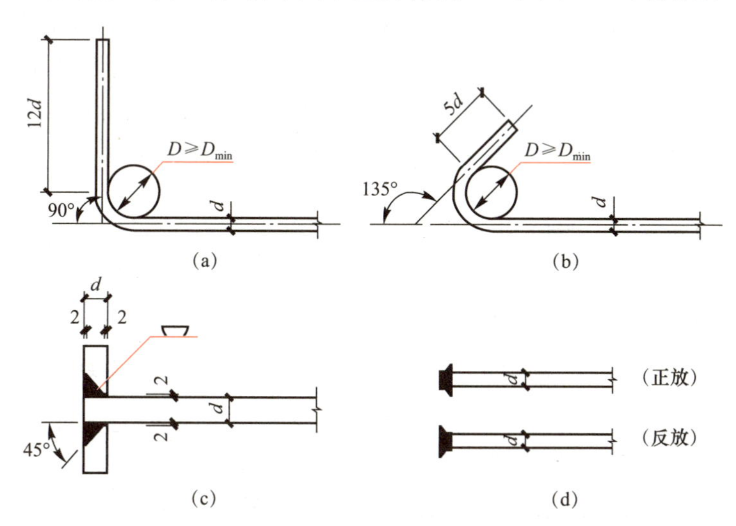

图 1-10 纵向钢筋末端弯钩锚固与机械锚固

(a)末端带 90°弯钩；(b)末端带 135°弯钩；(c)末端与钢板穿孔塞焊；(d)锚固板

当锚固钢筋的保护层厚度不大于 $5d$ 时，锚固钢筋长度范围内应设置横向构造钢筋，其直径不应小于 $d/4$(d 为锚固钢筋的最大直径)；对梁、柱等构件间距不应大于 $5d$，对板、墙等构件间距不应大于 $10d$(d 为锚固钢筋的最小直径)，且均不应大于 100 mm。

3. 纵向钢筋弯折的最小弯弧内径 D_{min}的要求

纵向钢筋弯折和弯钩的构造要求如图 1-11 所示，具体弯折尺寸见表 1-8。

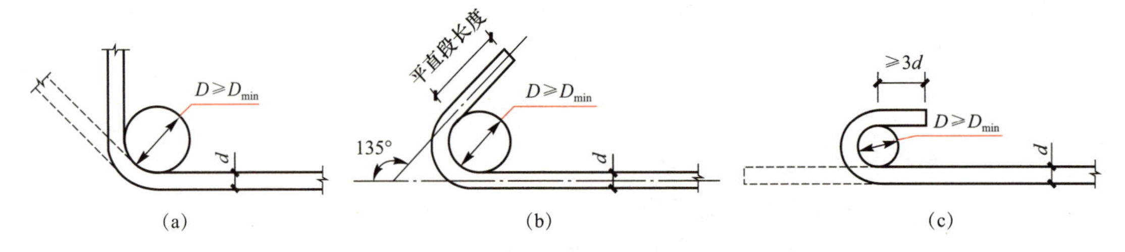

图 1-11　纵向钢筋的弯折和弯钩

(a)纵向钢筋弯折；(b)135°弯钩；(c)光圆钢筋半圆弯钩

4. 锚固区带锚固板钢筋净距

锚固区带锚固板钢筋净距如图 1-12 所示，d 取 d_1 和 d_2 的较大值，钢筋净距应不小于 1.5d，当钢筋净距小于 4d 时，应考虑群锚效应。

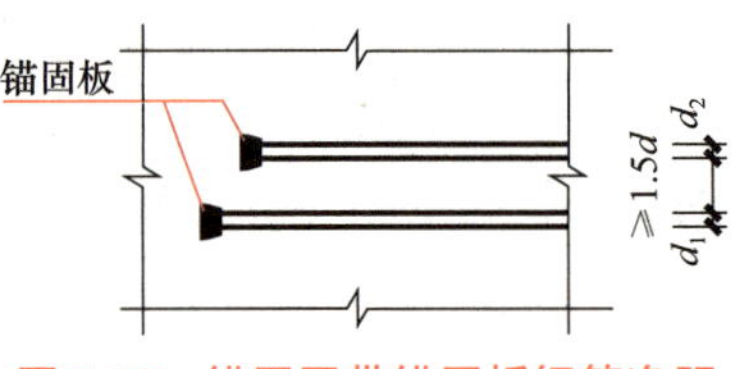

图 1-12　锚固区带锚固板钢筋净距

1.4.6　钢筋的连接

钢筋的连接方式有绑扎搭接连接、机械连接和焊接连接三种。其连接要求同普通钢筋混凝土结构的一般构造要求。

但应注意，当钢筋采用绑扎搭接连接时，工程中确有必要增大受拉钢筋的搭接接头面积百分率时，对板、墙、柱及预制构件的拼接处，可根据实际情况放宽。当采用机械连接时，位于同一连接区段内的纵向受拉钢筋机械接头面积百分率不宜大于 50%，对板、墙、柱及预制构件的拼接处，可根据实际情况放宽。当采用焊接连接时，纵向受拉钢筋的焊接接头面积百分率不宜大于 50%，但对预制构件的接缝处，可根据实际情况放宽。

在节点及接缝处的纵向钢筋连接宜根据接头受力、施工工艺等要求选用机械连接[图 1-13(a)]、套筒灌浆连接[图 1-13(b)]、浆锚搭接连接、焊接连接、绑扎搭接连接等连接方式，并应符合现行国家有关标准的规定。

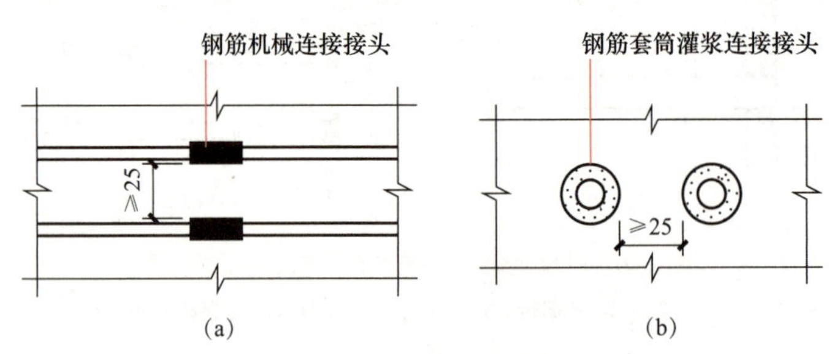

图 1-13　钢筋的连接接头

(a)钢筋机械连接接头；(b)钢筋套筒灌浆连接接头

纵向钢筋采用机械连接时，混凝土结构中要求充分发挥钢筋强度或对延性要求高的部位接头应按照行业标准《钢筋机械连接技术规程》(JGJ 107—2016)规定的要求选用Ⅱ级或Ⅰ级接头；当在同一连接区段内钢筋接头面积百分率为 100%时，应选用Ⅰ级接头。混凝土结构中钢筋应力较高但对延性要求不高的部位，可选用Ⅲ级接头。连接件的混凝土保护层厚度宜符合现行国家标准《混凝土结构设计规范(2015 年版)》(GB 50010—2010)中的规定，且不应小于 0.75 倍钢筋最小保护层厚度和 15 mm 的较大值。必要时可对连接件采用防锈措施。

纵向钢筋采用套筒灌浆连接时，接头应满足行业标准《钢筋机械连接技术规程》(JGJ 107—2016)中Ⅰ级接头的性能要求，并符合现行国家有关标准的规定。钢筋套筒灌浆连接接头的抗拉强度不应小于连接钢筋抗拉强度标准值，且破坏时应断于接头外钢筋。预制剪力墙中钢筋接头处套筒外侧钢筋的混凝土保护层厚度不应小于 15 mm；预制柱中钢筋接头处套筒外侧钢筋的混凝土保护层厚度不应小于 20 mm；套筒之间的净距不应小于 25 mm。

纵向钢筋采用浆锚搭接连接时，对预留孔成孔工艺、孔道形状和长度、构造要求、灌浆材料和被连接钢筋，应进行力学性能以及适用性的试验验证。直径大于 20 mm 的钢筋不宜采用浆锚搭接连接，直接承受动力荷载构件的纵向钢筋不应采用锚浆搭接连接。

1.4.7 箍筋构造

装配式混凝土结构中箍筋的构造如图 1-14 和图 1-15 所示。

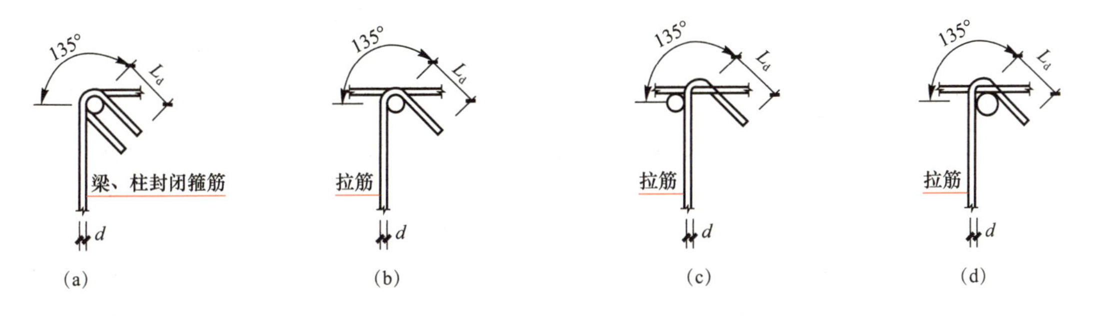

图 1-14　整体封闭箍筋及拉筋弯钩构造

(a)梁、柱封闭箍筋弯钩；(b)拉筋紧靠箍筋并勾住纵筋；
(c)拉筋紧靠纵筋并勾住箍筋；(d)拉筋同时勾住纵筋和箍筋

图 1-14 中 L_d 为箍筋弯钩的平直段长度，非抗震设计时其取值不应小于 $5d$；对受扭构件的箍筋及拉筋弯钩平直段长度应取 $10d$ 与 75 mm 的较大值。

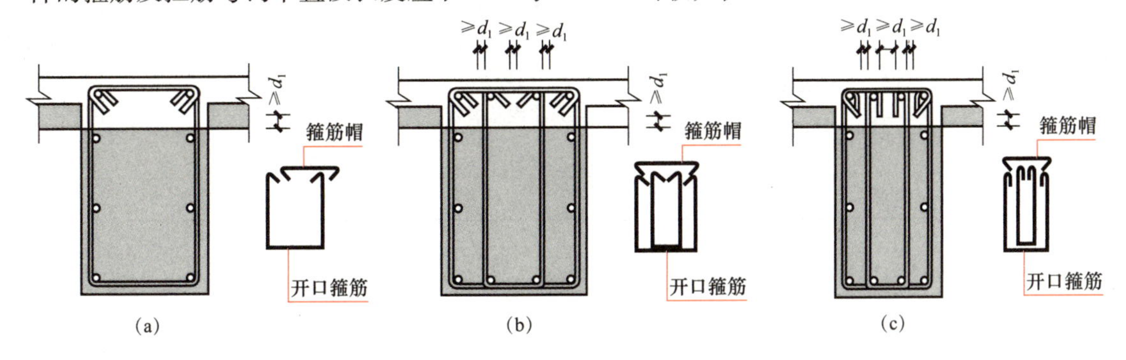

图 1-15　叠合次梁中组合封闭箍筋构造

(a)两肢箍；(b)四肢箍 135°弯钩；(c)四肢箍 180°弯钩(箍筋肢距较小)

图 1-15 中 d_1 为梁上部纵向钢筋直径。当叠合梁配置的箍筋为非受扭箍筋时，叠合梁中

的组合封闭箍筋可采用两端带135°弯钩的箍筋帽，也可采用一端带135°弯钩，另一端带90°弯钩的箍筋帽(图1-16)。当采用一端带135°弯钩，另一端带90°弯钩的箍筋帽时，其弯钩应交错放置。

箍筋弯折处的弯弧内径应满足表1-8的要求，且不应小于所勾纵向钢筋的直径，箍筋弯折处纵向钢筋为搭接钢筋或并筋时，应按钢筋实际排布情况确定箍筋弯弧内径。

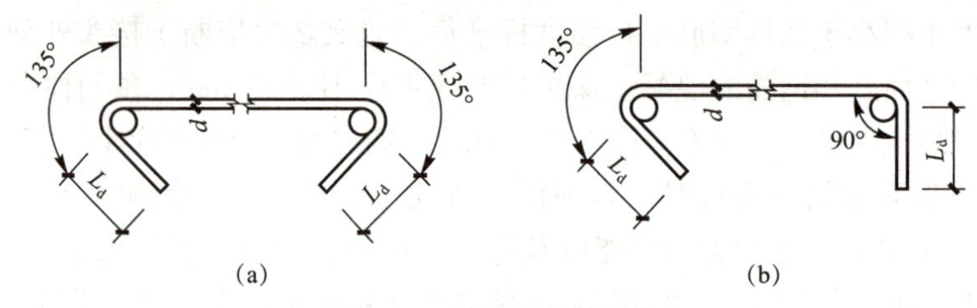

图1-16　箍筋帽弯钩构造

(a)两端带135°弯钩；(b)一端带135°弯钩，另一端带90°弯钩

1.4.8　钢筋的连接材料

钢筋套筒灌浆连接接头采用的套筒应符合现行行业标准《钢筋连接用灌浆套筒》(JG/T 398—2012)的规定。

钢筋套筒灌浆连接接头采用的灌浆料应符合现行行业标准《钢筋连接用套筒灌浆料》(JG/T 408—2013)的规定。

钢筋浆锚搭接连接接头应采用水泥基灌浆料，灌浆料的性能应满足表1-10的要求。

表1-10　钢筋浆锚搭接连接接头用灌浆料性能要求

项目		性能指标	试验方法标准
泌水率/%		0	《普通混凝土拌合物性能试验方法标准》(GB/T 50080—2016)
流动度/mm	初始值	≥300	《水泥基灌浆材料应用技术规范》(GB/T 50448—2015)
	30 min保留值	≥260	
竖向膨胀率/%	3 h	≥0.02	《水泥基灌浆材料应用技术规范》(GB/T 50448—2015)
	24 h与3 h差值	0.02～0.5	
抗压强度/MPa	1 d	≥35	《水泥基灌浆材料应用技术规范》(GB/T 50448—2015)
	3 d	≥60	
	28 d	≥85	
氯离子含量/%		≤0.03	《混凝土外加剂匀质性试验方法》(GB/T 8077—2012)

钢筋锚固板的材料应符合现行行业标准《钢筋锚固板应用技术规程》(JGJ 256—2011)的规定。

1.4.9　钢筋的连接方式

装配式混凝土结构连接方式包括套筒灌浆连接、浆锚搭接连接、后浇混凝土连接、螺栓连接、焊接连接和预制混凝土构件与后浇混凝土连接面的粗糙面和键槽构造。

1. 套筒灌浆连接

套筒灌浆连接是装配式混凝土结构中最主要的连接方式。《装配式混凝土结构技术规程》(JGJ 1—2014)中要求采用套筒灌浆连接时应满足以下规定：

(1)接头应满足行业标准《钢筋机械连接技术规程》(JGJ 107—2016)中Ⅰ级接头的性能要求，并符合现行国家有关标准的规定。

(2)预制剪力墙中钢筋接头处套筒外侧钢筋的混凝土保护层厚度不应小于 15 mm，预制柱中钢筋接头处套筒外侧箍筋的混凝土保护层厚度不应小于 20 mm。

(3)套筒之间的净距不应小于 25 mm。

(4)预制结构构件采用钢筋套筒灌浆连接时，应在构件生产前进行钢筋套筒灌浆连接接头的抗拉强度试验，每种规格的连接接头试件数量不应少于 3 个。

(5)当预制构件中钢筋的混凝土保护层厚度大于 50 mm 时，宜对钢筋的混凝土保护层采取有效的构造措施(如铺设钢筋网片等)。

2. 浆锚搭接连接

《装配式混凝土结构技术规程》(JGJ 1—2014)中要求采用浆锚搭接连接时应满足以下规定：

纵向钢筋采用浆锚搭接连接时，对预留孔成孔工艺、孔道形状和长度、构造要求、灌浆材料和被连接钢筋，应进行力学性能以及适用性的试验验证。直径大于 20 mm 的钢筋不宜采用浆锚搭接连接，直接承受动力荷载构件的纵向钢筋不应采用锚浆搭接连接。

在装配整体式框架结构中，预制柱的纵向钢筋连接应符合下列规定：

(1)当房屋高度不大于 12 m 或层数不超过 3 层时，可采用套筒灌浆、浆锚搭接、焊接等连接方式；

(2)当房屋高度大于 12 m 或层数超过 3 层时，宜采用套筒灌浆连接。

3. 后浇混凝土连接

后浇混凝土是指预制构件安装后在预制构件连接区或叠合层现场浇筑的混凝土。在装配式建筑中，基础、首层、顶层等部位的现浇混凝土，称为现浇混凝土；连接和叠合部位的现浇混凝土称为“后浇混凝土”。

后浇混凝土是装配整体式混凝土结构非常重要的连接方式。其应用范围包括：柱子连接；柱、梁连接；梁连接；剪力墙边缘构件；剪力墙横向连接；叠合梁等。钢筋连接是后浇混凝土连接节点最重要的环节。后浇区钢筋连接方式包括机械(螺纹)套筒连接、注胶套筒连接、钢筋搭接、钢筋焊接等。

《装配式混凝土结构技术规程》(JGJ 1—2014)中规定，后浇混凝土连接需满足以下规定：预制构件纵向钢筋宜在后浇带混凝土内直线锚固；当直线锚固长度不足时，可采用弯折、机械锚固方式，并应符合现行国家标准《混凝土结构设计规范(2015 年版)》(GB 50010—2010)和《钢筋锚固板应用技术规程》(JGJ 256—2011)的规定。

4. 螺栓连接

螺栓连接是用螺栓和预埋件将预制构件与预制构件或预制构件与主体结构进行连接。在装配整体式混凝土结构中，螺栓连接仅用于外挂墙板和楼梯等非主体结构构件的连接。

5. 焊接连接

焊接连接方式是在预制混凝土构件中预埋钢板，构件之间用焊接方式连接。焊接方式在装配整体式混凝土结构中，仅用于非结构构件的连接。

6. 预制混凝土构件与后浇混凝土连接面的粗糙面和键槽

预制混凝土构件与后浇混凝土的接触面须做成粗糙面或键槽，以提高抗剪能力。

预制构件与后浇混凝土、灌浆料、坐浆材料的结合面应设置粗糙面、键槽，并应满足以下规定：

(1)预制板与后浇混凝土叠合层之间的结合面应设置粗糙面；

(2)预制梁与后浇混凝土叠合层之间的结合面应设置粗糙面；预制梁端面应设置键槽(图 1-17)且宜设置粗糙面。键槽的深度不宜小于 30 mm，宽度不宜小于深度的 3 倍且不宜大于深度的 10 倍；键槽可贯通截面，当不贯通时槽口距离截面边缘不宜小于 50 mm；键槽间距宜等于键槽宽度；键槽端部斜面倾角不宜大于 30°。

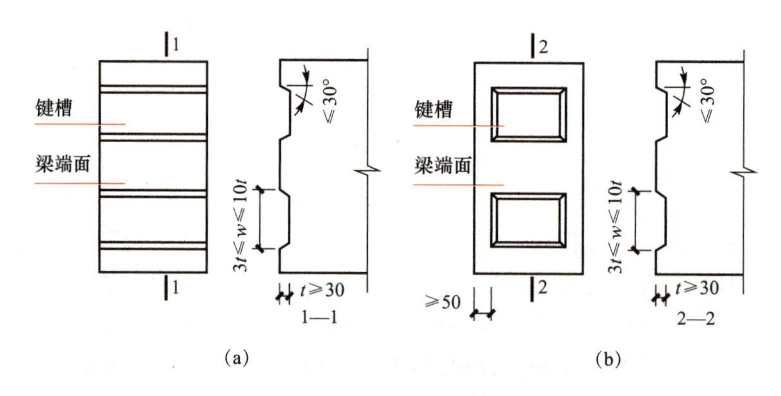

图 1-17 梁端键槽构造示意

(a)键槽贯通截面；(b)键槽不贯通截面

(3)预制剪力墙的顶部和底部与后浇混凝土的结合面应设置粗糙面；侧面与后浇混凝土的结合面应设置粗糙面，也可设置键槽；键槽的深度不宜小于 20 mm，宽度不宜小于深度的 3 倍且不宜大于深度的 10 倍；键槽间距宜等于键槽宽度；键槽端部斜面倾角不宜大于 30°。

(4)预制柱的底部应设置键槽且宜设置粗糙面，键槽应均匀布置，键槽的深度不宜小于 30 mm，键槽端部斜面倾角不宜大于 30°。柱顶应设置粗糙面。

(5)粗糙面的面积不宜小于结合面的 80%，预制板的粗糙面凹凸深度不应小于 4 mm，预制梁端、预制柱端、预制墙端的粗糙面凹凸深度不应小于 6 mm。

1.4.10 构件连接部位配筋

1. 叠合板板底纵向钢筋排布要求

叠合板板底纵向钢筋排布要求如图 1-18 所示。

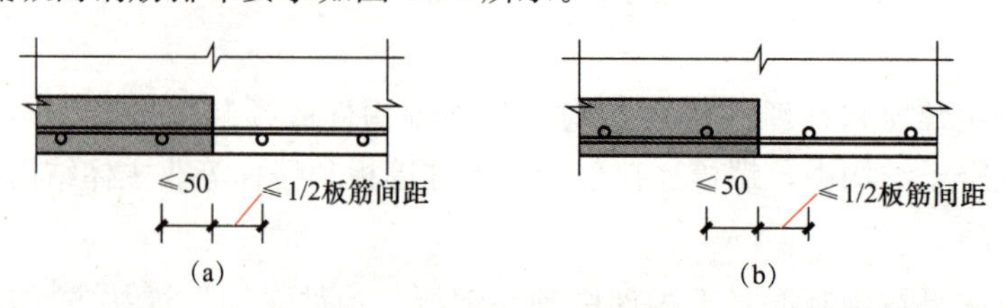

图 1-18 叠合板板底纵向钢筋排布要求

2. 叠合梁纵筋搭接区箍筋排布构造

(1)当搭接区箍筋配置要求高于相邻区箍筋配置要求时，搭接区箍筋单独分区排布，箍筋加密区的间距≤5d(d 为搭接纵筋的最小直径)且≤100 mm，如图 1-19(a)所示。

(2)当搭接区箍筋与一侧相邻区箍筋配置要求相同时，搭接区箍筋可与该侧箍筋合并排布，箍筋加密区的间距≤5d 且≤100 mm(d 为搭接纵筋的最小直径)，如图 1-19(b)所示。

(3)当搭接区位于箍筋配置要求相同或更高的箍筋区域时，搭接区箍筋不单独分区排布，箍筋加密区的间距≤5d 且≤100 mm(d 为搭接纵筋的最小直径)，如图 1-19(c)所示。

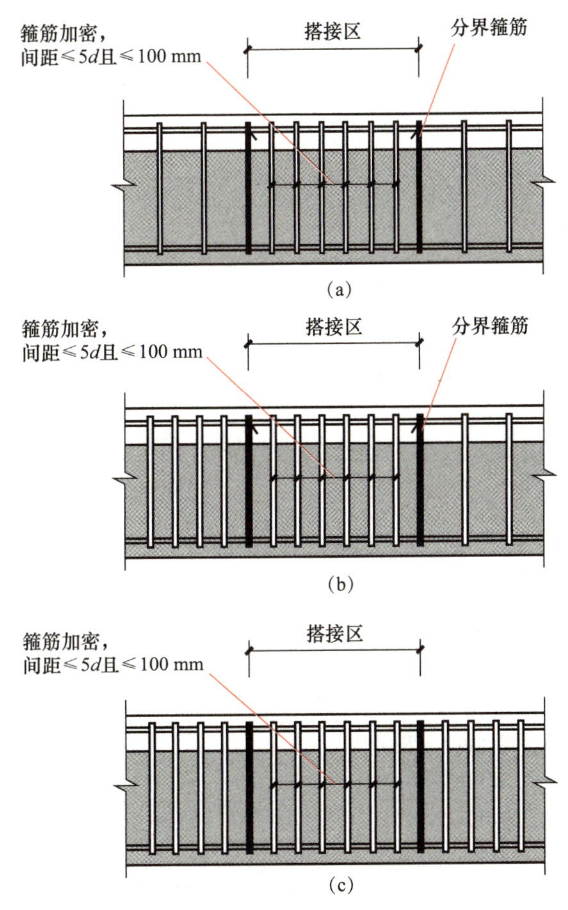

图 1-19　叠合梁纵筋搭接区箍筋排布构造

(a)当搭接区箍筋配置要求高于相邻区箍筋配置要求时，搭接区箍筋单独分区排布；
(b)当搭接区箍筋与一侧相邻区箍筋配置要求相同时，搭接区箍筋可与该侧箍筋合并排布；
(c)当搭接区位于箍筋配置要求相同或更高的箍筋区域时，搭接区箍筋不单独分区排布

当叠合梁后浇部分纵筋采用搭接方式连接时，预制构件制作中应注意预留加密的箍筋；当预制梁纵筋采用绑扎搭接时，也按上述要求排布箍筋。

1.4.11　预制构件尺寸偏差

为保证工程的施工质量，钢筋尺寸偏差、预制构件尺寸偏差、预制构件安装尺寸偏差需满足表 1-11～表 1-14 的要求。

表 1-11　钢筋加工的允许偏差

项目	允许偏差/mm
受力钢筋沿长度方向的净尺寸	±10
弯起钢筋的弯折位置	±20
箍筋外净尺寸	±5

表 1-12　预制构件灌浆套筒和外露钢筋的位置、尺寸允许偏差及检验方法

项目		允许偏差/mm	检验方法
灌浆套筒中心位置		2	尺量
外露钢筋	中心位置	2	
	外露长度	0，+10	

表 1-13　现浇结构施工后外露连接钢筋的位置、尺寸允许偏差及检验方法

项目	允许偏差/mm	检验方法
中心位置	3	尺量
外露长度、顶点标高	0，+15	

表 1-14　预制构件的尺寸和位置允许偏差及检验方法

项目			允许偏差/mm	检验方法
长度	楼板、梁、柱、桁架	<12 m	±5	尺量
		≥12 m 且<18 m	±10	
		≥18 m	±20	
	墙板		±4	
宽度、高(厚)度	楼板、梁、柱、桁架		±5	尺量一端及中部，取其中偏差绝对值较大处
	墙板		±3	
表面平整度	楼板、梁、柱、墙板内表面		5	2 m 靠尺和塞尺量测
	墙板外表面		3	
侧向弯曲	楼板、梁、柱		$L/750$ 且≤20	拉线、直尺量测最大侧向弯曲处
	墙板、桁架		$L/1\,000$ 且≤20	
注：L 为构件最长边的长度(mm)。				

思考题

1. 什么是平法？平法有什么特点？
2. 钢筋混凝土结构中钢筋的连接方式有哪几种？
3. 钢筋混凝土结构中钢筋应如何锚固？
4. 装配式混凝土结构中构件的连接方式有哪几种？

第 2 章　基础平法识图

2.1　独立基础平法施工图制图规则

为了规范使用建筑结构施工平面整体设计方法，按平法设计绘制结构施工图时，必须根据具体工程设计，按照各类构件的平法制图规则，在基础平面布置图上直接表示构件的尺寸、配筋。按平法设计绘制的现浇混凝土的独立基础、条形基础施工图，以平面注写方式为主、截面注写方式为辅表达各类构件的尺寸和配筋。

按平法设计绘制基础结构施工图时，应采用表格或其他方式注明基础底面基准标高、±0.000 的绝对标高。为保证地基与基础、柱与墙、梁、板、楼梯等构件按照统一的竖向定位尺寸进行标注，其结构层楼（地）面标高与结构层高必须统一。其中，结构层楼面标高是指将建筑图中各层地面和楼面标高值扣除建筑面层及垫层做法厚度后的标高，结构层号应与建筑楼层号一致。

当具体工程的全部基础底面标高相同时，基础底面基准标高即为基础底面标高。当基础底面标高不同时，应取多数相同的底面标高为基础底面基准标高，对其他少数不同标高者应标明范围并注明标高。

2.1.1　独立基础平法施工图的表示方法

独立基础平法施工图有平面注写与截面注写两种表达方式，设计者可根据具体工程情况选择一种，或两种方式相结合进行独立基础的施工图设计。

在独立基础平面布置图上应标注基础定位尺寸；当独立基础的柱中心线或杯口中心线与建筑轴线不重合时，应标注其定位尺寸。编号相同且定位尺寸相同的基础，可仅选择一个进行标注。

当绘制独立基础平面布置图时，应将独立基础平面与基础所支承的柱一起绘制。当设置基础连系梁时，可根据图面的疏密情况，将基础连系梁与基础平面布置图一起绘制，或将基础连系梁布置图单独绘制。

2.1.2　独立基础的平面注写方式

独立基础的平面注写方式有集中标注和原位标注两部分内容。

1. 集中标注

普通独立基础和杯口独立基础的集中标注，是在基础平面图上集中引注基础编号、截面竖向尺寸、配筋三项必注内容，以及基础底面标高(与基础底面基准标高不同时)和必要的文字注解两项选注内容。素混凝土普通独立基础的集中标注，除无基础配筋内容外均与钢筋混凝土普通独立基础相同。

独立基础集中标注的具体标注内容如下：

(1)注写独立基础编号(表 2-1)。该项为必注内容。独立基础底板的截面形状通常有阶形截面和坡形截面两种。

1)阶形截面编号加下标“J”，如 DJ_J××、BJ_J××。

2)坡形截面编号加下标“P”，如 DJ_P××、BJ_P××。

表 2-1 独立基础编号

类型	基础底板截面形状	代号	序号
普通独立基础	阶形	DJ_J	××
	坡形	DJ_P	××
杯口独立基础	阶形	BJ_J	××
	坡形	BJ_P	××

(2)注写独立基础截面竖向尺寸。该项为必注内容。

1)普通独立基础。

①当基础为阶形截面，且为多阶时，截面竖向尺寸自下而上用斜线“/”分隔顺写，注写为 $h_1/h_2/h_3$……，具体标注示意如图 2-1 所示。

②当基础为单阶时，其截面竖向尺寸仅为一个，注写为 h_1，h_1 即为基础总高度，具体标注示意如图 2-2 所示。

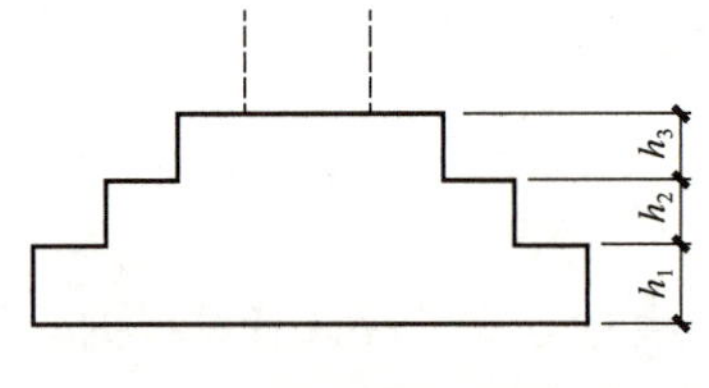

图 2-1 阶形截面普通独立基础竖向尺寸

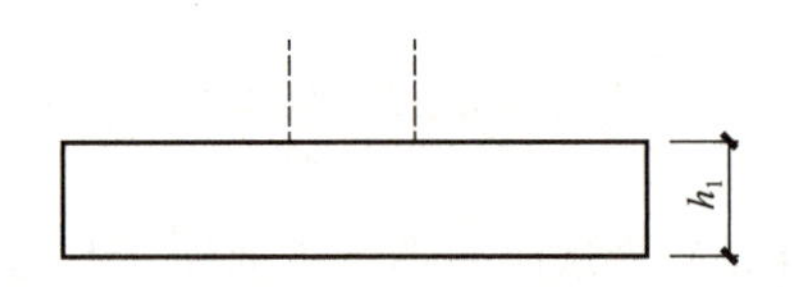

图 2-2 单阶普通独立基础竖向尺寸

③当基础为坡形截面时，注写为 h_1/h_2，具体标注示意如图 2-3 所示。

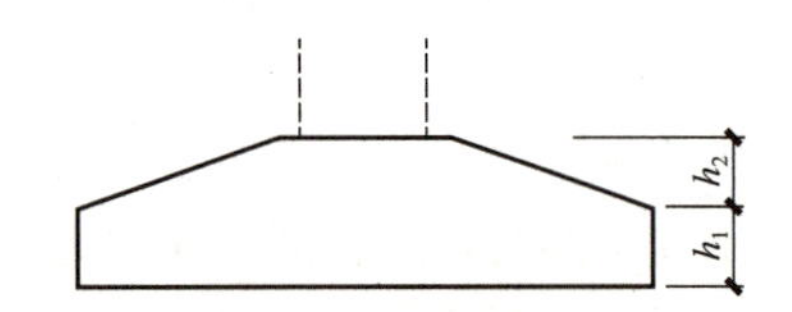

图 2-3 坡形截面普通独立基础竖向尺寸

2)杯口独立基础。

①当基础为阶形截面时，其竖向尺寸分为两组，一组表达杯口内，另一组表达杯口外，两组尺寸以逗号“,”分隔，注写为 α_0/α_1，h_1/h_2……，具体含义如图 2-4～图 2-7 所示。其中，杯口深度 α_0 为柱插入杯口的尺寸加 50 mm。

②当基础为坡形截面时，注写为 α_0/α_1，$h_1/h_2/h_3$……，具体含义如图 2-8、图 2-9 所示。

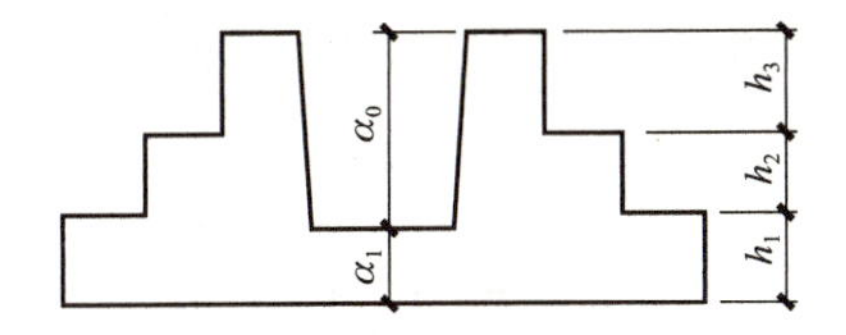

图 2-4　阶形截面杯口独立基础竖向尺寸(一)

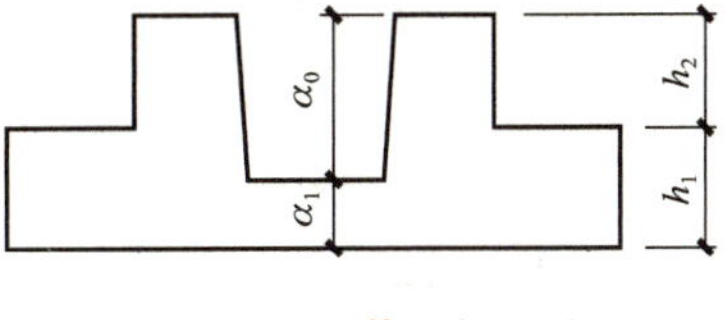

图 2-5　阶形截面杯口独立基础竖向尺寸(二)

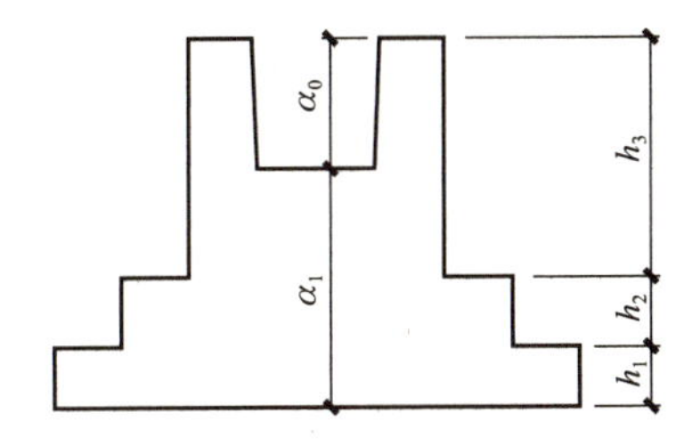

图 2-6　阶形截面高杯口独立基础竖向尺寸(一)

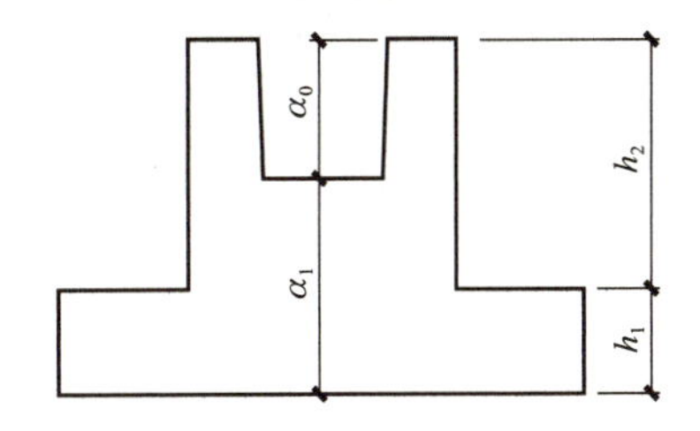

图 2-7　阶形截面高杯口独立基础竖向尺寸(二)

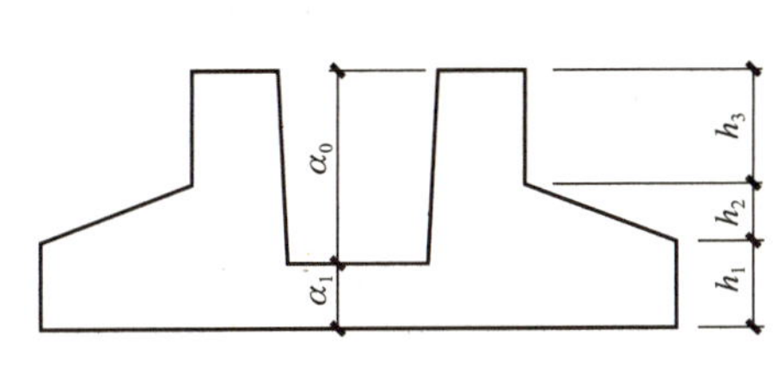

图 2-8　坡形截面杯口独立基础竖向尺寸

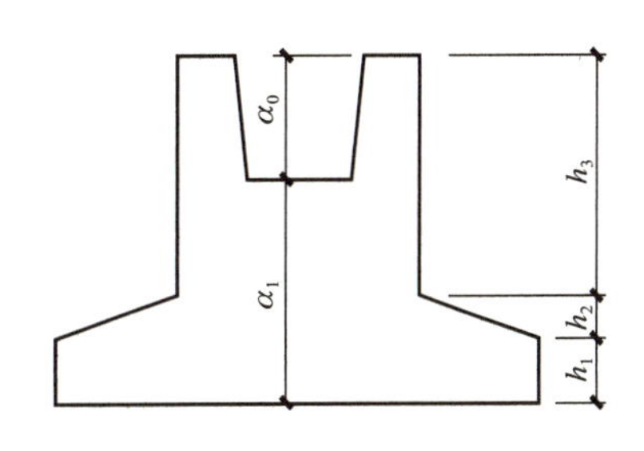

图 2-9　坡形截面高杯口独立基础竖向尺寸

(3)注写独立基础配筋。该项为必注内容。

1)注写独立基础底板配筋。普通独立基础和杯口独立基础的底部双向配筋注写规定如下：

①以 B 代表各种独立基础底板的底部配筋。

②X 向配筋以 X 打头、Y 向配筋以 Y 打头注写；当两向配筋相同时，则以X&Y打头注写，如图 2-10 所示。

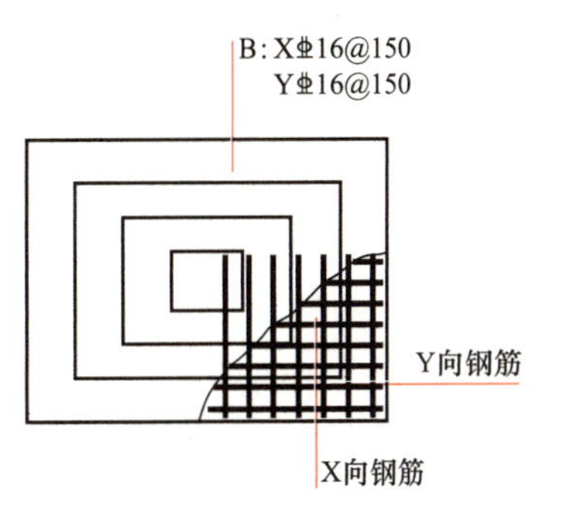

图 2-10　独立基础底板底部双向配筋示意

2)注写杯口独立基础顶部焊接钢筋网。以 Sn 打头引注杯口顶部焊接钢筋网的各边钢筋，如图 2-11、图 2-12 所示。

当双杯口独立基础中间杯壁厚度小于 400 mm 时，在中间杯壁中配置构造钢筋见相应标准构造详图，设计不注。

3)注写高杯口独立基础的短柱配筋(也适用于杯口独立基础杯壁有配筋的情况)，具体注写规定如下：

①以 O 代表短柱配筋。

②先注写短柱纵筋，再注写箍筋。注写为：角筋/长边中部筋/短边中部筋，箍筋(两种间距)；当短柱水平截面为正方形时，注写为：角筋/x 边中部筋/y 边中部筋，箍筋(两种间距，短柱杯口壁内箍筋间距/短柱其他部位箍筋间距)，如图 2-13 所示。

③对于双高杯口独立基础的短柱配筋，注写形式与单高杯口独立基础相同，如图 2-14 所示。

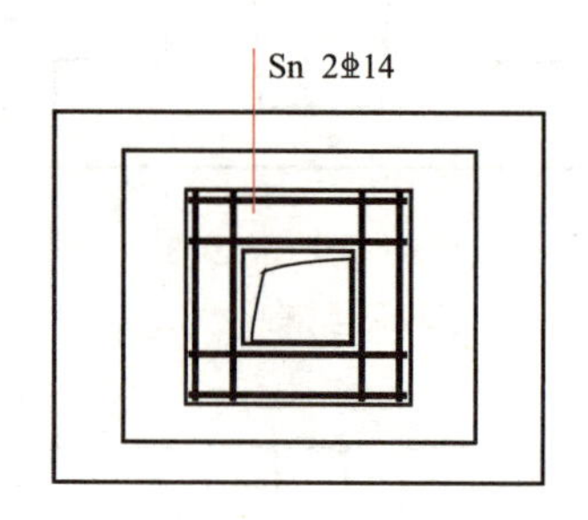

图 2-11　单杯口独立基础顶部焊接钢筋网示意

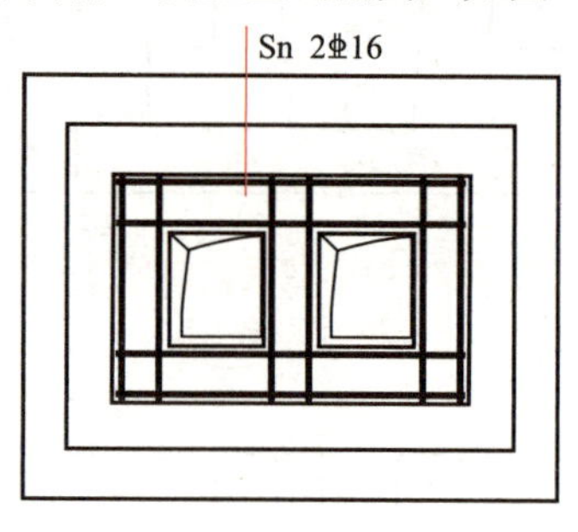

图 2-12　双杯口独立基础顶部焊接钢筋网示意

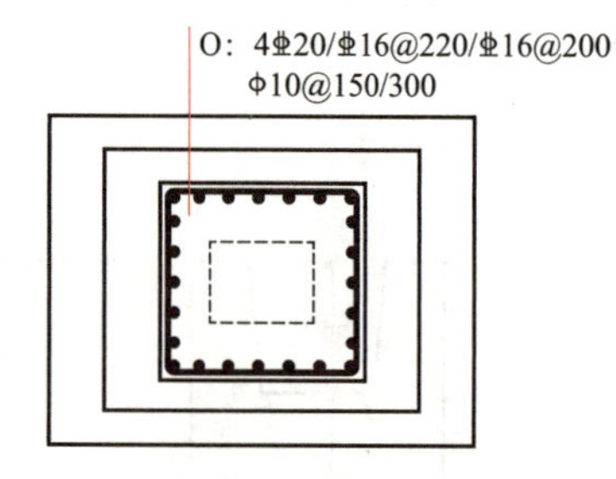

图 2-13　高杯口独立基础短柱配筋示意

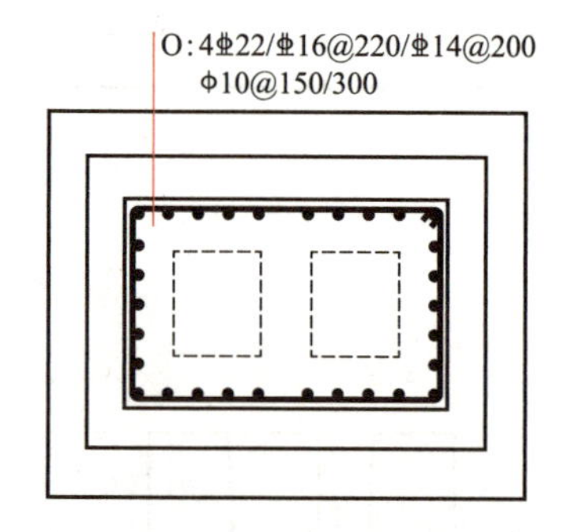

图 2-14　双高杯口独立基础短柱配筋示意

当双高杯口独立基础中间杯壁厚度小于 400 mm 时，在中间杯壁中配置构造钢筋见相应标准构造详图，设计不注。

4)注写普通独立基础带短柱竖向尺寸及钢筋。当独立基础埋深较大，设置短柱时，短柱配筋应注写在独立基础中，具体注写规定如下：

①以 DZ 代表普通独立基础短柱。

②先注写短柱纵筋，再注写箍筋，最后注写短柱标高范围。注写为：角筋/长边中部筋/短边中部筋，箍筋，短柱标高范围；当短柱水平截面为正方形时，注写为：角筋/x 边中部筋/y 边中部筋，箍筋，短柱标高范围，如图 2-15 所示。

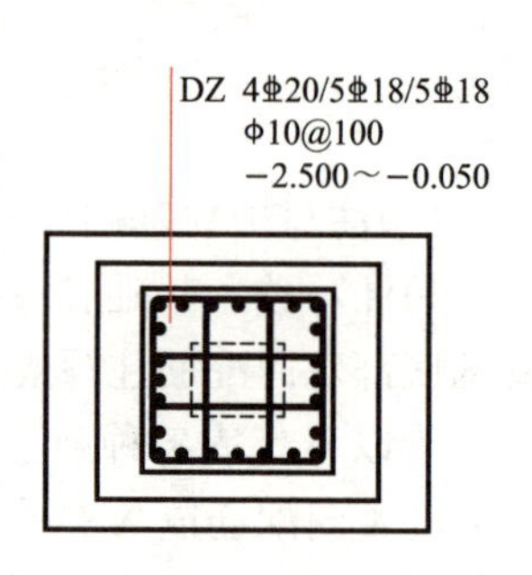

图 2-15　独立基础短柱配筋示意

(4)注写基础底面标高。该项为选注内容。当独立基础的底面标高与基础底面基准标高不同时，应将独立基础底面标高直接注写在括号“(　　)”内。

(5)必要的文字注解。该项为选注内容。当独立基础的设计有特殊要求时，宜增加必要的文字注解。

2. 原位标注

钢筋混凝土和素混凝土独立基础的原位标注，是在基础平面布置图上标注独立基础的平面尺寸。对相同编号的基础，可选择一个进行原位标注；当平面图形较小时，可将所选定进行原位标注的基础按比例适当放大；其他相同编号者仅注编号。

原位标注的具体内容规定如下：

（1）普通独立基础。原位标注 x、y，x_c、y_c（或圆柱直径 d_c），x_i、y_i，$i=1$，2，3……。其中，x、y 为普通独立基础两向边长，x_c、y_c 为柱截面尺寸，x_i、y_i 为阶宽或坡形平面尺寸（当设置短柱时，还应标注短柱的截面尺寸）。具体标注示意如图 2-16～图 2-20 所示。

（2）杯口独立基础。原位标注 x、y，x_u、y_u，t_i，x_i、y_i，$i=1$，2，3……。其中，x、y 为杯口独立基础两向边长，x_u、y_u 为杯口上口尺寸，t_i 为杯壁上口厚度，下口厚度为 t_i+25，x_i、y_i 为阶宽或坡形截面尺寸。具体标注示意如图 2-21～图 2-24 所示。

杯口上口尺寸 x_u、y_u，按柱截面边长两侧双向各加 75 mm；杯口下口尺寸按标准构造详图（为插入杯口的相应柱截面边长尺寸，每边各加 50 mm），设计不注。

（3）独立基础。采用平面注写方式的集中标注和原位标注综合设计表达示意，如图 2-25～图 2-27 所示。

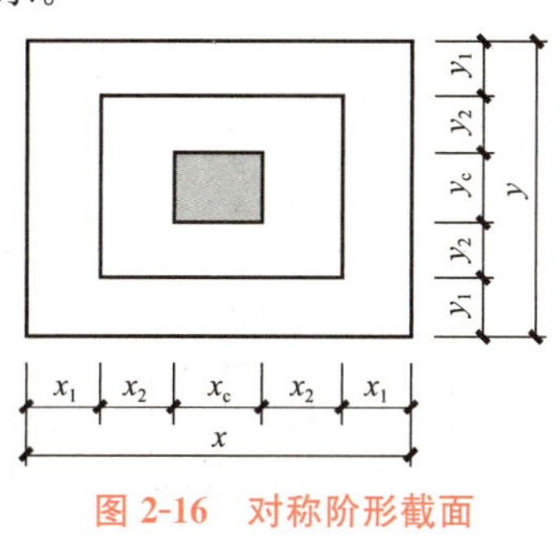

图 2-16　对称阶形截面普通独立基础原位标注

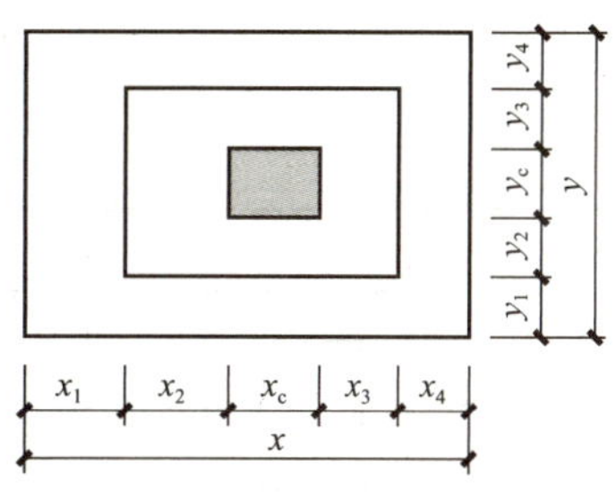

图 2-17　非对称阶形截面普通独立基础原位标注

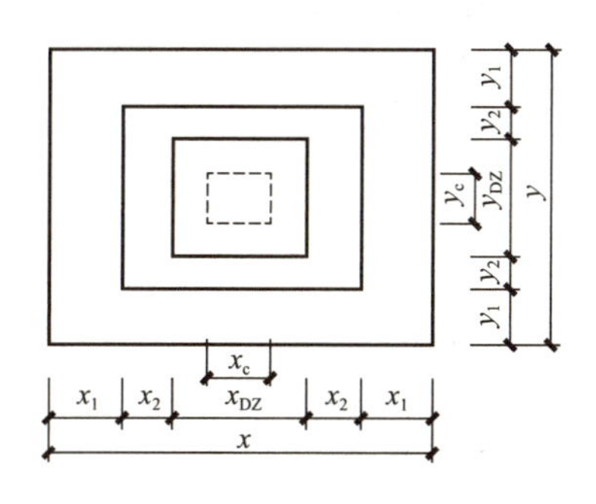

图 2-18　带短柱独立基础的原位标注

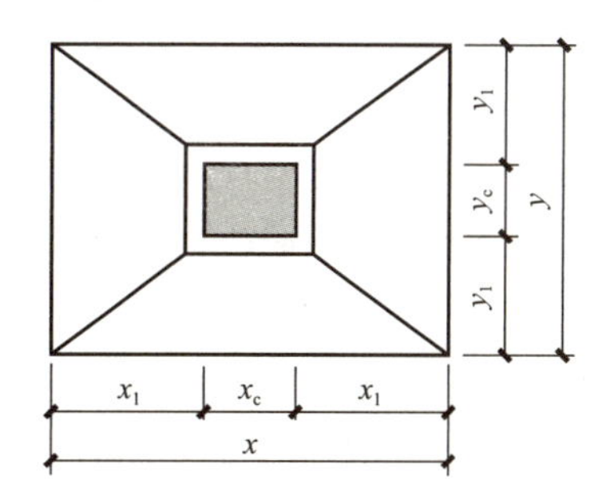

图 2-19　对称坡形截面普通独立基础原位标注

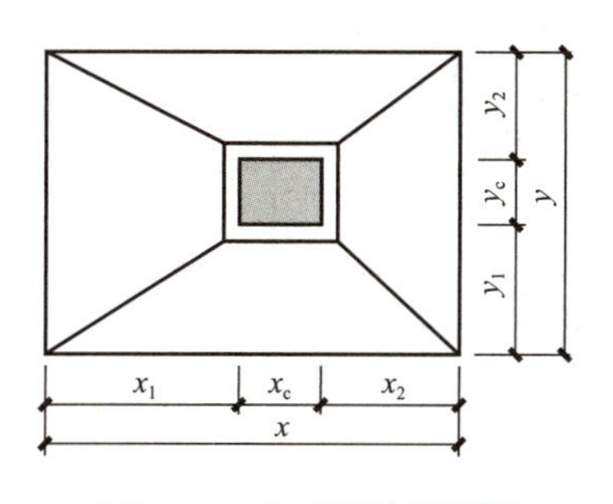

图 2-20　非对称坡形截面普通独立基础原位标注

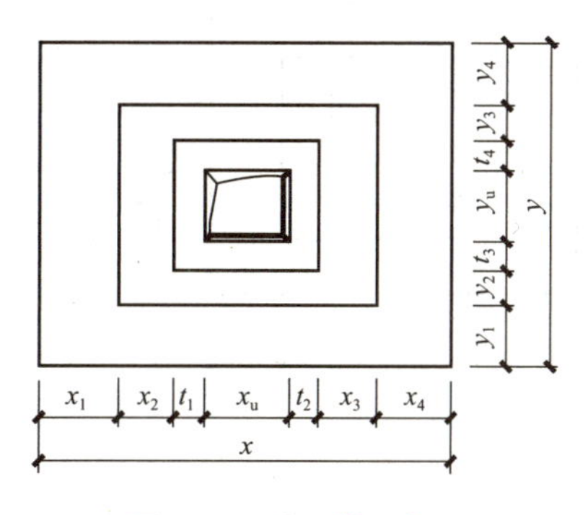

图 2-21　阶形截面杯口独立基础原位标注（一）

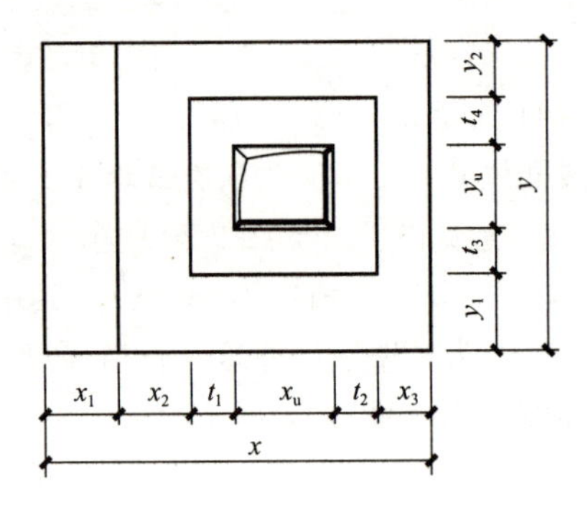

图 2-22　阶形截面杯口独立基础原位标注(二)

(本图所示基础底板的一边比其他三边多一阶)

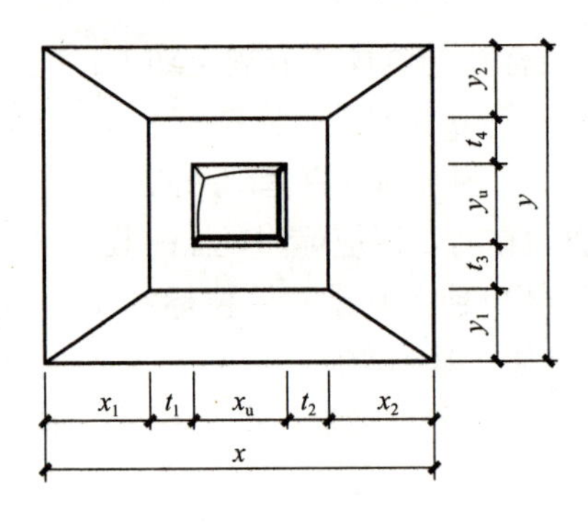

图 2-23　坡形截面杯口独立基础原位标注(一)

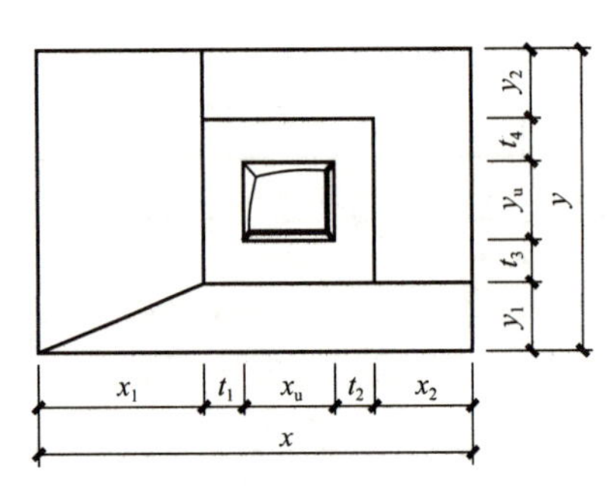

图 2-24　坡形截面杯口独立基础原位标注(二)

(本图所示基础底板有两边不放坡)

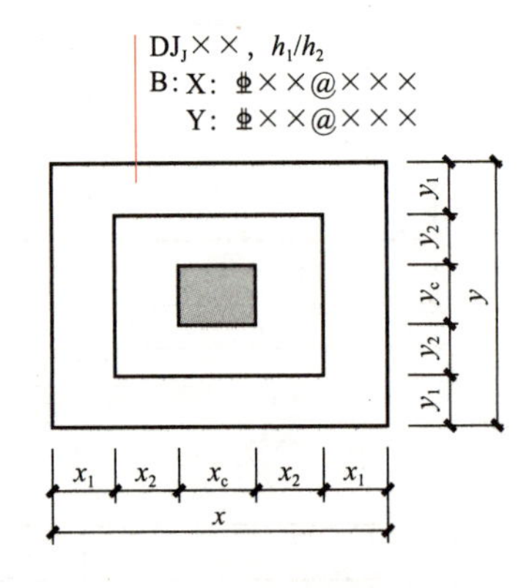

图 2-25　普通独立基础平面注写方式设计表达示意

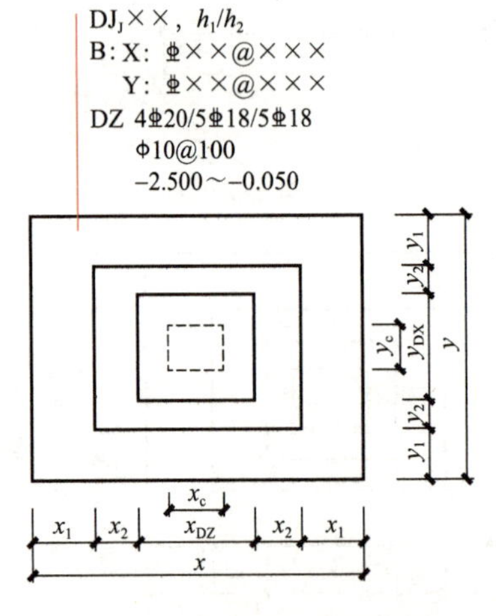

图 2-26　普通独立基础平面注写方式设计表达示意(带短柱的)

BJJ××，a1/a2，h1/h2/h3

B：X：⏀××@×××，Y：⏀××@×××

O：×⏀××/⏀××@×××，Y：⏀××@×××

ϕ××@×××/×××

Sn ×⏀××

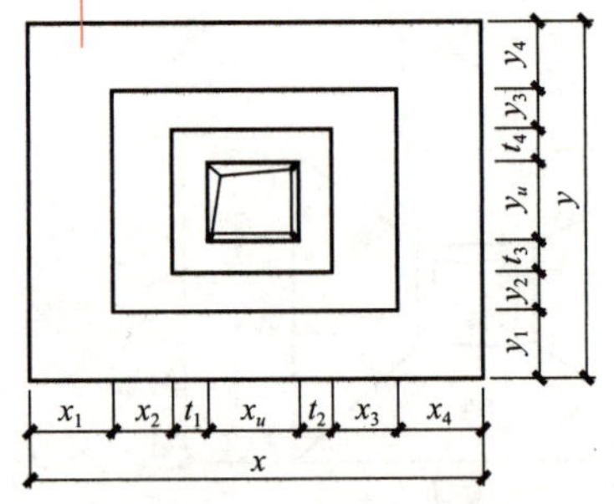

图 2-27　杯口独立基础平面注写方式设计表达示意(带短柱的)

2.1.3 独立基础的截面注写方式

独立基础的截面注写方式，可分为截面标注和列表注写(结合截面示意图)两种表达方式。

采用截面注写方式，应在基础平面布置图上对所有基础进行编号，基础的编号见表 2-1。

1. 截面标注

对单个基础进行截面标注的内容和形式，与传统“单构件正投影表示方法”基本相同。对于已在基础平面布置图上原位标注清楚的该基础的平面几何尺寸，在截面图上可不再重复表达，具体表达内容可参照相应的标准构造。

2. 列表注写

对多个同类基础，可采用列表注写(结合截面示意图)的方式进行集中表达。表中内容为基础截面的几何数据和配筋等，在截面示意图上应标注与表中栏目相对应的代号。列表的具体内容规定如下：

(1)普通独立基础。主要注写内容如下：

1)编号：阶形截面编号为 DJ_J××，坡形截面编号为 DJ_P××。

2)几何尺寸：水平尺寸 x、y，x_c、y_c(或圆柱直径 d_c)，x_i、y_i，$i=1$，2，3……；竖向尺寸 h_1/h_2……。

3)配筋：B：X：Φ××@×××，Y：Φ××@×××。

普通独立基础列表格式见表 2-2。

表 2-2 普通独立基础几何尺寸和配筋表

基础编号/截面号	截面几何尺寸				底部配筋(B)	
	x、y	x_c、y_c	x_i、y_i	$h_1/h_2/$……	X 向	Y 向
注：表中可根据实际情况增加栏目。						

(2)杯口独立基础。主要注写内容如下：

1)编号：阶形截面编号为 BJ_J××，坡形截面编号为 BJ_P××。

2)几何尺寸：水平尺寸 x、y，x_u、y_u，t_i，x_i、y_i，$i=1$，2，3……；竖向尺寸 α_0/α_1，$h_1/h_2/h_3$……。

3)配筋：B：X：Φ××@×××，Y：Φ××@×××，Sn×Φ××。

O：×Φ××/Φ××@×××/Φ××@×××，φ××@×××/×××。

杯口独立基础列表格式见表 2-3。

表 2-3 杯口独立基础几何尺寸和配筋表

<table>
<tr><td rowspan="2">基础编号/截面号</td><td colspan="4">截面几何尺寸</td><td colspan="2">底部配筋(B)</td><td rowspan="2">杯口顶部钢筋网(S_n)</td><td colspan="2">短柱配筋(O)</td></tr>
<tr><td>x、y</td><td>x_c、y_c</td><td>x_i、y_i</td><td>a_0/a_1，$h_1/h_2/h_3$……</td><td>X 向</td><td>Y 向</td><td>角筋/长边中部筋/短边中部筋</td><td>杯口壁箍筋/其他部位箍筋</td></tr>
<tr><td></td><td></td><td></td><td></td><td></td><td></td><td></td><td></td><td></td><td></td></tr>
<tr><td></td><td></td><td></td><td></td><td></td><td></td><td></td><td></td><td></td><td></td></tr>
<tr><td colspan="10">注：1. 表中可根据实际情况增加栏目。如当基础底面标高与基础底面基准标高不同时，加注基础底面标高；或增加说明栏目等；
2. 短柱配筋适用于高杯口独立基础，并适用于杯口独立基础杯壁有配筋的情况。</td></tr>
</table>

2.1.4 独立基础的钢筋构造

(1)独立基础底板配筋构造，如图 2-28、图 2-29 所示。其中，独立基础底板双向交叉钢筋长向设置在下，短向设置在上。

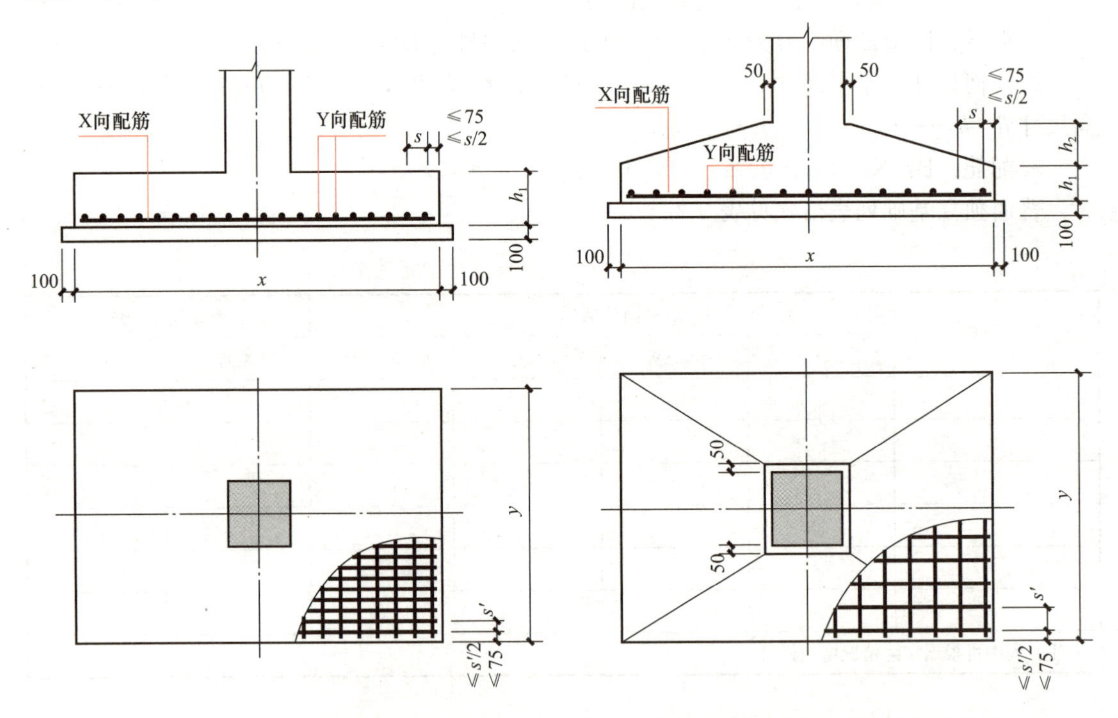

图 2-28 阶形独立基础底板配筋构造　　图 2-29 坡形独立基础底板配筋构造

(2)双柱普通独立基础配筋构造，如图 2-30 所示。其中，双柱普通独立基础底部双向交叉钢筋，根据基础两个方向从柱外缘至基础外缘伸出长度 ex 和 ey 的大小，较大者方向的钢筋设置在下，较小者方向的钢筋设置在上。

(3)独立基础底板配筋长度减短 10%构造，如图 2-31 所示。

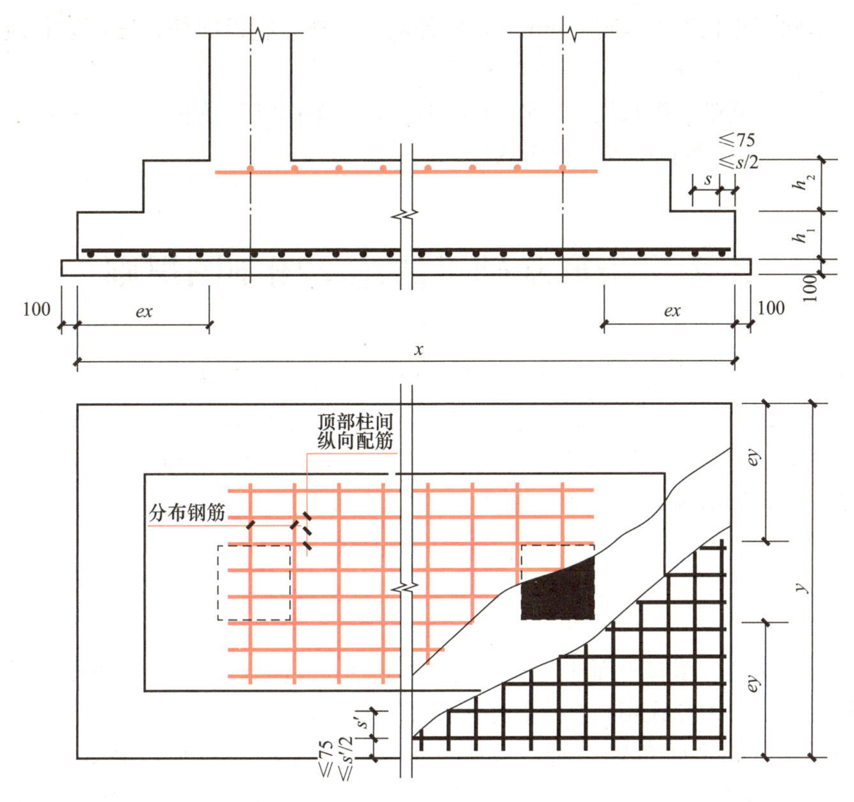

图 2-30　双柱普通独立基础配筋构造

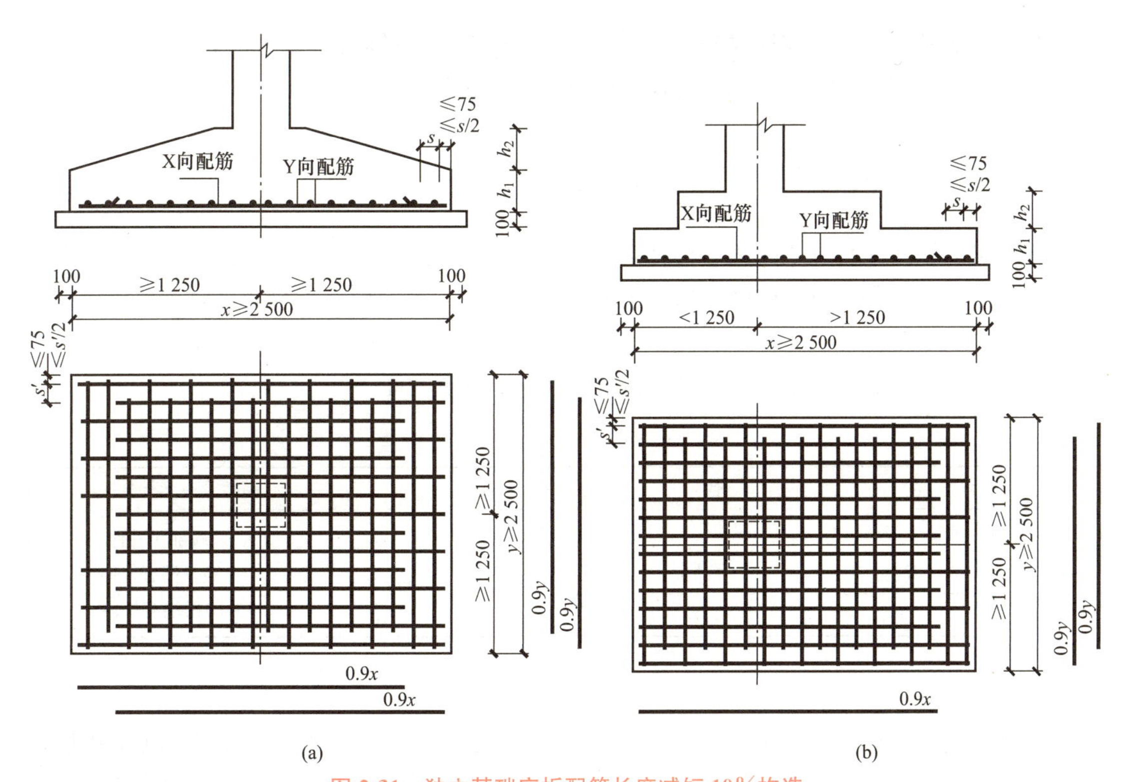

图 2-31　独立基础底板配筋长度减短 10%构造

(a)对称独立基础；(b)非对称独立基础

当独立基础底板长度≥2 500 mm 时，除外侧钢筋外，底板配筋长度可取相应方向底板长度的 0.9 倍，交错放置。

当非对称独立基础底板长度≥2 500 mm 时，但该基础某侧从柱中心至基础底板边缘的距离<1 250 mm 时，钢筋在该侧不应减短。

2.2 条形基础平法施工图制图规则

条形基础可分为梁板式条形基础和板式条形基础两类。其中，梁板式条形基础适用于钢筋混凝土框架结构、框架-剪力墙结构、部分框支剪力墙结构和钢结构，平法施工图将梁板式条形基础分解为基础梁和条形基础底板分别进行表达；板式条形基础适用于钢筋混凝土剪力墙结构和砌体结构，平法施工图仅表达条形基础底板。

2.2.1 条形基础平法施工图的表示方法

条形基础平法施工图有平面注写和截面注写两种表达方式，设计者可根据具体工程情况选择一种，或将两种方式相结合进行条形基础的施工图设计。

当绘制条形基础平面布置图时，应将条形基础平面与基础所支承的上部结构的柱、墙一起绘制。当基础底面标高不同时，需注明与基础底面基准标高不同之处的范围和标高。

当梁板式基础梁中心或板式条形基础板中心与建筑定位轴线不重合时，应标注其定位尺寸；对于编号相同的条形基础，可仅选择一个进行标注。

2.2.2 基础梁的平面注写方式

基础梁的平面注写方式有集中标注和原位标注两部分内容，当集中标注的某项数值不适用于基础梁的某部位时，则将该项数值采用原位标注，施工时，原位标注优先。

1. 条形基础编号

条形基础编号分为基础梁和条形基础底板编号，见表 2-4。

表 2-4　条形基础梁及底板编号

<table>
<tr><th colspan="2">类型</th><th>代号</th><th>序号</th><th>跨数及有无外伸</th></tr>
<tr><td colspan="2">基础梁</td><td>JL</td><td>××</td><td rowspan="3">(××)端部无外伸
(××A)一端有外伸
(××B)两端有外伸</td></tr>
<tr><td rowspan="2">条形基础底板</td><td>波形</td><td>TJB_P</td><td>××</td></tr>
<tr><td>阶形</td><td>TJB_J</td><td>××</td></tr>
</table>

2. 基础梁的集中标注

基础梁的集中标注内容包括基础梁编号、截面尺寸、配筋三项必注内容，以及基础梁底面标高(与基础底面基准标高不同时)和必要的文字注解两项选注内容。具体规定如下：

(1)注写基础梁编号。该项为必注内容。如基础梁 JL××。

(2)注写基础梁截面尺寸。该项为必注内容。对于一般矩形基础梁，注写方式为 $b \times h$，表示梁截面宽度与高度。当为竖向加腋梁时，用 $b \times h$　$Yc_1 \times c_2$ 表示，其中，c_1 为腋长，c_2 为腋高。

(3)注写基础梁配筋。该项为必注内容。

1)注写基础梁箍筋。

①当具体设计仅采用一种箍筋间距时，注写钢筋级别、直径、间距与肢数(箍筋肢数写在括号内)。

②当具体设计采用两种箍筋时，用斜线“/”分隔不同箍筋，按照从基础梁两端向跨中的顺序注写。先注写第 1 段箍筋(在前面加注箍筋道数)，在斜线后再注写第 2 段箍筋(不再加注箍筋道数)。

【例】 9⌀16@100/⌀16@200(6)，表示配置两种间距的 HRB400 级箍筋，直径均为 16 mm，从梁两端起向跨内按箍筋间距 100 mm，每端各设置 9 道，梁其余部位的箍筋间距为 200 mm，均为 6 肢箍。

2)注写基础梁底部、顶部及侧面纵向钢筋。

①以 B 打头，注写梁底部贯通纵筋(不应少于梁底部受力钢筋总截面面积的 1/3)。当跨中所注根数少于箍筋肢数时，需要在跨中增设梁底部架立筋以固定箍筋，采用加号“+”将贯通纵筋与架立筋相连，架立筋注写在加号“+”后面的括号“(　　)”内。

②以 T 打头，注写梁顶部贯通纵筋。注写时用分号“;”将底部与顶部贯通纵筋分隔开。

③当梁底部或顶部贯通纵筋多于一排时，用斜线“/”将各排纵筋自上而下分开。

④当梁腹板高度 h_w 不小于 450 mm 时，根据需要配置纵向构造钢筋。梁两侧面对称设置的纵向构造钢筋的总配筋值以 G 打头注写。

⑤当需要配置抗扭纵向钢筋时，梁两个侧面设置的抗扭纵向钢筋以 N 打头。

(4)注写基础梁底面标高。该项为选注内容。当条形基础的底面标高与基础底面基准标高不同时，将条形基础底面标高注写在括号“(　　)”内。

(5)必要的文字注解。该项为选注内容。当基础梁的设计有特殊要求时，宜增加必要的文字注解。

3. 基础梁的原位标注

基础梁的原位标注具体注写内容如下：

(1)注写基础梁支座的底部纵筋。

1)当梁底部纵筋多于一排时，用斜线“/”将各排纵筋自上而下分开。

2)当同排纵筋有两种直径时，用加号“+”将两种直径的纵筋相连。

3)当梁支座两边的底部纵筋配置不同时，需在支座两边分别标注；当梁支座两边的底部纵筋相同时，可仅在支座的一边标注。

4)当梁支座底部全部纵筋与集中注写过的底部贯通纵筋相同时，可不再重复做原位标注。

5)竖向加腋梁加腋部位钢筋，需在设置加腋的支座处以 Y 打头注写在括号“(　　)”内。

(2)原位注写基础梁的附加箍筋或(反扣)吊筋。当两向基础梁十字交叉，但交叉位置无柱时，应根据需要设置附加箍筋或(反扣)吊筋。将附加箍筋或(反扣)吊筋直接画在平面图中条形基础主梁上，原位直接引注总配筋值(附加箍筋的肢数注写在括号内)。当多数附加箍筋或(反扣)吊筋相同时，可在条形基础平法施工图上统一注明。少数与统一注明值不同时，再原位直接引注。

(3)注写基础梁外伸部位的变截面高度尺寸。当基础梁外伸部位采用变截面高度时，可注写 $b \times h_1/h_2$，h_1 为根部截面高度，h_2 为尽端截面高度。

(4)原位注写修正内容。当在基础梁上集中标注的某项内容不适用于某跨或某外伸部位时，将其修正内容原位标注在该跨或该外伸部位，施工时，原位标注取值优先。

当在多跨基础梁的集中标注中已注明竖向加腋，而该梁某跨根部不需要竖向加腋时，则应在该跨原位标注无 $Yc_1 \times c_2$ 的 $b \times h$，以修正集中标注中的竖向加腋要求。

2.2.3 条形基础底板的平面注写方式

条形基础底板的平面注写方式有集中标注和原位标注两部分内容。

1. 条形基础底板的集中标注

条形基础底板的集中标注包括条形基础底板编号、截面竖向尺寸、配筋三项必注内容，以及条形基础底板底面标高(与基础底面基准标高不同时)和必要的文字注解两项选注内容。

素混凝土条形基础底板的集中标注，除无底板配筋内容外与钢筋混凝土条形基础底板相同。具体规定如下：

(1)注写条形基础底板编号。该项为必注内容。条形基础梁及底板编号见表 2-4。

1)阶形截面：编号加下标"J"，如 TJB_J××(××)。

2)坡形截面：编号加下标"P"，如 TJB_P××(××)。

(2)注写条形基础底板截面竖向尺寸。该项为必注内容。

1)当条形基础底板为坡形截面时，注写为 h_1/h_2。具体标注示意如图 2-32 所示。

2)当条形基础底板为阶形截面，单阶时注写为 h_1。具体标注示意如图 2-33 所示。当为多阶时，各阶尺寸自下而上以斜线"/"分隔顺写。

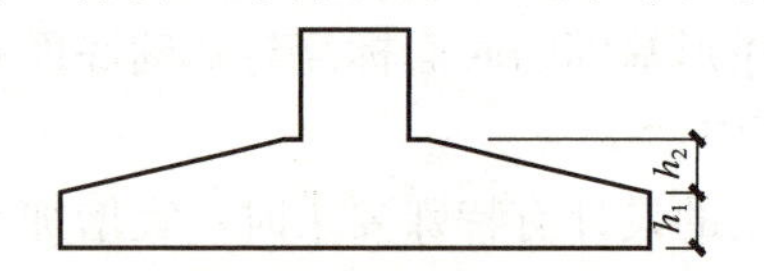

图 2-32 条形基础底板坡形截面竖向尺寸

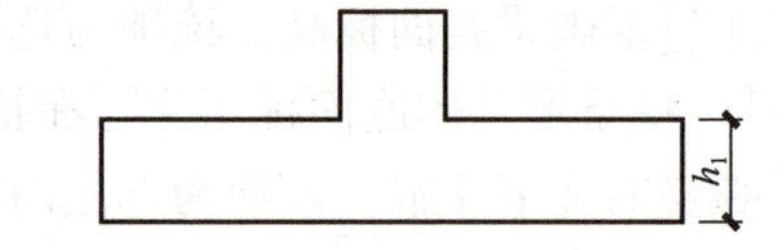

图 2-33 条形基础底板阶形截面竖向尺寸

(3)注写条形基础底板底部配筋及顶部配筋。该项为必注内容。

1)以 B 打头，注写条形基础底板底部的横向受力钢筋。

2)以 T 打头，注写条形基础底板顶部的横向受力钢筋。

3)用斜线"/"分隔条形基础底板的横向受力钢筋与纵向分布钢筋。具体标注示意如图 2-34、图 2-35 所示。

(4)注写条形基础底板底面标高。该项为选注内容。当条形基础底板的底面标高与基础底面基准标高不同时，应将条形基础底板底面标高注写在括号"(　　)"内。

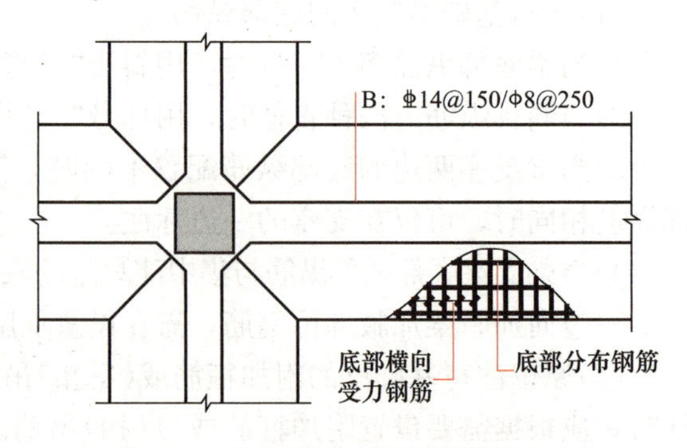

图 2-34 条形基础底板底部配筋示意

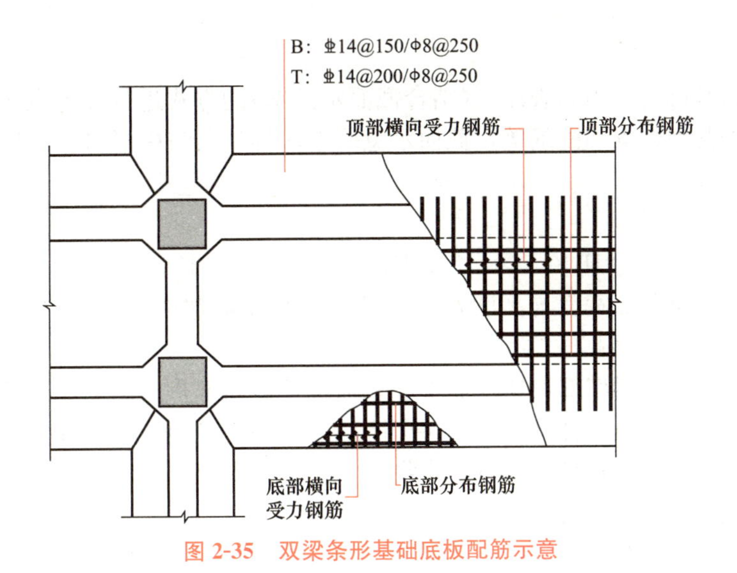

图 2-35　双梁条形基础底板配筋示意

(5)必要的文字注解。该项为选注内容。当条形基础底板的设计有特殊要求时，应增加必要的文字注解。

2. 条形基础底板的原位标注

(1)注写条形基础底板的平面尺寸。原位标注 b、b_i，$i=1$，2……。其中，b 为基础底板总宽度，b_i 为基础底板台阶的宽度。当基础底板采用对称于基础梁的坡形截面或单阶形截面时，b_i 可不注。具体标注示意如图 2-36 所示。

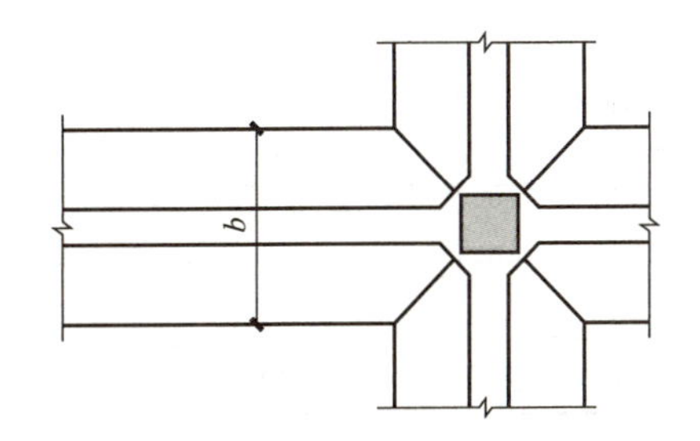

图 2-36　条形基础底板平面尺寸原位标注

对于相同编号的条形基础底板，可仅选择一个进行标注。

素混凝土条形基础底板的原位标注与钢筋混凝土条形基础底板相同。条形基础存在双梁或双墙共用同一基础底板的情况，当为双梁或为双墙且梁或墙荷载差距较大时，条形基础两侧可取不同的宽度，实际宽度以原位标注的基础底板两侧非对称的不同台阶宽度 b_i 进行表达。

(2)注写修正内容。当在条形基础底板上集中标注的某项内容不适用于条形基础底板的某跨或某外伸部位时，可将其修正内容原位标注在该跨或该外伸部位，施工时，原位标注取值优先。

2.2.4　条形基础的截面注写方式

条形基础的截面注写方式，可分为截面标注和列表注写(结合截面示意图)两种表达方式。

采用截面注写方式，应在基础平面布置图上对所有条形基础进行编号，基础的编号见表 2-4。

1. 截面标注

对条形基础进行截面标注的内容和形式，与传统“单构件正投影表示方法”基本相同。对于已在基础平面布置图上原位标注清楚的该条形基础梁和条形基础底板的水平尺寸，可不在截面图上重复表达，具体表达内容可参照相应图集中的标准构造。

2. 列表注写

对多个条形基础可采用列表注写(结合截面示意图)的方式进行集中表达。表中内容为条形基础截面的几何数据和配筋等，截面示意图上应标注与表中栏目相对应的代号。列表的具体内容规定如下：

(1)基础梁。

1)编号：编号注写为JL××(××)、JL××(××A)、JL××(××B)。

2)几何尺寸：梁截面宽度与高度 $b \times h$。当为竖向加腋梁时，用 $b \times h \quad Yc_1 \times c_2$ 表示，其中，c_1 为腋长，c_2 为腋高。

3)配筋：注写基础梁底部贯通纵筋＋非贯通纵筋，顶部贯通纵筋，箍筋。当设计为两种箍筋时，箍筋注写为第一种箍筋/第二种箍筋。第一种箍筋为梁端部箍筋，注写内容包括箍筋的箍数、钢筋级别、直径、间距与肢数。

基础梁列表注写格式见表2-5。

表2-5 基础梁几何尺寸和配筋表

基础编号/截面号	截面几何尺寸		配筋	
	$b \times h$	竖向加腋 $c_1 \times c_2$	底部贯通纵筋＋非贯通纵筋，顶部贯通纵筋	第一种箍筋/第二种箍筋
注：表中可根据实际情况增加栏目，如增加基础梁底面标高等。				

(2)条形基础底板。

1)编号：阶形截面编号为 TBJ_J××(××)、TBJ_J××(××A)、TBJ_J××(××B)，坡形截面编号 TBJ_P××(××)、TBJ_P××(××A)、TBJ_P××(××B)。

2)几何尺寸：水平尺寸 b、b_i，$i=1$，2，……；竖向尺寸 h_1/h_2。

3)配筋：B：Φ×× @×××/Φ×× @×××。

条形基础底板列表注写格式见表2-6。

表2-6 条形基础底板几何尺寸和配筋表

基础底板编号/截面号	截面几何尺寸			底部配筋(B)	
	b	b_i	h_1/h_2	横向受力钢筋	纵向分布钢筋
注：表中可根据实际情况增加栏目，如增加上部配筋、基础底板底面标高等。					

2.2.5 条形基础的钢筋构造

1. 条形基础底板配筋构造

条形基础底板的配筋构造如图2-37、图2-38所示。

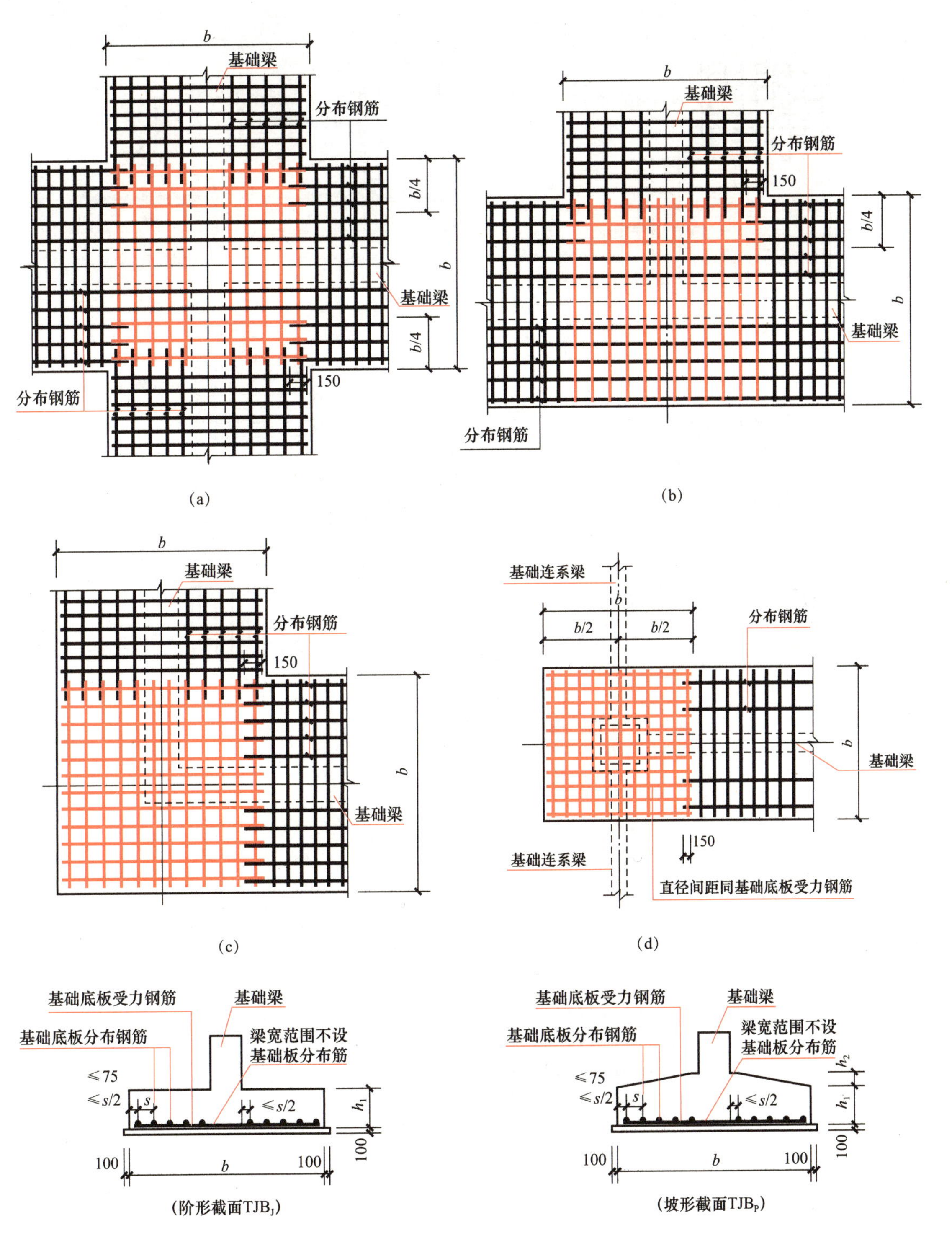

注：1. 条形基础底板的分布钢筋在梁宽范围内不设置。
2. 在两向受力钢筋交接处的网状部位，分布钢筋与同向受力钢筋的搭接长度为150 mm。

图 2-37　条形基础底板的配筋构造(一)

(a)十字交接基础底板，也可用于转角梁板端部均有纵向延伸；
(b)丁字交接基础底板；(c)转角梁板端部无纵向延伸；(d)条形基础无交接底板端部构造

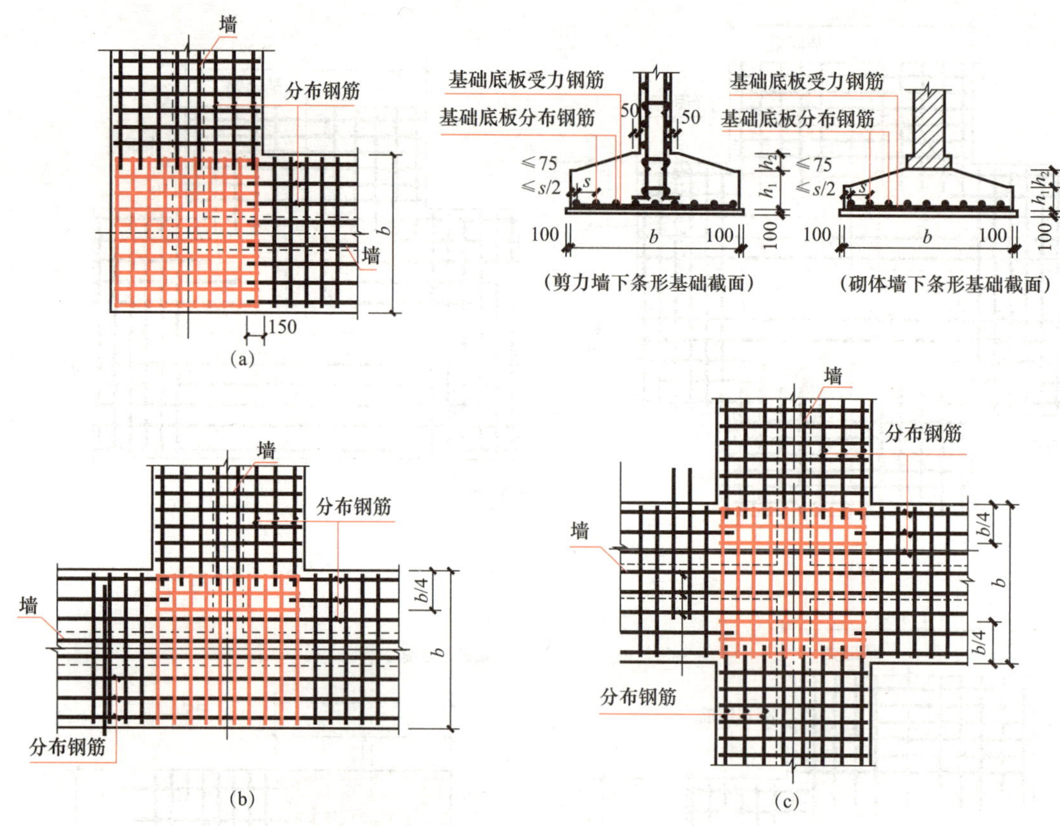

注：在两向受力钢筋交接处的网状部位，分布钢筋与同向受力钢筋的构造搭接长度为150 mm。

图 2-38　条形基础底板的配筋构造(二)

(a)转角处墙基础底板；(b)丁字交接基础底板；(c)十字交接基础底板

2. 条形基础底板配筋长度减短 10%构造

条形基础底板配筋长度减短 10%构造如图 2-39 所示。

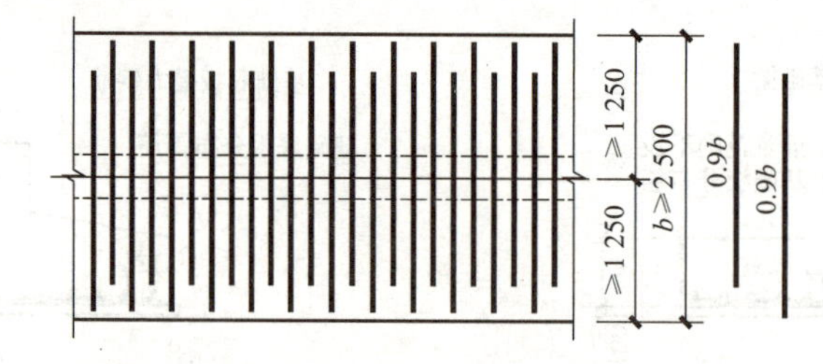

图 2-39　条形基础底板配筋长度减短 10%构造

构造要求如下：

(1)底板交接区的受力钢筋和无交接底板时端部第一根钢筋不应减短；

(2)当底板宽度 $b \geqslant 2\ 500$ mm 时，底板受力钢筋的长度为 $0.9b$，并交错布置。

3. 基础梁纵向钢筋与箍筋构造

基础梁纵向钢筋与箍筋构造如图 2-40 所示。

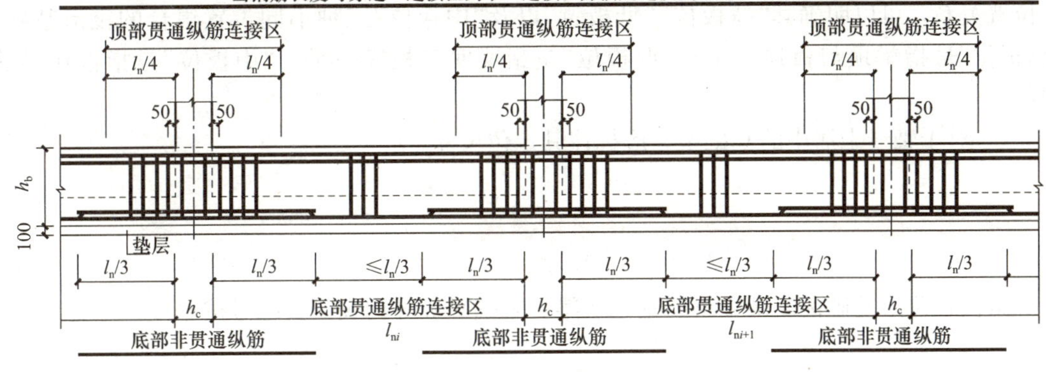

图 2-40　基础梁纵向钢筋与箍筋构造

构造要求如下：

(1)上部钢筋。

1)顶部贯通纵筋在连接区内采用搭接、机械连接或焊接。同一连接区段内接头面积百分率不宜大于50%。

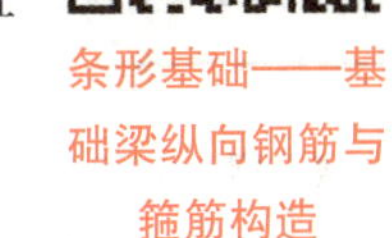

条形基础——基础梁纵向钢筋与箍筋构造

2)当钢筋长度可穿过一连接区到下一连接区并满足连接要求时，宜穿越设置。

3)顶部贯通纵筋连接区如图 2-40 所示。

(2)下部钢筋。

1)底部贯通纵筋在连接区内采用搭接、机械连接或焊接。同一连接区段内接头面积百分率不宜大于50%。

2)当钢筋长度可穿过一连接区到下一连接区并满足连接要求时，宜穿越设置。

3)底部贯通纵筋连接区如图 2-40 所示。底部非贯通纵筋的长度如图 2-40 所示。

(3)箍筋。节点区内箍筋按梁端箍筋设置。梁相互交叉宽度内的箍筋按截面高度较大的基础梁设置。同跨箍筋有两种时，各自设置范围按具体设计注写。

2.3　梁板式筏形基础平法施工图制图规则

2.3.1　梁板式筏形基础平法施工图的表示方法

(1)梁板式筏形基础平法施工图，是在基础平面布置图上采用平面注写方式进行表达。

(2)当绘制基础平面布置图时，应将梁板式筏形基础与其所支承的柱、墙一起绘制。梁板式筏形基础以多数相同的基础平板底面标高作为基础底面基准标高。当基础底面标高不同时，需注明与基础底面基准标高不同之处的范围和标高。

(3)为方便设计表达，可通过选注基础梁底面与基础平板底面的标高高差来表达两者间的位置关系，可以明确其“高板位”“低板位”以及“中板位”三种不同位置组合的筏形基础。“高板位”是指梁顶与板顶一平；“低板位”是指梁底与板底一平；“中板位”是指板在梁的中部。

(4)对于轴线未居中的基础梁，应标注其定位尺寸。

2.3.2 梁板式筏形基础构件的类型与编号

梁板式筏形基础由基础主梁、基础次梁、基础平板等构成，其编号按表 2-7 的规定。

表 2-7 梁板式筏形基础构件编号

构件类型	代号	序号	跨数及有无外伸
基础主梁(柱下)	JL	××	(××)或(××A)或(××B)
基础次梁	JCL	××	(××)或(××A)或(××B)
梁板筏基础平板	LPB	××	

注：1. (××A)为一端有外伸，(××B)为两端有外伸，外伸不计入跨数。
2. 梁板式筏形基础平板跨数及是否有外伸分别在 X、Y 两向的贯通纵筋之后表达。图面从左至右为 X 向，从下至上为 Y 向。
3. 梁板式筏形基础主梁与条形基础梁编号与标准构造详图一致。

【例】 JL7(5B)表示第 7 号基础主梁，5 跨，两端有外伸。

【例】 JCL6(4A)表示第 6 号基础次梁，4 跨，一端有外伸。

2.3.3 基础主梁与基础次梁的平面注写方式

基础主梁与基础次梁的平面注写方式有集中标注与原位标注两部分内容。当集中标注中的某项数值不适用于梁的某部位时，则将该项数值采用原位标注，施工时，原位标注优先。

1. 基础主梁与基础次梁的集中标注

基础主梁与基础次梁的集中标注内容有基础梁编号、截面尺寸、配筋三项必注内容，基础梁底面标高高差(相对于筏形基础平板底面标高)一项选注内容。具体规定如下：

(1)注写基础梁的编号。该项为必注内容。编号依据见表 2-7。

(2)注写基础梁的截面尺寸。该项为必注内容。基础梁的截面尺寸以 $b\times h$ 表示梁截面宽度与高度；当为竖向加腋梁时，用 $b\times h$　$Yc_1\times c_2$ 表示，其中，c_1 为腋长，c_2 为腋高。

(3)注写基础梁的配筋。该项为必注内容。

1)注写基础梁箍筋。

①当采用一种箍筋间距时，注写钢筋级别、直径、间距与肢数(写在括号内)。

②当采用两种箍筋时，用斜线“/”分隔不同箍筋，按照从基础梁两端向跨中的顺序注写。先注写第 1 段箍筋(在前面加注箍数)，在斜线后再注写第 2 段箍筋(不再加注箍筋)。

【例】 9Φ16@100/Φ16@200(6)，表示配置 HRB400 级钢筋，箍筋的直径为 16 mm，

间距为两种，从基础梁两端向跨内按箍筋间距100 mm每端各设置9道，梁其余部位的箍筋间距为200 mm，均为6肢箍。

施工时应注意：两向基础主梁相交的柱下区域，应有一向截面较高的基础主梁箍筋贯通设置；当两向基础主梁高度相同时，任选一向基础主梁箍筋贯通设置。

2)注写基础梁的底部、顶部及侧面纵向钢筋。

①以B打头，先注写梁底部贯通纵筋(不应少于底部受力钢筋总截面面积的1/3)。当跨中所注根数少于箍筋肢数时，需要在跨中加设架立筋以固定箍筋，注写时，用加号"＋"将贯通纵筋与架立筋相连，架立筋注写在加号后面的括号内。

②以T打头，注写梁顶部贯通纵筋值。注写时用分号";"将底部与顶部纵筋分隔开，如有个别跨与其不同，按原位注写的规定处理。

【例】 B4⌀32；T7⌀32，表示梁的底部配置4⌀32的贯通纵筋，梁的顶部配置7⌀32的贯通纵筋。

③当梁底部或顶部贯通纵筋多于一排时，用斜线"/"将各排纵筋自上而下分开。

【例】 梁底部贯通纵筋注写为B8⌀28 3/5，则表示上一排纵筋为3⌀28，下一排纵筋为5⌀28。

④以大写字母G打头注写基础梁两侧对称设置的纵向构造钢筋的总配筋值(当梁腹板高度h_w不小于450 mm时，根据需要配置)。

【例】 G8⌀16，表示梁的两个侧面共配置8⌀16的纵向构造钢筋，每侧各配置4⌀16。

当需要配置抗扭纵向钢筋时，梁的两个侧面设置的抗扭纵向钢筋以N打头。

【例】 N8⌀16，表示梁的两个侧面共配置8⌀16的纵向抗扭钢筋，沿截面周边均匀对称设置。

但应注意，当为梁侧面构造钢筋时，其搭接与锚固长度可取为15d；当为梁侧面受扭纵向钢筋时，其锚固长度为l_a，搭接长度为l_l，其锚固方式同基础梁上部纵筋。

(4)注写基础梁底面标高高差。该项为选注内容。基础梁底面标高高差是指相对于筏形基础平板底面标高的高差值。有高差时需将高差写入括号内(如"高板位"与"中板位"基础梁的底面与基础平板底面标高的高差值)，无高差时不注(如"低板位"筏形基础的基础梁)。

2. 基础主梁与基础次梁的原位标注

基础主梁与基础次梁的原位标注规定如下：

(1)注写梁支座的底部纵筋。梁支座的底部纵筋，是指包含贯通纵筋与非贯通纵筋在内的所有纵筋。

1)当底板纵筋多于一排时，用斜线"/"将各排纵筋自上而下分开。

【例】 梁端(支座)区域底部纵筋注写为10⌀25 4/6，则表示上一排纵筋为4⌀25，下一排纵筋为6⌀25。

2)当同排纵筋有两种直径时，用加号"＋"将两种直径的纵筋相连。

【例】 梁端(支座)区域底部纵筋注写为4⌀28＋2⌀25，则表示一排纵筋由两种不同直径钢筋组合。

3)当梁中间支座两边的底部纵筋配置不同时，需在支座两边分别标注；当梁中间支座两边的底部纵筋相同时，可仅在支座的一边标注配筋值。

4)当梁端(支座)区域的底部全部纵筋与集中注写过的贯通纵筋相同时，可不再重复做原位标注。

5)竖向加腋梁加腋部位钢筋，需在设置加腋的支座处以Y打头注写在括号内。

【例】 竖向加腋梁端(支座)处注写为Y4⌀25，表示竖向加腋部位纵筋为4⌀25。

(2)注写基础梁的附加箍筋或(反扣)吊筋。基础梁的附加箍筋或(反扣)吊筋将其直接画在平面图中的主梁上，用线引注总配筋值(附加箍筋的肢数注在括号内)，当多数附加箍筋或(反扣)吊筋相同时，可在基础梁平法施工图上统一注明，少数与统一注明值不同时，再原位引注。

(3)当基础梁外伸部位变截面高度时，在该部位原位注写$b \times h_1/h_2$，h_1为根部截面高度，h_2为尽端截面高度。

(4)注写修正内容。当在基础梁上集中标注的某项内容(如梁截面尺寸、箍筋、底部与顶部贯通纵筋或架立筋、梁侧面纵向构造钢筋、梁底面标高高差等)不适用于某跨或某外伸部位时，则将其修正内容原位标注在该跨或该外伸部位，施工时原位标注取值优先。

当在多跨基础梁的集中标注中已注明竖向加腋，而该梁某跨根部不需要竖向加腋时，则应在该跨原位标注等截面的$b \times h$，以修正集中标注中的加腋信息。

按以上各项规定的组合表达方式，基础主梁与基础次梁标注图示如图2-41所示。

2.3.4 基础梁底部非贯通纵筋的长度规定

为方便施工，凡基础主梁柱下区域和基础次梁支座区域底部非贯通纵筋的伸出长度a_0值，当配置不多于两排时，在标准构造详图中统一取值为自支座边向跨内伸出至$l_n/3$位置；当非贯通纵筋配置多于两排时，从第三排起向跨内的伸出长度值应由设计者注明。l_n的取值规定：边跨边支座的底部非贯通纵筋，l_n取本边跨的净跨长度值；中间支座的底部非贯通纵筋，l_n取支座两边较大一跨的净跨长度值。

基础主梁与基础次梁外伸部位底部纵筋的伸出长度a_0值，在标准构造详图中统一取值为：第一排伸出至梁端头后，全部上弯$12d$或$15d$；其他排伸至梁端头后截断。

a_0的取值还应按照《混凝土结构设计规范(2015年版)》(GB 50010—2010)、《建筑地基基础设计规范》(GB 50007—2011)和《高层建筑混凝土结构技术规程》(JGJ 3—2010)的相关规定进行校核，若不满足时应另行变更。

2.3.5 梁板式筏形基础平板的平面注写方式

梁板式筏形基础平板LPB的平面注写，分为集中标注与原位标注两部分内容。

1. 集中标注

梁板式筏形基础平板贯通纵筋的集中标注应在所表达的板内双向均为第一跨(X与Y双向首跨)的板上引出(图面从左至右为X向，从下至上为Y向)。

板区划分条件：板厚相同、基础平板底板与顶部贯通纵筋配置相同的区域为同一板区。

集中标注的内容规定如下：

(1)注写基础平板的编号，见表2-7。

(2)注写基础平板的截面尺寸。注写$h=\times\times\times$，表示板厚。

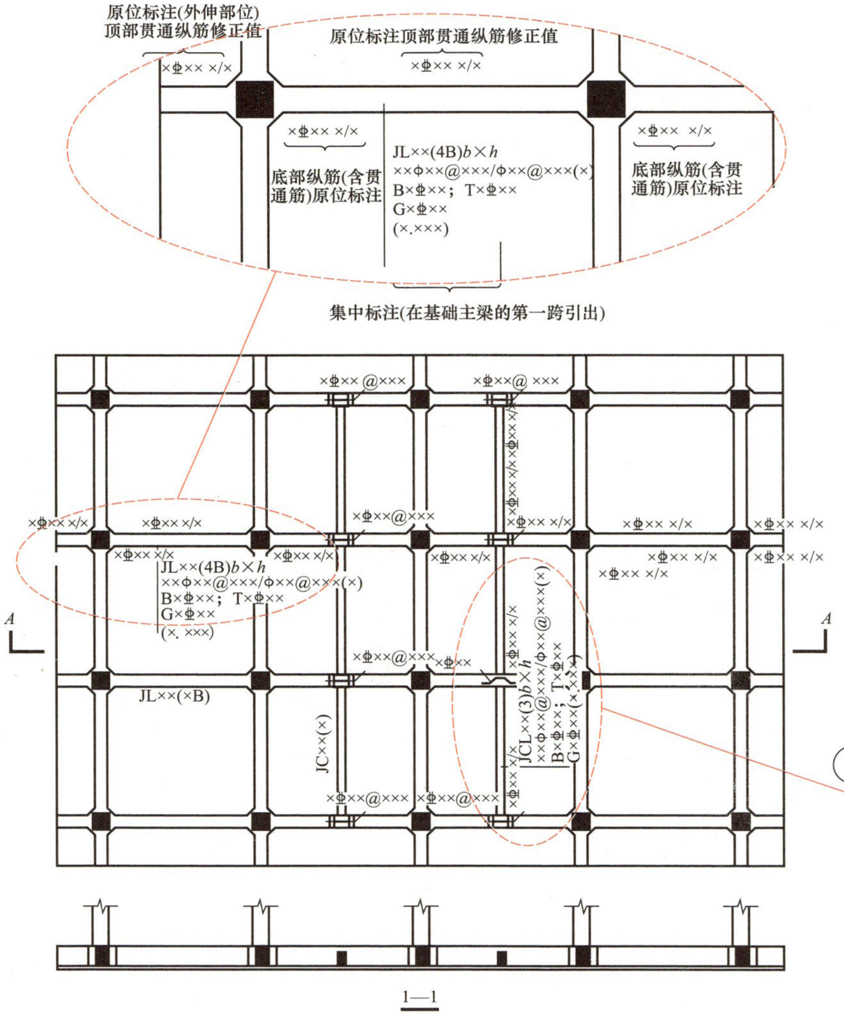

原位标注(外伸部位)顶部贯通纵筋修正值

×Φ×× ×/×

原位标注顶部贯通纵筋修正值

×Φ×× ×/×

×Φ×× ×/×

底部纵筋(含贯通筋)原位标注

JL××(4B)$b\times h$
××ϕ××@×××/ϕ××@×××(×)
B×Φ××；T×Φ××
G×Φ××
(×.×××)

×Φ×× ×/×

底部纵筋(含贯通筋)原位标注

集中标注(在基础主梁的第一跨引出)

JL××(×B)

JC××(×)

A　A

1—1

附加箍筋(基础主梁上)

附加反扣吊筋(基础主梁上)

×Φ×× ×/×

底部纵筋(含贯通筋)原位标注

JCL××(3)$b\times h$
××ϕ××@×××/ϕ××@×××(×)
B×Φ××；T×Φ××
G×Φ×× (×.×××)

×Φ×× ×/×

底部纵筋(含贯通筋)原位标注

集中标注(在基础次梁的第一跨引出)

基础主梁JL与基础次梁JCL标注说明

集中标注说明：集中标注应在第一跨引出		
注写形式	表达内容	附加说明
JL××(×B)或JCL××(×B)	基础主梁JL或基础次梁JCL编号，具体包括：代号、序号、跨数及外伸状况	(×A)：一端有外伸；(×B)：两端均有外伸；无外伸则仅注跨数(×)
$b\times h$	截面尺寸，梁宽×梁高	当加腋时，用$b\times h$ Y$c_1\times c_2$表示，其中c_1为腋长，c_2为腋高
××ϕ××@×××/ϕ××@×××(×)	第一种箍筋道数、强度等级、直径、间距/第二种箍筋(肢数)	ϕ—HPB300，Φ—HRB335，Φ—HRB400，Φ^R—RRB400，下同
B×Φ××；T×Φ××	底部(B)贯通纵筋根数、强度等级、直径；顶部(T)贯通纵筋根数、强度等级、直径	底部纵筋应有不少于1/3贯通全跨顶部纵筋全部连通
G×Φ××	梁侧面纵向构造钢筋根数、强度等级、直径	为梁两个侧面构造纵筋的总根数
(×.×××)	梁底面相对于筏形基础平板标高的高差	高者前加+号，低者前加−号，无高差不注

原位标注(含贯通筋)的说明：		
注写形式	表达内容	附加说明
×Φ×× ×/×	基础主梁柱下与基础次梁支座区域底部纵筋根数、强度等级、直径，以及用“/”分隔的各排筋根数	为该区域底部包括贯通筋与非贯通筋在内的全部纵筋
×ϕ××@×××	附加箍筋总根数(两侧均分)、规格、直径及间距	在主次梁相交处的主梁上引出
基他原位标注	某部位与集中标注不同的内容	原位标注取值优先

注：相同的基础主梁或次梁中标注一根，其他仅注编号。有关标注的其他规定详见制图规则。在基础梁相交处位于同一层面的纵筋相交叉时，设计应注明何梁纵筋在下，何梁纵筋在上。

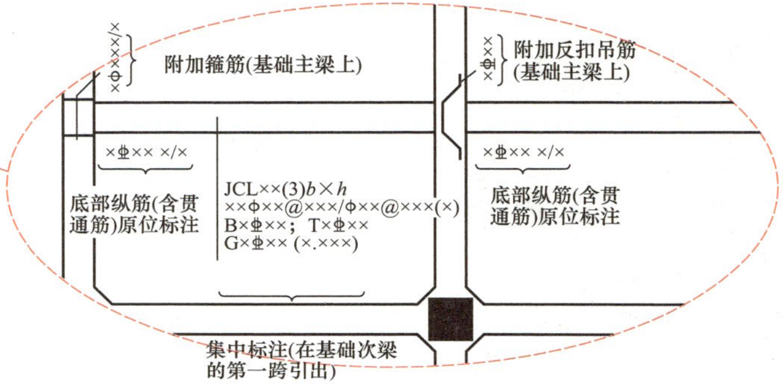

图 2-41　基础主梁与基础次梁标注图示

(3)注写基础平板的底部与顶部贯通纵筋及其跨数及外伸情况。先注写 X 向底部(B 打头)贯通纵筋与顶部(T 打头)贯通纵筋及纵向长度范围；再注写 Y 向底部(B 打头)贯通纵筋与顶部(T 打头)贯通纵筋及其跨数及外伸情况(图面从左至右为 X 向，从下至上为Y 向)。

贯通纵筋的跨数及外伸情况注写在括号中，注写方式为“跨数及有无外伸”，表达形式为(××)(无外伸)、(××A)(一端有外伸)或(××B)(两端有外伸)。

但应注意，基础平板的跨数以构成柱网的主轴线为准，两主轴线之间无论有几道辅助轴线，均可按一跨考虑。

【例】 X：B⌀22@150；T⌀20@150；(5B)

Y：B⌀20@200；T⌀18@200；(7A)

表示基础平板 X 向底部配置 ⌀22、间距为 150 mm 的贯通纵筋，顶部配置 ⌀20、间距为 150 mm 的贯通纵筋，共 5 跨两端有外伸；Y 向底部配置 ⌀20、间距为 200 mm 的贯通纵筋，顶部配置 ⌀18、间距为 200 mm 的贯通纵筋，共 7 跨一端有外伸。

当贯通筋采用两种规格钢筋“隔一布一”的方式时，表达为 ϕxx/yy @×××，表示直径 xx 的钢筋和直径 yy 的钢筋之间的间距为×××，直径 xx 的钢筋、直径 yy 的钢筋间距分别为×××的 2 倍。

【例】 *⌀10/12@100，表示贯通纵筋为 ⌀10、⌀12 隔一布一，相邻 ⌀10 与 ⌀12 之间的距离为 100 mm。*

2. 原位标注

梁板式筏形基础平板的原位标注，主要表达板底部附近非贯通纵筋。具体注写内容如下：

(1)原位注写位置及内容。板底部原位标注的附加非贯通纵筋，应在配置相同跨的第一跨表达(当在基础梁悬挑部位单独配置时则在原位表达)。在配置相同跨的第一跨(或基础梁外伸部位)，垂直于基础梁绘制一段中粗虚线(当该筋通长设置在外伸部位或短跨板下部时，应画至对边或贯通短跨)，在虚线上注写编号(如①、②等)、配筋值、横向布置的跨数及是否布置到外伸部位。

板底部附加非贯通纵筋自支座中线向两边跨内的伸出长度值注写在线段的下方位置。当该筋向两侧对称伸出时，可仅在一侧标注，另一侧不注；当布置在边梁下时，向基础平板外伸部位一侧的伸出长度与方式按标准构造，设计不注。底部附加非贯通相同者，可仅注写一处，其他只注写编号。

原位注写的底部附加非贯通纵筋与集中标注的底部贯通钢筋，宜采用“隔一布一”的方式布置，即基础平板(X 向或 Y 向)底部附加非贯通纵筋与贯通纵筋间隔布置，其标注间距与底部贯通纵筋相同(两者实际组合后的间距为各自标注间距的 1/2)。

(2)注写修正内容。当集中标注的某些内容不适用于梁板式筏形基础平板某板内的某一板跨时，应由设计者在该板跨内注明，施工时应按注明内容取用。

(3)当若干基础梁下基础平板的底部附加非贯通纵筋配置相同时(其底部、顶部的贯通纵筋可以不同)，可仅在一根基础梁下做原位注写，并在其他梁上注明“该梁下基础平板底部附加非贯通纵筋同××基础梁”。

梁板式筏形基础平板的平面注写规定，同样适用于钢筋混凝土墙下的基础平板。按以上主要分项规定的组合表达方式，如图 2-42 所示。

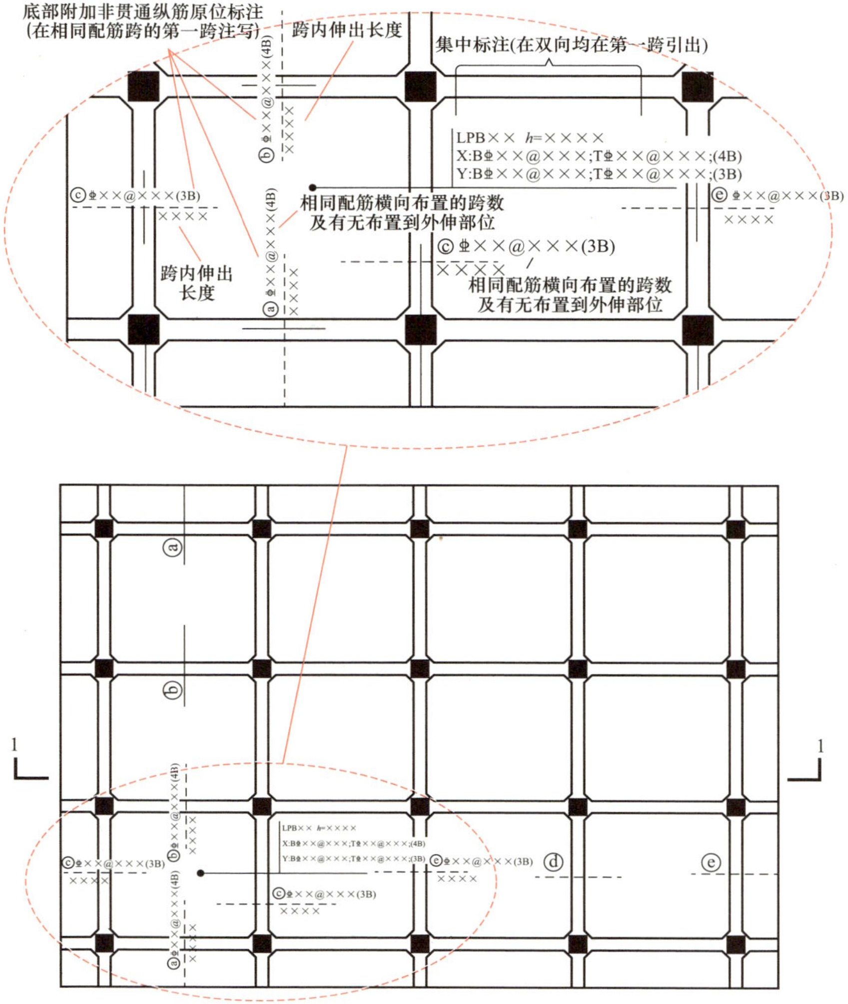

底部附加非贯通纵筋原位标注
(在相同配筋跨的第一跨注写)

跨内伸出长度

集中标注(在双向均在第一跨引出)

LPB×× h=××××
X:B⌀××@×××;T⌀××@×××;(4B)
Y:B⌀××@×××;T⌀××@×××;(3B)

相同配筋横向布置的跨数及有无布置到外伸部位

跨内伸出长度

1—1

梁板式筏形基础基础平板LPB标注说明

集中标注说明：集中标注应在双向均为第一跨引出		
注写形式	表达内容	附加说明
LPB××	基础平板编号，包括代号和序号	为梁板式基础的基础平板
h=×××	基础平板厚度	
X:B⌀××@×××; T⌀××@×××; (×、×A、×B) Y:B⌀××@×××; T⌀××@×××; (×、×A、×B)	X或Y向底部与顶部贯通纵筋强度等级、直径、间距(跨数及外伸情况)	底部纵筋应有不少于1/3贯通全跨，注意与非贯通纵筋组合设置的具体要求，详见制图规则。顶部纵筋应全跨连通。用B引导底部贯通纵筋，用T引导顶部贯通纵筋。 (×A)：一端有外伸；(×B)：两端均有外伸；无外伸则仅注跨数(×)。图面从左至右为X向，从下至上为Y向

板底部附加非贯通筋的原位标注说明：原位标注应在基础梁下相同配筋跨的第一跨下注写		
注写形式	表达内容	附加说明
⊗⌀××@×××(×、×A、×B) ×××× 基础梁	板底部附加非贯通纵筋编号、强度等级、直径、间距(相同配筋横向布置的跨数外伸情况)；自梁中心线分别向两边跨内的伸出长度值	当向两侧对称伸出时，可只在一侧注伸出长度值。外伸部位一侧的伸出长度与方式按标准构造，设计不注。相同非贯通纵筋可只注写一处，其他仅在中粗虚线上注写编号。与贯通纵筋组合设置时的具体要求详见相应制图规则
修正内容原位注写	某部位与集中标注不同的内容	原位标注的修正内容取值优先
注：图注中注明的其他内容见制图规则第4.6.2条；有关标注的其他规定详见制图规则。		

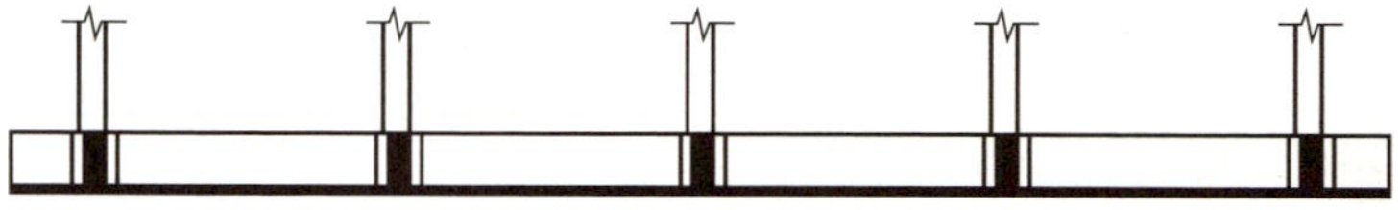

图 2-42　梁板式筏形基础平板标注图示

2.3.6 梁板式筏形基础钢筋构造

1. 基础梁的钢筋构造

基础梁的钢筋包括纵向钢筋和箍筋，其构造要求如图 2-40 所示。

无论是顶部贯通纵筋还是底部贯通纵筋，在其连接区内的连接方式都可采用搭接、机械连接或焊接。连接区的长度如图 2-40 所示。同一连接区段内接头面积百分率不宜大于 50%。当钢筋长度可穿过一连接区到下一连接区并满足连接要求时，宜穿越设置。

2. 基础梁配置两种箍筋构造

当基础梁内配置两种箍筋，即梁端和梁跨中的箍筋不同时，箍筋的范围按照图 2-43 进行配置。梁端第一种箍筋范围需按设计标注。

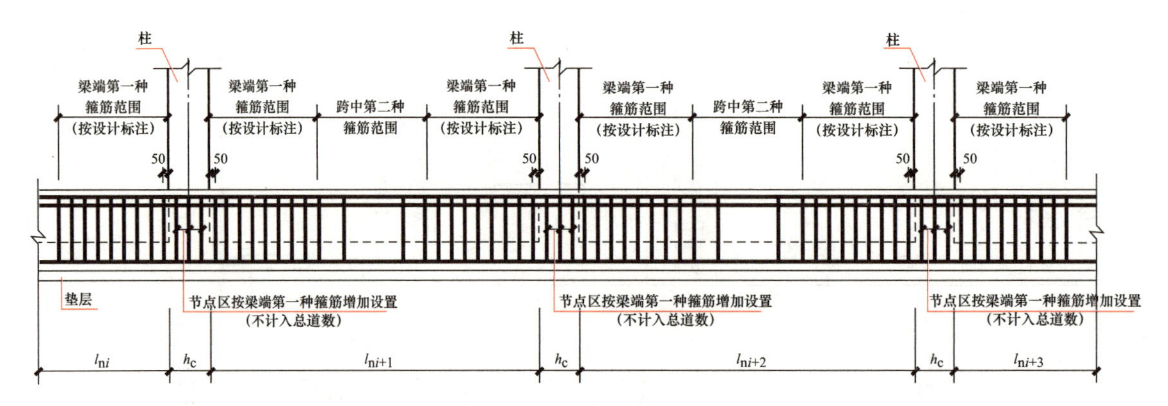

图 2-43 基础梁配置两种箍筋构造

3. 基础梁端部与外伸部位钢筋构造

端部等(变)截面外伸构造中，当从柱内边算起的梁端部外伸长度不满足直锚要求时，基础梁下部钢筋应伸至端部后弯折，且从柱边算起水平段长度$\geqslant 0.6l_{ab}$，弯折段长度为$15d$，如图 2-44 所示。

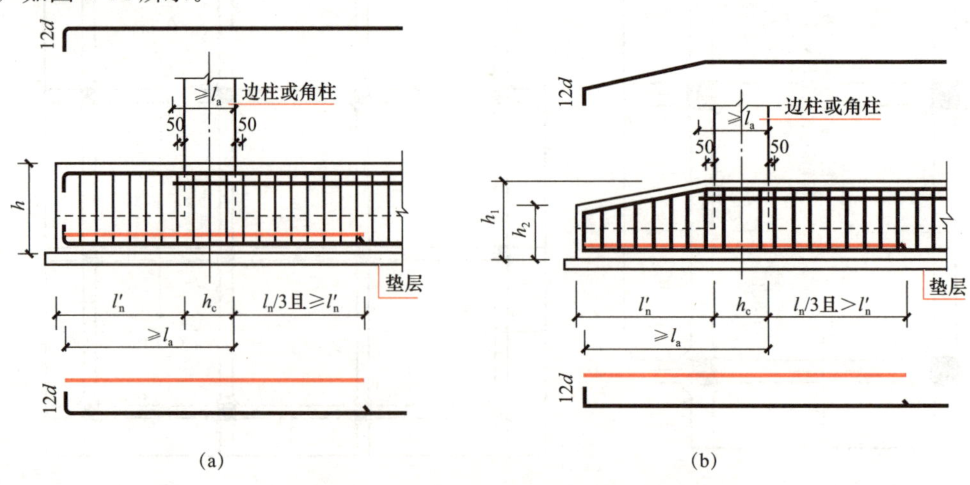

图 2-44 梁板式筏形基础梁端部与外伸部位钢筋构造

(a)端部等截面外伸构造；(b)端部变截面外伸构造

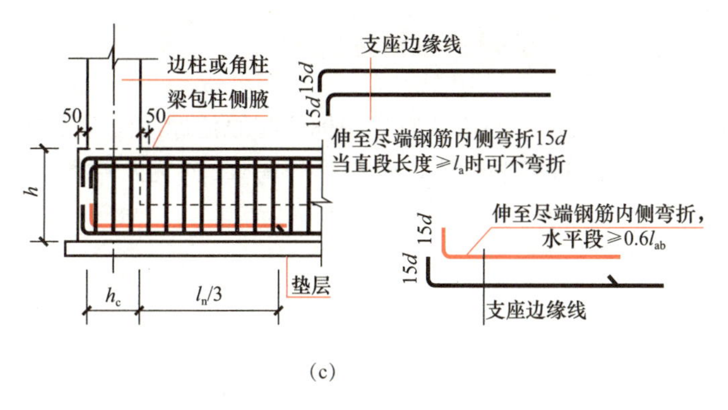

(c)

图 2-44　梁板式筏形基础梁端部与外伸部位钢筋构造(续)

(c)端部无外伸构造

2.4　平板式筏形基础平法施工图制图规则

2.4.1　平板式筏形基础平法施工图的表示方法

(1)平板式筏形基础平法施工图，是在基础平面布置图上采用平面注写方式进行表达。

(2)当绘制基础平面布置图时，应将平板式筏形基础与其所支承的柱、墙一起绘制。当基础底面标高不同时，需注明与基础底面基准标高不同之处的范围和标高。

2.4.2　平板式筏形基础构件的类型与编号

平板式筏形基础的平面注写有两种表达方式。一种是划分为柱下板带和跨中板带进行表达；另一种是按基础平板进行表达。平板式筏形基础构件编号见表 2-8。

表 2-8　平板式筏形基础构件编号

构件类型	代号	序号	跨数及有无外伸
柱下板带	ZXB	××	(××)或(××A)或(××B)
跨中板带	KZB	××	(××)或(××A)或(××B)
平板式筏形基础平板	BPB	××	

注：1.(××A)为一端有外伸，(××B)为两端有外伸，外伸不计入跨数。

2. 平板式筏形基础平板，其跨数及是否有外伸分别在 X、Y 两向的贯通纵筋之后表达。图面从左至右为 X 向，从下至上为 Y 向。

2.4.3 柱下板带、跨中板带的平面注写方式

柱下板带与跨中板带的平面注写方式有集中标注与原位标注两部分内容。

(1)柱下板带与跨中板带的集中标注，应在第一跨(X 向为左端跨，Y 向为下端跨)引出。具体规定如下：

1)注写编号，见表 2-8；

2)注写截面尺寸；

3)注写底部与顶部贯通纵筋。

(2)柱下板带与跨中板带的原位标注的内容，主要为底部附加非贯通纵筋。具体规定如下：

1)注写内容：以一段与板带同向的中粗虚线代表附加非贯通纵筋；柱下板带：贯穿其柱下区域绘制；跨中板带：横贯柱中线绘制，在虚线上注写底部附加非贯通纵筋的编号、钢筋级别、直径、间距、自柱中线分别向两侧跨内的伸出长度值；

2)注写修正内容。柱下板带与跨中板带标注图示如图 2-45 所示。

2.4.4 平板式筏形基础平板的平面注写方式

平板式筏形基础平板的平面注写，分为集中标注和原位标注两部分内容。平板式筏形基础平板标注图示如图 2-46 所示。

思考题

1. 独立基础平法施工图有哪几种表达方式？如何注写？
2. 条形基础平法施工图有哪几种表达方式？如何注写？

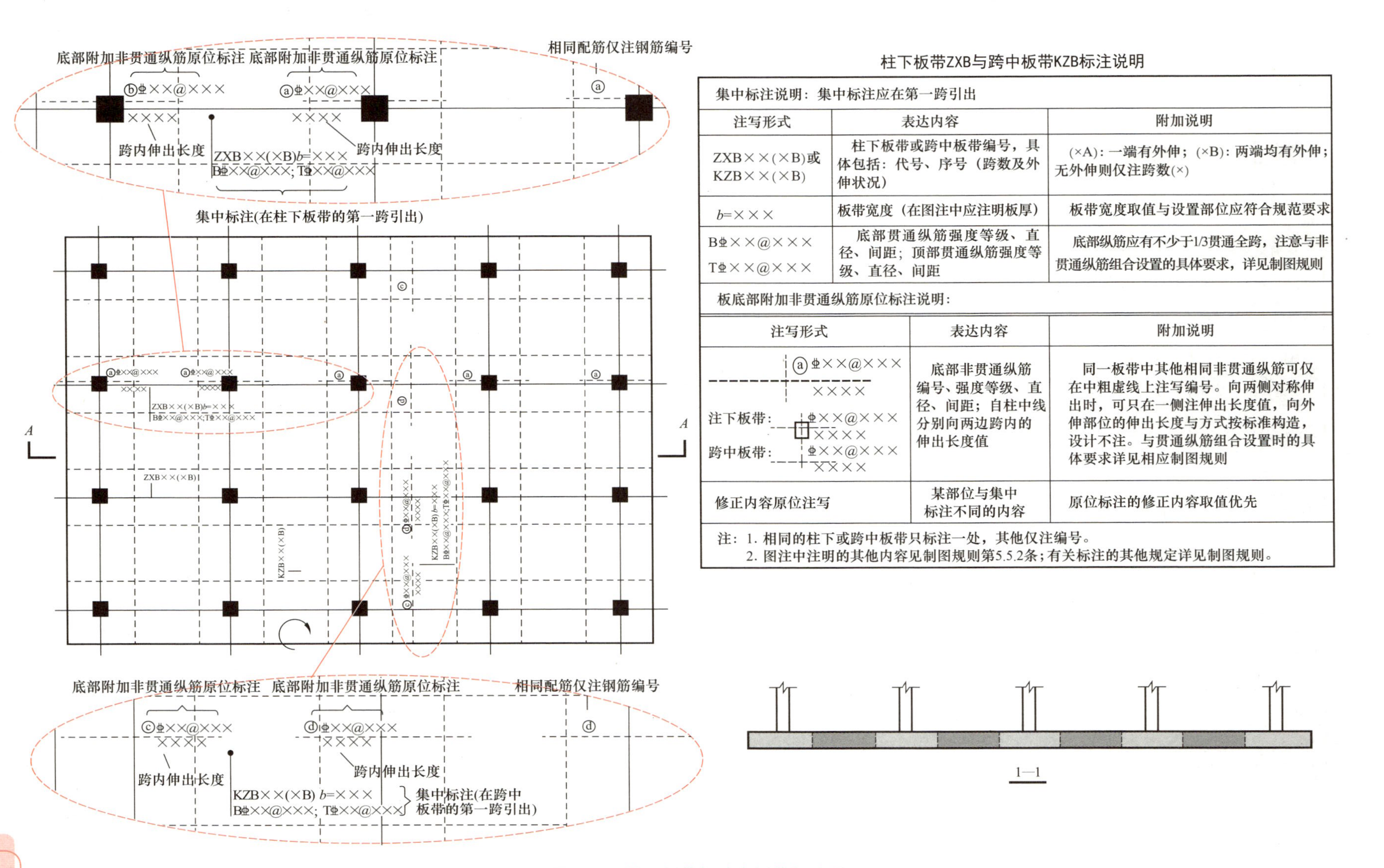

柱下板带ZXB与跨中板带KZB标注说明

集中标注说明：集中标注应在第一跨引出		
注写形式	表达内容	附加说明
ZXB××(×B)或KZB××(×B)	柱下板带或跨中板带编号，具体包括：代号、序号（跨数及外伸状况）	(×A)：一端有外伸；(×B)：两端均有外伸；无外伸则仅注跨数(×)
b=×××	板带宽度（在图注中应注明板厚）	板带宽度取值与设置部位应符合规范要求
B⌀××@××× T⌀××@×××	底部贯通纵筋强度等级、直径、间距；顶部贯通纵筋强度等级、直径、间距	底部纵筋应有不少于1/3贯通全跨，注意与非贯通纵筋组合设置的具体要求，详见制图规则

板底部附加非贯通纵筋原位标注说明：		
注写形式	表达内容	附加说明
ⓐ⌀××@××× ×××× 注下板带：⌀××@××× ×××× 跨中板带：⌀××@××× ××××	底部非贯通纵筋编号、强度等级、直径、间距；自柱中线分别向两边跨内的伸出长度值	同一板带中其他相同非贯通纵筋可仅在中粗虚线上注写编号。向两侧对称伸出时，可只在一侧注伸出长度值，向外伸部位的伸出长度与方式按标准构造，设计不注。与贯通纵筋组合设置时的具体要求详见相应制图规则
修正内容原位注写	某部位与集中标注不同的内容	原位标注的修正内容取值优先

注：1. 相同的柱下或跨中板带只标注一处，其他仅注编号。
2. 图注中注明的其他内容见制图规则第5.5.2条；有关标注的其他规定详见制图规则。

图 2-45　柱下板带与跨中板带标注图示

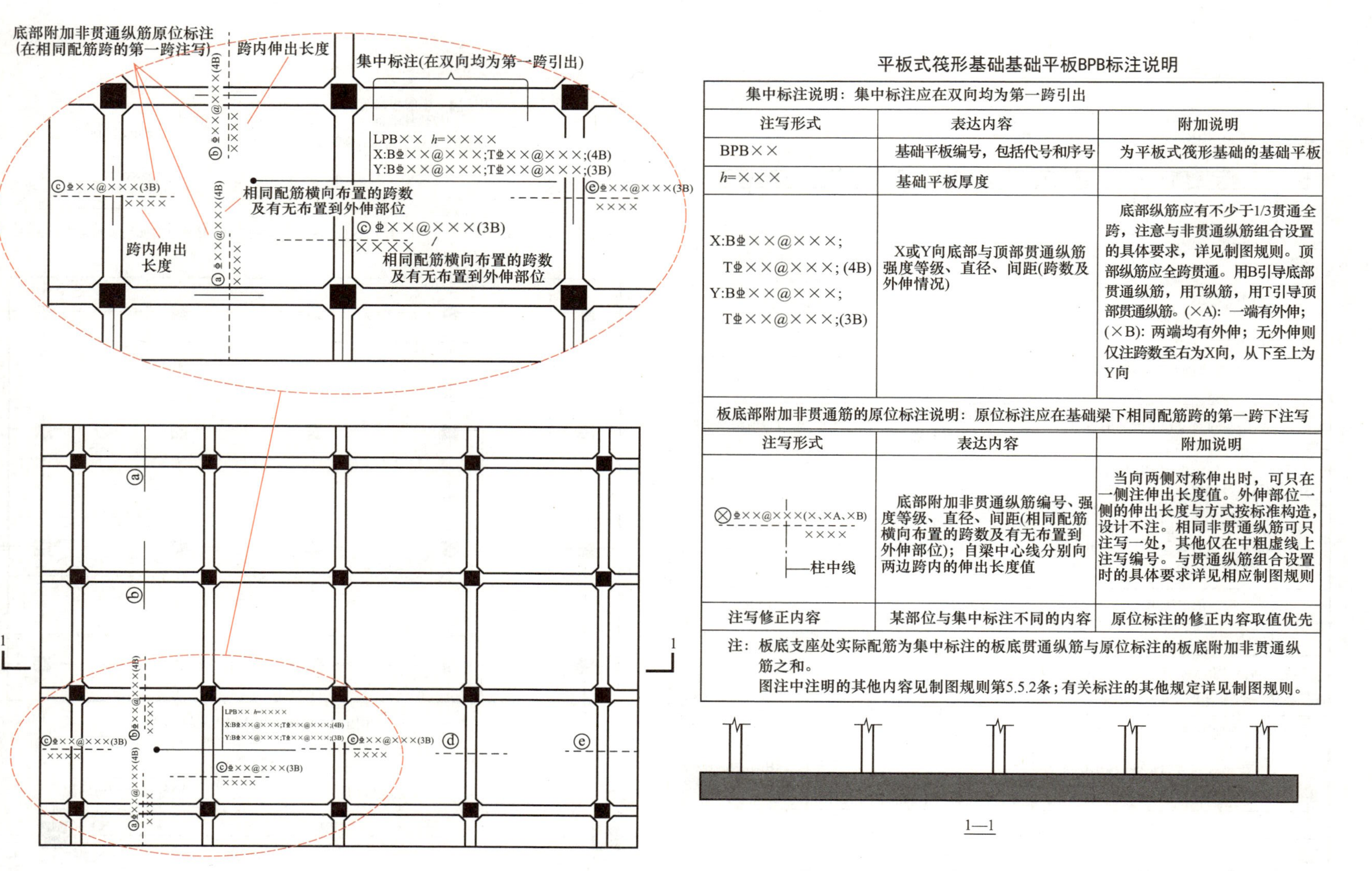

平板式筏形基础基础平板BPB标注说明

注写形式	表达内容	附加说明
集中标注说明：集中标注应在双向均为第一跨引出		
BPB××	基础平板编号，包括代号和序号	为平板式筏形基础的基础平板
h=×××	基础平板厚度	
X:B⏀××@×××; T⏀××@×××; (4B) Y:B⏀××@×××; T⏀××@×××;(3B)	X或Y向底部与顶部贯通纵筋强度等级、直径、间距(跨数及外伸情况)	底部纵筋应有不少于1/3贯通全跨，注意与非贯通纵筋组合设置的具体要求，详见制图规则。顶部纵筋应全跨贯通。用B引导底部贯通纵筋，用T纵筋，用T引导顶部贯通纵筋。(×A)：一端有外伸；(×B)：两端均有外伸；无外伸则仅注跨数至右为X向，从下至上为Y向
板底部附加非贯通筋的原位标注说明：原位标注应在基础梁下相同配筋跨的第一跨下注写		
注写形式	表达内容	附加说明
⊗⏀××@×××(×、×A、×B) ×××× 柱中线	底部附加非贯通纵筋编号、强度等级、直径、间距(相同配筋横向布置的跨数及有无布置到外伸部位)；自梁中心线分别向两边跨内的伸出长度值	当向两侧对称伸出时，可只在一侧注伸出长度值。外伸部位一侧的伸出长度与方式按标准构造，设计不注。相同非贯通纵筋可只注写一处，其他仅在中粗虚线上注写编号。与贯通纵筋组合设置时的具体要求详见相应制图规则
注写修正内容	某部位与集中标注不同的内容	原位标注的修正内容取值优先

注：板底支座处实际配筋为集中标注的板底贯通纵筋与原位标注的板底附加非贯通纵筋之和。

图注中注明的其他内容见制图规则第5.5.2条；有关标注的其他规定详见制图规则。

图 2-46　平板式筏形基础平板标注图

第3章　梁构件平法识图

3.1　梁构件基础知识

3.1.1　梁构件知识体系

梁构件知识体系可概括为三个方面，即梁的分类、梁构件钢筋的分类、梁的各种情况，如图3-1所示。

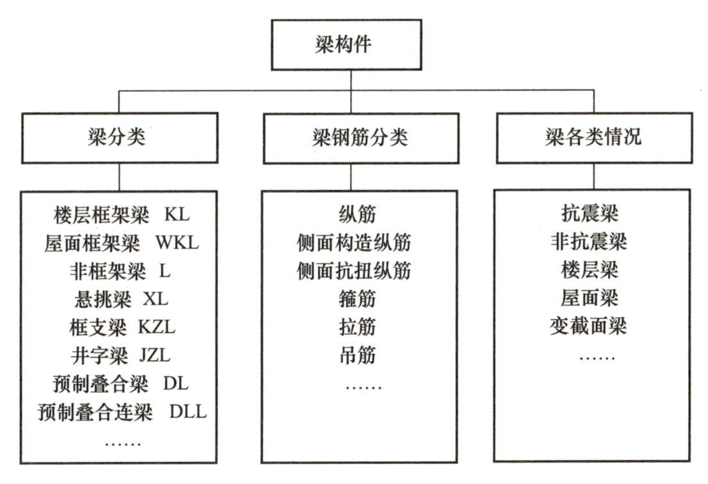

图3-1　梁构件知识体系

3.1.2　梁的类型

在房屋结构中，由于梁的位置不同，所起的作用不同，其受力机理也不同，因而其构造要求也不同。在梁的平法图集中，梁按照不同类型可分为楼层框架梁KL、屋面框架梁WKL、非框架梁L、悬挑梁XL、框支梁KZL、井字梁JZL、预制叠合梁DL、预制叠合连梁DLL。

3.1.3　梁内钢筋类型

梁构件钢筋有纵向钢筋、横向钢筋(箍筋或拉筋)，有时还会有附加钢筋(附加箍筋或吊筋)。纵向钢筋根据位置不同，可以分为上、中、下钢筋，见表3-1。

表 3-1　梁构件主要钢筋种类

<table>
<tr><th>梁的分类</th><th colspan="3">梁构件钢筋分类</th></tr>
<tr><td rowspan="8">楼层框架梁 KL
屋面框架梁 WKL
非框架梁 L
悬挑梁 XL
框支梁 KZL
井字梁 JZL
预制叠合梁 DL
预制叠合连梁 DLL</td><td rowspan="6">纵向钢筋</td><td>上</td><td>上部通长筋</td></tr>
<tr><td>中</td><td>侧部构造或受扭钢筋</td></tr>
<tr><td>下</td><td>下部通长/非通长筋</td></tr>
<tr><td>左</td><td>左端支座钢筋(支座负筋)</td></tr>
<tr><td>中</td><td>跨中钢筋(架立筋)</td></tr>
<tr><td>右</td><td>右端支座钢筋</td></tr>
<tr><td>横向钢筋</td><td colspan="2">箍筋或拉筋</td></tr>
<tr><td>附加钢筋</td><td colspan="2">附加箍筋或吊筋</td></tr>
</table>

3.2　梁平法施工图制图规则

3.2.1　梁平法施工图的表示方法

(1)梁平法施工图是在梁平面布置图上采用平面注写方式或截面注写方式进行表达。

(2)梁平面布置图，应分别按梁的不同结构层(标准层)，将全部梁和与其相关联的柱、墙、板一起采用适当比例绘制。

(3)在绘制梁平面布置图中，应注明各结构层的顶面标高及相应的结构层号。

3.2.2　平面注写方式

梁平面注写方式，是在梁平面布置图上，分别在不同编号的梁中各选一根梁，相同的梁采用同一编号标注，在其上注写截面尺寸和配筋具体数值的方式来表达梁平法施工图。

平面注写包括集中标注与原位标注，集中标注表达梁的通用数值，原位标注表达梁的特殊数值。当集中标注中的某项数值不适用于梁的某部位时，则将该项数值原位标注。施工时，原位标注取值优先。具体标注方式如图 3-2 所示。

1. 集中标注

梁集中标注的内容，有五项为必注值及一项选注值。其中，梁编号、梁截面尺寸、梁箍筋、梁上部通长筋或架立筋配置和梁侧面纵向构造钢筋或受扭钢筋配置为必注值；梁顶面标高高差为选注值。

(1)梁编号。该项为必注值。梁编号由梁类型、代号、序号、跨数及有无悬挑代号几项组成，应符合表 3-2 的规定。

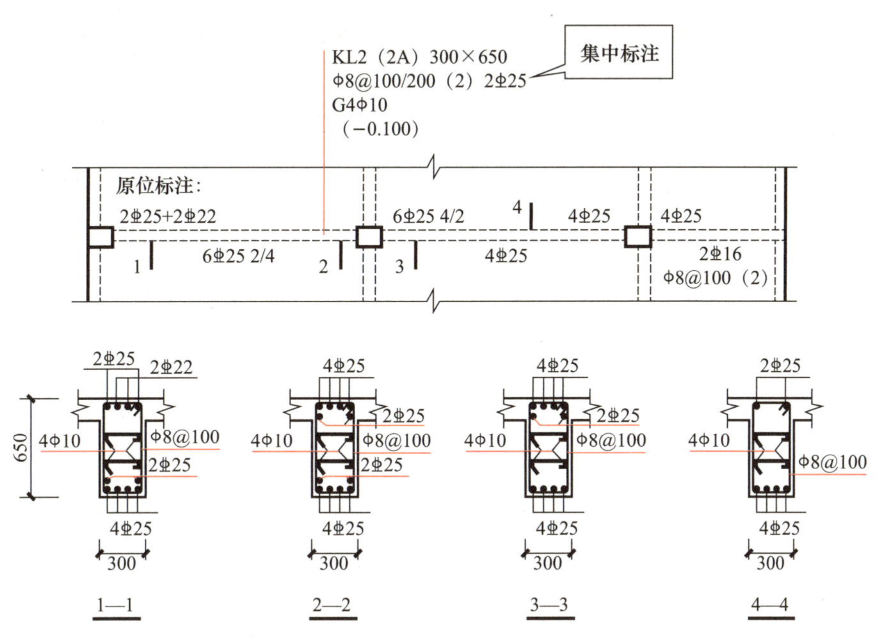

图 3-2　梁平面注写方式示例

表 3-2　梁编号

梁类型	代号	序号	跨数及是否带有悬挑
楼层框架梁	KL	××	(××)、(××A)或(××B)
楼层框架扁梁	KBL	××	(××)、(××A)或(××B)
屋面框架梁	WKL	××	(××)、(××A)或(××B)
框支梁	KZL	××	(××)、(××A)或(××B)
托柱转换梁	TZL	××	(××)、(××A)或(××B)
非框架梁	L	××	(××)、(××A)或(××B)
悬挑梁	XL	××	(××)、(××A)或(××B)
井字梁	JZL	××	(××)、(××A)或(××B)

注：1.(××A)为一端有悬挑，(××B)为两端有悬挑，悬挑不计入跨数。
2. 楼层框架扁梁节点核心区代号 KBH。
3. 非框架梁 L、井字梁 JZL 表示端支座为铰接；当非框架梁 L、井字梁 JZL 端支座上部纵筋为充分利用钢筋的抗拉强度时，在梁代号后加“g”。

(2)梁截面尺寸。该项为必注值。

1)当为等截面梁时，用 $b \times h$ 表示。

2)当为竖向加腋梁时，用 $b \times h \quad Yc_1 \times c_2$ 表示。其中，c_1 为腋长，c_2 为腋高(图 3-3)。

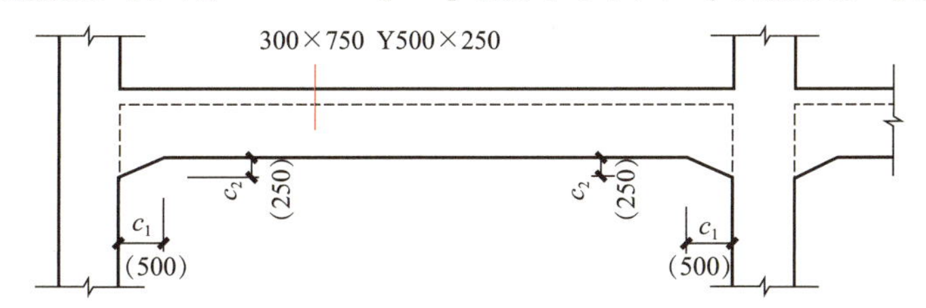

图 3-3　竖向加腋截面注写示意

3)当为水平加腋梁时，一侧加腋用 $b \times h$ PY$c_1 \times c_2$ 表示。其中，c_1 为腋长，c_2 为腋宽，加腋部位应在平面图中绘制(图 3-4)。

4)当有悬挑梁且根部和端部的高度不同时，用斜线“/”分隔根部与端部的高度值，即为 $b \times h_1/h_2$(图 3-5)。

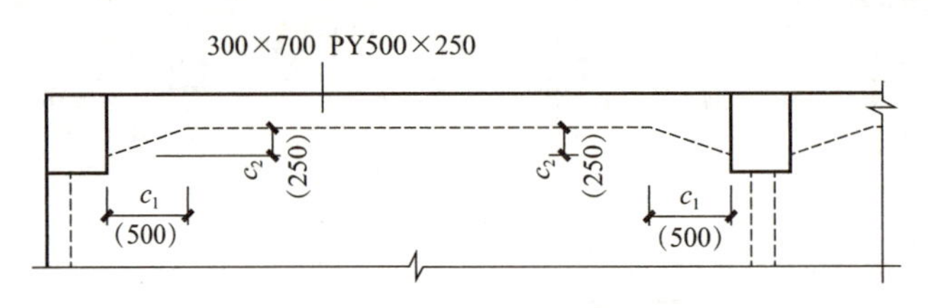

图 3-4 水平加腋截面注写示意

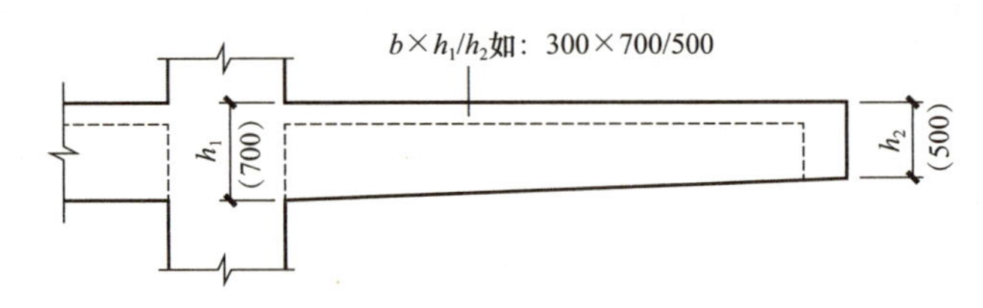

图 3-5 悬挑梁不等高截面注写示意

(3)梁箍筋。该项为必注值。梁箍筋包括钢筋级别、直径、加密区与非加密区间距及肢数。

1)箍筋加密区与非加密区的不同间距及肢数需用斜线“/”分隔；当梁箍筋为同一种间距及肢数时，则不需用斜线“/”；当加密区与非加密区的箍筋肢数相同时，则将肢数注写一次；箍筋肢数应写在括号“( )”内。加密区范围见相应抗震等级的标准构造详图。示例见表 3-3。

2)非框架梁、悬挑梁、井字梁采用不同的箍筋间距及肢数时，用斜线“/”将其分隔开来。注写时，先注写梁支座端部的箍筋(包括箍筋的箍数、钢筋级别、直径、间距与肢数)，在斜线后注写梁跨中部分的箍筋间距及肢数。示例见表 3-3。

表 3-3 常见梁箍筋表示形式

表示形式	表达含义
ϕ10@100/200(4)	表示箍筋为 HPB300 级钢筋，直径为 10 mm，加密区间距为 100 mm，非加密区间距为 200 mm，均为四肢箍
ϕ8@100(4)/150(2)	表示箍筋为 HPB300 级钢筋，直径为 8 mm，加密区间距为 100 mm，四肢箍；非加密区间距为 150 mm，两肢箍
13ϕ10@150/200(4)	表示箍筋为 HPB300 级钢筋，直径为 10 mm；梁的支座两端各有 13 个四肢箍，间距为 150 mm；梁跨中部分的箍筋间距为 200 mm，四肢箍
18ϕ12@150(4)/200(2)	表示箍筋为 HPB300 级钢筋，直径为 12 mm；梁的支座两端各有 18 个四肢箍，间距为 150 mm；梁跨中部分的箍筋间距为 200 mm，双肢箍

(4)梁上部通长筋或架立筋配置。该项为必注值。通长筋可为相同或不同直径采用搭接连接、机械连接或焊接的钢筋，所注规格与根数应根据结构受力要求及箍筋肢数等构造要求而定。

1)当同排纵筋中既有通长筋又有架立筋时，应用加号“＋”将通长筋和架立筋相连。注写时，需要将角部纵筋写在加号“＋”的前面，架立筋写在加号“＋”后面的括号内，以示不同直径及与通长筋的区别。当全部采用架立筋时，则将其写入括号内。示例见表 3-4。

2)当梁的上部纵筋和下部纵筋为全跨相同，且多数跨配筋相同时，此项可加注下部纵筋的配筋值，用分号“;”将上部与下部纵筋的配筋值分隔开来，少数跨不同者，按原位标注进行注写。示例见表 3-4。

表 3-4　常见梁上部通长筋或架立筋表示形式

表示形式	表达含义
2⌀22	梁上部的通长筋(用于双肢箍)
2⌀22＋(4Φ12)	梁上部的钢筋(2⌀22 为通长筋，放在箍筋角部；4Φ12 为架立筋)
3⌀22；3⌀20	梁的上部配置 3⌀22 的通长筋，梁的下部配置 3⌀20 的通长筋

(5)梁侧面纵向构造钢筋或受扭钢筋配置。该项为必注值。

1)当梁腹板高度 $h_w \geqslant 450$ mm 时，需配置纵向构造钢筋，此项注写值以大写字母 G 打头，注写时应标注梁两个侧面的总配筋值且对称配置。示例见表 3-5。

2)当梁侧面需配置受扭纵向钢筋时，此项注写值以大写字母 N 打头，注写时应标注梁在两个侧面的总配筋值且对称配置。受扭纵向钢筋应满足梁侧面纵向构造钢筋的间距要求，且不再重复配置纵向构造钢筋。示例见表 3-5。

表 3-5　常见梁侧面纵向构造钢筋或受扭钢筋表示形式

表示形式	表达含义
G4Φ12	表示梁的两个侧面共配置 4Φ12 的纵向构造钢筋，每侧各配置 2Φ12
N6⌀22	表示梁的两个侧面共配置 6⌀22 的受扭纵向钢筋，每侧各配置 3⌀22

(6)梁顶面标高高差。该项为选注值。梁顶面标高高差，是指相对于结构层楼面标高的高差值。对于位于结构夹层的梁，则指相对于结构夹层楼面标高的高差。有高差时，需将其写入括号内，无高差时不注。当梁的顶面高于所在结构层的楼面标高时，其标高高差为正值，反之为负值。

【例】 某结构标准层的楼面标高分别为 44.950 m 和 48.250 m，当这两个标准层中某梁的梁顶面标高高差注写为(－0.050)时，即表明该梁顶面标高分别相对于 44.950 m 和 48.250 m 低 0.05 m。

2. 原位标注

原位标注表达梁的特殊数值。当集中标注中的某项数值不适用于梁的某部位时，则将该项数值原位标注。如梁支座上部纵筋、梁下部纵筋等，施工时原位标注取值优先。梁原位标注的内容规定如下：

(1)梁支座上部纵筋。梁支座上部纵筋是指标注该部位含通长筋在内的所有纵筋。

1)当上部纵筋多于一排时，用斜线“/”将各排纵筋自上而下分开。

【例】 梁支座上部纵筋注写为 6⌀25 4/2，表示上一排纵筋为 4⌀25，下一排纵筋为 2⌀25。

2)当同排纵筋有两种直径时，用加号“+”将两种直径的纵筋相连，注写时将角部纵筋写在前面。

【例】 梁支座上部有四根纵筋，2⌀25 放在角部，2⌀22 放在中部，在梁支座上部应注写为 2⌀25+2⌀22。

3)当梁中间支座两边的上部纵筋不同时，须在支座两边分别标注；当梁中间支座两边的上部纵筋相同时，可仅在支座的一边标注配筋值，另一边省去不注。

4)当两大跨中间为小跨，且小跨净尺寸小于左、右两大跨净尺寸之和的 1/3 时，小跨上部纵向钢筋采取贯通全跨方式，此时应将贯通小跨的钢筋注写在小跨中部。示例如图 3-6 所示。

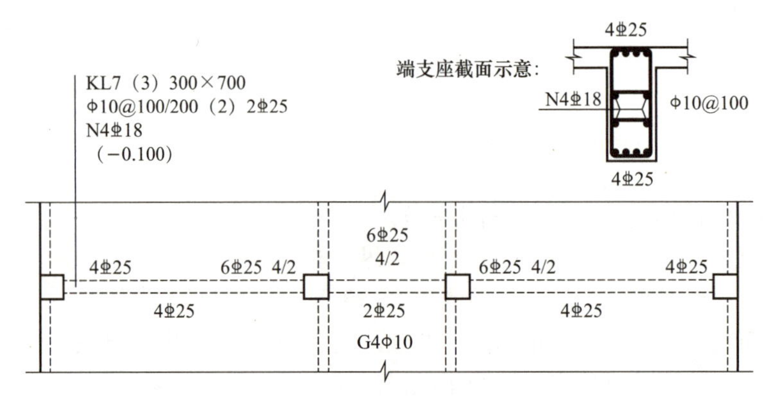

图 3-6 大小跨梁的注写示意

贯通小跨的纵向钢筋根数可等于或少于相邻大跨梁支座上部纵向钢筋，当少于时，少配置的纵向钢筋(即大跨)不需要贯通小跨的纵向钢筋。

设计时应注意以下几项：

1)对于支座两边不同配筋值的上部纵筋，宜尽可能选用相同直径(不同根数)，使其贯穿支座，避免支座两边不同直径的上部纵筋均在支座内锚固。

2)对于以边柱、角柱为端支座的屋面框架梁，当能够满足配筋截面面积要求时，其梁的上部钢筋应尽可能只配置一层，以避免梁柱纵筋在柱顶处因层数过多、密度过大，导致不方便施工和影响混凝土浇筑质量。

(2)梁下部纵筋。

1)当下部纵筋多于一排时，用斜线“/”将各排纵筋自上而下分开。

【例】 梁下部纵筋注写为 6⌀25 2/4，表示上一排纵筋为 2⌀25，下一排纵筋为 4⌀25，全部伸入支座。

2)当同排纵筋有两种直径时，用加号“+”将两种直径的纵筋相连，注写时将角部纵筋写在前面。

3)当梁下部纵筋不全部伸入支座时，将梁支座下部纵筋减少的数量写在括号“(　　)”内。

【例】 梁下部纵筋注写为 6⌀25 2(−2)/4，则表示上排纵筋为 2⌀25，且不伸入支座；下一排纵筋为 4⌀25，全部伸入支座。

【例】 梁下部纵筋注写为 2⌀25＋3⌀22（−3）/5⌀25，表示上排纵筋为 2⌀25 和 3⌀22，其中，3⌀22 不伸入支座；下一排纵筋为 5⌀25 全部伸入支座。

4）当梁的集中标注中已分别注写了梁上部和下部均为通长的纵筋值时，则不需要在梁下部重复做原位标注。

5）当梁设置竖向加腋时，加腋部位下部斜纵筋应在支座下部以 Y 打头注写在括号内，此处框架梁竖向加腋构造（图 3-7）适用于加腋部位参与框架梁计算，其他情况设计者应另行给出构造。当梁设置水平加腋时，水平加腋内上、下部斜纵筋应在加腋支座上部以 Y 打头注写在括号内，上、下部斜纵筋之间用“/”分隔（图 3-8）。

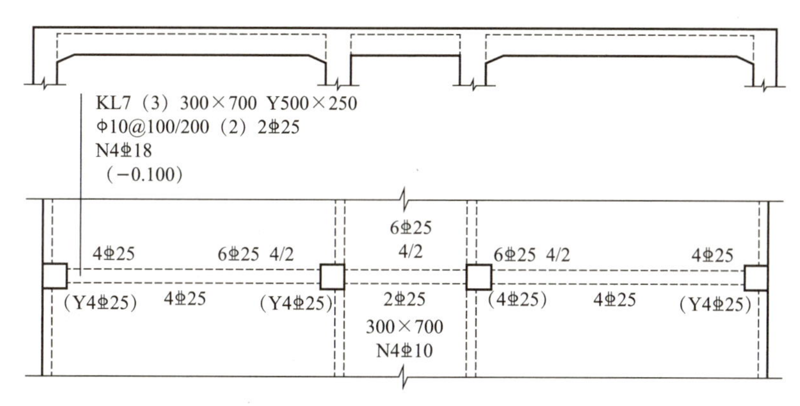

图 3-7 梁竖向加腋平面注写方式表达示例

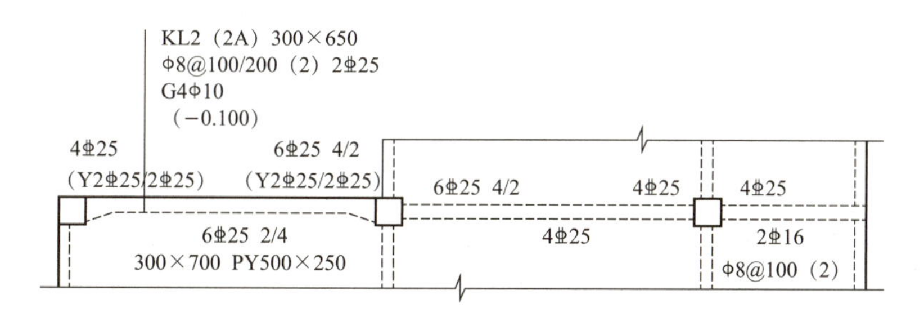

图 3-8 梁水平加腋平面注写方式表达示例

（3）当在梁上集中标注的内容（即梁截面尺寸、箍筋、上部通长筋或架立筋、梁侧面纵向构造钢筋或受扭纵向钢筋、梁顶面标高高差中的某一项或几项数值）不适用于某跨或某悬挑部分时，则将其不同数值原位标注在该跨或该悬挑部位，施工时应按原位标注数值取用。

（4）附加箍筋或吊筋，在主、次梁相交处，直接将附加箍筋或吊筋画在平面图中的主梁上，用线引注总配筋值（附加箍筋的肢数注在括号内）（图 3-9）。当多数附加箍筋或吊筋相同时，可在梁平法施工图上统一注明，少数与统一注明值不同时，再原位引注。

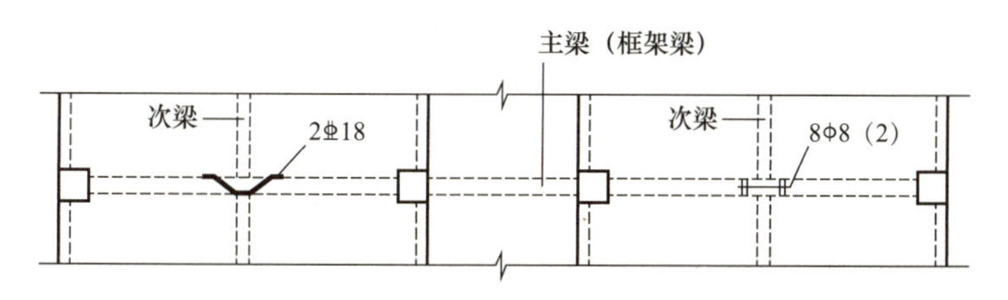

图 3-9 附加箍筋和吊筋的画法示例

施工时应注意：附加箍筋或吊筋的几何尺寸应按照标准构造详图，结合其所在位置的主梁和次梁的截面尺寸而定。

(5)框架扁梁。

1)框架扁梁注写规则同框架梁，对于上部纵向钢筋和下部纵向钢筋，尚需注明未穿过柱截面的纵向受力钢筋根数。如图 3-10 所示。

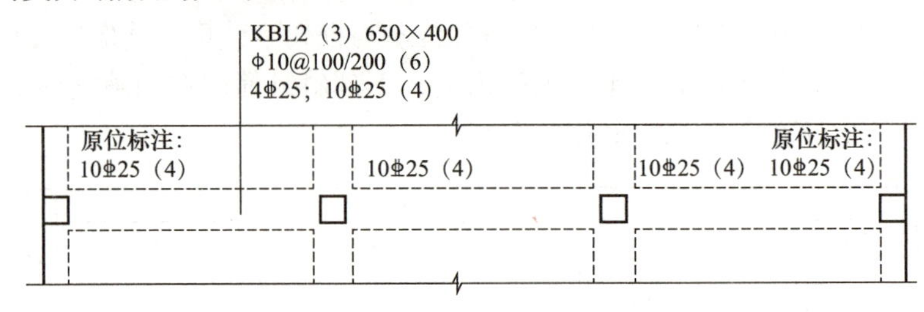

图 3-10 框架扁梁平面注写示例

【例】 10Φ25(4)表示框架扁梁有 4 根纵向受力钢筋未穿过柱截面，柱两侧各 2 根，施工时应注意采用相应的构造做法。

2)框架扁梁节点核心区代号为 KBH，包括柱内核心区和柱外核心区两部分。框架扁梁节点核心区钢筋注写包括柱外核心区竖向拉筋及节点核心区附加纵向钢筋，端支座节点核心区尚需注写附加 U 形箍筋。

3)柱内核心区箍筋见框架柱箍筋。

4)柱外核心区竖向拉筋，注写其钢筋级别与直径；端支座柱外核心区尚需注写附加 U 形箍筋的钢筋级别、直径及根数。

5)框架扁梁节点核心区附加纵向钢筋以大写字母“F”打头，注写其设置方向(X 向或 Y 向)、层数、每层钢筋根数、钢筋级别、直径及未穿过柱截面的纵向受力钢筋根数。

【例】 KBH1 Φ10，F X&Y 2×7Φ14(4)，表示框架扁梁中间支座节点核心区：柱外核心区竖向拉筋 Φ10；沿梁 X 向(Y 向)配置两层 7Φ14 附加纵向钢筋，每层有 4 根纵向受力钢筋未穿过柱截面，柱两侧各 2 根；附加纵向钢筋沿梁高度范围均匀布置，如图 3-11(a)所示。

【例】 KBH2 Φ10，4Φ10，F X 2×7Φ14(4)，表示框架扁梁端支座节点核心区：柱外核心区竖向拉筋 Φ10；附加 U 形箍筋共 4 道，柱两侧各 2 道；沿框架扁梁 X 向配置两层 7Φ14 附加纵向钢筋，有 4 根纵向受力钢筋未穿过柱截面，柱两侧各 2 根；附加纵向钢筋沿梁高度范围均匀布置，如图 3-11(b)所示。

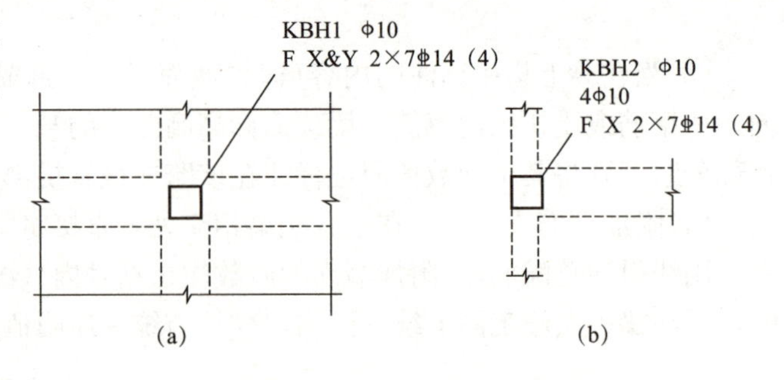

图 3-11 框架扁梁节点核心区附加钢筋注写示意

(6)井字梁。井字梁通常由非框架梁构成，并以框架梁为支座。为明确区分井字梁与作为井字梁支座的梁，井字梁用单粗虚线表示(当井字梁顶面高出板面时可用单粗实线表示)，作为井字梁支座的梁用双细虚线表示(当梁顶面高出板面时可用双细实线表示)。井字梁矩形平面网格区域示意如图 3-12 所示。井字梁平面注写方式示例如图 3-13 所示。

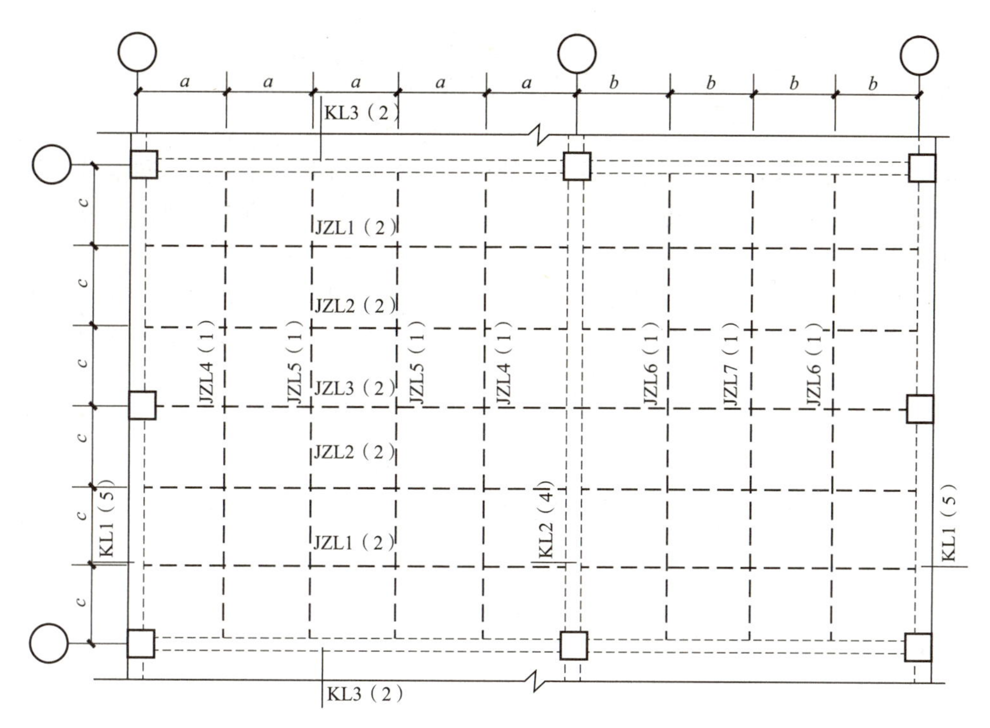

图 3-12　井字梁矩形平面网格区域示意

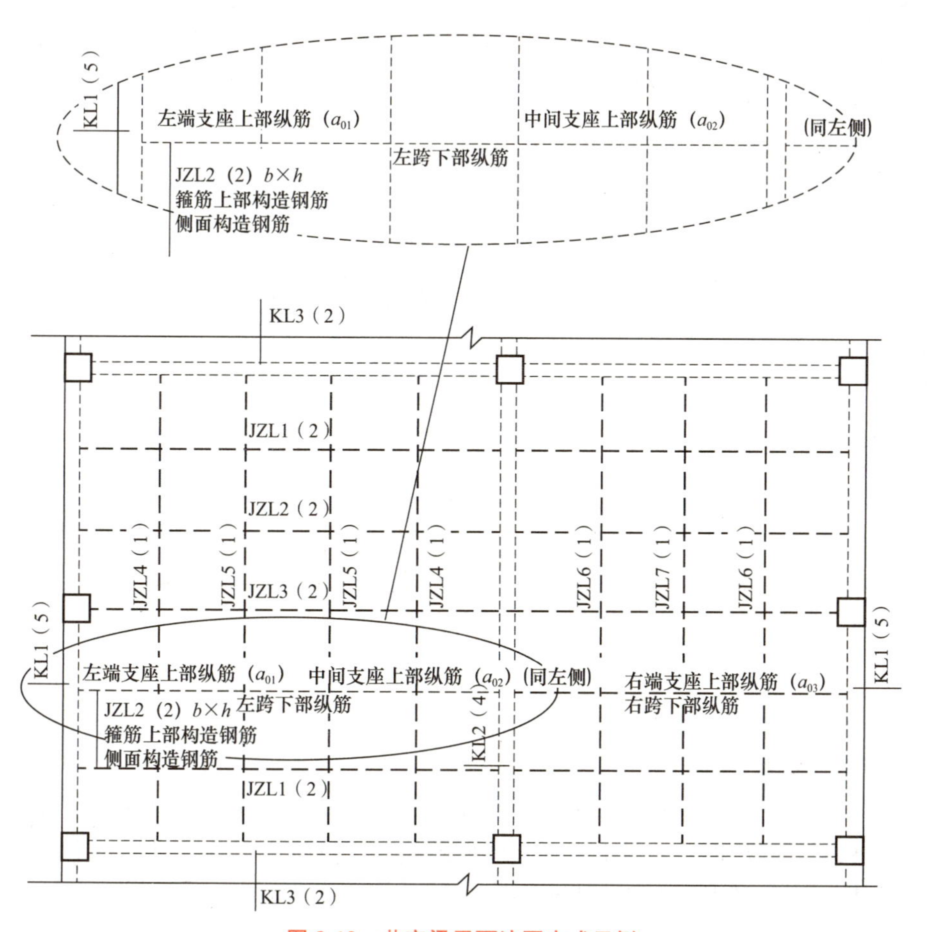

图 3-13　井字梁平面注写方式示例

3.2.3 截面注写方式

梁的截面标注方式，是在分标准层绘制的梁平面布置图上，分别在不同编号的梁中各选择一根梁用剖面符号引出配筋图，并在其上注写截面尺寸和配筋具体数值的方式来表达梁平法施工图。截面注写方式既可以单独使用，也可与平面注写方式结合使用。在梁平法施工图的平面图中，当局部区域的梁布置过密时，除采用截面注写方式表达外，也可采用将过密区用虚线框出，适当放大比例后再用平面注写方式表示。当表达异形截面梁的尺寸与配筋时，用截面注写方式相对比较方便。

对标准层上的梁按照表 3-2 的规定进行编号，从相同编号的梁中选择一根梁，用“单边截面号”引出截面配筋详图，在截面配筋详图上注写截面尺寸（$b\times h$）和配筋（上部钢筋、下部钢筋、侧面构造钢筋或受扭钢筋以及箍筋）的具体数值，其他相同编号的梁仅需标注编号，如图 3-14 所示。

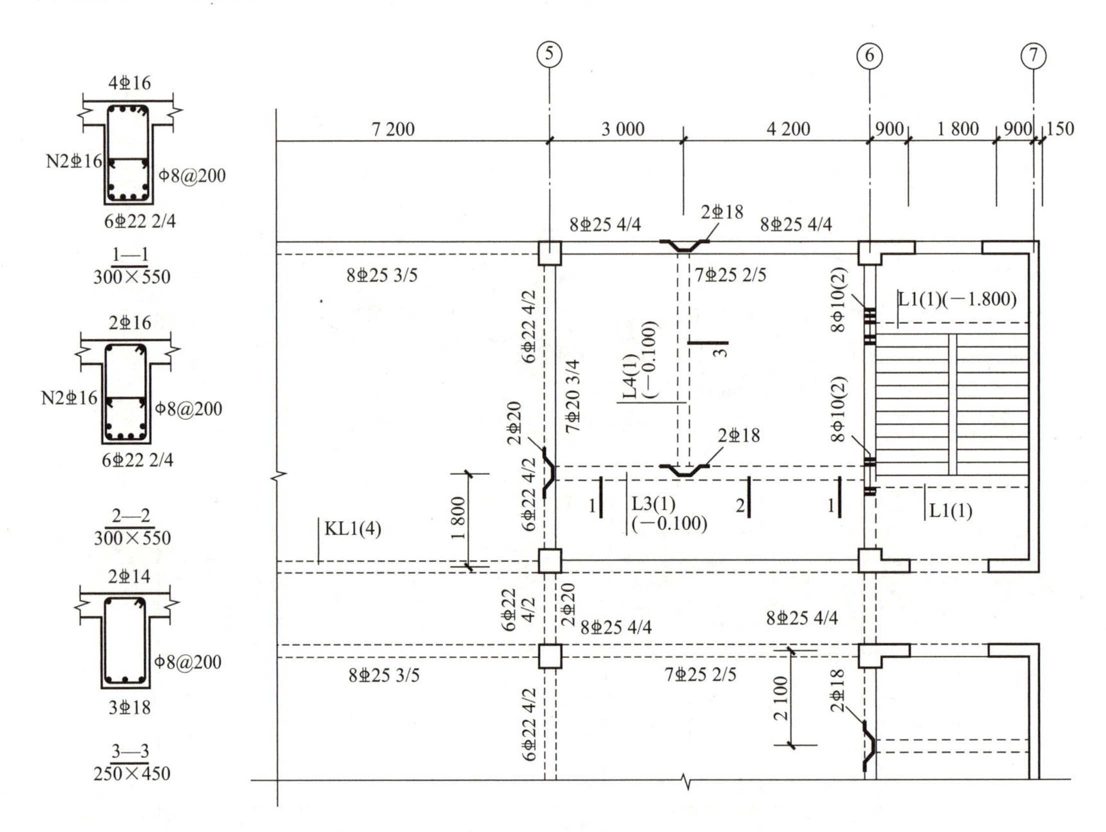

图 3-14 15.870～26.670 梁平法施工图（局部）

当某梁的顶面标高与结构层的楼面标高不同时，应在梁编号后注写梁顶面标高高差。如图 3-14 中梁 L3(1)所示。

对于框架扁梁，还需在截面详图上注写未穿过柱截面的纵向受力钢筋的根数。对于框架扁梁节点核心区附加钢筋，需采用平、剖面图表达节点核心区附加纵向钢筋、柱外核心区全部竖向拉筋以及端支座附加 U 形箍筋，注写具体数值。

3.3 梁构件钢筋构造

3.3.1 楼层框架梁纵向钢筋构造

1. 楼层框架梁上部纵向钢筋构造

框架梁上部纵筋包括上部通长筋、支座负筋（即支座上部纵向钢筋）和架立筋。如图 3-15 所示。

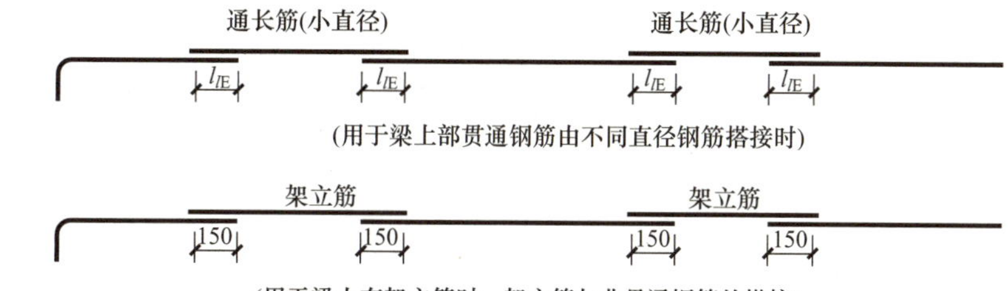

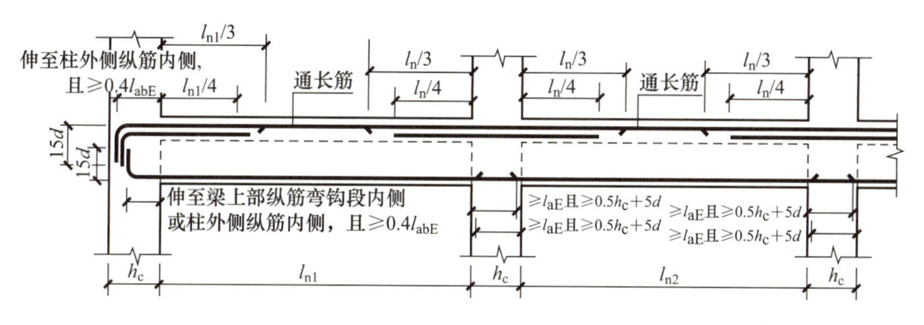

图 3-15 楼层框架梁 KL 纵向钢筋构造

构造要求如下：

(1)上部通长筋。

1)根据抗震规范的要求，抗震框架梁应该有两根上部通长筋。

楼层框架梁
纵向钢筋构造

《建筑抗震设计规范(2016 年版)》(GB 50011—2010)中规定：梁端纵向受拉钢筋的配筋率不宜大于 2.5%。沿梁全长顶面、底面的配筋，一、二级不应少于 2ϕ14 ，且分别不应少于梁顶面、底面两端纵向配筋中较大截面面积的 1/4；三、四级不应少于 2ϕ12。

2)通长筋可为相同或不同直径，采用搭接连接、机械连接或对焊连接的钢筋。

①一级框架梁宜采用机械连接，二、三、四级可采用绑扎搭接或焊接连接。

②当上部通长筋直径小于支座负筋直径时，上部通长筋分别与梁两端支座负筋进行连接(绑扎连接、机械连接或焊接)。

③梁上部通长钢筋与非贯通钢筋直径相同时，连接位置宜位于跨中 $l_{ni}/3$ 范围内；且在同一连接区段内钢筋接头面积百分率不宜大于 50%。当钢筋下料长度小于出厂时的定尺长度时，则无须接头；如果超过定尺长度，则在跨中 1/3 跨度范围内进行一次性连接。

④当框架梁设置多于两肢的复合箍筋，且只有两根上部通长筋时，补充设置的架立筋分别与梁两端支座负筋进行搭接，搭接长度为150 mm。

(2)支座负筋。框架梁端支座和中间支座负筋从支座边缘算起的延伸长度统一取值为：

①当配置三排纵向钢筋但第一排部分为通长筋时，第一排支座负筋延伸至$l_n/3$处，第二排支座负筋延伸至$l_n/4$处，第三排支座负筋延伸至$l_n/5$处。

②当配置三排纵向钢筋但第一排全跨为通长筋时，第二排支座负筋延伸至$l_n/3$处，第三排支座负筋延伸至$l_n/4$处。

③l_n取值：对于端支座，l_n为本跨的净跨长；对于中间支座，l_n为相邻两跨净跨长的较大值。

④当配置超过三排纵向钢筋时，由设计者注明各排纵向钢筋的延伸长度值。

(3)架立筋。架立筋是梁的一种纵向构造钢筋，用来固定箍筋和形成钢筋骨架，并承受温度伸缩应力。当梁顶面箍筋转角处无纵向受力钢筋时，应设置架立筋。

当框架梁所设置的箍筋是双肢箍时，梁上部设有两根通长筋可兼作架立筋，这种情况就不需要设架立筋。当框架梁所设置的箍筋是四肢箍时，如果梁的上部只设有两根通长筋，这种情况就需要再设置两根架立筋。单肢箍时，必须设有一根纵向架立钢筋。

2. 楼层框架梁下部纵向钢筋构造

框架梁下部纵向钢筋有伸入支座下部纵向钢筋和不伸入支座下部纵向钢筋两种形式。这里的下部纵向钢筋也适用于屋面梁，如图3-15所示。

(1)下部纵向钢筋。梁下部通长筋基本上是按跨布置的，即在两端支座处锚固。当相邻两跨的下部纵向钢筋直径相同时，在不超过钢筋定尺长度的情况下，可以把下部纵向钢筋做成贯通筋处理。

梁下部钢筋连接位置宜位于支座$l_{ni}/3$范围内；且在同一连接区段内钢筋接头面积百分率不宜大于50%。

(2)不伸入支座的梁下部纵筋。当梁(不包括框支梁)下部纵筋不全部伸入支座时，不伸入支座的梁下部纵筋截断点与支座边的距离，在标准构造详图中统一取为$0.1l_{ni}$(l_{ni}为本跨梁的净跨值)。

(3)下部纵向钢筋在节点外搭接。梁下部钢筋不能在柱内锚固时，可在节点外搭接；相邻跨钢筋直径不同时，搭接位置位于较小直径一跨，如图3-16所示。

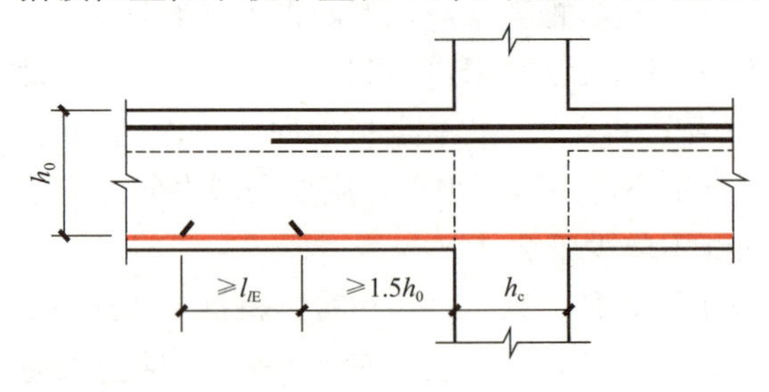

图3-16　中间层中间节点梁下部筋在节点外搭接

3. 楼层框架梁端支座的纵向钢筋构造

(1)端支座加锚头(锚板)锚固构造要求，如图3-17所示。

(2)端支座直锚构造要求，如图3-18所示。

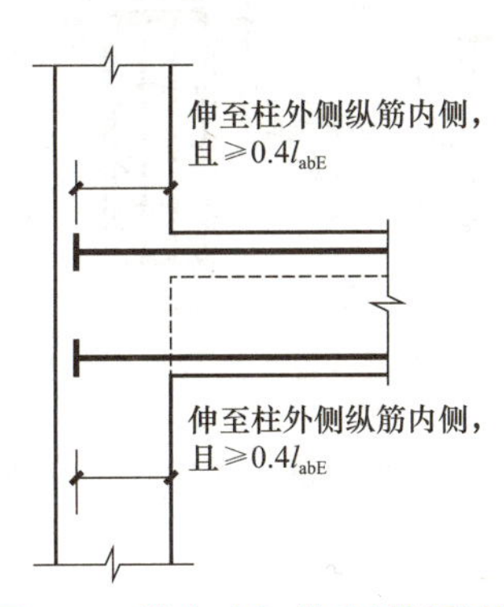

图 3-17　端支座加锚头(锚板)锚固

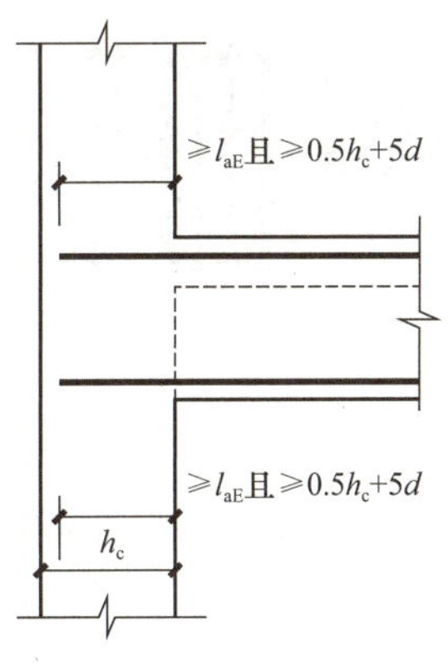

图 3-18　端支座直锚

4. 楼层框架梁中间支座的纵向钢筋构造

(1)当$\Delta_h/(h_c-50)>1/6$，如图 3-19 所示，可采用直锚的钢筋。顶部有高差时：上部通长筋断开，高跨上部纵向钢筋伸至柱外边(柱外侧纵向钢筋内侧)弯折 15d，或直锚入支座 l_{aE}且≥0.5h_c+5d，低跨上部纵向钢筋直锚入支座 l_{aE}且≥0.5h_c+5d。底部有高差时：低跨下部纵向钢筋伸至柱外边(柱外侧纵向钢筋内侧)弯折 15d，或直锚入支座 l_{aE}且≥0.5h_c+5d，高跨下部纵向钢筋直锚入支座 l_{aE}且≥0.5h_c+5d。

(2)当$\Delta_h/(h_c-50)\leqslant 1/6$，如图 3-20 所示，纵筋可连续布置。

中间支座纵向钢筋构造 1

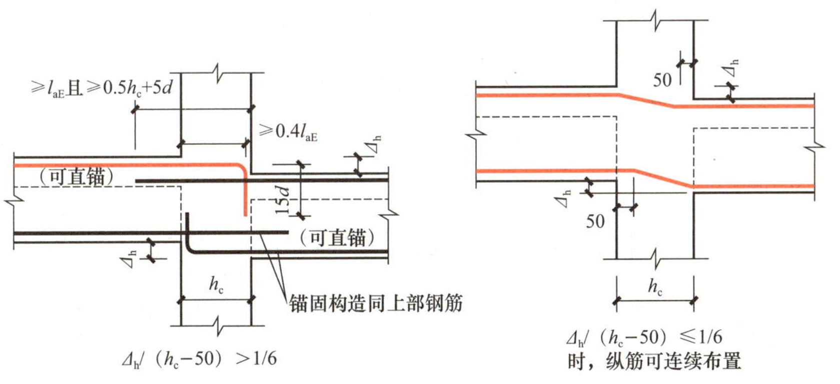

图 3-19　中间支座纵向钢筋构造(中间支座梁高不同)

图 3-20　中间支座纵向钢筋构造(中间支座梁高不同)

中间支座纵向钢筋构造 2

(3)当支座两边梁宽不同或错开布置时，如图 3-21 所示，将无法直通的纵筋弯锚入柱内；或当支座两边纵筋根数不同时，可将多出的纵筋弯锚入柱内，弯折 15d。

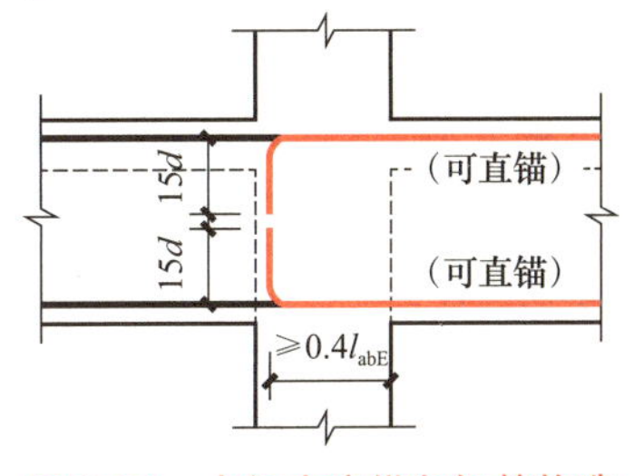

图 3-21　中间支座纵向钢筋构造(中间支座梁宽度不同)

5. 楼层框架梁梁侧面纵向构造钢筋和拉筋构造

梁侧面纵向构造钢筋和拉筋构造如图 3-22 所示。

(1)当 h_w≥450 时，在梁的两个侧面应沿高度配置纵向构造钢筋；纵向构造钢筋间距 $a\leqslant 200$。

(2)当梁侧面配有直径不小于构造纵筋的受扭纵筋时，受扭钢筋可以代替构造钢筋。

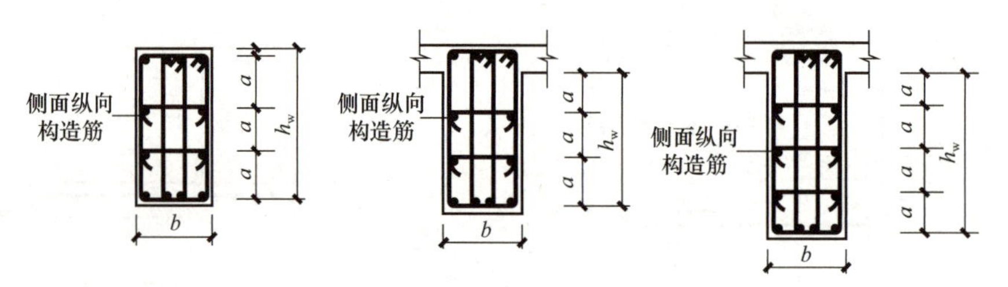

图 3-22　梁侧面纵向构造钢筋和拉筋

(3)梁侧面构造纵筋的搭接与锚固长度可取 $15d$。梁侧面受扭纵筋的搭接长度为 l_{lE} 或 l_l，其锚固长度为 l_{aE} 或 l_a，锚固方式同框架梁下部纵筋。

(4)当梁宽≤350 mm 时，拉筋直径为 6 mm；当梁宽＞350 mm 时，拉筋直径为 8 mm。拉筋间距为非加密区箍筋间距的 2 倍。当设有多排拉筋时，上下两排拉筋竖向错开设置。

3.3.2　屋面框架梁钢筋构造

屋面框架梁钢筋构造如图 3-23 所示。

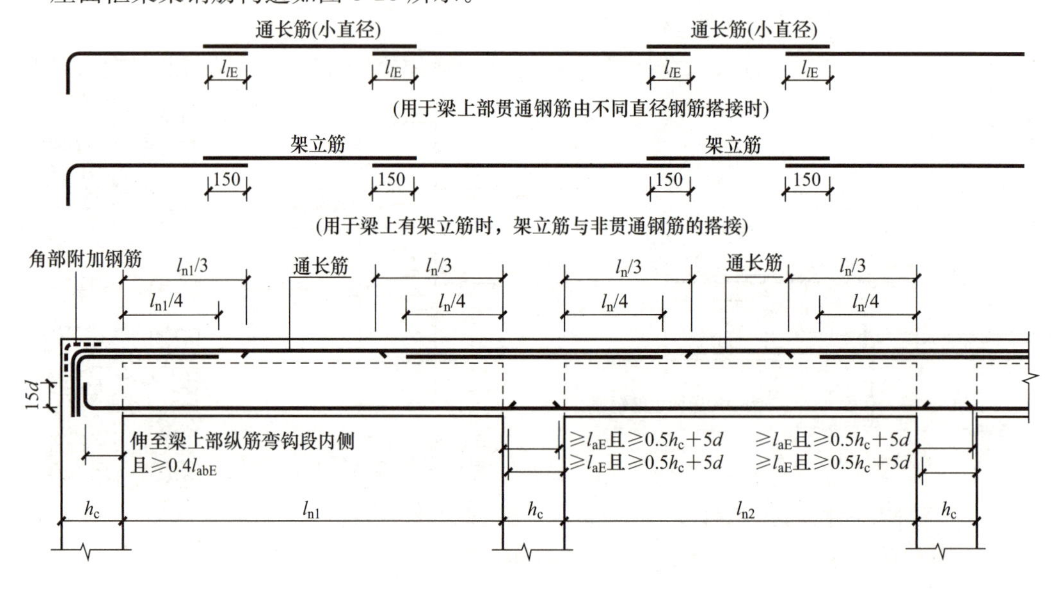

图 3-23　屋面框架梁纵向钢筋构造

1. 屋面框架梁与楼面框架梁的区别

屋面框架梁与楼面框架梁的区别，见表 3-6。

表 3-6　屋面框架梁与楼面框架梁的区别

区别形式	屋面框架梁	楼面框架梁
上部纵向钢筋和下部纵向钢筋锚固方式不同	上部纵向钢筋在端支座只有弯锚，下部纵向钢筋在端支座可直锚	有弯锚和直锚两种方式
	上部纵向钢筋和下部纵向钢筋锚固方式不同	上部纵向钢筋和下部纵向钢筋锚固方式相同

续表

区别形式	屋面框架梁	楼面框架梁
上部纵向钢筋和下部纵向钢筋端支座具体锚固长度不同	上部纵向钢筋有弯至梁底与下弯 $1.7l_{abE}$ 两种构造	上下纵向钢筋在端支座第一排的锚固长度为 $h_c-c_c-d_c-25+15d$
变截面梁顶有高差时纵向钢筋锚固不同	直锚 l_{aE}	直锚 l_{aE}
	弯锚 $h_c-c_c-d_c-25+\Delta_h+l_{aE}$(第一排)	弯锚 $h_c-c_c-d_c-25+15d$(第一排)

2. 屋面框架梁端支座纵筋构造

(1)顶层端节点梁下部钢筋端头加锚头(锚板)锚固构造要求，如图 3-24 所示。

(2)顶层端支座梁下部钢筋直锚构造要求，如图 3-25 所示。

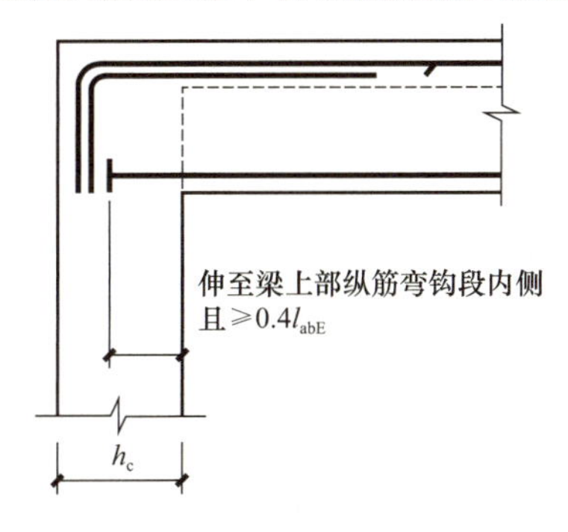

图 3-24 顶层端节点梁下部钢筋端头加锚头(锚板)锚固

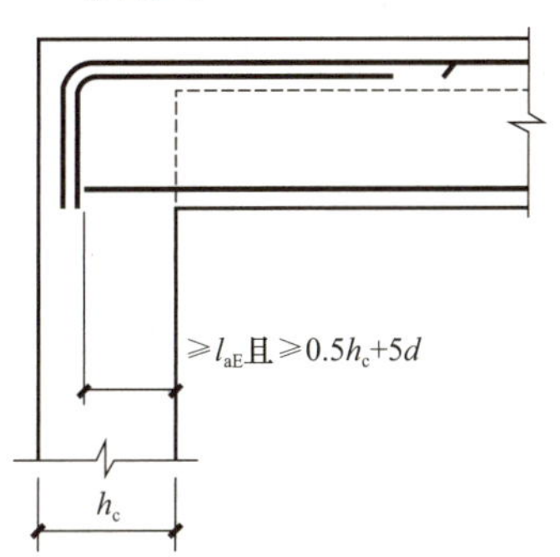

图 3-25 顶层端支座梁下部钢筋直锚

3. 屋面框架梁中间支座的纵向钢筋构造

(1)当 $\Delta_h/(h_c-50)\leqslant1/6$ 时，如图 3-26 所示，上部纵筋可连续布置。底部有高差时：低跨下部纵向钢筋伸至柱外边(柱外侧纵向钢筋内侧)弯折 $15d$，或直锚入支座$\geqslant l_{abE}$，高跨下部纵向钢筋直锚入支座 l_{aE}且$\geqslant0.5h_c+5d$。

(2)当梁顶部有高差时：上部通长筋断开，高跨上部纵向钢筋伸至柱外边(柱外侧纵向钢筋内侧)弯折 l_{aE}，低跨上部纵向钢筋直锚入支座 l_{aE}且$\geqslant0.5h_c+5d$，如图 3-27 所示。

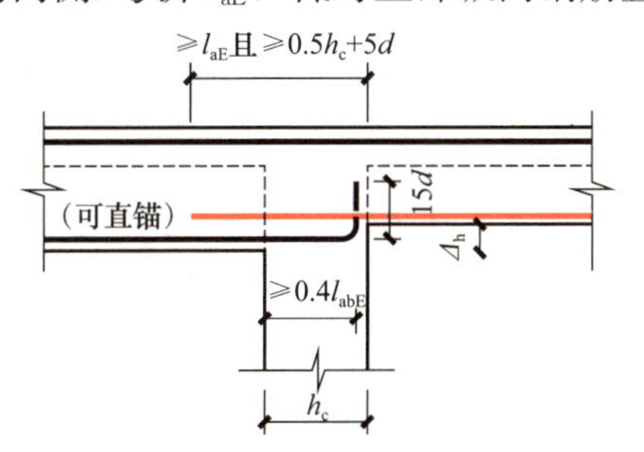

图 3-26 中间支座纵向钢筋构造(中间支座底部梁高不同)

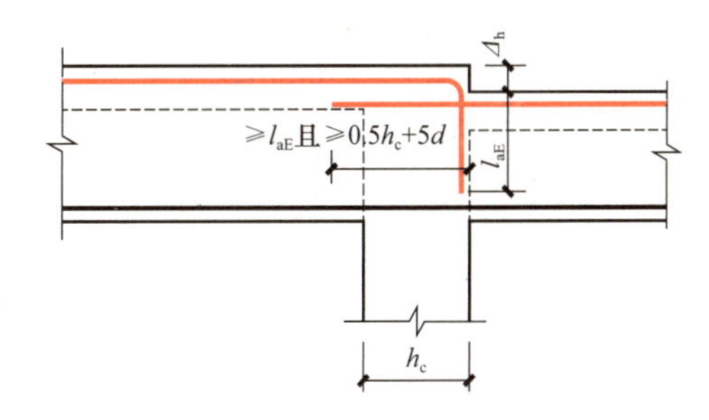

图 3-27 中间支座纵向钢筋构造(中间支座顶部梁高不同)

(3)当支座两边梁宽不同或错开布置时，如图 3-28 所示，将无法直通的纵筋弯锚入柱内；或当支座两边纵筋根数不同时，可将多出的纵筋弯锚入柱内。

(4)顶层中间节点梁下部筋在节点外搭接构造，如图 3-29 所示。梁下部钢筋不能在柱内锚固时，可在节点外搭接。相邻跨钢筋直径不同时，搭接位置位于较小直径一跨。

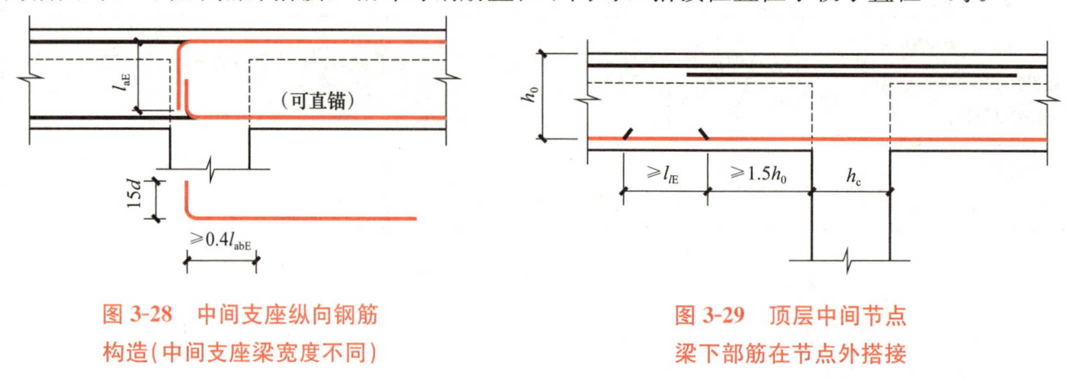

图 3-28　中间支座纵向钢筋构造(中间支座梁宽度不同)

图 3-29　顶层中间节点梁下部筋在节点外搭接

3.3.3　梁箍筋构造

箍筋加密区是对于结构抗震来说的。根据抗震等级的不同，箍筋加密区设置的规定也不同。一般来说，对于钢筋混凝土框架梁的两端箍筋都需要进行加密。

框架梁箍筋加密区范围如图 3-30、图 3-31 所示，具体构造要求如下：抗震等级为一级时，加密区长度为 $2h_b$(h_b 为梁高)与 500 mm 中取大值；抗震等级为二～四级时，加密区长度为 $1.5h_b$ 与 500 mm 中取大值。弧形梁沿梁中心线展开，箍筋间距沿凸面线量度。

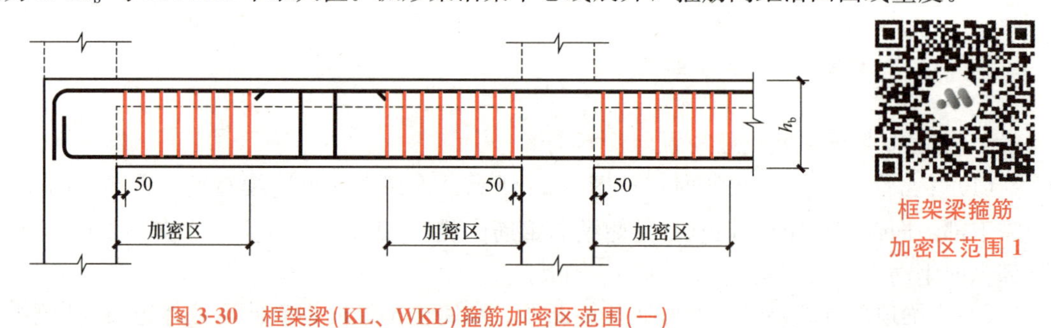

框架梁箍筋加密区范围 1

图 3-30　框架梁(KL、WKL)箍筋加密区范围(一)

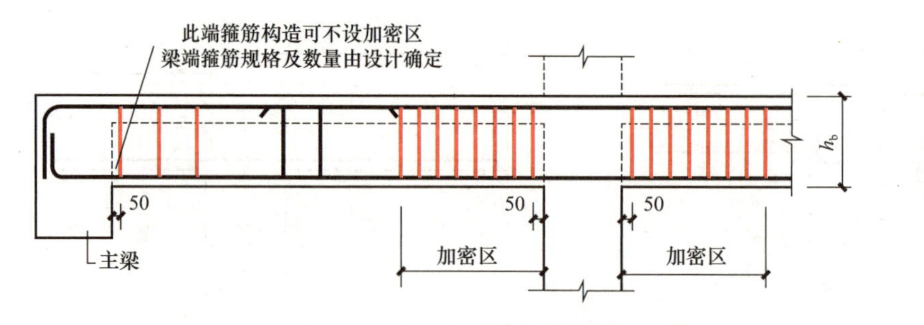

框架梁箍筋加密区范围 2

图 3-31　框架梁(KL、WKL)箍筋加密区范围(二)

两个加密区之间为箍筋的非加密区，非加密区的箍筋间距不宜大于加密区箍筋间距的 2 倍。

当梁下部或梁截面高度范围内有集中荷载时，需要增设附加箍筋，附加箍筋的构造要求如图 3-32 所示。但应注意，附加箍筋范围内的主梁正常箍筋或加密区箍筋照常设置。

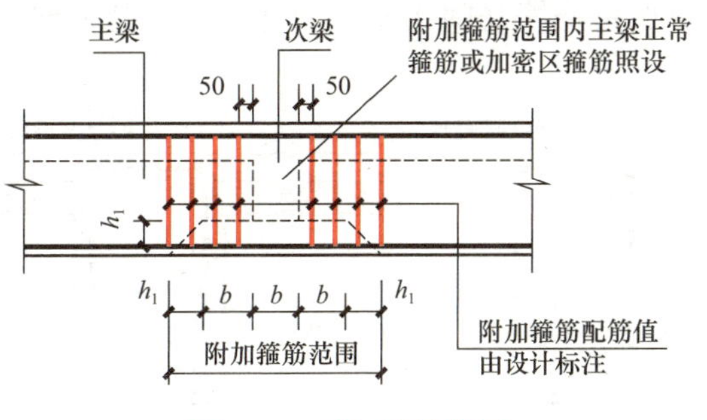

图 3-32　附加箍筋范围

3.4　装配式混凝土叠合梁构造要求

3.4.1　叠合梁的基本构造要求

(1)在装配整体式框架结构中，当采用叠合梁时，框架梁的后浇混凝土叠合层厚度不宜小于 150 mm[图 3-33(a)]，次梁的后浇混凝土叠合层厚度不宜小于 120 mm；当采用凹口截面预制梁时[图 3-33(b)]，凹口深度不宜小于 50 mm，凹口边厚度不宜小于 60 mm。

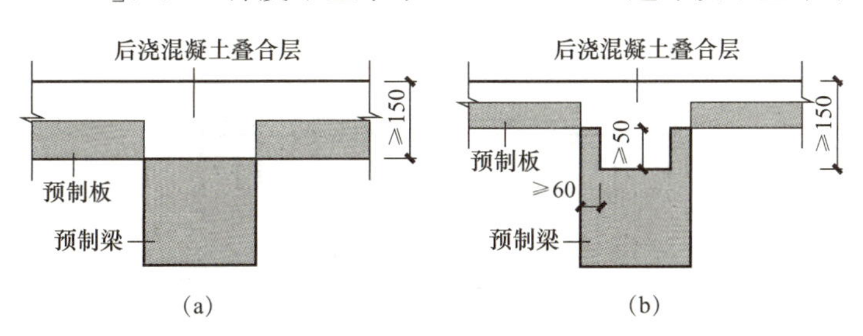

图 3-33　叠合框架梁截面示意

(a)矩形截面预制梁；(b)凹口截面预制梁

(2)叠合梁的箍筋配置应满足以下要求：

1)抗震等级为一、二级的叠合框架梁的梁端箍筋加密区宜采用整体封闭箍筋[图 3-34(a)]；

2)“组合封闭箍筋”是指 U 形的上开口箍筋和 Π 形的下开口箍筋，共同组合形成的组合式封闭箍筋。

采用组合封闭箍筋的形式[图 3-34(b)]时，开口箍筋上方应做成 135°弯钩；非抗震设计时，弯钩端头平直段长度不应小于 5d(d 为箍筋直径)；抗震设计时，平直段长度不应小于 10d。现场应采用箍筋帽封闭开口箍，箍筋帽末端应做成 135°弯钩；非抗震设计时，弯钩端头平直段长度不应小于 5d；抗震设计时，平直段长度不应小于 10d。

(3)叠合梁可采用对接连接(图 3-35)，但应满足以下要求：

1)连接处应设置后浇段，后浇段的长度应满足梁下部纵向钢筋连接作业的空间需求；

2)梁下部纵向钢筋在后浇段内，宜采用机械连接、套筒灌浆连接或焊接连接；

3)后浇段内的箍筋应加密，箍筋间距不应大于 $5d$(d 为纵向钢筋直径)，且不应大于 100 mm。

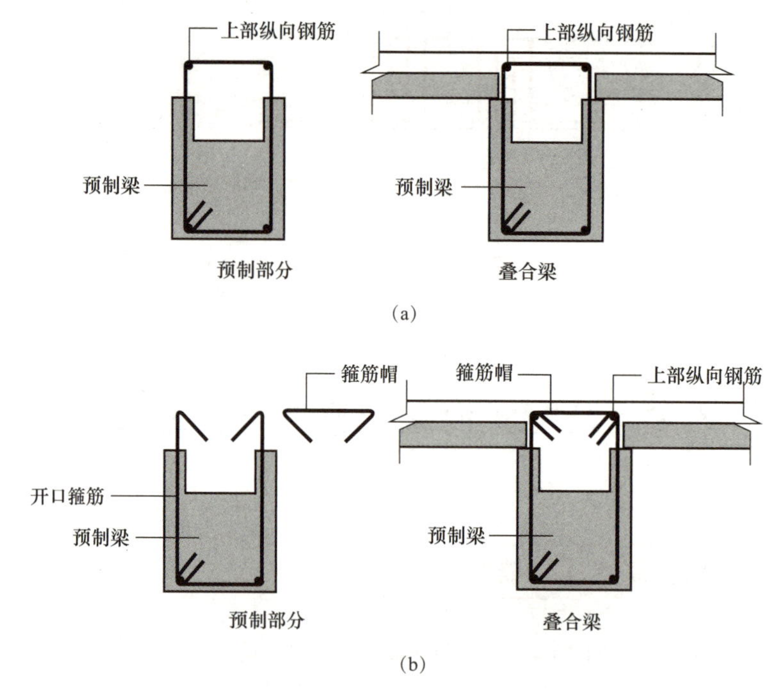

图 3-34 叠合梁箍筋构造示意

(a)采用整体封闭箍筋的叠合梁；(b)采用组合封闭箍筋的叠合梁

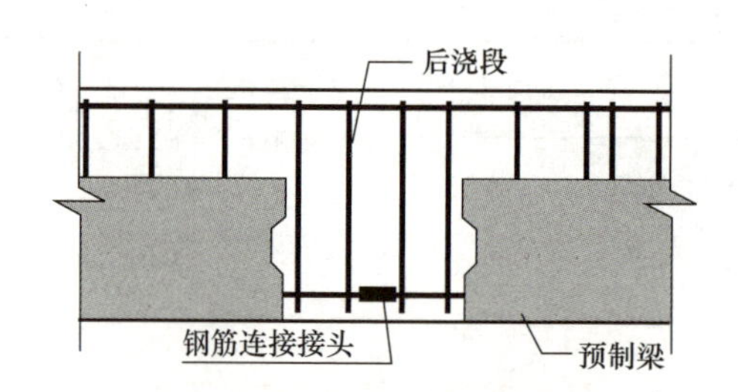

图 3-35 叠合梁连接节点示意

(4)主梁与次梁采用后浇段连接时，应满足以下规定：

1)在端部节点处，次梁下部纵向钢筋伸入主梁后浇段内的长度不应小于 $12d$。次梁上部纵向钢筋应在主梁后浇段内锚固。当采用弯折锚固[图 3-36(a)]或锚固板时，锚固直段长度不应小于 $0.6l_{ab}$；当钢筋应力不大于钢筋强度设计值的 50%时，锚固直段长度不应小于 $0.35l_{ab}$；弯折锚固的弯折后直段长度不应小于 $12d$(d 为纵向钢筋直径)。

2)在中间节点处，两侧次梁的下部纵向钢筋伸入主梁后浇段内不应小于 $12d$(d 为纵向钢筋直径)；次梁上部纵向钢筋应在现浇层内贯通[图 3-36(b)]。

(5)梁纵向钢筋在后浇节点区内采用直线锚固、弯折锚固或机械锚固的方式时，其锚固长度应符合现行国家标准《混凝土结构设计规范(2015 年版)》(GB 50010—2010)中的有关规定；当梁纵向钢筋采用锚固板时，应符合现行行业标准《钢筋锚固板应用技术规程》(JGJ 256—2011)中的有关规定。

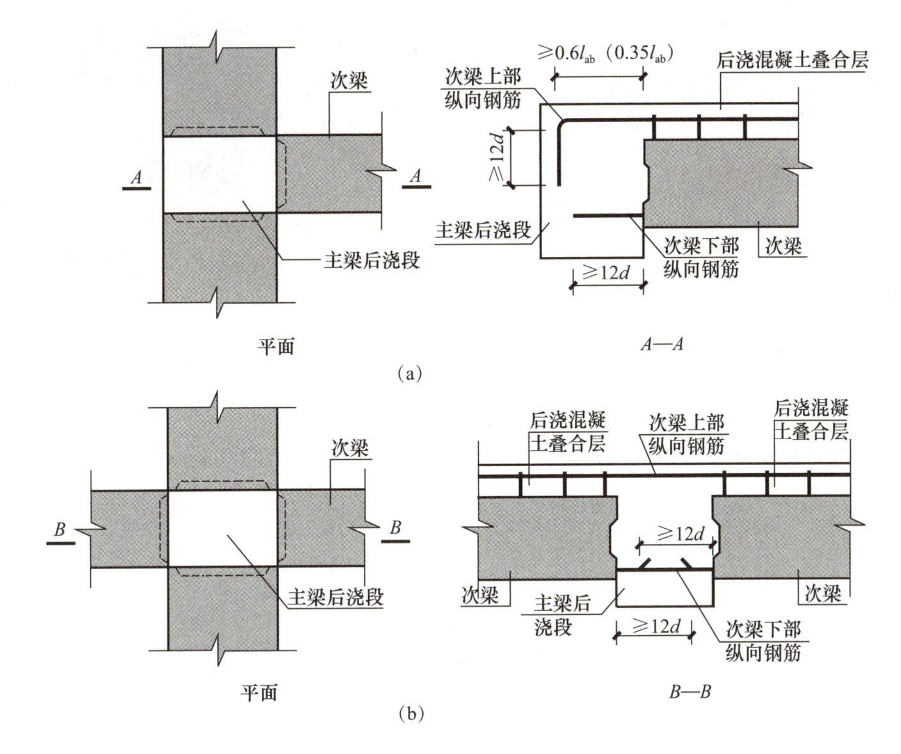

图 3-36　主次梁连接节点构造示意

(a)端部节点；(b)中间节点

3.4.2　叠合梁后浇段对接连接构造

叠合梁的连接节点 L1-2

叠合梁的连接节点 L1-3

叠合梁后浇段对接连接节点构造如图 3-37 所示。

梁底纵筋无论采用套筒灌浆连接还是机械连接或焊接连接，梁内箍筋加密区箍筋之间的间距应≤5d(d 为连接纵筋的最小直径)且≤100 mm。钢筋套筒灌浆连接中灌浆套筒的长度用 l_l 表示，按钢筋套筒灌浆接头产品参数取值。机械连接采用Ⅰ级机械连接接头。接缝位置宜设在受力较小处。

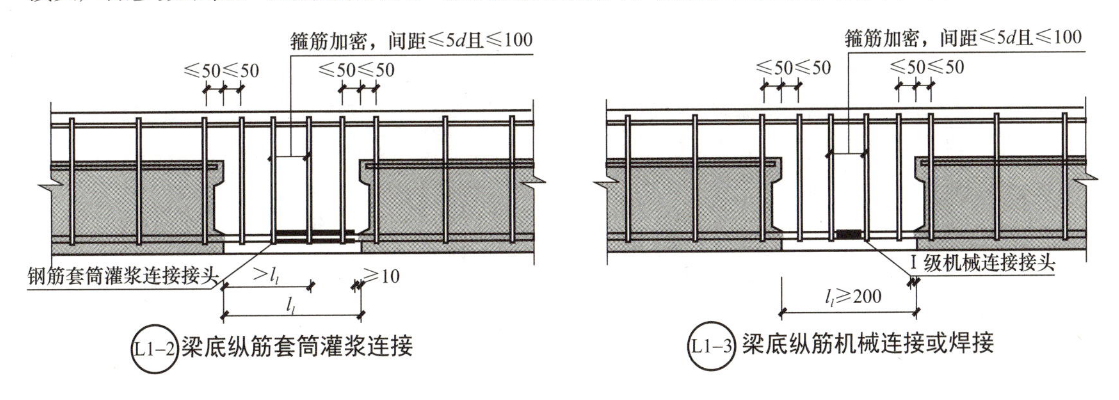

图 3-37　叠合梁的连接节点

图 3-37 中叠合次梁对接后浇段的长度应满足梁下部纵向钢筋连接作业的空间要求。

3.4.3 主、次梁边节点连接构造

主次梁边节点连接构造

（主梁预留后浇槽口）L2-1

1. 主梁预留后浇槽口

主梁预留后浇槽口，如图 3-38 所示。

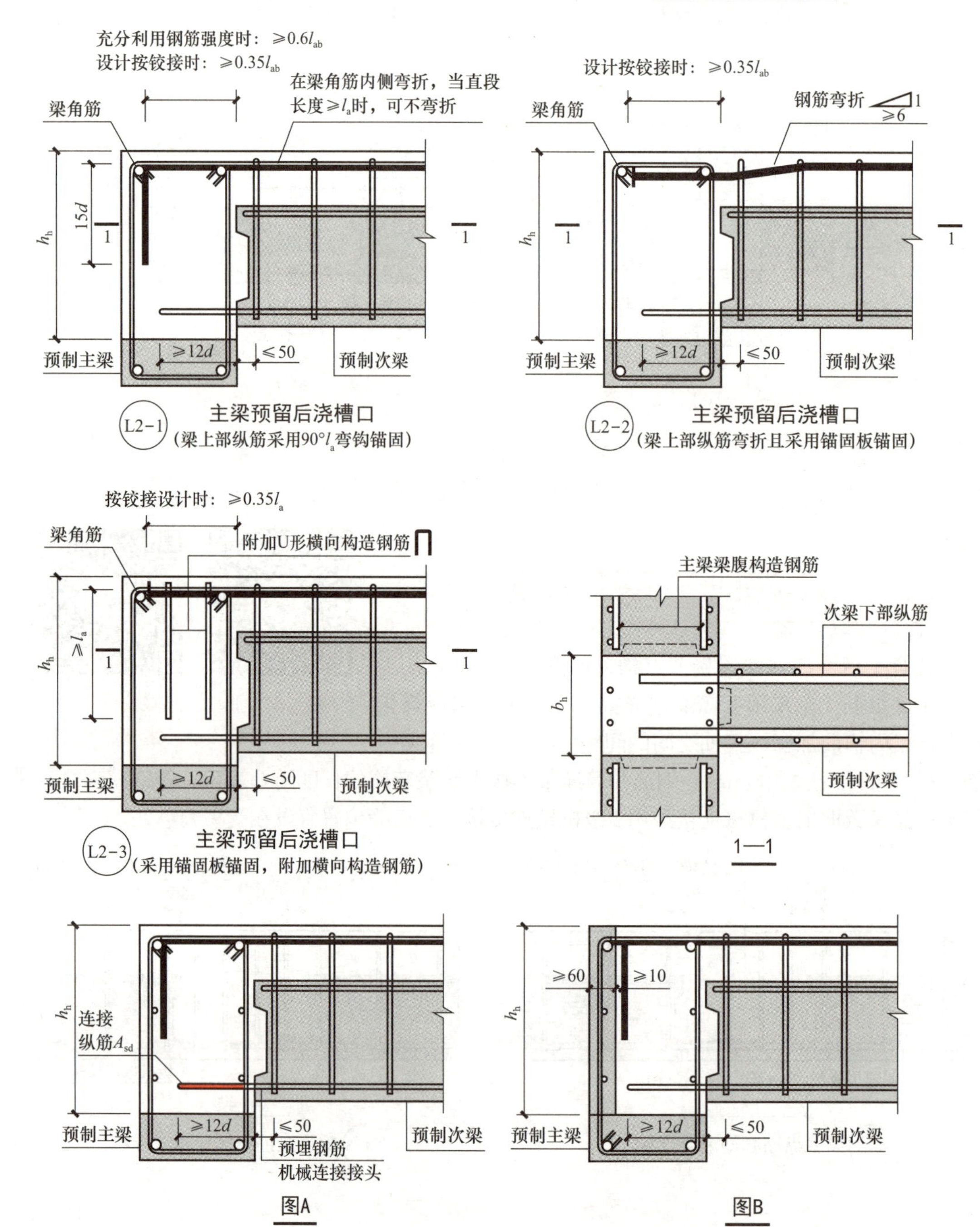

图 3-38 主次梁边节点连接构造（主梁预留后浇槽口）

构造要求如下：

节点 L2-1、L2-2、L2-3 中主梁梁腹配置的纵筋为构造钢筋，次梁梁底预留伸入支座的纵向钢筋。当主梁梁腹配置受扭纵筋时，受扭纵筋应在主梁预留槽口处贯通，次梁底可预埋机械连接接头，连接伸入支座的纵向钢筋，如图 3-38 中图 A 所示。采用钢筋机械连接接头时，其设置位置应考虑施工操作空间的要求。主梁也可采用留部分后浇槽口做法，如图 3-38 中图 B 所示。

图 3-38 中主梁预留后浇槽口的高度 h_h 和宽度 b_h 由设计确定；预制主梁吊装时需采取加强措施。

(1)节点 L2-1 为梁上部纵筋采用 90°弯钩锚固，要求如下：

1)预制次梁的上部纵筋应伸至预制主梁的角筋内侧弯折(弯折长度为 15d)，当直段长度≥l_a 时，可不弯折；预制次梁伸入预制主梁的水平段长度应≥0.6l_{ab}，当设计按铰接时，水平段长度应≥0.35l_{ab}。

2)预制次梁的下部纵筋伸至预制主梁的长度应≥12d。

(2)节点 L2-2 为梁上部纵筋弯折且采用锚固板锚固，要求如下：

1)预制次梁的上部纵筋需弯折后采用锚固板锚固并锚入预制主梁内，伸入预制主梁的长度按铰接设计时应≥0.35l_{ab}。

2)预制次梁的下部纵筋伸至预制主梁的长度应≥12d。

(3)节点 L2-3 为采用锚固板锚固，附加横向构造钢筋时，要求如下：

1)附加 U 形横向构造钢筋，直径不小于 d/4，间距不大于 5d 且不大于 100 mm，d 为次梁上部纵筋直径；附加 U 形横向构造钢筋的长度应≥l_a。

2)预制次梁的上部纵筋需采用锚固板锚固并锚入预制主梁内，伸入预制主梁的长度按铰接设计时应≥0.35l_{ab}。

3)预制次梁的下部纵筋伸至预制主梁的长度应≥12d。

主次梁边节点连接构造(次梁端设后浇段)L2-5

2. 次梁端设后浇段

次梁端设后浇段的节点连接构造包括次梁底纵向钢筋采用机械连接、套筒灌浆连接和次梁端设槽口这三种做法。其构造要求如图 3-39 所示。

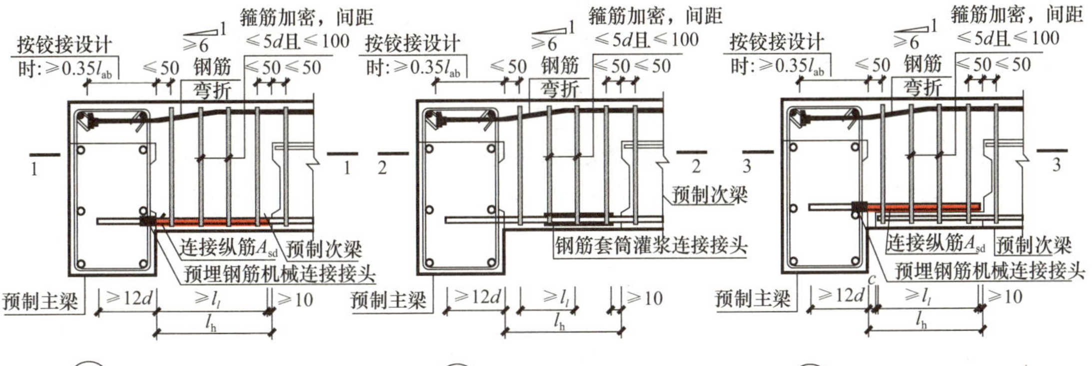

图 3-39　主次梁边节点连接构造(次梁端设后浇段)

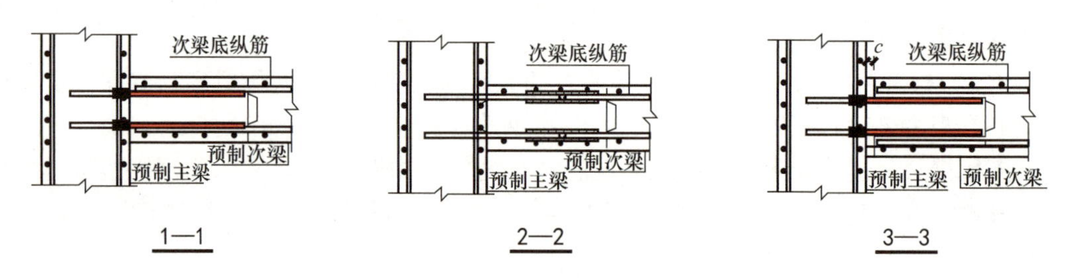

注：1. 采用钢筋机械连接时，接头位置应考虑施工操作空间的要求。

2. 节点L2-6中c为预制次梁端部到主梁的间隙，由设计确定。

3. 节点L2-5中l_l为灌浆套筒的长度，按钢筋套筒灌浆接头产品参数取值。

4. 节点L2-6中预制次梁底部槽口尺寸及配筋等由设计确定。

5. 图中连接纵筋A_{sd}由设计确定。

图 3-39　主次梁边节点连接构造(次梁端设后浇段)(续)

构造要求如下：

(1)预制次梁的上部纵筋需弯折后锚入预制主梁纵筋内侧，伸入预制主梁的长度按铰接设计时应$\geqslant 0.35l_{ab}$。

(2)预制次梁的下部纵筋可采用机械连接、套筒灌浆连接或在梁端设置槽口的连接方式，伸至预制主梁的长度应$\geqslant 12d$。当采用钢筋机械连接时，接头位置应考虑施工操作空间的要求。

(3)连接纵筋由设计确定；连接纵筋的长度应$\geqslant l_l$。

(4)预制次梁箍筋加密区的箍筋间距应$\leqslant 5d$ 且$\leqslant$100 mm。

3. 搁置式主次梁连接边节点

搁置式主次梁连接边节点构造有主梁设钢牛腿，主梁设挑耳和主梁设挑耳、次梁为缺口梁三种做法。其构造要求如图 3-40 所示。

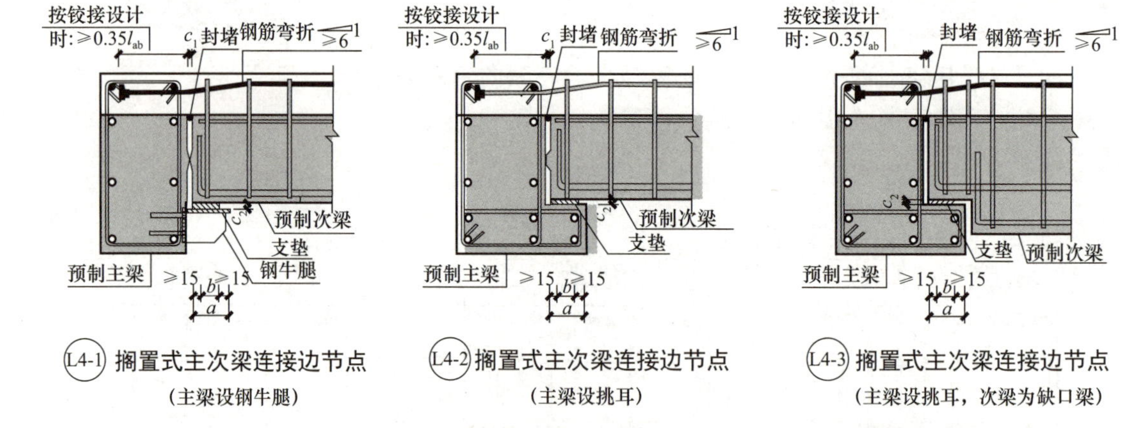

(L4-1) 搁置式主次梁连接边节点(主梁设钢牛腿)

(L4-2) 搁置式主次梁连接边节点(主梁设挑耳)

(L4-3) 搁置式主次梁连接边节点(主梁设挑耳，次梁为缺口梁)

图 3-40　搁置式主次梁连接边节点构造

3. 4. 4　主次梁中间节点连接构造

主次梁中间节点连接构造有主梁预留后浇槽口、次梁端设后浇段和次梁端设槽口这三种做法，具体构造做法如图 3-41～图 3-44 所示。

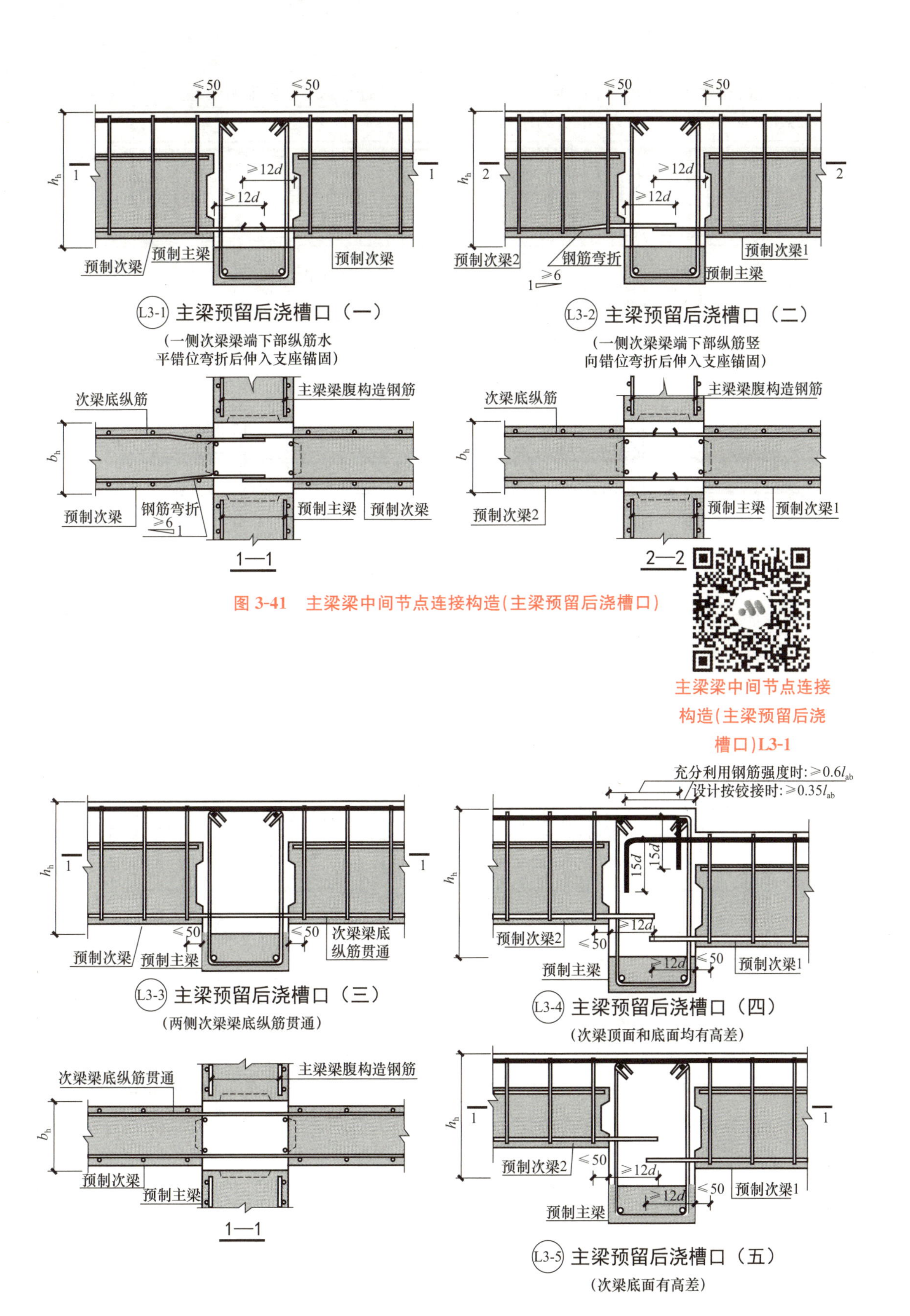

图 3-41　主梁梁中间节点连接构造(主梁预留后浇槽口)

图 3-42　主梁梁中间节点连接构造(主梁预留后浇槽口)

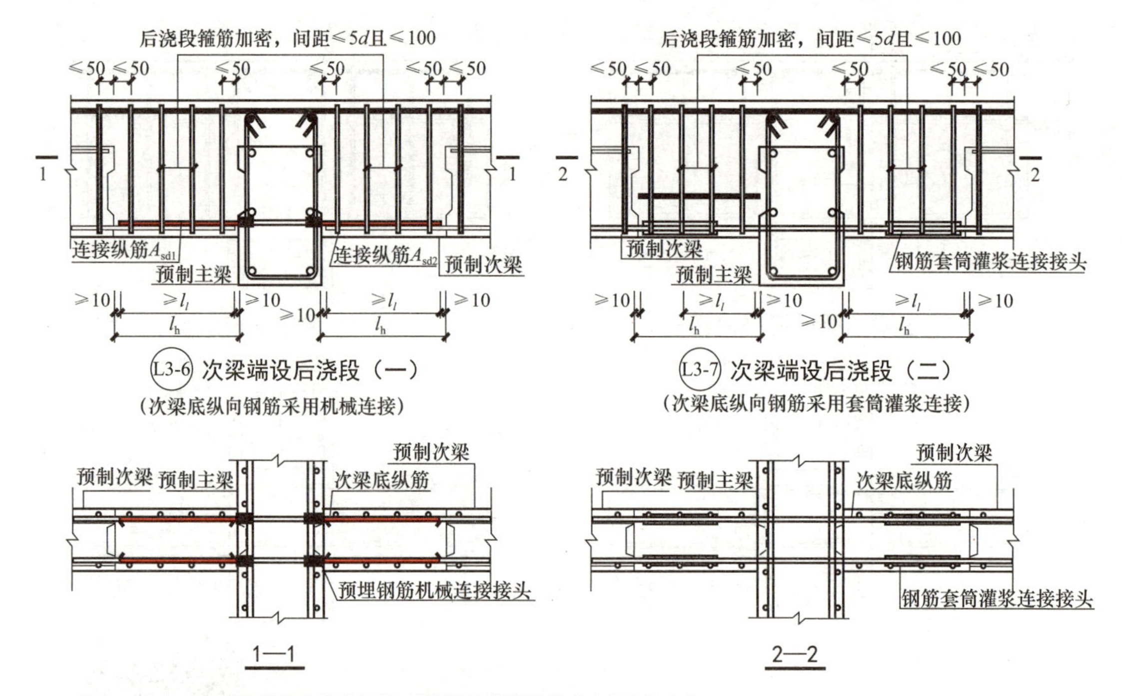

注：1. 节点L3-7中l_l为灌浆套筒的长度，按钢筋套筒灌浆接头产品参数取值。
2. 采用钢筋机械连接时，接头位置应考虑施工操作空间的要求。
3. 图中连接纵筋A_{sd1}和A_{sd2}由设计确定。
4. 采用节点L3-6时，梁下部纵筋可竖向搭接，也可水平搭接。

图 3-43　主梁梁中间节点连接构造（次梁端设后浇段）

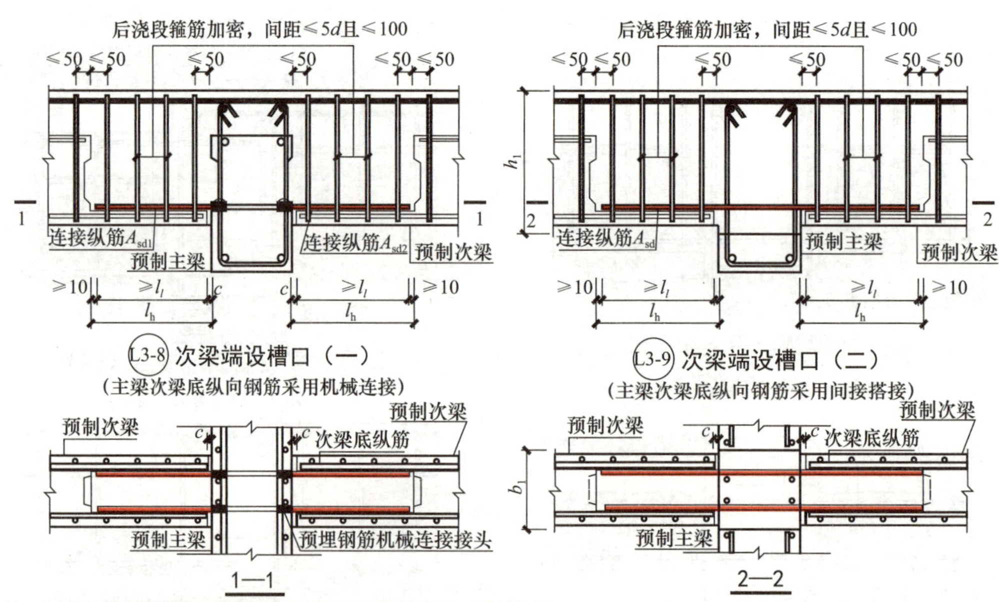

注：1. 图中主梁预留槽口的高度h_h和宽度b_h由设计确定；预制主梁吊装时需采取加强措施。
2. 采用钢筋机械连接时，接头位置应考虑施工操作空间的要求。
3. 图中c为预制次梁槽口端部到主梁的间隙，由设计确定。
4. 图中预制次梁端部槽口尺寸及配筋等由设计确定。
5. 图中连接纵筋A_{sd}、A_{sd1}和A_{sd2}由设计确定。

图 3-44　主梁梁中间节点连接构造（次梁端设槽口）

采用主梁预留后浇槽口构造五种情况，分别为一侧次梁梁端下部纵筋水平错位弯折后伸入支座锚固、一侧次梁梁端下部纵筋竖向错位弯折后伸入支座锚固、两侧次梁梁底纵筋贯通、次梁顶面和底面均有高差、次梁底面有高差。

次梁端设后浇段的次梁底纵向钢筋可采用机械连接和套筒灌浆连接；次梁端设槽口有主梁次梁底纵向钢筋采用机械连接和间接搭接。采用钢筋机械连接时，接头位置应考虑施工操作空间的要求。

构造要求如下：

(1)图 3-41 中主梁梁腹配置的纵筋为构造纵筋，次梁梁底预留伸入支座的纵向钢筋(伸入支座的长度应≥12d)。当主梁梁腹配置的纵筋为受扭纵筋时，受扭纵筋应在主梁预留槽口处贯通，次梁底可预埋机械连接接头，以连接伸入支座的纵向钢筋，具体做法如图 3-45 所示；图 3-41 中主梁预留后浇槽口的高度 h_h 和宽度 b_h 由设计确定，预制主梁吊装时需采取加强措施；采用节点 L3-2 时，先安装预制次梁 1，后安装预制次梁 2。

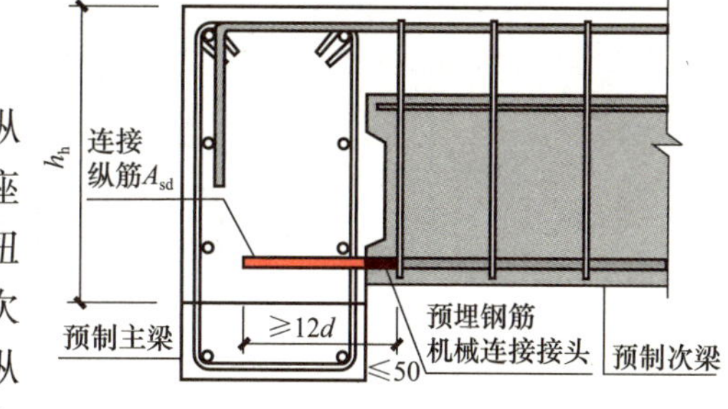

图 3-45　预埋机械连接接头

(2)图 3-42 中，节点 L3-3 适用于主梁梁腹配置的纵筋为构造钢筋，次梁梁底纵筋贯通；节点 L3-4、L3-5 的主梁梁腹配置的纵筋为构造纵筋，次梁梁底预留伸入支座的纵向钢筋。当主梁梁腹配置的纵筋为受扭纵筋时，受扭纵筋应在主梁预留槽口处贯通，次梁底可预埋机械连接接头，以连接伸入支座的纵向钢筋，具体做法如图 3-45 所示；预制次梁的下部纵筋伸至预制主梁的长度应≥12d。

对节点 L3-4，次梁梁面纵筋在端支座应伸至主梁纵筋内侧后弯折(弯折长度为 15d，伸入预制主梁的长度应≥0.6l_{ab}，按铰接设计时应≥0.35l_{ab})，当直段长度达到其锚固长度 l_a 时，可不弯折；当梁底平齐时，可采用图 3-41 中节点 L3-1、L3-2 的做法，以避免梁底纵筋碰撞。采用节点 L3-4、L3-5 时，先安装预制次梁 1，后安装预制次梁 2。

(3)图 3-43 中，后浇段内箍筋加密区的箍筋间距应≤5d 且≤100 mm。箍筋加密区最外侧的钢筋距预制主梁的外侧的距离应≤50 mm。按设计要求需要设计连接纵筋时，连接纵筋的长度应≥l_l。采用节点 L3-6 时，梁下部纵筋可竖向搭接，也可水平搭接。

(4)图 3-44 中，后浇段内箍筋加密区的箍筋间距应≤5d 且≤100 mm。箍筋加密区最外侧的钢筋距预制主梁的外侧的距离应≤50 mm。按设计要求需要设计连接纵筋时，采用机械连接时连接纵筋的长度应≥l_l，采用间接搭接时连接纵筋应贯通于预制主梁内。

思考题

1. 某楼面框架梁的集中标注 G6Φ12，其中 G 表示是________，6Φ12 表示梁的两个侧面每边配置________根 12 钢筋。

2. 某框架梁在集中标注 2Φ22+(4Φ12)，其中 2Φ22 为________，4Φ12 为________。

3. 在平法图集 16G101—1 中，框架梁加腋的标注 Y c_1×c_2中，c_1 表示________，c_2 表示________。

第 4 章　柱构件平法识图

4.1　柱构件基础知识

4.1.1　柱构件知识体系

柱构件知识体系可概括为三个方面，即柱的分类、柱构件钢筋的分类、柱的各种情况，如图 4-1 所示。

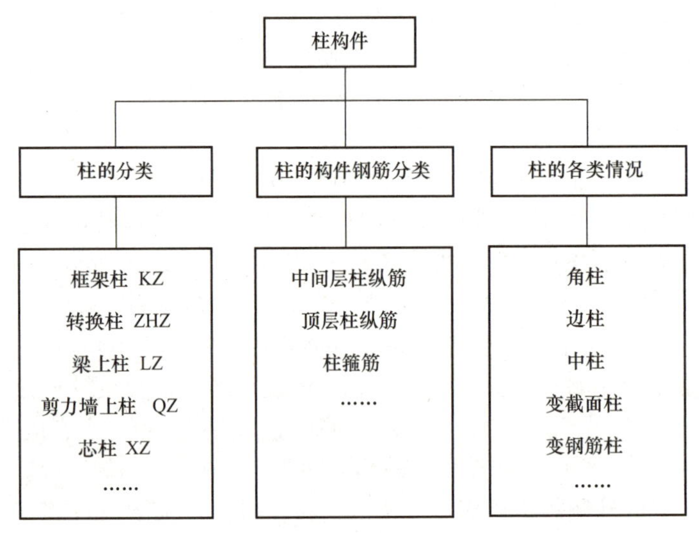

图 4-1　柱构件知识体系

4.1.2　柱的类型

在房屋结构中，柱主要承受竖向荷载，并将承受的荷载传递到基础上。由于柱的位置不同，所起的作用不同，其受力机理也不同，因而其构造要求也不同。在柱的平法图集中，柱按照不同类型可分为框架柱 KZ、转换柱 ZHZ、梁上柱 LZ、剪力墙上柱 QZ、芯柱 XZ。

4.1.3　柱内钢筋类型

柱内钢筋由纵向钢筋和箍筋组成。具体组成见表 4-1。

表 4-1　柱内主要钢筋

钢筋类型	纵向钢筋			箍筋	
钢筋名称	角部纵向钢筋	b 边一侧中部纵向钢筋	h 边一侧中部纵向钢筋	普通箍筋	螺旋箍筋

4.2　柱平法施工图制图规则

4.2.1　柱平法施工图的表示方法

柱平法施工图是在柱平面布置图上采用列表注写方式或截面注写方式表达。

柱平面布置图，可采用适当比例单独绘制，也可与剪力墙平面布置图合并绘制。在绘制柱平面布置图时，应注明各结构层的楼面标高、结构层高及相应的结构层号，还应注明上部结构嵌固部位位置。

上部结构嵌固部位的注写要求如下：

(1)框架柱嵌固部位在基础顶面时，无须注明。

(2)框架柱嵌固部位不在基础顶面时，在层高表嵌固部位标高下使用双细线注明，并在层高表下注明上部结构嵌固部位标高。

(3)框架柱嵌固部位不在地下室顶板，但仍需考虑地下室顶板对上部结构实际存在嵌固作用时，可在层高表地下室顶板标高下使用双虚线注明，此时首层柱端箍筋加密区长度范围及纵筋连接位置均按嵌固部位要求设置。

4.2.2　列表注写方式

柱的列表注写方式，是在柱平面布置图上(一般只需采用适当比例绘制一张柱平面布置图，包括框架柱、转换柱、梁上柱和剪力墙上柱)，分别在同一编号的柱中选择一个(有时需要选择几个)截面标注几何参数代号。

在柱表中注写柱编号、柱段起止标高、几何尺寸(含柱截面对轴线的偏心情况)与配筋的具体数值，并配以各种柱截面形状及其箍筋类型图的方式，来表达柱平法施工图。

柱表注写内容如下：

(1)注写柱编号。柱编号由类型代号和序号组成，见表 4-2。

表 4-2　柱编号

柱类型	代号	序号
框架柱	KZ	××
转换柱	ZHZ	××
芯柱	XZ	××
梁上柱	LZ	××
剪力墙上柱	QZ	××

注：编号时，当柱的总高、分段截面尺寸和配筋均对应相同，仅截面与轴线的关系不同时，仍可将其编为同一柱号，但应在图中注明截面与轴线的关系。

(2)注写各段柱的起止标高。各段柱的起止标高，自柱根部往上以变截面位置或截面未变但配筋改变处为界分段标注。框架柱和转换柱的根部标高是指基础顶面标高；芯柱的根部标高是指根据结构实际需要而定的起始位置标高；梁上柱的根部标高是指梁顶面标高。剪力墙上柱的根部标高分为两种：当柱纵筋锚固在墙顶部时，其根部标高为墙顶面标高；当柱与剪力墙重叠一层时，其根部标高为墙顶面往下一层的结构层楼面标高。

(3)注写截面几何尺寸。截面形状主要有矩形柱、圆形柱和芯柱。

1)对于矩形柱，注写柱截面尺寸 $b \times h$ 及轴线关系的几何参数代号 b_1、b_2 和 h_1、h_2 的具体数值，需对应各段柱分别注写。

2)对于圆形柱，表中 $b \times h$ 一栏改用在圆柱直径数字前加 d 表示。为表达简单，圆柱截面与轴线关系也可用 b_1、b_2 和 h_1、h_2 表示，并使 $d=b_1+b_2=h_1+h_2$。

3)对于芯柱，根据结构需要，可以在某些框架柱的一定高度范围内，在其内部的中心位置设置(分别引注其柱编号)。芯柱中心应与柱中心重合，并标注其截面尺寸，并按相应的构造要求施工。芯柱定位随框架柱，不需要注写其与轴线的几何关系。

(4)注写柱纵向钢筋。纵向受力钢筋为柱的主要受力钢筋，纵向钢筋根数至少应保证在每个阳角处设置一根。当柱纵向钢筋直径相同，各边根数也相同时(包括矩形柱、圆柱和芯柱)，将纵向钢筋标注在“全部纵筋”一栏中；除此之外，柱纵向钢筋分角筋、截面 b 边中部筋、h 边中部筋三项分别标注(对于采用对称配筋的矩形截面柱，可仅注写一侧中部筋，对称边省略不注)。

(5)注写箍筋类型号及箍筋肢数。箍筋肢数需要满足对柱纵筋“隔一拉一”以及箍筋肢距的要求。具体工程所设计的各种箍筋类型图以及箍筋复合的具体方式，需画在表的上部或图中的适当位置，并在其上进行标注。

(6)注写柱箍筋。柱箍筋包括钢筋级别、型号、箍筋肢数直径与间距。在抗震设计时，用斜线“/”区分柱端箍筋加密区与柱身非加密区长度范围内箍筋的不同间距。当框架节点核心区内箍筋与柱端箍筋设置不同时，应在括号中注明核心区箍筋直径及间距。当箍筋沿柱全高为一种间距时，则不使用斜线“/”。当圆柱采用螺旋箍筋时，需在箍筋前加“L”表示。示例见表 4-3。

表 4-3　柱箍筋注写示例

表示形式	表达含义
Φ10@100/200	表示柱箍筋为 HPB300 级钢筋，直径为 10 mm，箍筋加密区间距为 100 mm，非加密区间距为 200 mm
Φ10@100/200(Φ12@100)	表示柱箍筋为 HPB300 级钢筋，直径为 10 mm，箍筋加密区间距为 100 mm，非加密区间距为 200 mm。框架节点核心区内箍筋为 HPB300 级钢筋，直径为 12 mm，间距为 100 mm
Φ10@100	表示沿柱全高范围内箍筋均为 HPB300 级钢筋，钢筋直径为 10 mm，间距为 100 mm
LΦ10@100/200	表示圆柱采用螺旋箍筋 HPB300 级钢筋，钢筋直径为 10 mm，箍筋加密区间距为 100 mm，非加密区间距为 200 mm

柱平法施工图列表注写方式如图 4-2 所示。

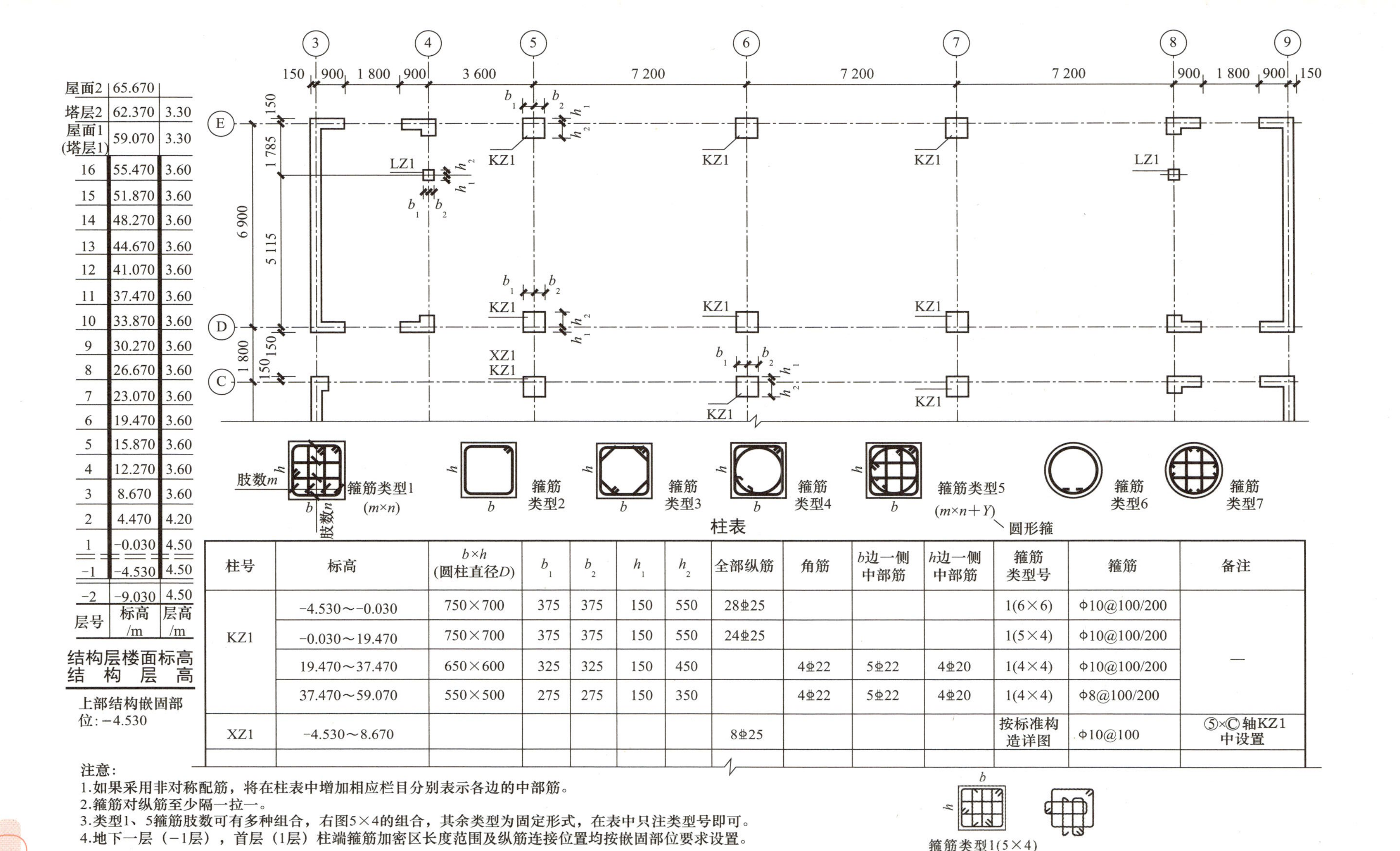

层号	标高/m	层高/m
屋面2	65.670	
塔层2	62.370	3.30
屋面1(塔层1)	59.070	3.30
16	55.470	3.60
15	51.870	3.60
14	48.270	3.60
13	44.670	3.60
12	41.070	3.60
11	37.470	3.60
10	33.870	3.60
9	30.270	3.60
8	26.670	3.60
7	23.070	3.60
6	19.470	3.60
5	15.870	3.60
4	12.270	3.60
3	8.670	3.60
2	4.470	4.20
1	−0.030	4.50
−1	−4.530	4.50
−2	−9.030	4.50

结构层楼面标高
结 构 层 高

上部结构嵌固部位：−4.530

柱表

柱号	标高	$b\times h$（圆柱直径D）	b_1	b_2	h_1	h_2	全部纵筋	角筋	b边一侧中部筋	h边一侧中部筋	箍筋类型号	箍筋	备注
KZ1	−4.530～−0.030	750×700	375	375	150	550	28⌀25				1(6×6)	Φ10@100/200	—
	−0.030～19.470	750×700	375	375	150	550	24⌀25				1(5×4)	Φ10@100/200	
	19.470～37.470	650×600	325	325	150	450		4⌀22	5⌀22	4⌀20	1(4×4)	Φ10@100/200	
	37.470～59.070	550×500	275	275	150	350		4⌀22	5⌀22	4⌀20	1(4×4)	Φ8@100/200	
XZ1	−4.530～8.670						8⌀25				按标准构造详图	Φ10@100	⑤×Ⓒ轴KZ1中设置

注意：

1.如果采用非对称配筋，将在柱表中增加相应栏目分别表示各边的中部筋。
2.箍筋对纵筋至少隔一拉一。
3.类型1、5箍筋肢数可有多种组合，右图5×4的组合，其余类型为固定形式，在表中只注类型号即可。
4.地下一层（−1层），首层（1层）柱端箍筋加密区长度范围及纵筋连接位置均按嵌固部位要求设置。

图 4-2　柱平法施工图列表注写方式示例

4.2.3 截面注写方式

柱的截面标注方式，是在柱平面布置图的柱截面上，分别在同一编号的柱中选择一个截面，以直接标注截面尺寸和配筋具体数值的方式来表达柱平法施工图。

在柱的截面注写平法施工图中，主要表达内容为柱高、柱编号、柱的截面尺寸及与轴线的关系、纵向钢筋和箍筋。

截面注写内容如下：

(1)注写柱高。当柱高需要注写时，可以注写为该段柱的起止层数，也可以注写为该段柱的起止标高。

柱高按起止层数注写时，施工人员只需对照图中“结构层楼面标高与层高表”，即可查出该段柱的下端和上端标高和每层的柱高；按起止标高注写时，即可查出该段柱的起止层数和每层的层高。

(2)注写柱编号。对除芯柱之外的所有柱截面均按照表 4-2 的规定进行编号。

(3)注写截面尺寸与轴线关系。

1)对于矩形柱，注写柱截面尺寸为 $b \times h$。

2)对于圆形柱，以 D 打头注写圆柱截面直径。

3)对于异形柱，需在截面外围注写各个部分的尺寸。

(4)注写柱的纵向钢筋。

1)当柱纵筋采用同一直径时，需注写全部纵筋。

2)当柱纵筋采用两种直径时，需注写截面各边中部筋的具体数值，按照“角筋$+b$ 边一侧中部筋$+h$ 边一侧中部筋”的形式注写。

(5)注写柱箍筋。柱箍筋包括钢筋级别、型号、箍筋肢数直径与间距。在抗震设计时，用斜线“/”区分柱端箍筋加密区与柱身非加密区长度范围内箍筋的不同间距。当箍筋沿柱全高为一种间距时，则不使用斜线“/”。当圆柱采用螺旋箍筋时，需在箍筋前加“L”表示。

柱平法施工图截面注写方式如图 4-3 所示。

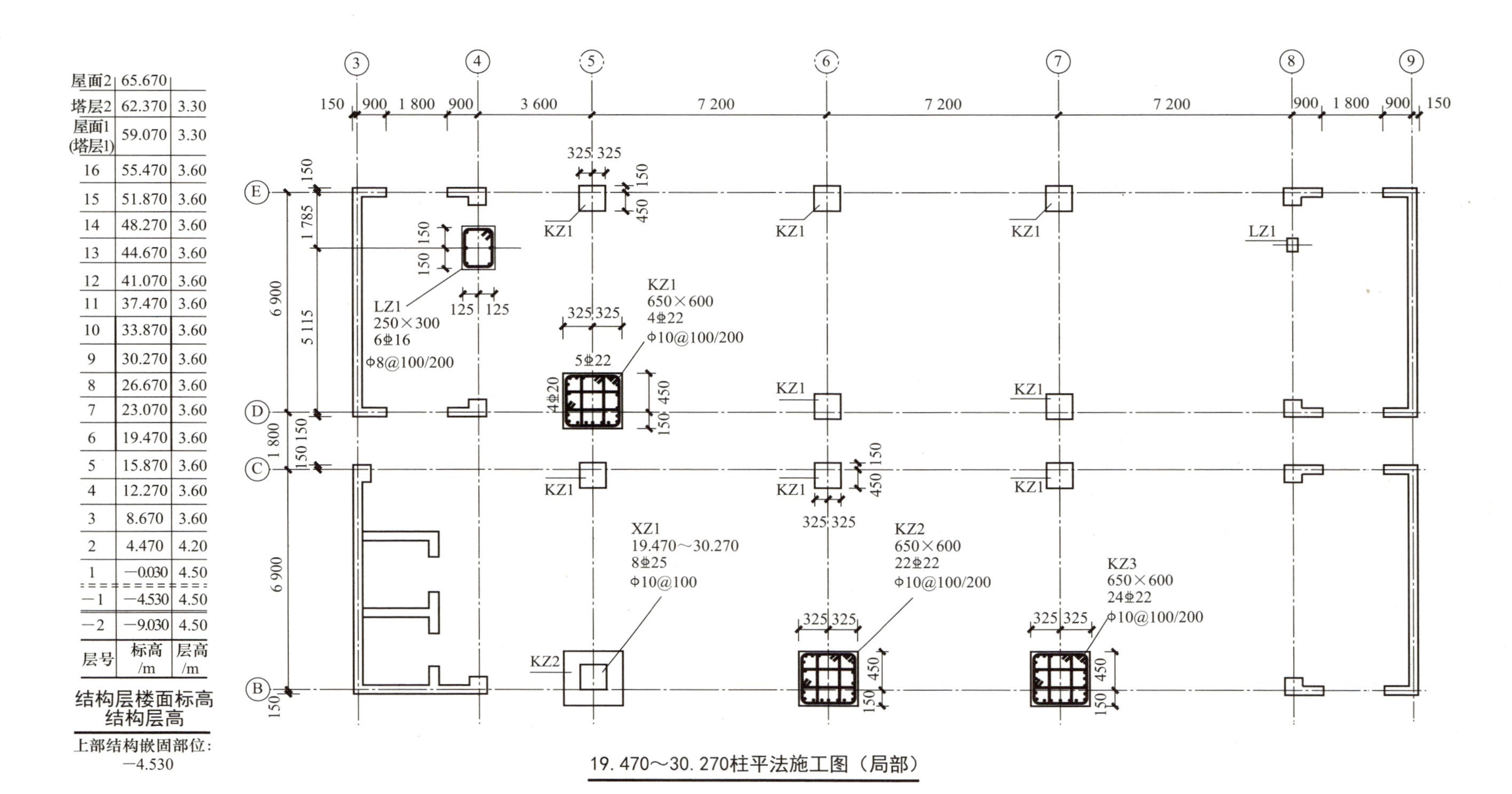

屋面2	65.670	
塔层2	62.370	3.30
屋面1(塔层1)	59.070	3.30
16	55.470	3.60
15	51.870	3.60
14	48.270	3.60
13	44.670	3.60
12	41.070	3.60
11	37.470	3.60
10	33.870	3.60
9	30.270	3.60
8	26.670	3.60
7	23.070	3.60
6	19.470	3.60
5	15.870	3.60
4	12.270	3.60
3	8.670	3.60
2	4.470	4.20
1	−0.030	4.50
−1	−4.530	4.50
−2	−9.030	4.50
层号	标高/m	层高/m

结构层楼面标高
结构层高

上部结构嵌固部位:
−4.530

图 4-3　柱平法施工图列表注写方式示例

4.3 柱构件钢筋构造

柱内纵向钢筋按照其在柱内的竖向位置及相关构造，可分为基础插筋、首层纵向钢筋、中间层纵向钢筋及顶层纵向钢筋。柱内钢筋的连接方式有绑扎搭接、机械连接和焊接连接三种，如图 4-4 所示。

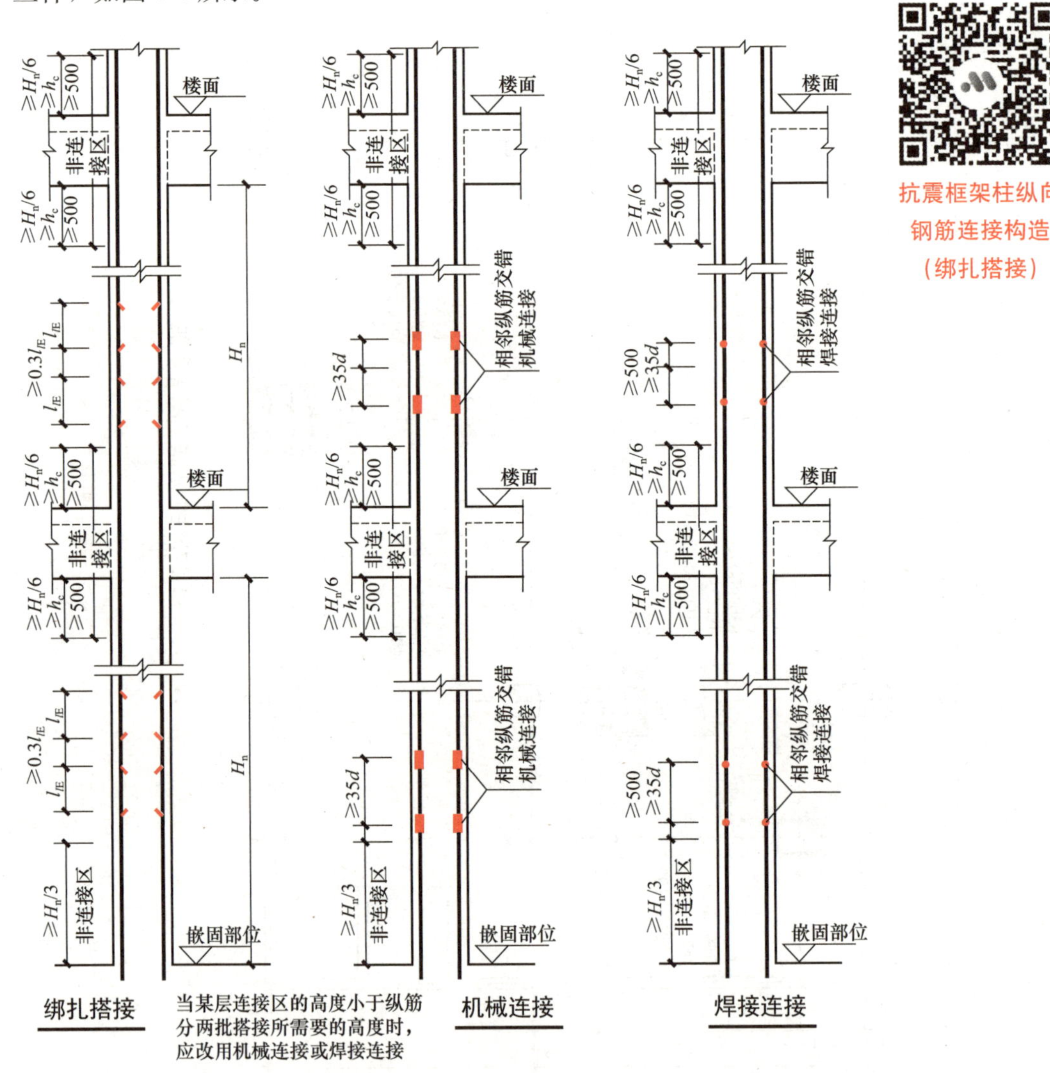

图 4-4 抗震框架柱纵向钢筋连接构造

根据《混凝土结构设计规范(2015 年版)》(GB 50010—2010)中规定：轴心受拉及小偏心受拉构件纵向受力构件不应采用绑扎搭接接头，设计者应在柱平法结构施工图中注明其平面位置及层数；其他构件中的钢筋采用绑扎搭接时，受拉钢筋的直径不宜大于 25 mm，受压钢筋的直径不宜大于 28 mm。目前，工程中大多采用机械连接或焊接连接。

4.3.1 框架柱首层纵向钢筋连接构造

框架柱首层纵向钢筋采用机械连接和焊接连接，其连接构造如图 4-5 所示。

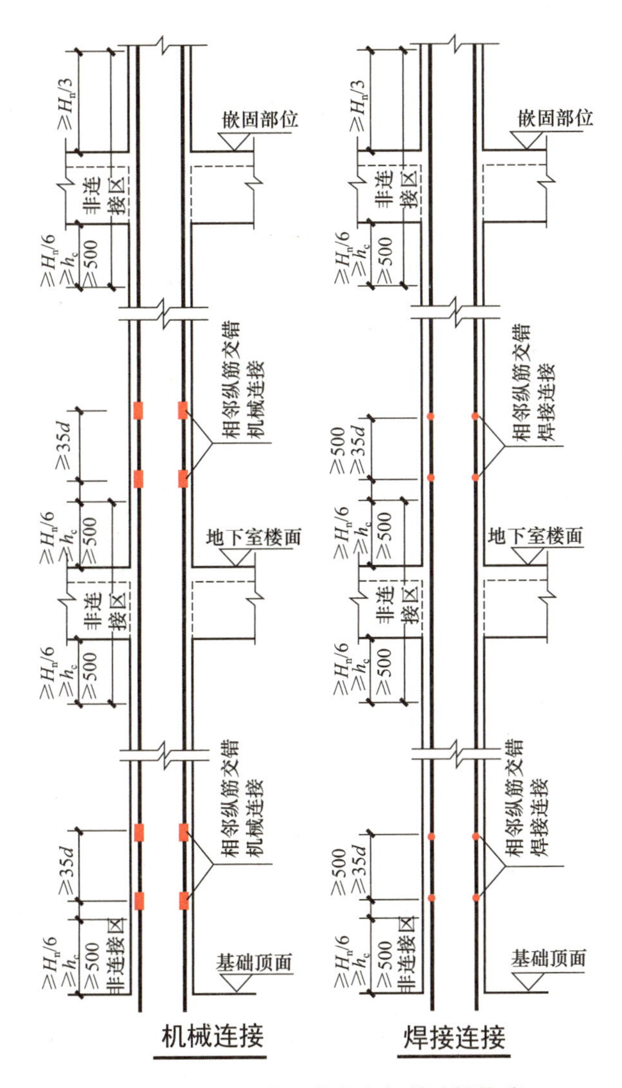

图 4-5 地下室框架柱纵向钢筋连接构造

构造要求如下：

(1)非连接区高度：

1)基础顶面：取 $H_n/6$、h_c、500 mm 三者的最大值。

2)地下室楼面：取 $H_n/6$、h_c、500 mm 三者的最大值。

3)嵌固部位：$\geqslant H_n/3$。

(2)相邻纵向钢筋交错接头的连接距离：

1)相邻纵向钢筋交错机械连接：$\geqslant 35d$。

2)相邻纵向钢筋交错焊接连接：取 500 mm、$35d$ 两者的最大值。

4.3.2 框架柱中间层纵向钢筋连接构造

(1)框架柱中间层纵向钢筋采用机械连接和焊接连接，其连接构造如图 4-4 所示。

构造要求如下：

1)非连接区高度：

①楼面：取 $H_n/6$、h_c、500 mm 三者的最大值。

②嵌固部位：$\geqslant H_n/3$。

2)相邻纵向钢筋交错接头的连接距离：

①相邻纵向钢筋交错机械连接：$\geqslant 35d$。

②相邻纵向钢筋交错焊接连接：取 500 mm、$35d$ 两者的最大值。

(2)框架柱变截面位置纵向钢筋连接构造，如图 4-6 所示。

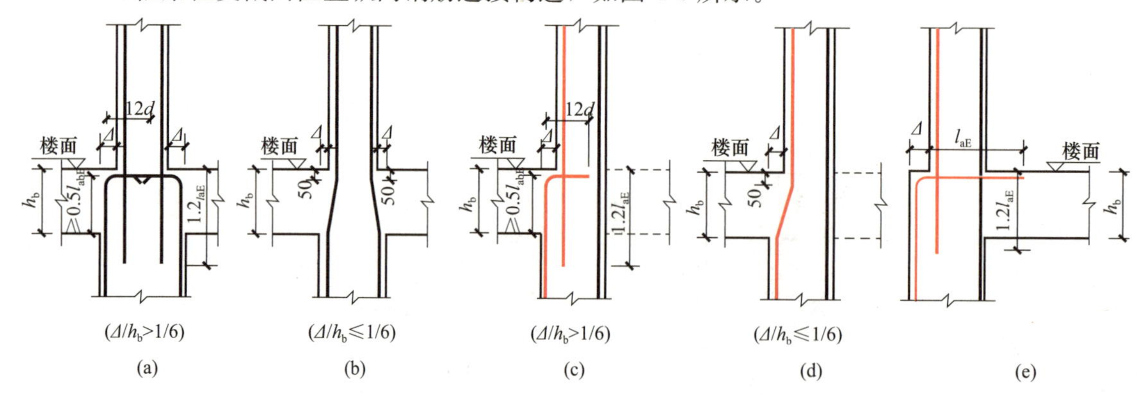

图 4-6　框架柱变截面位置纵向钢筋连接构造

1)当 $\Delta/h_b>1/6$ 时，如图 4-7(a)、(c)所示。

①图 4-7(a)所示为框架柱变截面纵向钢筋非直通钢筋构造(双侧)，上柱截面缩进尺寸为 Δ，梁的变截面高度为 h_b。构造要求：下柱纵向钢筋向上伸至梁内并向下弯折，弯折水平段长度为 $12d$，伸入梁内竖向长度 $\geqslant 0.5l_{abE}$。上柱纵向钢筋向下伸入梁柱内的长度为 $1.2l_{aE}$。

②图 4-7(c)所示为框架柱变截面纵向钢筋非直通钢筋构造(单侧)，上柱截面缩进尺寸为 Δ，梁的变截面高度为 h_b。构造要求：下柱纵向钢筋向上伸至梁内，弯折水平段长度为 $12d$，伸入梁内竖向长度 $\geqslant 0.5l_{abE}$。上柱纵向钢筋向下伸入梁柱内的长度为 $1.2l_{aE}$。

2)当 $\Delta/h_b\leqslant 1/6$ 时，如图 4-6(b)、(d)所示。

①图 4-7(b)所示为框架柱变截面纵向钢筋直通钢筋构造(双侧)，上柱截面缩进尺寸为 Δ，梁的变截面高度为 h_b。构造要求：采用下柱纵向钢筋略向内斜弯钩再向上直通构造。

②图 4-7(d)所示为框架柱变截面纵向钢筋直通钢筋构造(单侧)，上柱截面缩进尺寸为 Δ，梁的变截面高度为 h_b。构造要求：采用下柱纵向钢筋略向内斜弯钩再向上直通构造。

3)图 4-7(e)所示的上柱截面缩进尺寸为 Δ，梁的变截面高度为 h_b，其构造要求：下柱纵向钢筋向上伸至梁柱内，弯折水平段长度为 l_{aE}。上柱纵向钢筋向下伸入梁柱内的长度为 $1.2l_{aE}$。

(3)上下柱钢筋配筋量不同时的连接构造，如图 4-7 所示。

1)当上柱钢筋比下柱多时，如图 4-7(a)所示，上层柱增加的纵向钢筋锚入柱梁节点的长度为 $1.2l_{aE}$。

2)当上柱钢筋直径比下柱钢筋直径大时，如图 4-7(b)所示，上层柱纵向钢筋要下穿非连接区，并与下层柱较小直径纵向钢筋连接。

3)当下柱钢筋比上柱多时，如图 4-7(c)所示，下层柱增加的纵向钢筋锚入柱梁节点的长度为 $1.2l_{aE}$。

4)当下柱钢筋直径比上柱钢筋直径大时，如图 4-7(d)所示，下层柱纵向钢筋要上穿非连接区，并与上层柱较小直径纵向钢筋连接。

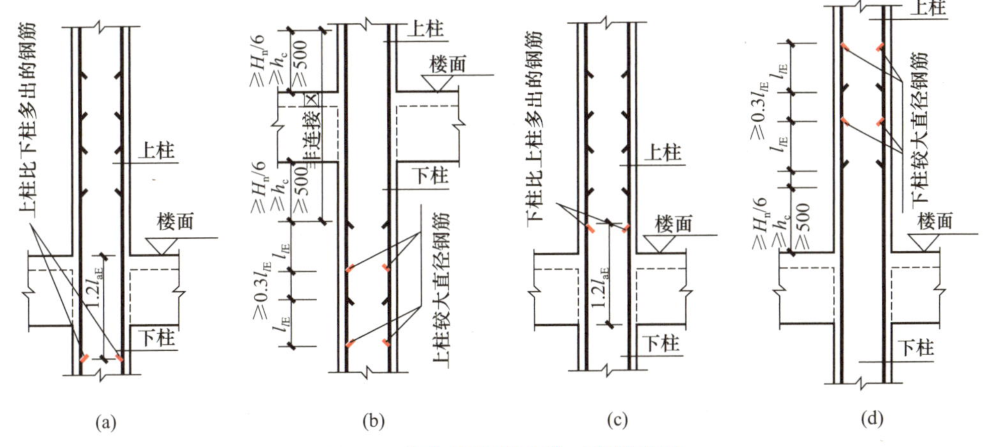

图 4-7　框架柱纵筋变化时连接构造

(a)当上柱钢筋比下柱多时；(b)当上柱钢筋直径比下柱钢筋直径大时；(c)当下柱钢筋比上柱多时；(d)当下柱钢筋直径比上柱钢筋直径大时

框架边柱和角柱柱顶纵向钢筋构造

4.3.3　框架柱顶层纵向钢筋连接构造

框架柱顶层纵向钢筋连接构造有框架边柱和角柱柱顶纵向钢筋构造、中柱柱顶纵向钢筋构造两种做法。

1. 框架边柱和角柱柱顶纵向钢筋构造

(1)柱筋作为梁上部钢筋使用，如图 4-8 所示。

构造要求：柱外侧纵向钢筋直径不小于梁上部钢筋时，可弯入梁内作梁上部纵向钢筋。

(2)从梁底算起 $1.5l_{abE}$ 超过柱内侧边缘，如图 4-9 所示。

构造要求：柱外侧纵向钢筋锚入屋面框架梁的顶部，锚固长度从梁底位置算起应≥$1.5l_{abE}$；当柱外侧纵向钢筋配筋率＞1.2%时，钢筋可分两批截断，断点距离≥$20d$。

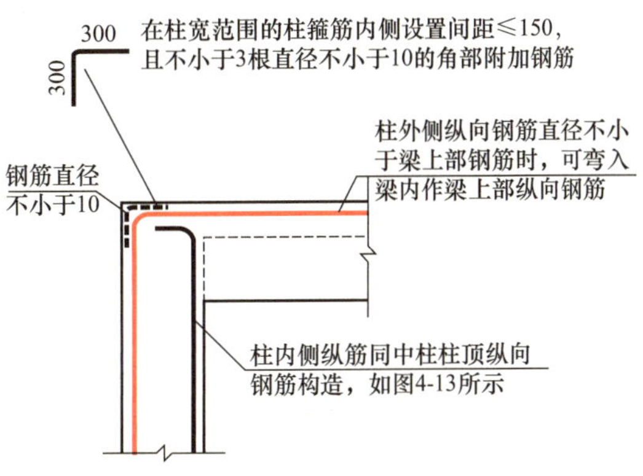

图 4-8　框架边柱和角柱柱顶纵向钢筋构造

(柱筋作为梁上部钢筋使用)

当现浇板厚度≥100 mm时，也可按图4-9的方式伸入板内锚固，且伸入板内长度不宜小于15d。

(3)从梁底算起1.5l_{abE}未超过柱内侧边缘，如图4-10所示。

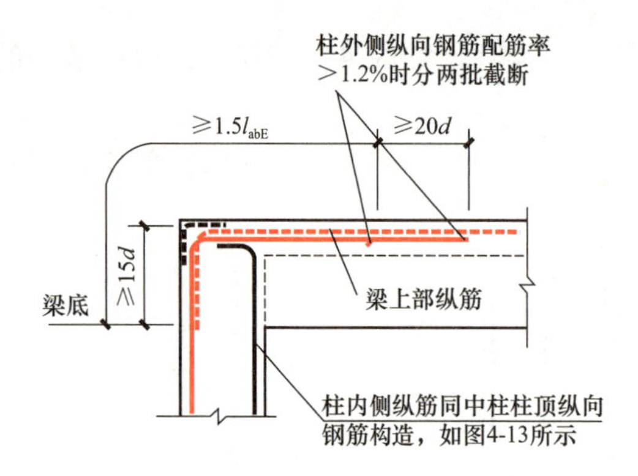

图4-9　框架边柱和角柱柱顶纵向钢筋构造

（从梁底算起1.5l_{abE}超过柱内侧边缘）

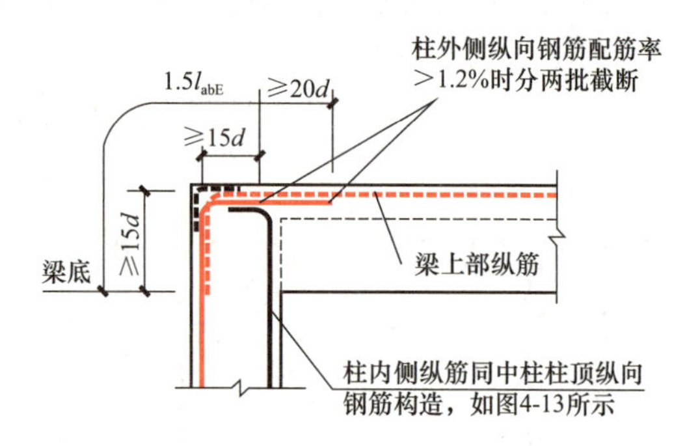

图4-10　框架边柱和角柱柱顶纵向钢筋构造

（从梁底算起1.5l_{abE}未超过柱内侧边缘）

构造要求：柱外侧纵向钢筋锚入屋面框架梁的顶部，锚固长度从梁底位置算起应≥1.5l_{abE}且水平弯折长度应≥15d；当柱外侧纵向钢筋配筋率>1.2%时，钢筋可分两批截断，断点距离≥20d。

(4)未伸入梁内的柱外侧钢筋锚固，如图4-11所示。

构造要求：柱顶第一层钢筋伸至柱内边向下弯折8d，柱顶第二层钢筋伸至柱内边。

(5)梁、柱纵向钢筋搭接接头沿节点外侧直线布置，如图4-12所示。

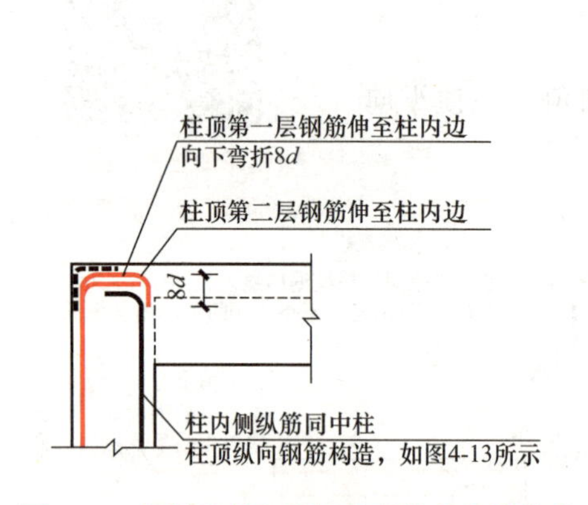

图4-11　框架边柱和角柱柱顶纵向钢筋构造

（未伸入梁内的柱外侧钢筋锚固）

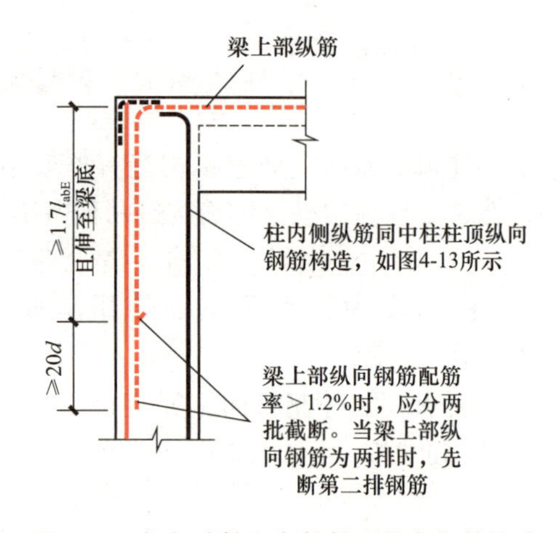

图4-12　框架边柱和角柱柱顶纵向钢筋构造

（梁、柱纵向钢筋搭接接头沿节点外侧直线布置）

构造要求：梁上部纵向钢筋伸至柱外侧纵向钢筋内侧竖向向下弯折，竖直段与柱外侧纵筋搭接总长度应≥1.7l_{abE}；柱外侧纵筋向上伸至柱顶。

当梁上部纵向钢筋配筋率>1.2%时，钢筋可分两批截断。当梁上部纵向钢筋为两排时，先断第二排钢筋，断点距离≥20d。

2. 中柱柱顶纵向钢筋构造

中柱柱顶纵向钢筋构造如图 4-13 所示。

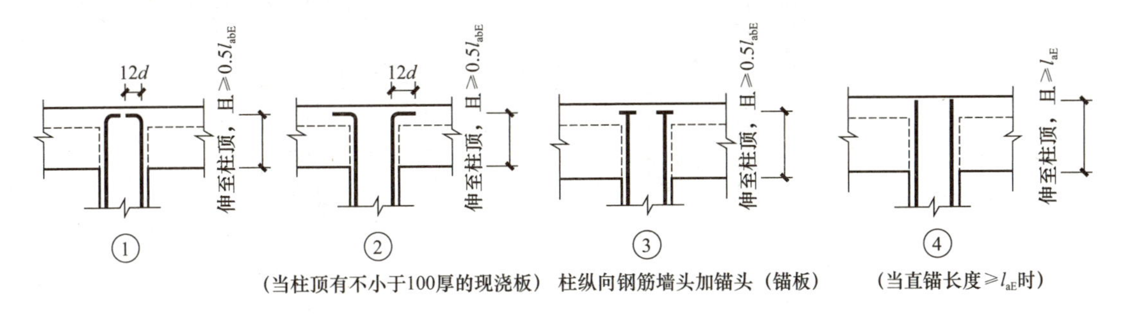

图 4-13　中柱柱顶纵向钢筋构造

中柱柱顶纵向钢筋构造分为四种构造做法，施工人员应根据各种做法所要求的条件正确选用。

构造要求如下：

(1)节点①：下柱纵向钢筋全部伸至柱顶，从梁底算起伸入长度≥0.5l_{abE}后弯折，弯折水平长度应为 12d，弯钩朝向柱截面内。

(2)节点②：当柱顶现浇板厚度≥100 mm 时，下柱纵向钢筋全部伸至柱顶，从梁底算起伸入长度≥0.5l_{abE}后弯折，弯折水平长度应为 12d，弯钩朝向柱截面外。

(3)节点③：当柱纵向钢筋端头加锚头(锚板)时，下柱纵向钢筋全部伸至柱顶，从梁底算起伸入长度≥0.5l_{abE}。

(4)节点④：当直锚长度≥l_{abE}时下柱纵向钢筋全部伸至柱顶，从梁底算起伸入长度≥l_{abE}柱纵筋伸至柱顶混凝土保护层位置。

4.3.4　柱箍筋构造

1. 地下室框架柱箍筋加密区范围

地下室框架柱箍筋加密区范围如图 4-14 所示。

构造要求：地下室框架柱箍筋加密区范围需满足柱长边尺寸(图柱直径)、H_n/6、500 mm 三者取最大值。嵌固部位：加密区范围应≥H_n/3。

2. 框架柱箍筋加密区范围

框架柱箍筋加密区范围如图 4-15 所示。

构造要求：框架柱箍筋加密区范围需满足柱长边尺寸(图柱直径)、H_n/6、500 mm 三者取最大值。嵌固部位：底层柱加密区范围应≥H_n/3。

3. 抗震框架柱和小墙肢箍筋加密区高度选用表

抗震框架柱和小墙肢箍筋加密区高度选用表，见表 4-4。

4. 矩形箍筋复合方式

框架柱矩形箍筋复合方式如图 4-16 所示。

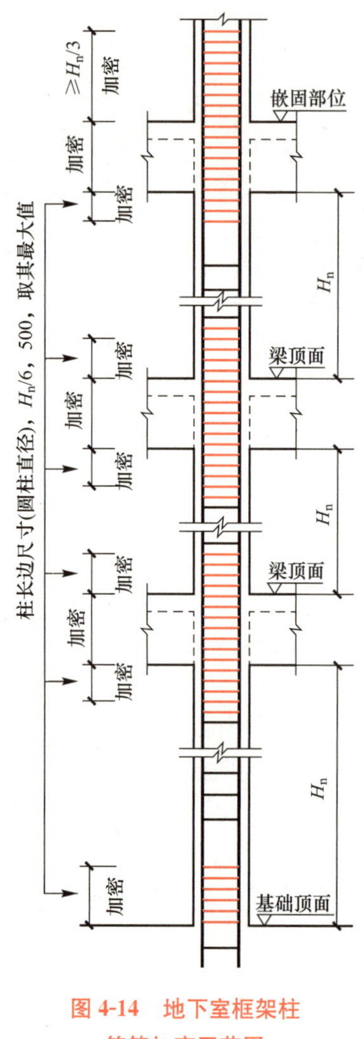

图 4-14　地下室框架柱箍筋加密区范围

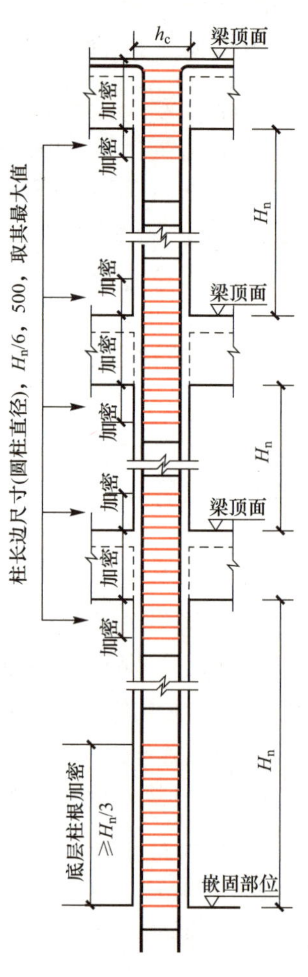

图 4-15　框架柱箍筋加密区范围

矩形复合箍筋的基本复合方式如下：

(1)沿复合箍周边，箍筋局部重叠不宜多于两层。以复合箍筋最外围的封闭箍筋为基准，柱内的横向箍筋紧贴其设置在下(或在上)，柱内纵向箍筋紧贴其设置在上(或在下)。

(2)若在同一组内复合箍筋各肢位置不能满足对称性要求时，沿柱竖向相邻两组箍筋应交错放置。

(3)矩形箍筋复合方式同样适用于芯柱。

当柱的截面短边尺寸大于 400 mm，且各边纵向钢筋多于 3 根时，或当截面短边尺寸不大于 400 mm，但各边纵向钢筋多于 4 根时，应设置复合箍筋。

5. 设置复合箍筋应遵循的原则

(1)大箍套小箍。矩形柱的箍筋，都是采用“大箍”里面套若干“小箍”的方式。如果是偶数肢数，则用几个两肢“小箍”来组合；如果是奇数肢数，则用几个两肢“小箍”再加上一个“拉筋”来组合。

表 4-4　抗震框架柱和小墙肢箍筋加密区高度选用表

柱净高 H_n/mm	柱截面长边尺寸 h_c 或圆柱直径 D																		
	400	450	500	550	600	650	700	750	800	850	900	950	1 000	1 050	1 100	1 150	1 200	1 250	1 300
1 500													箍筋全高加密						
1 800	500																		
2 100	500	500	500																
2 400	500	500	500	550															
2 700	500	500	500	550	600	650													
3 000	500	500	500	550	600	650	700												
3 300	550	550	550	550	600	650	700	750	800										
3 600	600	600	600	600	600	650	700	750	800	850									
3 900	650	650	650	650	650	650	700	750	800	850	900	950							
4 200	700	700	700	700	700	700	700	750	800	850	900	950	1 000						
4 500	750	750	750	750	750	750	750	750	800	850	900	950	1 000	1 050	1 100				
4 800	800	800	800	800	800	800	800	800	800	850	900	950	1 000	1 050	1 100	1 150			
5 100	850	850	850	850	850	850	850	850	850	850	900	950	1 000	1 050	1 100	1 150	1 200	1 250	
5 400	900	900	900	900	900	900	900	900	900	900	900	950	1 000	1 050	1 100	1 150	1 200	1 250	1300
5 700	950	950	950	950	950	950	950	950	950	950	950	950	1 000	1 050	1 100	1 150	1 200	1 250	1300
6 000	1 000	1 000	1 000	1 000	1 000	1 000	1 000	1 000	1 000	1 000	1 000	1 000	1 000	1 050	1 100	1 150	1 200	1 250	1300
6 300	1 050	1 050	1 050	1 050	1 050	1 050	1 050	1 050	1 050	1 050	1 050	1 050	1 050	1 050	1 100	1 150	1 200	1 250	1300
6 600	1 100	1 100	1 100	1 100	1 100	1 100	1 100	1 100	1 100	1 100	1 100	1 100	1100	1 100	1 100	1 150	1 200	1 250	1300
6 900	1 150	1 150	1 150	1 150	1 150	1 150	1 150	1 150	1 150	1 150	1 150	1 150	1 150	1 150	1 150	1 150	1 200	1 250	1300
7 200	1 200	1 200	1 200	1 200	1 200	1 200	1 200	1 200	1 200	1 200	1 200	1 200	1 200	1 200	1 200	1 200	1 200	1 250	1300

注：1. 表内数值未包括框架嵌固部位柱根部箍筋加密区范围。

2. 柱净高(包括因嵌砌填充墙等形式的柱净高)与柱截面长边尺寸(圆柱为截面直径)的比值 $H_n/h_c \leqslant 4$ 时，箍筋沿柱全高加密。

3. 小墙墙肢长度不大于墙厚 4 位的剪力墙，矩形小墙肢的厚度不大于 300 时，箍筋会全高加密。

(2)大箍加拉筋。柱内复合箍可全部采用拉筋，拉筋须同时钩住纵向钢筋和外部封闭箍筋。

(3)内箍或拉筋的设置要满足“隔一拉一”。设置内箍的肢或拉筋时，要满足对柱纵筋至少“隔一拉一”的要求。这就是说，不允许存在两根相邻的柱纵筋同时没有钩住箍筋的肢或拉筋的现象。

(4)“对称性”原则。柱 b 边上箍筋的肢或拉筋都应该在 b 边上对称分布。同时，柱 h 边上箍筋的肢数或拉筋都应该在 h 边上对称分布。

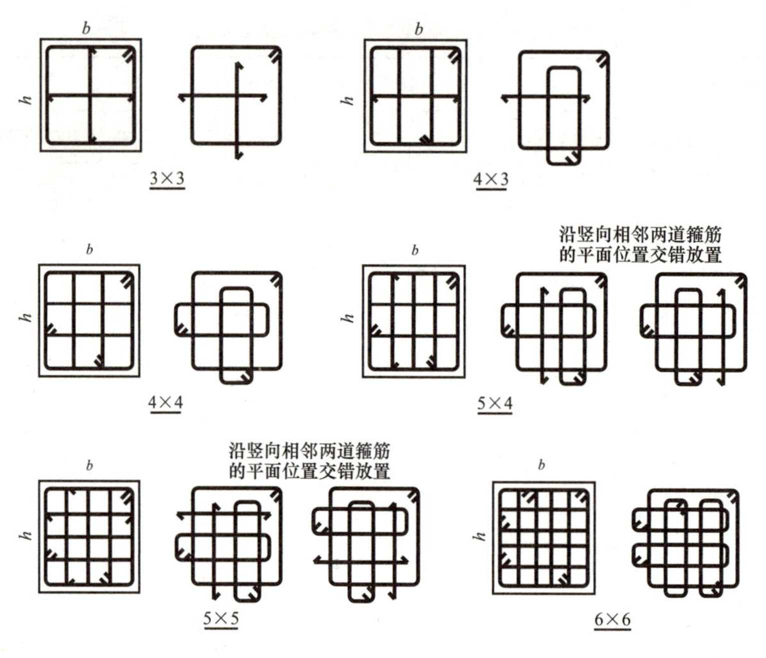

图 4-16 矩形箍筋复合方式

(5)"内箍水平段最短"原则。在考虑内箍的布置方案时，应该使内箍的水平段尽可能的最短(其目的是为了使内箍与外箍重合的长度为最短)。

(6)内箍尽量做成标准格式。当柱复合箍筋存在多个内箍时，只要条件许可，这些内箍都尽量做成标准的格式。内箍尽量做成"等宽度"的形式，以便于施工。

(7)施工时，纵横方向的内箍(小箍)要贴近大箍(外箍)放置。柱复合箍筋在绑扎时，以大箍为基准；或者是纵向的小箍放在大箍上面、横向的小箍放在大箍下面；或者是纵向的小箍放在大箍下面、横向的小箍放在大箍上面。

4.4 预制柱构造要求

4.4.1 预制柱的基本构造要求

预制柱的设计应符合现行国家标准《混凝土结构设计规范(2015 年版)》(GB 50010—2010)的要求，并应满足以下要求：

(1)柱纵向受力钢筋直径不宜小于 20 mm。

(2)矩形柱截面宽度或圆柱直径不宜小于 400 mm，且不宜小于同方向梁宽的 1.5 倍。

(3)柱纵向受力钢筋在柱底采用套筒灌浆连接时，柱箍筋加密区长度不应小于纵向受力钢筋连接区域长度与 500 mm 之和；套筒上端第一道箍筋距离套筒顶部不应大于 50 mm，如图 4-17 所示。

4.4.2 预制柱竖向连接节点

(1)在装配整体式框架结构中，预制柱的纵向钢筋连接应符合下列规定：

1)当房屋高度不大于 12 m 或层数不超过 3 层时，可采用套筒灌浆、浆锚搭接、焊接等连接方式；

2)当房屋高度大于 12 m 或层数超过3 层时，宜采用套筒灌浆连接。

(2)在采用预制柱及叠合梁的装配整体式框架中，柱底接缝宜设置在楼面标高处，如图 4-18 所示，并应符合以下规定：

1)后浇节点区混凝土上表面应设置粗糙面。

2)柱纵向受力钢筋应贯穿后浇节点区。

3)柱底接缝厚度宜为 20 mm，并采用灌浆料填实。

4)当采用多层预制柱时，柱底接缝在满足施工要求的前提下，宜尽量设置在靠近楼面标高以下 20 mm 处，柱底面宜采用斜面。

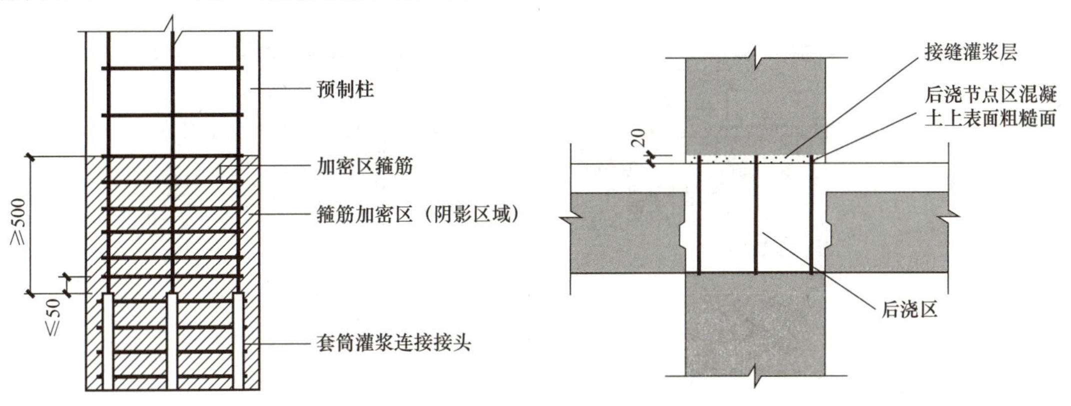

图 4-17 钢筋采用套筒灌浆连接时柱底箍筋加密区域构造示意

图 4-18 预制柱底接缝构造示意

柱纵向钢筋在后浇节点区内采用直线锚固、弯折锚固或机械锚固的方式时，其锚固长度应符合现行国家标准《混凝土结构设计规范(2015 年版)》(GB 50010—2010)中的有关规定；当柱纵向钢筋采用锚固板时，应符合现行行业标准《钢筋锚固板应用技术规程》(JGJ 256—2011)中的有关规定。

4.4.3 预制柱与叠合梁之间连接节点

(1)采用预制柱及叠合梁的装配整体式框架节点，梁纵向受力钢筋应伸入后浇节点区内锚固或连接，并应符合下列规定：

1)对框架中间层中节点，节点两侧的梁下部纵向受力钢筋宜锚固在后浇节点区内[图 4-19(a)]，也可采用机械连接或焊接的方式直接连接[图 4-19(b)]；梁的上部纵向受力钢筋应贯穿后浇节点区。

2)对框架中间层端节点，当柱截面尺寸不满足梁纵向受力钢筋的直线锚固要求时，宜采用锚固板锚固(图 4-20)，也可采用 90°弯折锚固。

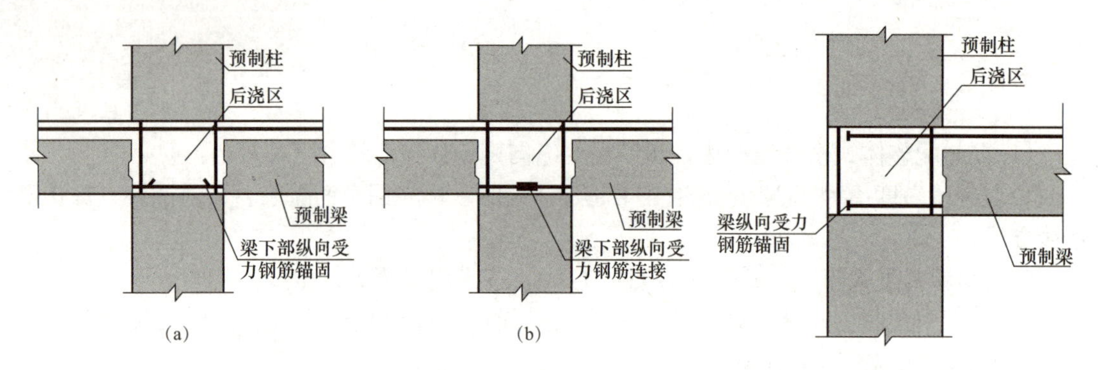

图 4-19　预制柱及叠合梁框架中间层中节点构造示意

(a)梁下部纵向受力钢筋锚固；(b)梁下部纵向受力钢筋连接

图 4-20　预制柱及叠合梁框架中间层端节点构造示意

3)对框架顶层中节点，柱纵向受力钢筋宜采用直线锚固；当梁截面尺寸不满足直线锚固要求时，宜采用锚固板锚固(图 4-21)。

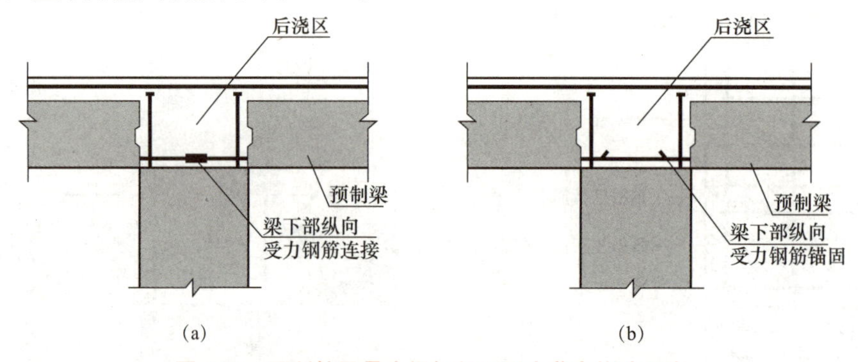

图 4-21　预制柱及叠合梁框架顶层中节点构造示意

(a)梁下部纵向受力钢筋连接；(b)梁下部纵向受力钢筋锚固

4)对框架顶层端节点，梁下部纵向受力钢筋应锚固在后浇节点区内，且宜采用锚固板的锚固方式；梁、柱其他纵向受力钢筋的锚固应符合下列规定：

①柱宜伸出屋面并将柱纵向受力钢筋锚固在伸出段内[图 4-22(a)]，伸出段长度不宜小于 500 mm，伸出段内箍筋间距不应大于 $5d$(d 为柱纵向受力钢筋直径)，且不应大于100 mm；柱纵向钢筋宜采用锚固板锚固，锚固长度不应小于 $40d$；梁上部纵向钢筋宜采用锚固板锚固。

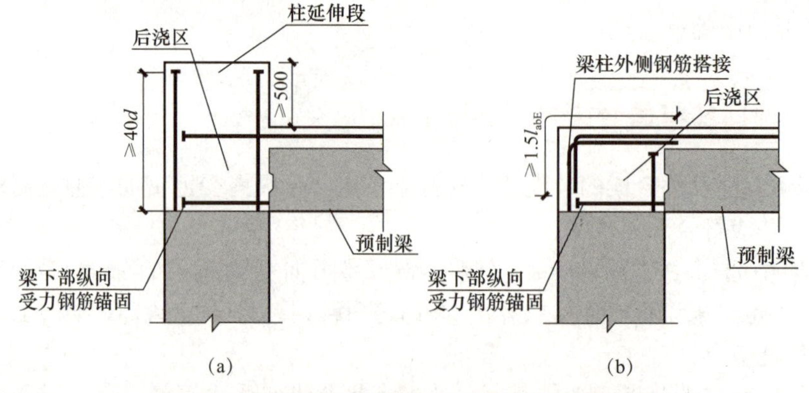

图 4-22　预制柱及叠合梁框架顶层端节点构造示意

(a)柱向上伸长；(b)梁柱外侧钢筋搭接

②柱外侧纵向受力钢筋也可与梁上部纵向受力钢筋在后浇节点区搭接[图 4-22(b)]，其构造要求应符合现行国家标准《混凝土结构设计规范(2015 年版)》(GB 50010—2010)中的规定；柱内侧纵向受力钢筋宜采用锚固板锚固。

(2)采用预制柱及叠合梁的装配整体式框架节点，梁下部纵向受力钢筋也可伸至节点区外的后浇段内连接(图 4-23)，连接接头与节点区的距离不应小于 1.5h_0(h_0 为梁截面有效高度)。

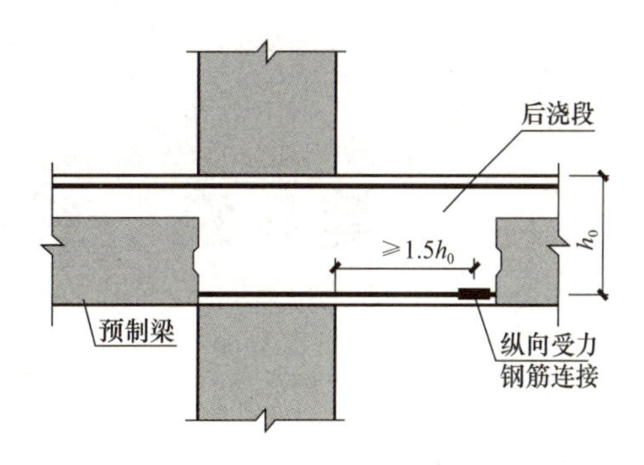

图 4-23　梁纵向钢筋在节点区外的后浇段内连接示意

思考题

1. 某柱箍筋为 Φ10@100/200 表示箍筋采用钢筋等级为________，直径为________，加密区间距为________ mm，非加密区间距为________ mm。

2. 某圆柱箍筋为 LΦ10@100/200 表示箍筋采用钢筋等级为________的箍筋，直径为 Φ10，加密区间距为________ mm，非加密区间距为________ mm 。

3. 在平法图集 16G101—1 中，抗震框架柱的纵筋接头位置应相互错开，在同一截面接头面积百分率不得大于________，两批焊接接头的距离不小于________，而且不小于________。

第 5 章　板构件平法识图

5.1　板构件基础知识

5.1.1　板构件知识体系

板构件知识体系可概括为三个方面，即板的分类、板钢筋的分类、各种形状的板，如图 5-1 所示。

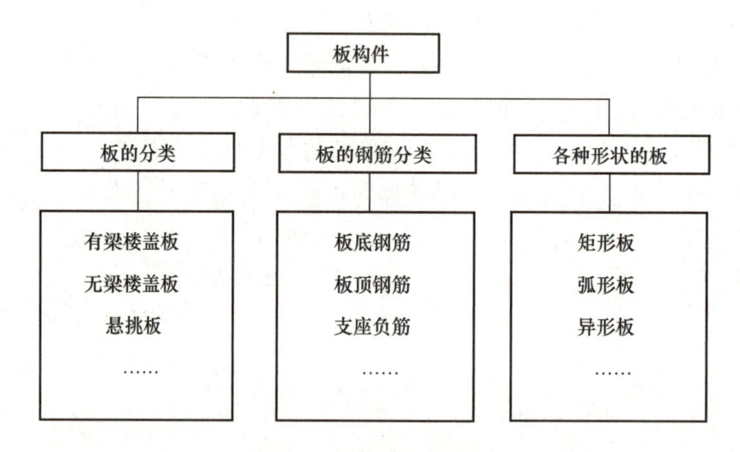

图 5-1　板构件知识体系

5.1.2　板的类型

在房屋结构中，板主要承受水平荷载，并将承受的荷载往下传递。由于板的位置不同，其受力不同，因而其构造要求也不同，就会出现各种不同形状的板。

板可按照受力方式、配筋方式和位置的不同来进行分类。

(1)按照板受力方式的不同可分为单向板和双向板。单向板是在一个方向上布置“主筋”，而在另一个方向上布置“分布筋”；双向板是在两个相互垂直的方向上都布置“主筋”。目前，双向板使用较广泛。

(2)按照板配筋方式的不同可分为单层布筋板和双层布筋板。

(3)按照板位置的不同可分为楼面板、屋面板和悬挑板。

5.1.3 板内钢筋类型

板构件钢筋有板顶受力钢筋、板底受力钢筋、支座负筋和分布筋。

5.2 有梁楼盖平法施工图制图规则

有梁楼盖平法制图规则适用于以梁为支座的楼面与屋面板平法施工图设计。

5.2.1 有梁楼盖平法施工图的表示方法

有梁楼盖平法施工图，是在楼面板和屋面板布置图上，采用平面注写的表达方式。板平面注写主要包括板块集中标注和板支座原位标注。

为方便设计表达和施工识图，规定结构平面的坐标方向如下：

(1)当两向轴网正交布置时，图面从左至右为 X 向，从下至上为 Y 向；

(2)当轴网转折时，局部坐标方向顺轴网转折角度做相应转折；

(3)当轴网向心布置时，切向为 X 向，径向为 Y 向。

另外，对于平面布置比较复杂的区域，如轴网转折交界区域、向心布置的核心区域等，其平面坐标方向应由设计者另行规定并在图上明确表示。

5.2.2 板块集中标注

板块集中标注的内容包括板块编号、板厚、上部贯通纵筋、下部纵筋，以及当板面标高不同时的标高高差。

对于普通楼面板，两向均以一跨为一板块；对于密肋楼盖，两向主梁(框架梁)均以一跨为一板块(非主梁密肋不计)；所有板块都应逐一编号，相同编号的板块可择其一做集中标注，其他仅标注置于圆圈内的板编号，以及当板面标高不同时的标高高差。

具体标注内容如下：

(1)注写板块编号，见表 5-1。

表 5-1　板块编号

板类型	代号	序号
屋面板	WB	××
楼面板	LB	××
悬挑板	XB	××

(2)注写板厚。板厚注写为 h=×××(为垂直于板面的厚度)；当悬挑板的端部改变截面厚度时，用斜线分隔根部与端部的高度值，注写为 h=×××/×××；当设计已在图注

中统一注明板厚时，此项可不注。

(3)注写上部贯通纵筋和下部纵筋。

1)纵筋按板块的下部贯通纵筋和上部纵筋分别标注(当板块上部不设贯通纵筋时则不注)，并以 B 代表下部纵筋，以 T 代表上部贯通纵筋，B&T 代表下部与上部；X 向纵筋以 X 打头，Y 向纵筋以 Y 打头，两向纵筋配置相同时则以 X&Y 打头。

【例】 LB5，h=100

B：X⌀12@120，Y⌀10@110

标注表示：编号为 5 号的楼面板，板厚为 100 mm。板下部布置 X 向纵筋直径为12 mm，间距为 120 mm；Y 向纵筋直径为 10 mm，间距为 110 mm。板上部未布置贯通纵筋。

【例】 LB3，h=120

B：X⌀12@120，Y⌀10@110

T：X&Y⌀12@150

标注表示：编号为 3 号的楼面板，板厚为 120 mm。板下部布置 X 向纵筋直径为 12 mm，间距为 120 mm；Y 向纵筋直径为 10 mm，间距为 110 mm。板上部布置贯通纵筋 X 向和 Y 向的钢筋直径均为 12 mm，间距为 150 mm。

2)当为单向板时，分布筋可不必标注，但是需要在图中统一注明。

3)当在某些板内配置有构造钢筋时，则 X 向以 X_C，Y 向以 Y_C 打头注写。

【例】 有一悬挑板注写为：XB2，h=170/120

B：Xc&Yc⌀8@200

标注表示：编号为 2 号的悬挑板，板的根部厚为 170 mm，板的端部厚为 120 mm，板下部配置构造钢筋双向均为 ⌀8@200。

4)当纵筋采用两种规格钢筋“隔一布一”方式时，表达为 ϕxx/yy@×××，表示直径为 xx 的钢筋和直径为 yy 的钢筋二者之间间距为×××，直径 xx 的钢筋的间距为×××的 2 倍，直径 yy 的钢筋的间距为×××的 2 倍 。

【例】 有一楼面板块注写为：LB2，h=150

B：Xϕ10/12@100；Yϕ10@110

标注表示：编号为 2 号的楼面板，板厚为 150 mm，板下部配置的纵筋 X 向为 ϕ10 、ϕ12 隔一布一，ϕ10 与 ϕ12 之间的间距为 100 mm；Y 向为 ϕ10@110；板上部未配置贯通纵筋。

(4)当板面标高不同时的标高高差。板面标高高差是指相对于结构层楼面标高的高差，应将其注写在括号内，且有高差则注，无高差不注。

板平法施工图如图 5-2 所示。

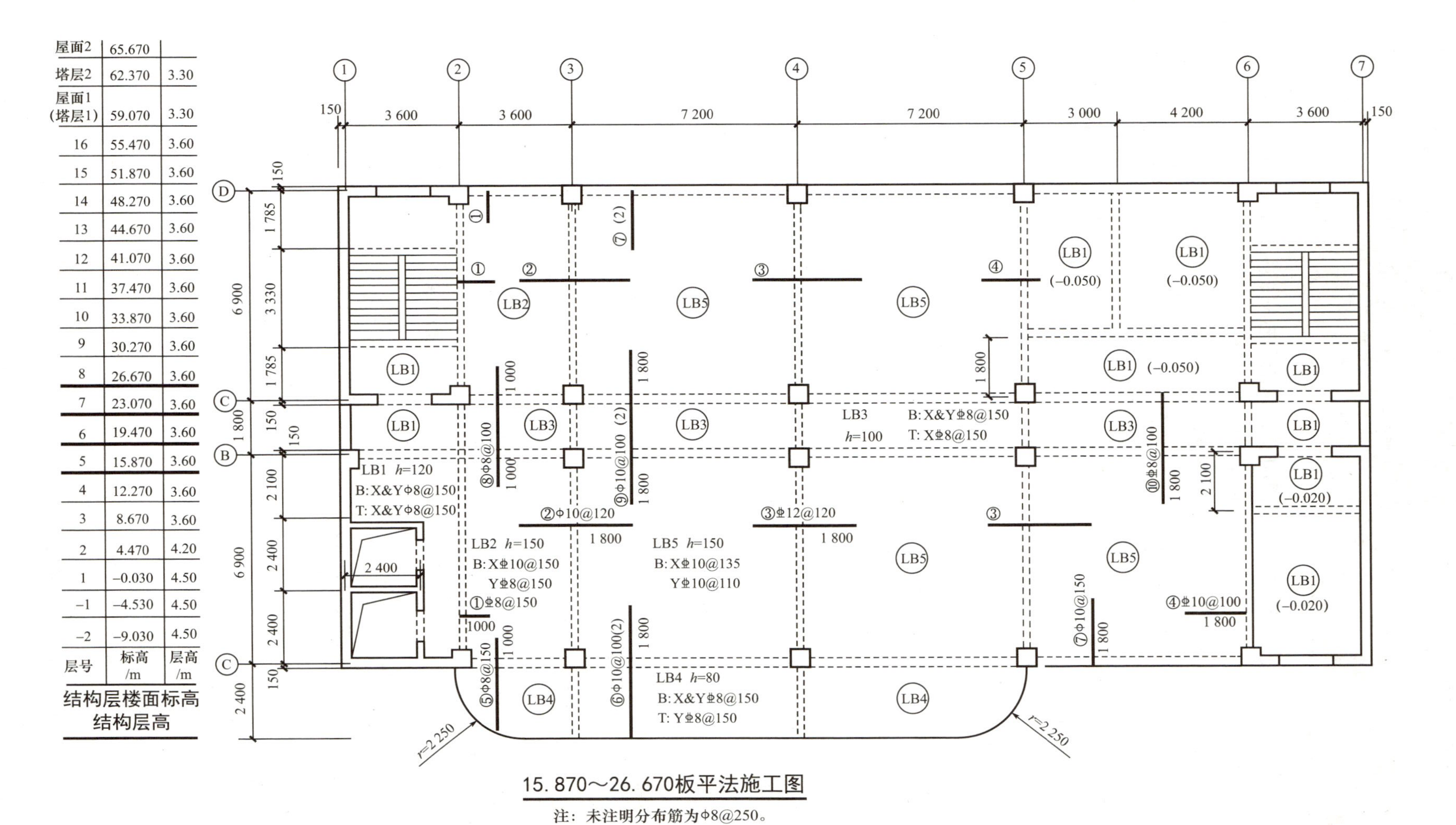

屋面2	65.670	
塔层2	62.370	3.30
屋面1（塔层1）	59.070	3.30
16	55.470	3.60
15	51.870	3.60
14	48.270	3.60
13	44.670	3.60
12	41.070	3.60
11	37.470	3.60
10	33.870	3.60
9	30.270	3.60
8	26.670	3.60
7	23.070	3.60
6	19.470	3.60
5	15.870	3.60
4	12.270	3.60
3	8.670	3.60
2	4.470	4.20
1	−0.030	4.50
−1	−4.530	4.50
−2	−9.030	4.50
层号	标高/m	层高/m

结构层楼面标高
结构层高

图 5-2　15.870～26.670板平法施工图

5.2.3　板支座原位标注

板支座原位标注的内容包括板支座上部非贯通纵筋和悬挑板上部受力钢筋。

1. 板支座上部非贯通纵筋

(1)板支座原位标注的钢筋，应在配置相同跨的第一跨表达(当在梁悬挑部位单独配置时则在原位表达)。在配置相同跨的第一跨(或梁悬挑部位)，垂直于板支座(梁或墙)绘制一段适宜长度的中粗实线，以该线段代表支座上部非贯通纵筋，并在线段上方注写钢筋编号(如①、②等)、配筋值、横向连续布置的跨数(注写在括号内，且当为一跨时可不注)，以及是否横向布置到梁的悬挑端。

【例】 (××)为横向布置的跨数，(××A)为横向布置的跨数及一端的悬挑梁部位，(××B)为横向布置的跨数及两端的悬挑梁部位。

(2)板支座上部非贯通筋自支座中线向跨内的伸出长度，注写在线段的下方位置。

(3)当中间支座上部非贯通纵筋向支座两侧对称伸出时，可仅在支座一侧线段下方标注伸出长度，另一侧不注，如图 5-3 所示。

(4)当向支座两侧非对称伸出时，应分别在支座两侧线段下方注写伸出长度，如图 5-4 所示。

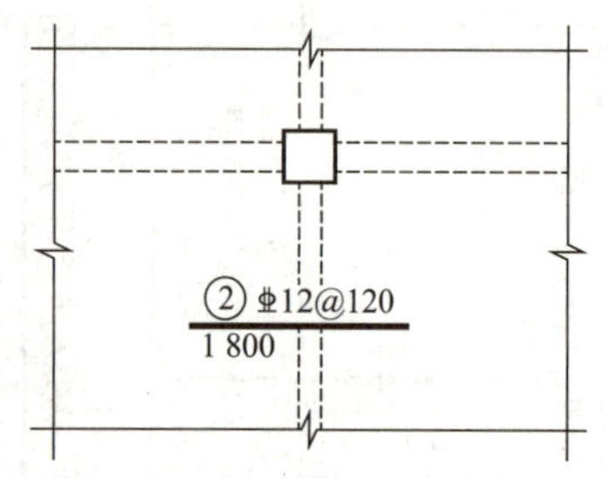

图 5-3　板支座上部非贯通对称伸出

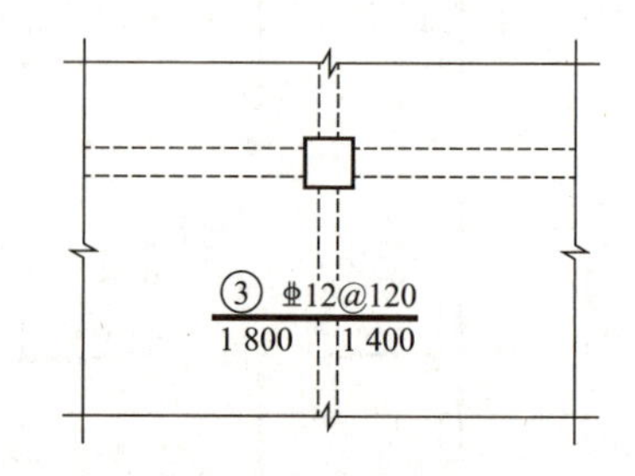

图 5-4　板支座上部非贯通非对称伸出

(5)对线段画至对边贯通全跨或贯通全悬挑长度的上部通长纵筋，贯通全跨或伸出至全悬挑一侧的长度值不注，只注明非贯通筋另一侧的伸出长度值，如图 5-5 所示。

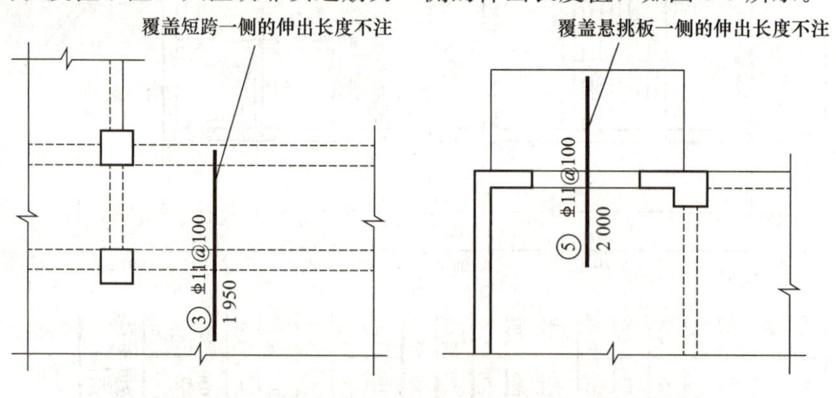

图 5-5　板支座非贯通筋贯通全跨或伸出至悬挑端

(6)当板支座为弧形，支座上部非贯通纵筋呈放射状分布时，设计者应注明配筋间距的度量位置并加注“放射分布”四字，必要时应补绘平面配筋图，如图 5-6 所示。

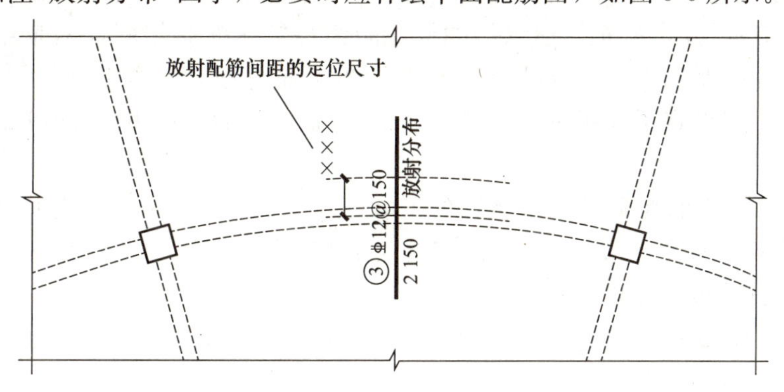

图 5-6　弧形支座处放射配筋

2. 悬挑板上部受力钢筋

(1)悬挑板有两种情况：一种是延伸悬挑板，是在结构框架内的板构件向外延伸，利用本身构件来对悬挑段进行荷载平衡，如挑檐板、阳台板等；另一种是纯悬挑板，是没有利用其他构件，仅仅利用本身构件和支座铰接的构件，如雨篷板。

(2)悬挑板上部受力钢筋标注如图 5-7 所示。

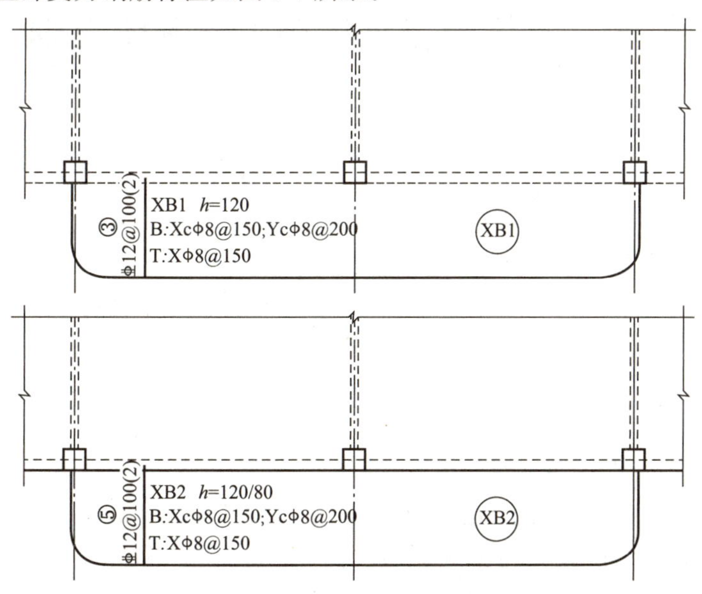

图 5-7　悬挑板支座非贯通筋

(3)在板平面布置图中，不同部位的板支座上部非贯通纵筋及悬挑板上部受力钢筋，可仅在一个部位注写，对其他相同者则仅需在代表钢筋的线段上注写编号及横向连续布置的跨数即可。

另外，与板支座上部非贯通纵筋垂直且绑扎在一起的构造钢筋或分布钢筋，应由设计者在图中注明。

3. 钢筋的“隔一布一”情况

(1)当板的上部已配置有贯通纵筋，但需增配板支座上部非贯通纵筋时，应结合已配置的同向贯通纵筋的直径与间距采取“隔一布一”的方式配置。

(2)“隔一布一”方式为非贯通纵筋的标注间距与贯通纵筋相同，两者组合后的实际间距为各自标注间距的 1/2。当设定贯通纵筋为纵筋总截面面积的 50%时，两种钢筋应取相同直径；当设定贯通纵筋大于或小于总截面面积的 50%时，两种钢筋则取不同直径。

【例】 板上部已配置贯通纵筋 ⌀12@250，该跨同向配置的上部支座非贯通纵筋为⑤⌀12@250，表示在该支座上部设置的纵筋实际为 ⌀12@125，其中 1/2 为贯通纵筋，1/2 为⑤号非贯通纵筋(伸出长度略)。

【例】 板上部已配置贯通纵筋 ⌀10@250，该跨配置的上部同向支座非贯通纵筋为③⌀12@250，表示在跨实际设置的上部纵筋为 ⌀10 和 ⌀12 间隔布置，二者之间的间距为 125 mm。

施工时应注意：当支座一侧设置了上部贯通纵筋(在板集中标注中以 T 打头)，而在支座另一侧仅设置了上部非贯通纵筋时，如果支座两侧设置的纵筋直径、间距相同，应将二者连通，避免各自在支座上部分别锚固。

5.3 无梁楼盖平法施工图制图规则

5.3.1 无梁楼盖平法施工图的表示方法

无梁楼盖平法施工图，是在楼面板和屋面板布置图上，采用平面注写的表达方式。

板平面注写主要包括板带集中标注和板带支座原位标注两部分内容。

5.3.2 板带集中标注

板带集中标注应在板带贯通纵筋配置相同跨的第一跨(X 向为左端跨，Y 向为下端跨)注写。在相同编号的板带可择其一做集中标注，其他仅注写板带编号(注在圆圈内)。

板带集中标注的具体内容包括板带编号、板带厚、板带宽和贯通纵筋。具体规定如下：

(1)注写板带编号。板带编号见表 5-2。

表 5-2 板块编号

板带类型	代号	序号	跨数及有无悬挑
柱上板带	ZSB	××	(××)、(××A)或(××B)
跨中板带	KZB	××	(××)、(××A)或(××B)

注：1. 跨数按柱网轴线计算(两相邻柱轴线之间为一跨)；
2. (××A)为一端有悬挑，(××B)为两端有悬挑，悬挑不计入跨数。

(2)注写板带厚及板带宽。板带厚注写为 h=×××，板带宽注写为 b=×××。当无梁楼盖整体厚度和板带宽度已在图中注明时，此项可不注。

(3)注写贯通纵筋。贯通纵筋按板带下部和板带上部应分别注写，以 B 代表板带下部，T 代表板带上部，B&T 代表板带下部和板带上部。当采用放射配筋时，设计者应注明配筋间距的度量位置，必要时补绘配筋平面图。

【例】 设有一板带注写为：ZSB2(5A)，h=300，b=3 000

B：⌀16@100；T：⌀18@200

表示编号为 2 号的柱上板带，有 5 跨且一端有悬挑；板带厚为 300 mm，板带宽为 3 000 mm，板带配置贯通钢筋下部为 ⌀16@100，上部为 ⌀18@200。

当局部区域的板面标高与整体不同时，应在无梁楼盖的板平法施工图上注明板面标高高差及分布范围。

5.3.3 板带支座原位标注

板带支座原位标注的具体内容为板带支座上部非贯通纵筋。

1. 板带支座上部非贯通纵筋

以一段与板带同向的中粗实线段代表板带支座上部非贯通纵筋；对柱上板带，实线段贯穿柱上区域绘制；对跨中板带：实线段横贯柱网轴线绘制。在线段上注写钢筋编号(如①、②等)、配筋值及在线段的下方注写自支座中线向两侧跨内的伸出长度。

当板带支座非贯通纵筋自支座中线向两侧对称伸出时，其伸出长度可仅在一侧标注；当配置在有悬挑端的边柱上时，该筋伸出到悬挑尽端，设计不注。当支座上部非贯通纵筋呈放射分布时，设计者应注明配筋间距的定位位置。

不同部位的板带支座上部非贯通纵筋相同者，可仅在一个部位注写，其余则在代表非贯通纵筋的线段上注写编号。

2. 钢筋的“隔一布一”情况

当板带上部已经配有贯通纵筋，但需要增加配置板带支座上部非贯通纵筋时，应结合已配同向贯通纵筋的直径与间距，采取“隔一布一”的方式配置。

【例】 设有一板带上部已配置贯通纵筋 ⌀18@240，板带支座上部非贯通纵筋为③⌀20@240，则板带在该位置实际配置的上部纵筋为 ⌀18 和 ⌀20 间隔布置，二者之间间距为 120 mm(伸出长度略)。

【例】 设有一板带上部已配置贯通纵筋 ⌀18@240，板带支座上部非贯通纵筋为⑤⌀18@240，则板带在该位置实际配置的上部纵筋为 ⌀18@120，其中 1/2 为贯通纵筋，1/2 为⑤号非贯通纵筋(伸出长度略)。

无梁楼盖平法施工图如图 5-8 所示。

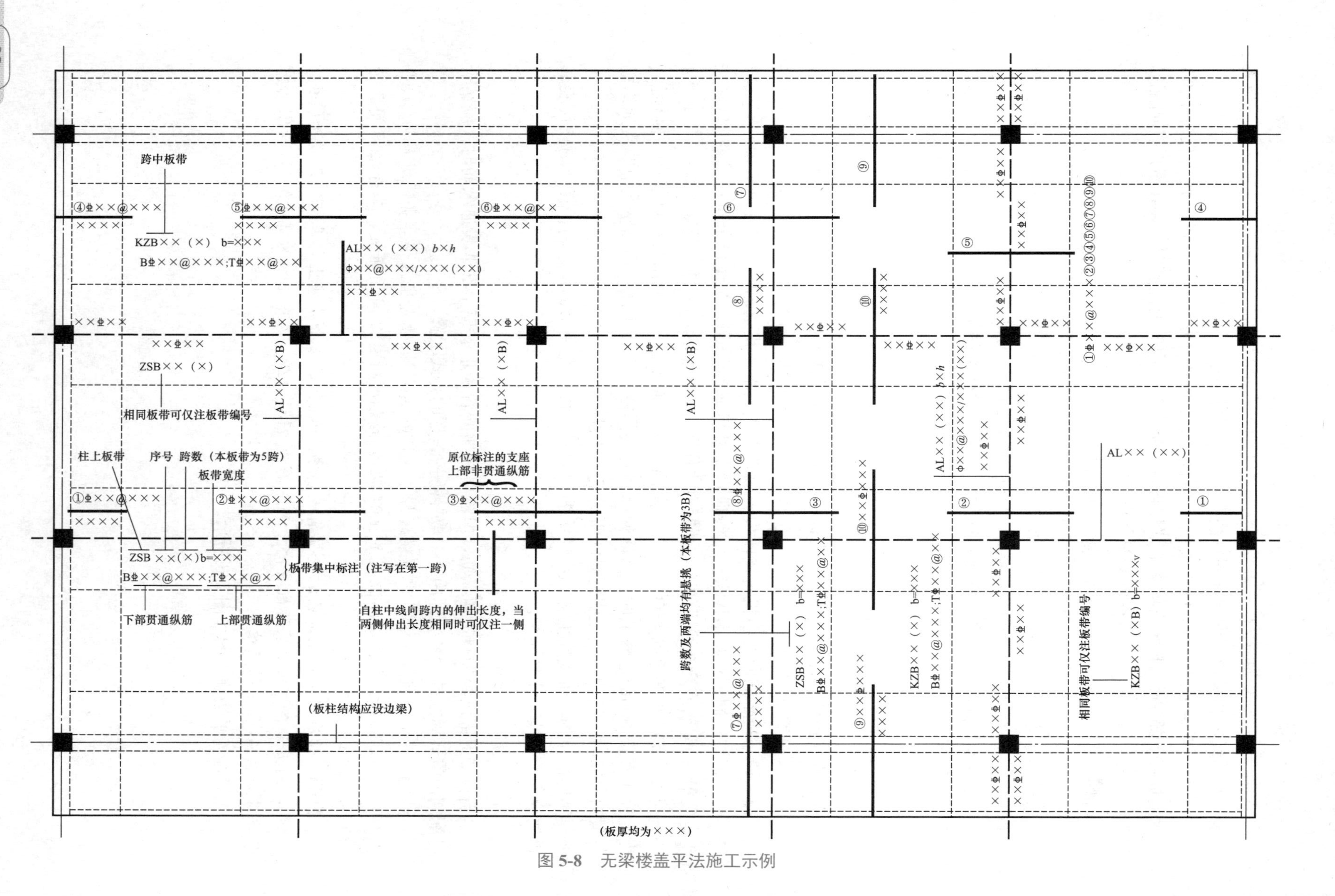

图 5-8　无梁楼盖平法施工示例

5.4 板构件钢筋构造

5.4.1 楼板端部支座钢筋构造

楼板端部支座钢筋构造有两种情况：一种是端部支座为梁的情况；另一种是端部支座为剪力墙的情况。

1. 端部支座为梁的情况

当端部支座为梁的情况如图 5-9 所示。

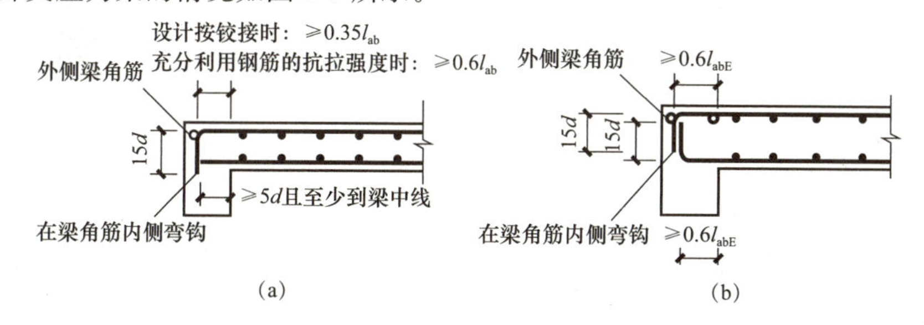

图 5-9 板在端部支座的锚固构造(一)

(a)普通楼屋面板；(b)用于梁板式转换层的楼面板

构造要求如下：

(1)板下部贯通纵筋。

1)普通楼屋面板：端部支座的直锚长度应≥5d 且至少到梁中段。

2)用于梁板式转换层的楼面板：端部支座的直锚长度应≥0.6l_{abE}，并向上弯折，弯折长度为 15d。

(2)板上部贯通纵筋。

1)普通楼屋面板：板上部贯通纵筋应伸到支座梁外侧纵筋内侧，端部支座的直锚长度应≥0.6l_{ab}，并向下弯折，弯折长度为 15d；当设计按铰接时，端部支座的直锚长度应≥0.35l_{ab}，并向下弯折，弯折长度为 15d。

2)用于梁板式转换层的楼面板：板上部贯通纵筋应伸到支座梁外侧纵筋内侧，端部支座的直锚长度应≥0.6l_{abE}，并向下弯折，弯折长度为 15d。但应注意图 5-9(a)、(b)所示纵筋在端支座应伸至梁支座外侧纵筋内侧后弯折长度为 15d，当平直段长度分别≥l_a，≥l_{aE}时可不弯折。梁板式转换层的板中 l_{abE}、l_{aE}按抗震等级四级取值，设计也可根据实际工程情况另行制定。

2. 端部支座为剪力墙的情况

当端部支座为剪力墙的情况有两种情况：一种为端部支座为剪力墙中间层；另一种为端部支座为剪力墙墙顶。其构造要求如图 5-10 所示。

构造要求如下：

(1)板下部贯通纵筋。板下部贯通纵筋端部支座的直锚长度应≥5d 且至少到墙中线。

(2)板上部贯通纵筋。板上部贯通纵筋应伸到墙外侧水平分布钢筋内侧，其直锚长度具体数值如图 5-10 所示，并向下弯折，弯折长度为 $15d$。但应注意图 5-10 中纵筋在端支座应伸至墙外侧水平分布钢筋内侧后弯折 $15d$，当平直段长度分别$\geqslant l_a$、$\geqslant l_{aE}$时，可不弯折。梁板式转换层的板中 l_{abE}、l_{aE}按抗震等级四级取值，设计也可根据实际工程情况另行制定。

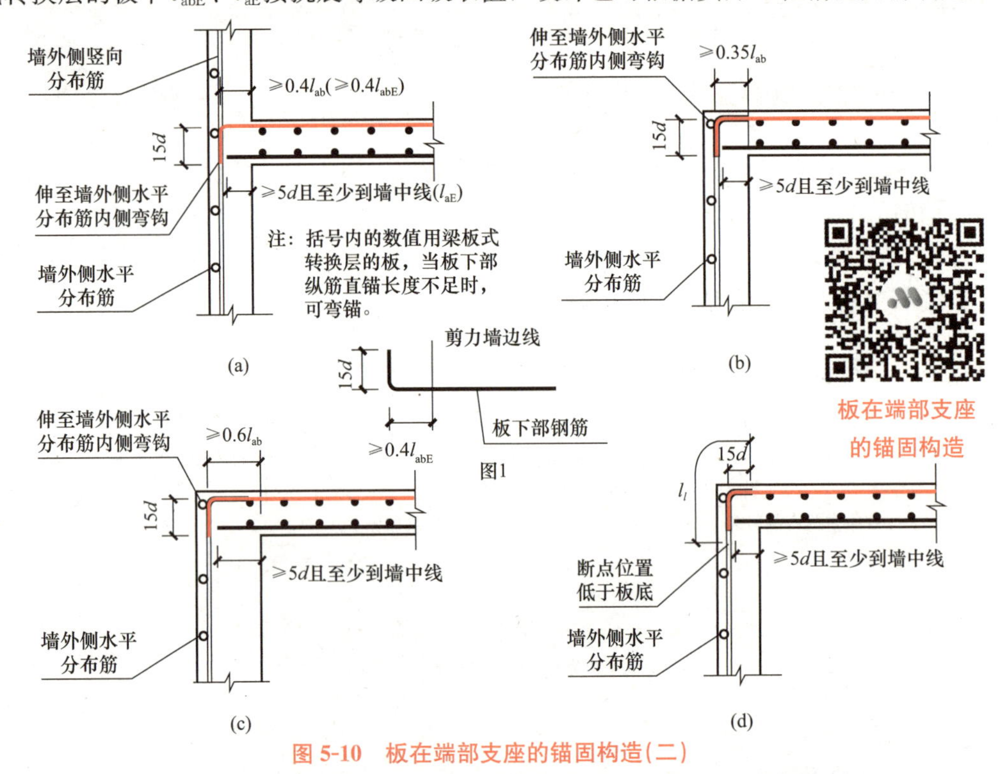

图 5-10 板在端部支座的锚固构造(二)

(a)端部支座为剪力墙中间层；(b)端部支座为剪力墙墙顶——板端按铰接设计时；
(c)端部支座为剪力墙墙顶——板端上部纵筋按充分利用钢筋的抗拉强度时；(d)端部支座为剪力墙墙顶——搭接连接

5.4.2 楼板中间支座钢筋构造

无论是楼面板还是屋面板，板的中间支座均按梁绘制，其构造要求如图 5-11 所示。

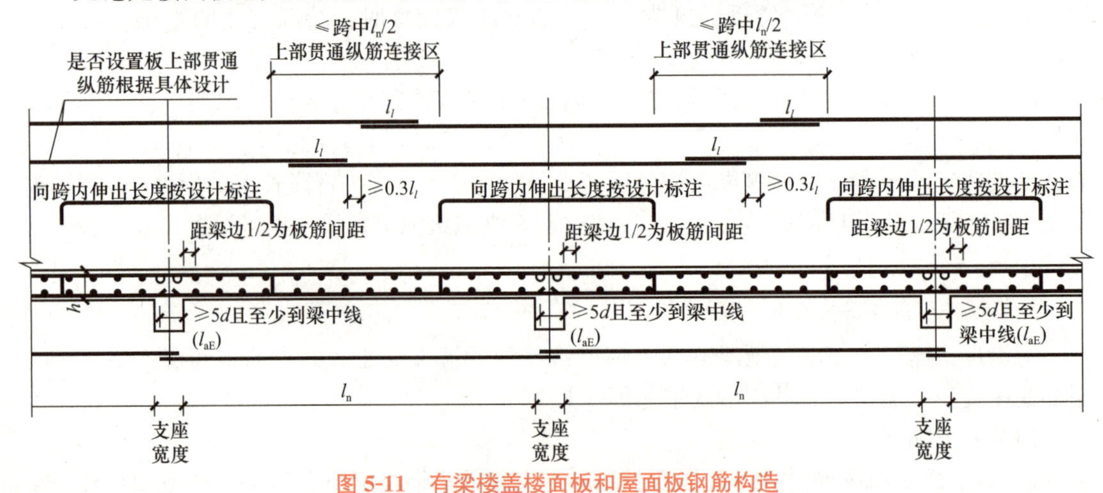

图 5-11 有梁楼盖楼面板和屋面板钢筋构造

构造要求如下：

(1)板下部纵筋。

1)与支座垂直的贯通纵筋：伸入支座的长度应≥5d且至少到梁中线。

2)与支座平行的贯通纵筋：第一根钢筋在距离梁角筋为1/2板筋间距处开始设置。

(2)板上部纵筋。

1)非贯通纵筋。与支座垂直的非贯通纵筋：向跨内伸出长度按设计标注。

2)贯通纵筋。与支座垂直的贯通纵筋：应贯通中间支座；上部贯通纵筋连接区应≤跨中$l_n/2$；当相邻等跨或不等跨的上部贯通纵筋配置不同时，应将配置较大者越过其标注的跨数终点或起点伸出至相邻跨的跨中连接区域连接。

与支座平行的贯通纵筋：第一根钢筋在距梁角筋为1/2板筋间距处开始设置。

5.4.3 悬挑板钢筋构造

悬挑板有延伸悬挑板和纯悬挑板两种。延伸悬挑板是指在结构框架内的板构件向外延伸，利用本身构件来对悬挑段进行荷载平衡。纯悬挑板是指没有利用其他构件，仅仅利用本构件和支座铰接的构件。其构造要求如图5-12所示。

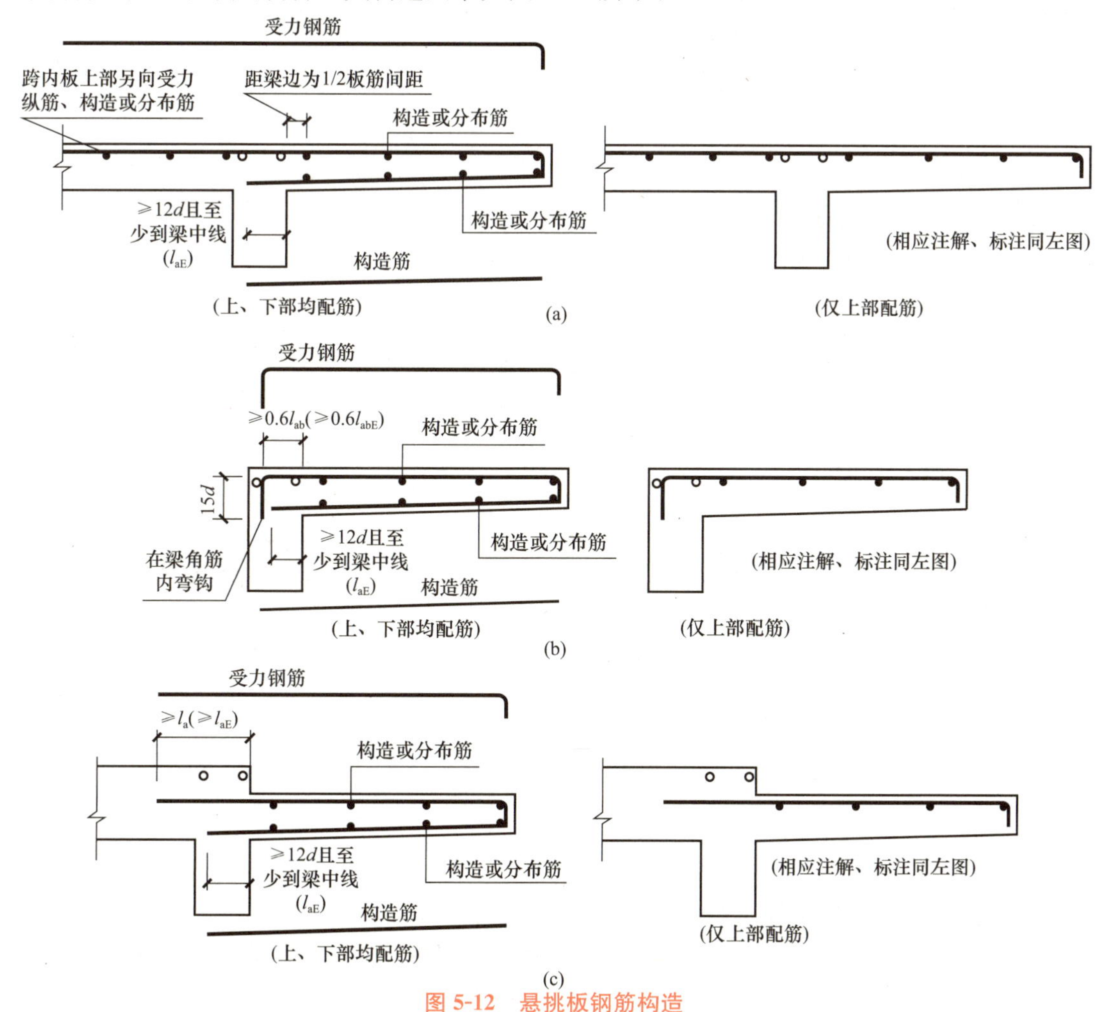

图5-12 悬挑板钢筋构造

1. 延伸悬挑板钢筋构造

(1)上部钢筋构造。垂直于支座梁的上部纵筋与相邻跨板同向的纵筋贯通，另一端伸至悬挑板的末端，并弯折到悬挑板底部。

平行于支座梁的上部纵筋，从距离梁边 1/2 板筋间距处开始设置第一根。

(2)下部钢筋构造。延伸悬挑板如有下部纵筋，则与支座梁垂直的下部纵筋在支座内的直锚或弯锚的长度满足≥12d 且至少到梁中线，另一端直锚至板末端。

平行于支座梁的下部纵筋，从距梁边 1/2 板筋间距处开始设置第一根。

当悬挑板需要考虑竖向地震作用时，下部纵筋伸入支座内长度不应小于 l_{ab}。

2. 纯悬挑板钢筋构造

(1)上部钢筋构造。垂直于支座梁的上部纵筋伸至支座梁角筋的内侧，水平段长满足≥0.6l_{ab}，再弯折 15d。另一端伸至悬挑板的末端，并弯折到悬挑板底部。

平行于支座梁的上部纵筋，从距梁边 1/2 板筋间距处开始设置第一根。

(2)下部钢筋构造。纯悬挑板如有下部纵筋，则与支座梁垂直的下部纵筋在支座内的直锚或弯锚的长度满足≥12d 且至少到梁中线，另一端直锚至板末端。平行于支座梁的下部纵筋，从距梁边 1/2 板筋间距处开始设置第一根。

当悬挑板需要考虑竖向地震作用时，下部纵筋伸入支座内长度不应小于 l_{ab}。

5.4.4 板翻边 FB 钢筋构造

1. 板翻边 FB 标注

板翻边 FB 的标注方式如图 5-13 所示。具体标注内容如下：

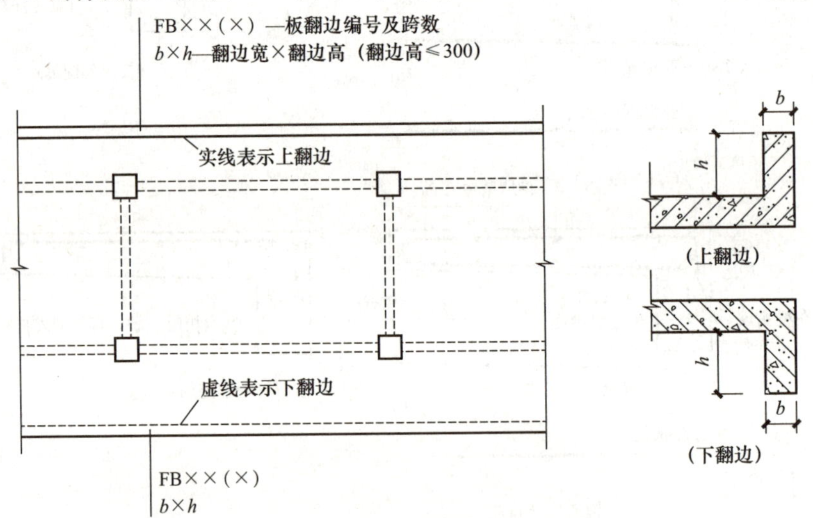

图 5-13 板翻边 FB 引注图示

(1)板翻边编号及跨数：FB××(×)

(2)翻边宽×翻边高(翻边高≤300 mm)：标注为 b×h。

板翻边可为上翻也可为下翻，翻边尺寸等在引注内容中表达，翻边高度在标准构造详图中为小于或等于 300 mm。当翻边高度大于 300 mm 时，由设计者自行处理。

2. 板翻边的构造

板翻边的构造详图，如图 5-14 所示。其构造要求：无论是上翻悬挑板还是下翻悬挑板，当上、下部均配筋时，翻边两侧均配筋，且板上部钢筋与下部钢筋翻边的内侧钢筋、板下部钢筋与下翻边内侧钢筋要相互交叉布置；当仅上部配筋时，仅在翻边一侧配筋。

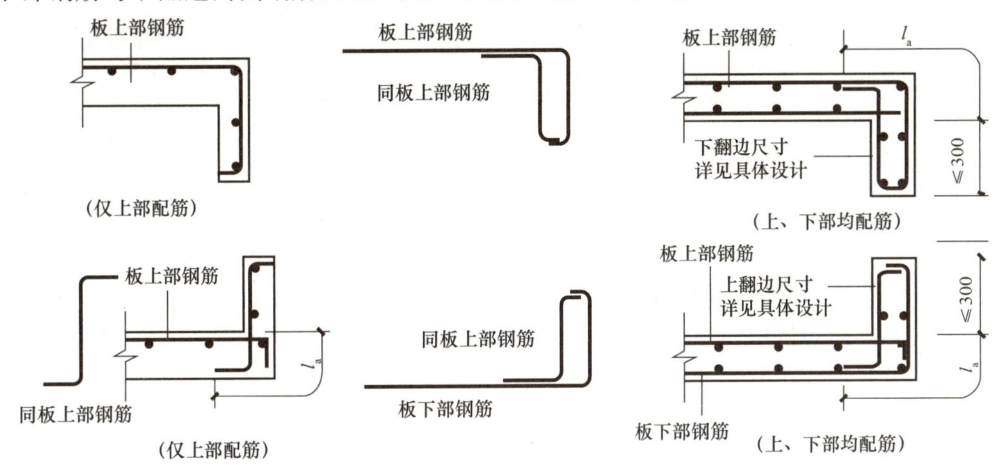

图 5-14　板翻边 FB 构造

5.4.5　悬挑板阳角放射筋构造

悬挑板阳角放射筋构造如图 5-15 所示。

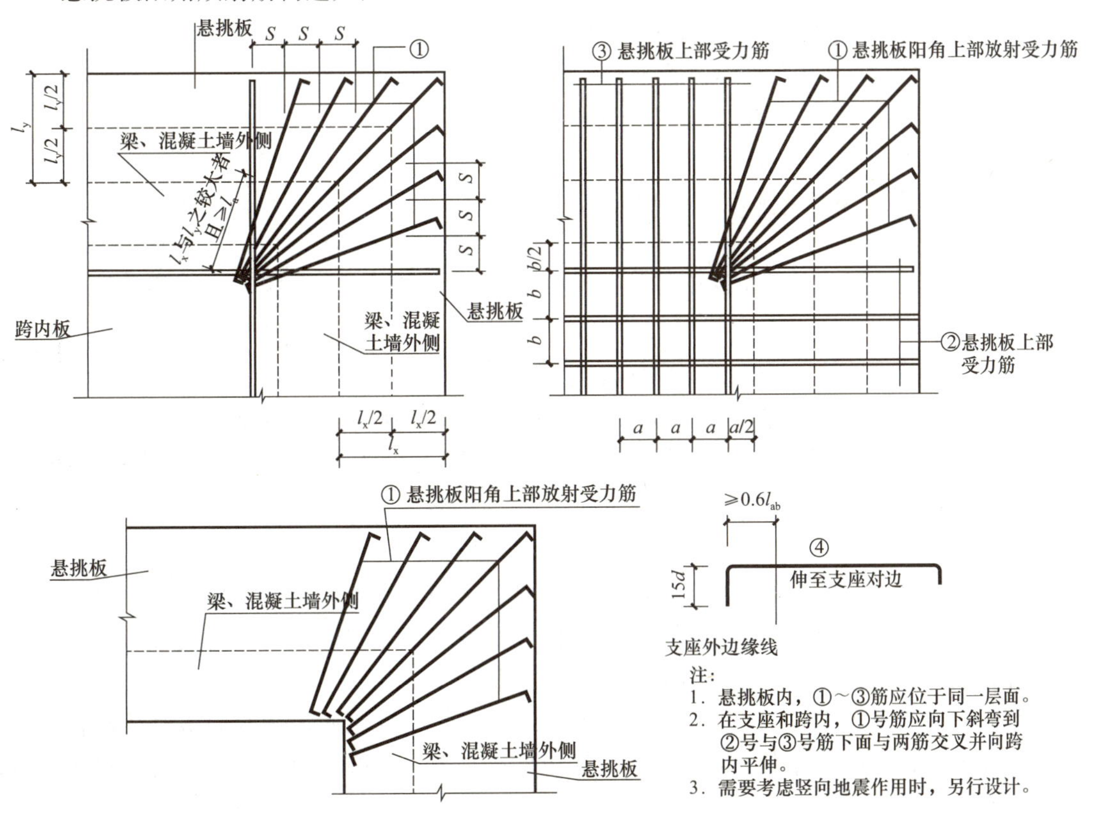

图 5-15　悬挑板阳角放射筋构造

5.5 叠合楼盖施工图制图规则

叠合楼盖是预制底板与现浇混凝土叠合的楼盖。该叠合楼盖的制图规则适用于以剪力墙、梁为支座的叠合楼(屋)面板施工图设计。

5.5.1 叠合楼盖施工图表示方法

叠合楼盖施工图主要包括预制底板平面布置图、现浇层配筋图、水平后浇带或圈梁布置图。

所有叠合板板块应逐一编号，相同编号的板块可择其一做集中标注，其他仅注写置于圆圈内的板编号，当板面标高不同时，在板编号的斜线下标注标高高差，下降为负(—)。叠合板编号由叠合板代号和序号组成，表达形式应符合表 5-3 的规定。

表 5-3 叠合板编号

叠合板类型	代号	序号
叠合楼面板	DLB	××
叠合屋面板	DWB	××
叠合悬挑板	DXB	××
注：序号可为数字或数字加字母。		

【例】 DLB3，表示楼板为叠合板，序号为 3；
DWB2，表示屋面板为叠合板，序号为 2；
DXB1，表示悬挑板为叠合板，序号为 1。

5.5.2 叠合楼盖的注写

叠合楼盖的注写包括现浇层的标注、预制底板的标注和水平后浇带或圈梁的标注。具体注写内容如下。

1. 叠合楼盖现浇层标注

叠合楼盖现浇层注写方法与《混凝土结构施工图平面整体表示方法制图规则和构造详图(现浇混凝土框架、剪力墙、梁、板)》(16G101—1)的“有梁楼盖平法施工图的表示方法”相同，同时应标注叠合板编号。

2. 预制底板标注

预制底板平面布置图中需要标注叠合板编号、预制底板编号、各块预制底板尺寸和定位。当选用标准图集中的预制底板时，可直接在板块上标注标准图集中的底板编号；当自行设计预制底板时，可参照标准图集的编号规则进行编号。

预制底板为单向板时，还应标注板边调节缝和定位；预制底板为双向板时还应标注接缝尺寸和定位；当板面标高不同时，标注底板标高高差，下降为负(—)。同时应给出预制底板表。

在注写时，还应注意以下几项：

(1)预制底板表中需要标明叠合板编号、板块内的预制底板编号及其叠合板编号的对应关系、所在楼层、构件质量和数量、构件详图页码(自行设计构件为图号)、构件设计补充内容(线盒、留洞位置等)。

(2)当选用标准图集的预制底板时，可选类型详见《桁架钢筋混凝土叠合板(60 mm厚底板)》(15G366—1)。标准图集中预制底板编号规则见表5-4～表5-6。

表5-4　标准图集中叠合板底板编号

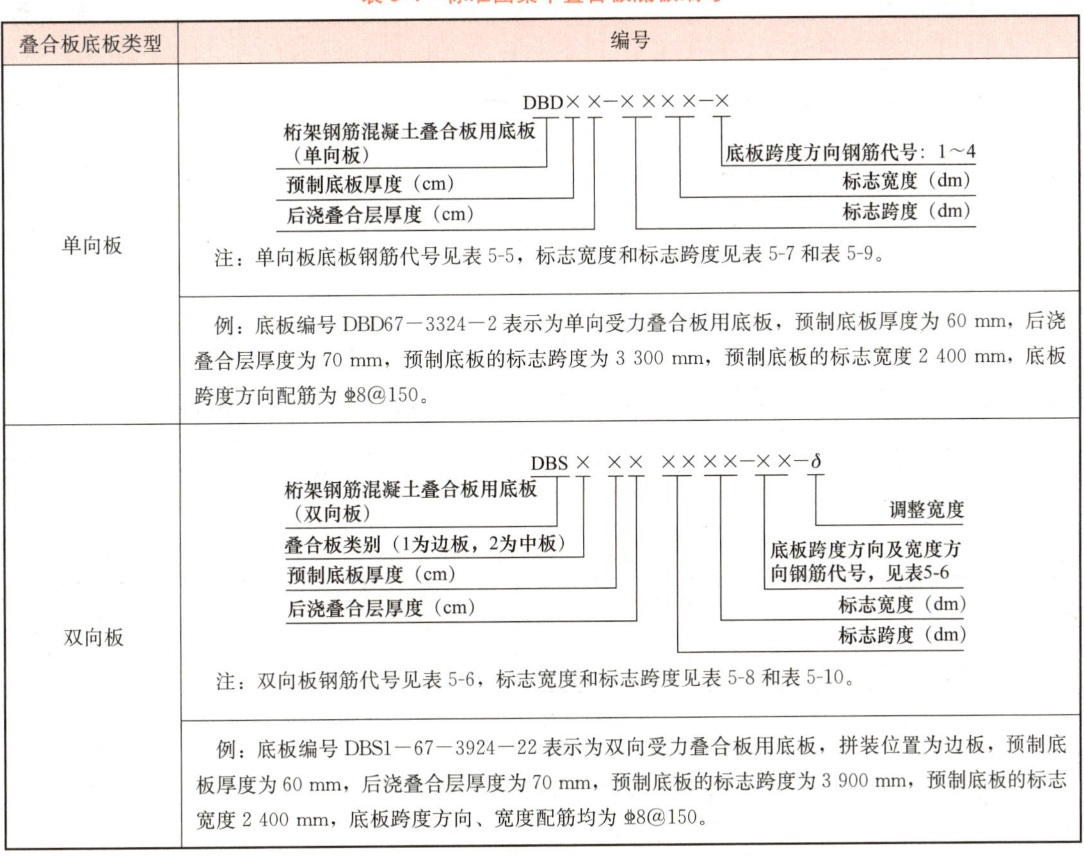

叠合板底板类型	编号
单向板	DBD×× — ×××× — × 桁架钢筋混凝土叠合板用底板（单向板） 预制底板厚度（cm） 后浇叠合层厚度（cm） 底板跨度方向钢筋代号：1～4 标志宽度（dm） 标志跨度（dm） 注：单向板底板钢筋代号见表5-5，标志宽度和标志跨度见表5-7和表5-9。
	例：底板编号DBD67—3324—2表示为单向受力叠合板用底板，预制底板厚度为60 mm，后浇叠合层厚度为70 mm，预制底板的标志跨度为3 300 mm，预制底板的标志宽度2 400 mm，底板跨度方向配筋为Φ8@150。
双向板	DBS× ×× ××××—××—δ 桁架钢筋混凝土叠合板用底板（双向板） 叠合板类别（1为边板，2为中板） 预制底板厚度（cm） 后浇叠合层厚度（cm） 调整宽度 底板跨度方向及宽度方向钢筋代号，见表5-6 标志宽度（dm） 标志跨度（dm） 注：双向板钢筋代号见表5-6，标志宽度和标志跨度见表5-8和表5-10。
	例：底板编号DBS1—67—3924—22表示为双向受力叠合板用底板，拼装位置为边板，预制底板厚度为60 mm，后浇叠合层厚度为70 mm，预制底板的标志跨度为3 900 mm，预制底板的标志宽度2 400 mm，底板跨度方向、宽度配筋均为Φ8@150。

表5-5　单向板底板钢筋编号表

代号	1	2	3	4
受力钢筋规格及间距	Φ8@200	Φ8@150	Φ10@200	Φ10@150
分布钢筋规格及间距	Φ6@200	Φ6@200	Φ6@200	Φ6@200

表5-6　双向板底板跨度、宽度方向钢筋代号组合表

编号 / 跨度方向钢筋 / 宽度方向钢筋	Φ8@200	Φ8@150	Φ10@200	Φ10@150
Φ8@200	11	21	31	41
Φ8@150	—	22	32	42
Φ8@100	—	—	—	43

表 5-7　单向板底板宽度

标志宽度/mm	1 200	1 500	1 800	2 000	2 400
实际宽度/mm	1 200	1 500	1 800	2 000	2 400

表 5-8　双向板底板宽度

标志宽度/mm	1 200	1 500	1 800	2 000	2 400
边板实际宽度/mm	960	1 260	1 560	1 760	2 160
中板实际宽度/mm	900	1 200	1 500	1 700	2 100

表 5-9　单向板底板跨度

标志宽度/mm	2 700	3 000	3 300	3 600	3 900	4 200
实际宽度/mm	2 520	2 820	3 120	3 420	3 720	4 020

表 5-10　双向板底板跨度

标志宽度/mm	3 000	3 300	3 600	3 900	4 200	4 500
实际宽度/mm	2 820	3 120	3 420	3 720	4 020	4 320
标志宽度/mm	4 800	5 100	5 400	5 700	6 000	
实际宽度/mm	4 620	4 920	5 220	5 520	5 820	

(3)叠合楼盖预制底板接缝需要在平面上标注其编号、尺寸和位置，并需给出接缝的详图，接缝编号规则见表 5-11。

表 5-11　叠合板底板接缝编号

名称	代号	序号
叠合板底板接缝	JF	××
叠合板底板密拼接缝	MF	—

【例】 JF1，表示叠合板之间的接缝，序号为 1。

1)当叠合楼盖预制底板接缝选用标准图集时，可在接缝选用表中写明节点选用图集号、页码、节点号和相关参数。

2)当自行设计叠合楼盖预制底板接缝时，需由设计单位给出节点详图。

(4)若设计的预制底板与标准图集中板型的模板、配筋不同，应由设计单位进行构件详图设计。预制底板详图可参考《桁架钢筋混凝土叠合板(60 mm 厚底板)》(15G366—1)。

3. 水平后浇带或圈梁标注

需在平面上标注水平后浇带或圈梁的分布位置。水平后浇带编号由代号和序号组成，表达形式应符合表 5-12 的规定。水平后浇带表的内容包括平面中的编号、所在平面位置、所在楼层及配筋。

表 5-12　水平后浇带编号

类型	代号	序号
水平后浇带	SHJD	××

【例】 SHJD3，表示水平后浇带，序号为 3。

按上述标注要求，叠合楼盖平面布置图示例如图 5-16 所示。

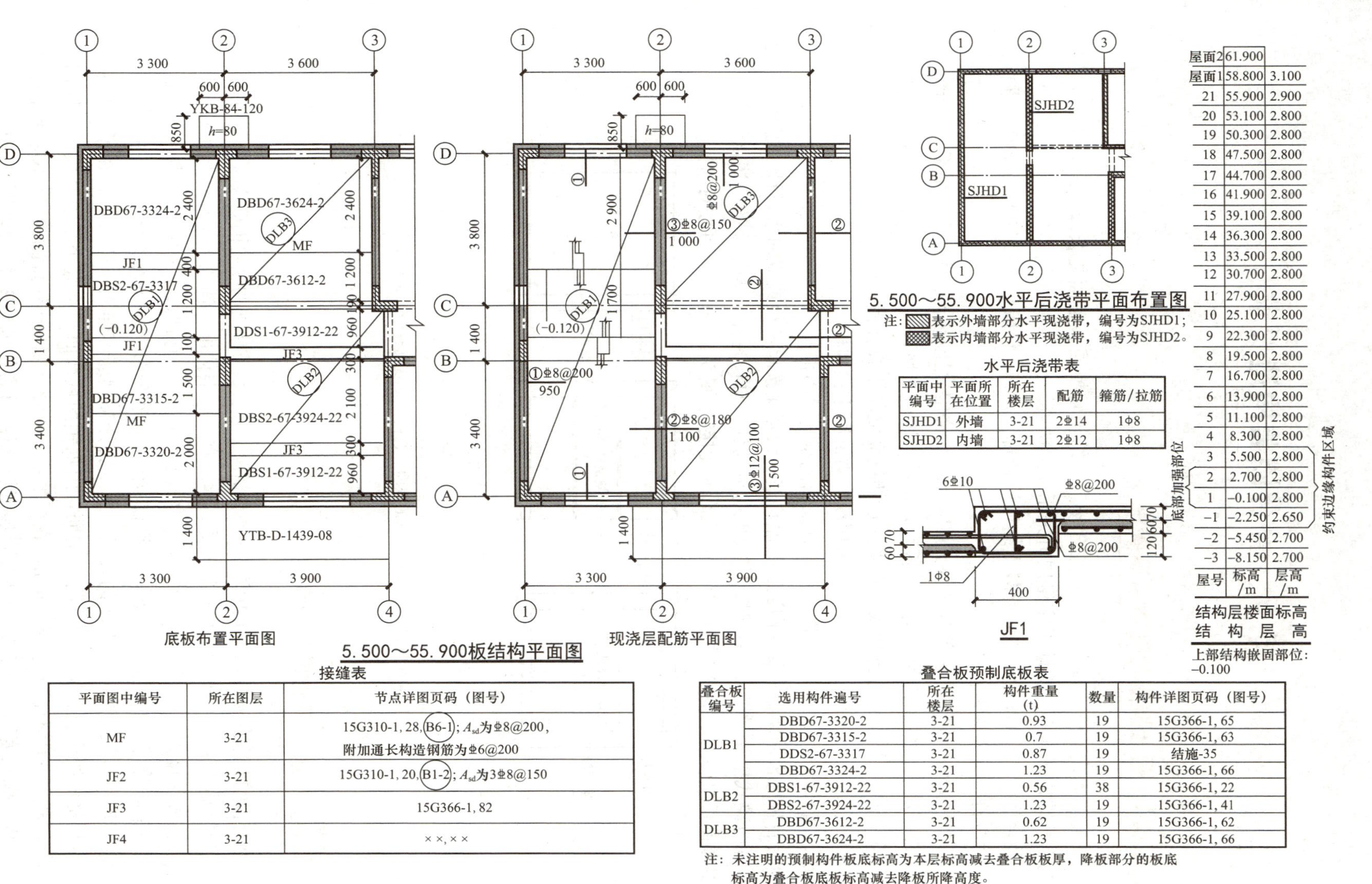

屋号	标高/m	层高/m
屋面2	61.900	
屋面1	58.800	3.100
21	55.900	2.900
20	53.100	2.800
19	50.300	2.800
18	47.500	2.800
17	44.700	2.800
16	41.900	2.800
15	39.100	2.800
14	36.300	2.800
13	33.500	2.800
12	30.700	2.800
11	27.900	2.800
10	25.100	2.800
9	22.300	2.800
8	19.500	2.800
7	16.700	2.800
6	13.900	2.800
5	11.100	2.800
4	8.300	2.800
3	5.500	2.800
2	2.700	2.800
1	−0.100	2.800
−1	−2.250	2.650
−2	−5.450	2.700
−3	−8.150	2.700

水平后浇带表

平面中编号	平面所在位置	所在楼层	配筋	箍筋/拉筋
SJHD1	外墙	3-21	2⌀14	1φ8
SJHD2	内墙	3-21	2⌀12	1φ8

接缝表

平面图中编号	所在图层	节点详图页码（图号）
MF	3-21	15G310-1, 28, (B6-1); A_{sd}为⌀8@200，附加通长构造钢筋为⌀6@200
JF2	3-21	15G310-1, 20, (B1-2); A_{sd}为3⌀8@150
JF3	3-21	15G366-1, 82
JF4	3-21	××, ××

叠合板预制底板表

叠合板编号	选用构件遍号	所在楼层	构件重量(t)	数量	构件详图页码（图号）
DLB1	DBD67-3320-2	3-21	0.93	19	15G366-1, 65
	DBD67-3315-2	3-21	0.7	19	15G366-1, 63
	DDS2-67-3317	3-21	0.87	19	结施-35
	DBD67-3324-2	3-21	1.23	19	15G366-1, 66
DLB2	DBS1-67-3912-22	3-21	0.56	38	15G366-1, 22
	DBS2-67-3924-22	3-21	1.23	19	15G366-1, 41
DLB3	DBD67-3612-2	3-21	0.62	19	15G366-1, 62
	DBD67-3624-2	3-21	1.23	19	15G366-1, 66

注：未注明的预制构件板底标高为本层标高减去叠合板板厚，降板部分的板底标高为叠合板底板标高减去降板所降高度。

图 5-16　叠合楼盖平面布置图示例

5.6 叠合楼盖构造要求

5.6.1 叠合楼盖的基本构造要求

装配整体式结构的楼盖宜采用叠合楼盖。结构转换层、平面复杂或开洞较大的楼层、作为上部结构嵌固部位的地下室楼层宜采用现浇楼盖。

叠合板应按现行国家标准《混凝土结构设计规范(2015 年版)》(GB 50010—2010)进行设计，并应符合下列规定：

(1)叠合板的预制板厚度不宜小于 60 mm，后浇混凝土叠合层厚度不应小于 60 mm；

(2)当叠合板的预制板采用空心板时，板端空腔应封堵；

(3)跨度大于 3 m 的叠合板，宜采用桁架钢筋混凝土叠合板；

(4)跨度大于 6 m 的叠合板，宜采用预应力混凝土预制板；

(5)板厚大于 180 mm 的叠合板，宜采用混凝土空心板。

叠合板可根据预制板接缝构造、支座构造、长宽比按单向板或双向板设计。当预制板之间采用分离式接缝[图 5-17(a)]时，宜按单向板设计。对长宽比不大于 3 的四边支承叠合板，当其预制板之间采用整体式接缝[图 5-17(b)]或无接缝[图 5-17(c)]时，可按双向板设计。

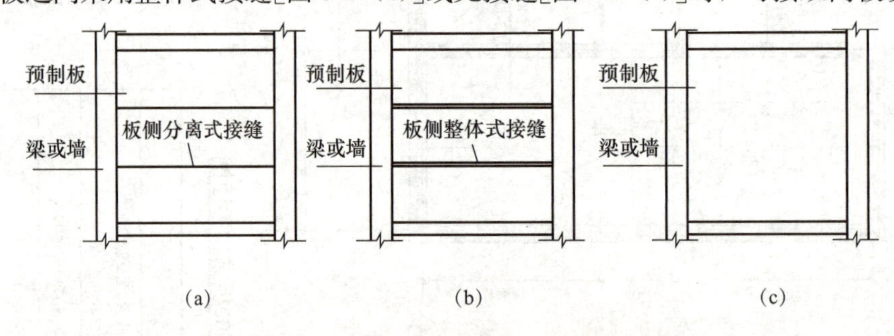

图 5-17　叠合板的预制板布置形式示意

(a)单向叠合板；(b)带接缝的双向叠合板；(c)无接缝的双向叠合板

5.6.2 叠合板的端部节点

叠合板的支座有板端支座和板侧支座两种情况。叠合板支座处的纵向钢筋应符合下列规定：

(1)板端支座处，预制板内的纵向受力钢筋宜从板端伸出并锚入支承梁或墙的后浇混凝土中，锚固长度不应小于 $5d$(d 为纵向受力钢筋直径)，且宜伸过支座中心线[图 5-18(a)]。

(2)单向叠合板的板侧支座处，当预制板内的板底分布钢筋伸入支承梁或墙的后浇混凝土中时，应符合板上述板端支座的要求；当板底分布钢筋不伸入支座时，宜在紧邻预制板顶面的后浇混凝土叠合层中设置附加钢筋，附加钢筋截面面积不宜小于预制板内的同向分布钢筋面积，间距不宜大于 600 mm，在板的后浇混凝土叠合层内锚固长度不应小于 $15d$，在支座内锚固长度不应小于 $15d$(d 为附加钢筋直径)且宜伸过支座中心线[图 5-18(b)]。

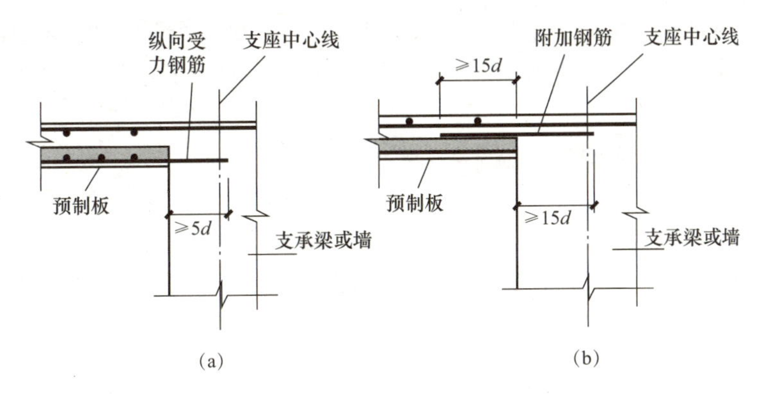

图 5-18　叠合板端及板侧支座构造示意

(a)板端支座；(b)板侧支座

5.6.3　叠合板之间的连接节点

叠合板板侧之间的连接接缝包括单向叠合板板侧的分离式接缝和双向叠合板板侧的整体式接缝。其具体构造要求如下：

(1)单向叠合板板侧的分离式接缝宜配置附加钢筋(图 5-19)，并应符合下列规定：

1)接缝处紧邻预制板顶面宜设置垂直于板缝的附加钢筋，附加钢筋伸入两侧后浇混凝土叠合层的锚固长度不应小于 $15d$(d 为附加钢筋直径)；

2)附加钢筋截面面积不宜小于预制板中该方向钢筋面积，钢筋直径不宜小于 6 mm，间距不宜大于 250 mm。

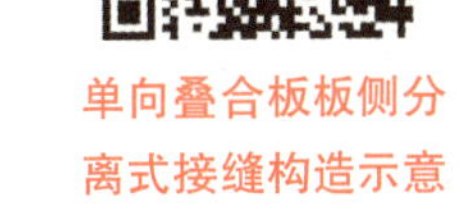

单向叠合板板侧分离式接缝构造示意

(2)双向叠合板板侧的整体式接缝宜设置在叠合板的次要受力方向上且宜避开最大弯矩截面。接缝可采用后浇带形式，并应符合下列规定：

1)后浇带宽度不宜小于 200 mm；

2)后浇带两侧板底纵向受力钢筋可在后浇带中焊接、搭接连接、弯折锚固；

3)当后浇带两侧板底纵向受力钢筋在后浇带中弯折锚固时(图 5-20)，应符合下列规定：

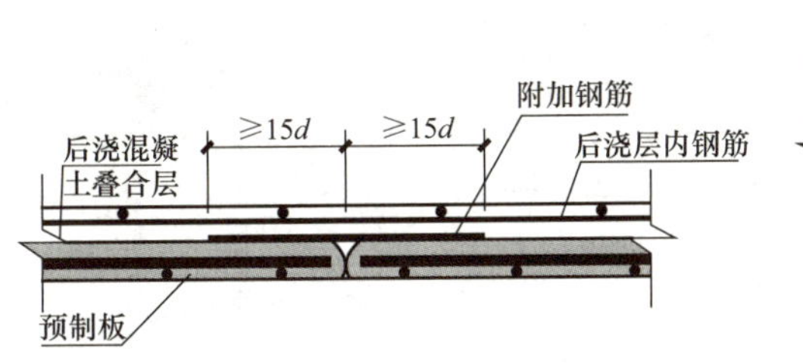

图 5-19　单向叠合板板侧分离式接缝构造示意

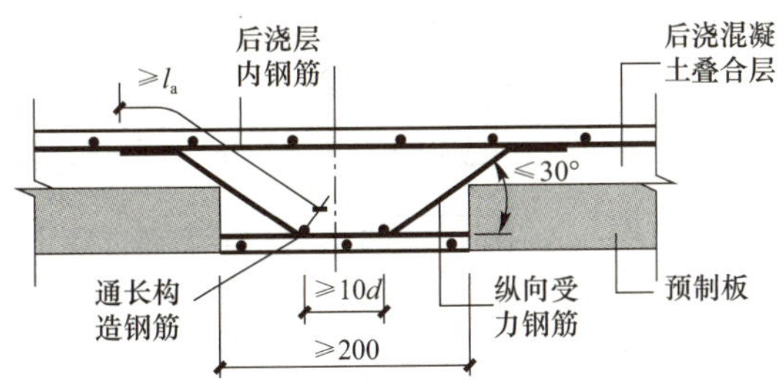

图 5-20　双向叠合板整体式接缝构造示意

①叠合板厚度不应小于 $10d$，且不应小于 120 mm(d 为弯折钢筋直径的较大值)；

②接缝处预制板侧伸出的纵向受力钢筋应在后浇混凝土叠合层内锚固，且锚固长度不

应小于 l_a；两侧钢筋在接缝处重叠的长度不应小于 10d，钢筋弯折角度不应大于 30°，弯折处沿接缝方向应配置不少于 2 根通长构造钢筋，且直径不应小于该方向预制板内钢筋直径。

5.6.4 边梁支座板端连接构造

预制板留有外伸板底纵筋时，边梁支座板端连接构造如图 5-21 所示，预制板板面纵筋在端支座处应伸至梁外侧纵筋内侧后弯折，弯折长度为 15d，直段长度应≥0.6l_{ab}（铰接设计时应≥0.35l_{ab}），当直段长度≥l_a 时，可不弯折；板底纵筋应伸至支座中线处，伸入支座内的长度应≥5d，且至少到梁中线。

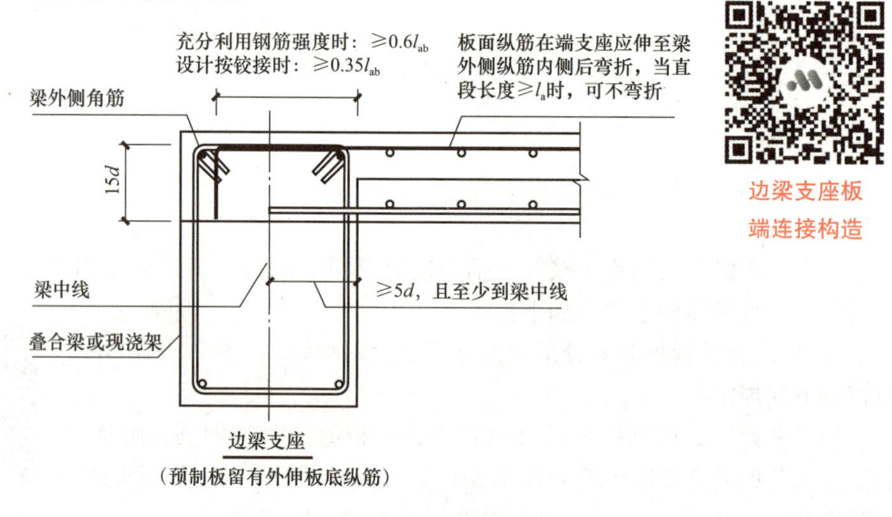

图 5-21 边梁支座板端连接构造

5.6.5 中间梁支座板端连接构造

中间梁支座板端连接构造有三种情况，一是预制板留有外伸板底纵筋；二是板顶有高差，预制板留有外伸板底纵筋；三是板底有高差，预制板留有外伸板底纵筋。其具体构造要求如图 5-22 所示。

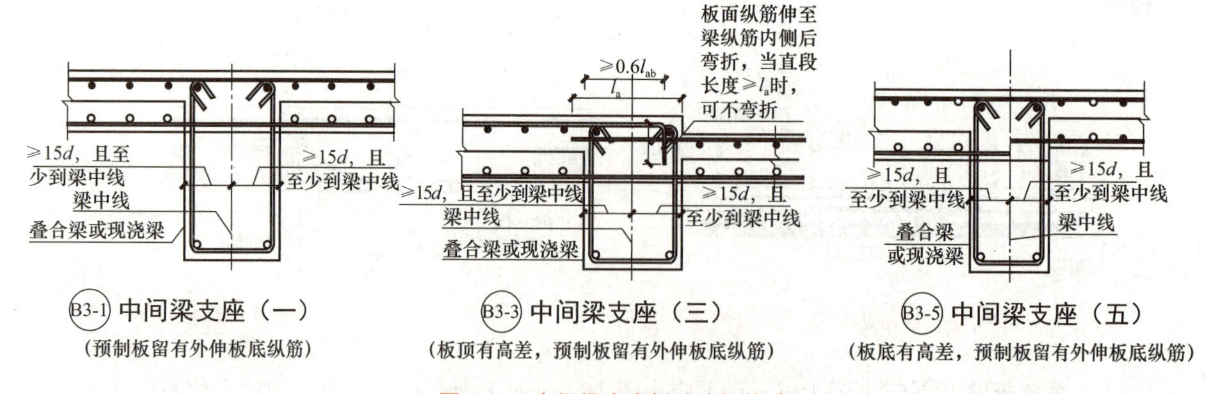

图 5-22 中间梁支座板端连接构造

(1)预制板留有外伸板底纵筋。预制板板底纵筋应伸至梁中线处，每边伸入梁内的长度应≥5d，且至少到梁中线。

(2)板顶有高差，预制板留有外伸板底纵筋。预制板高跨板面纵筋伸至梁纵筋内侧后弯折，弯折长度为15d，直段长度应≥0.6l_{ab}，当直段长度≥l_a时，可不弯折；低跨板面纵筋应贯通于梁内并伸至高跨板内，伸入长度应≥l_a；板底纵筋应伸至梁中线处，每边伸入梁内的长度应≥5d，且至少到梁中线。

(3)板底有高差，预制板留有外伸板底纵筋。无论是低跨还是高跨预制板，板底纵筋均应伸至梁中线处，每边伸入梁内的长度应≥5d，且至少到梁中线。

5.6.6 剪力墙边支座板端连接构造

当中间层和顶层剪力墙边支座的预制板留有外伸板底纵筋时，剪力墙边支座板端连接构造如图5-23所示。

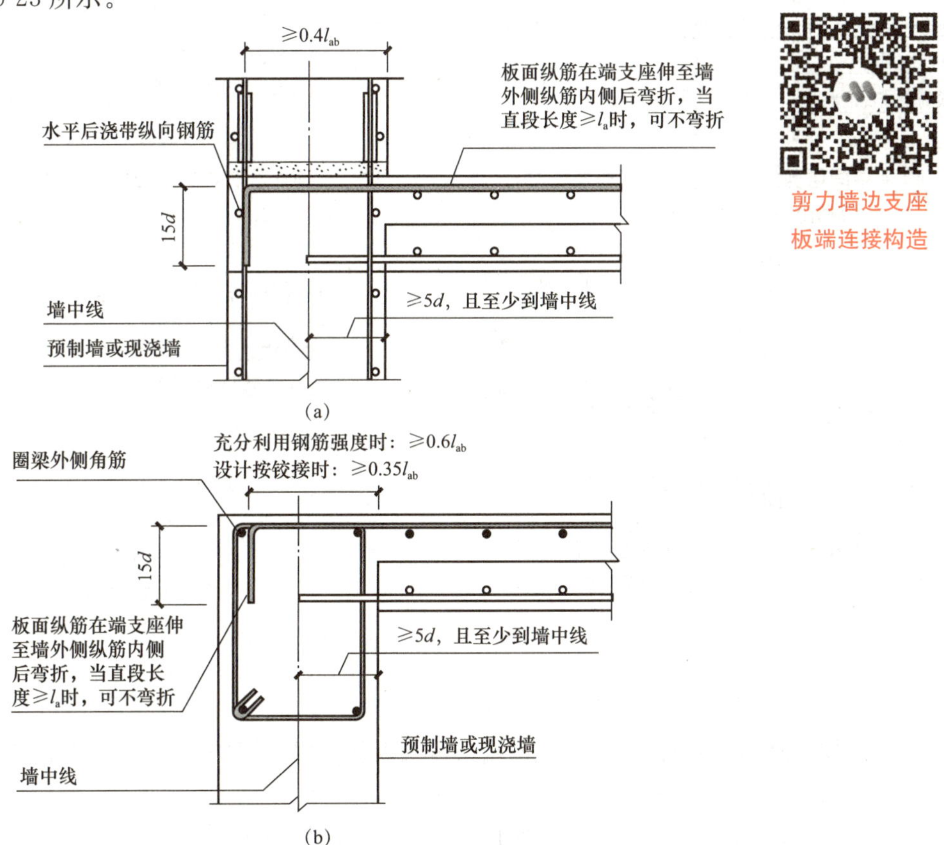

图5-23 剪力墙边支座板端连接构造

(a)中间层剪力墙边支座(预制板留有外伸板底纵筋)；(b)顶层剪力墙边支座(预制板留有外伸板底纵筋)

中间层剪力墙边支座：预制板板面纵筋在端支座处应伸至墙外侧纵筋内侧后弯折，弯折长度为15d，直段长度应≥0.4l_{ab}，当直段长度≥l_a时，可不弯折；板底纵筋应伸至支座中线处，伸入支座内的长度应≥5d，且至少到墙中线。

顶层剪力墙边支座：预制板板面纵筋在端支座处应伸至圈梁外侧角筋内侧后弯折，弯折长度为 15d，直段长度应≥0.6l_{ab}（铰接设计时应≥0.35l_{ab}），当直段长度≥l_a 时，可不弯折；板底纵筋应伸至支座中线处，伸入支座内的长度应≥5d，且至少到墙中线。

5.6.7 剪力墙中间支座板端连接构造

剪力墙中间支座板端连接构造 B5-1

中间层和顶层剪力墙中间支座的板端连接有三种情况，一是预制板留有外伸板底纵筋；二是板顶有高差，预制板留有外伸板底纵筋；三是板底有高差，预制板留有外伸板底纵筋。其构造要求如图 5-24 所示。

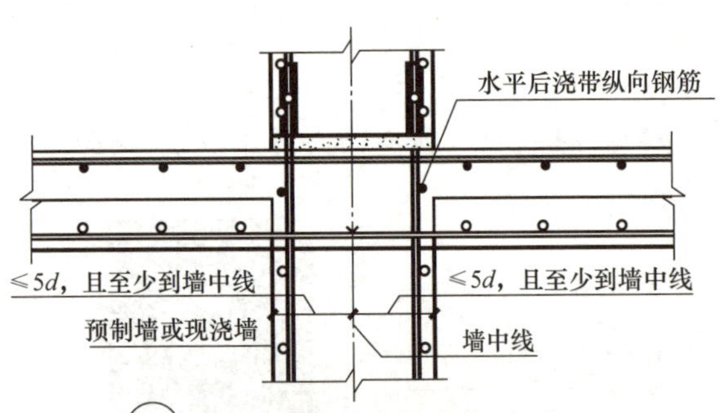

B5-1 中间层剪力墙中间支座（一）
（预制板留有外伸板底纵筋）

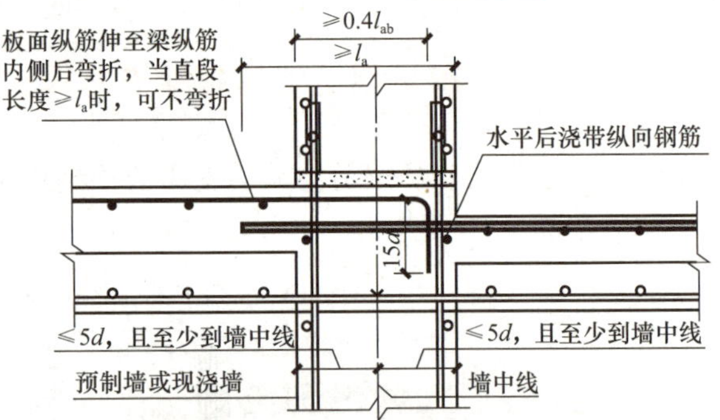

B5-3 中间层剪力墙中间支座（三）
（板顶有高差，预制板窗有外伸板底纵筋）

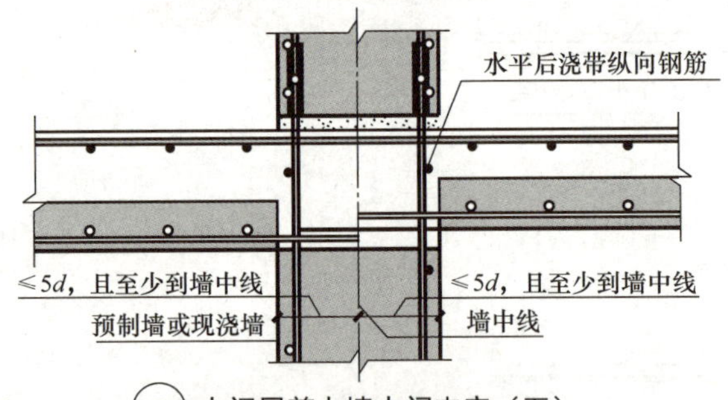

B5-5 中间层剪力墙中间支座（五）
（板底有高差，预制板留有外伸板底纵筋）

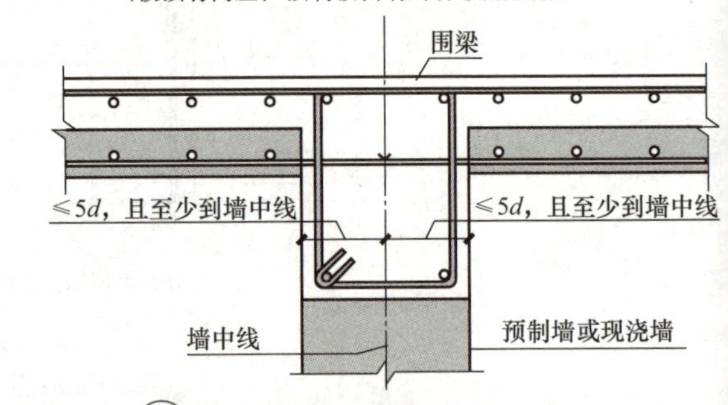

B5-7 顶层剪力墙中间支座（一）
（预制板留有外伸板底纵筋）

图 5-24 剪力墙中间支座板端连接构造

1. 中间层剪力墙中间支座

(1)预制板留有外伸板底纵筋。预制板板底纵筋应伸至墙中线处，每边伸入墙内的长度应≥5d，且至少到墙中线。

(2)板顶有高差，预制板留有外伸板底纵筋。预制板高跨板面纵筋伸至梁纵筋内侧后弯折，弯折长度为 15d，直段长度应≥0.4l_{ab}，当直段长度≥l_a 时，可不弯折；低跨板面纵筋应贯通于梁内并伸至高跨板内，伸入长度应≥l_a；板底纵筋应伸至墙中线处，每边伸入墙内的长度应≥5d，且至少到墙中线。

(3)板底有高差，预制板留有外伸板底纵筋。无论是低跨还是高跨预制板，板底纵筋均应伸至墙中线处，每边伸入墙内的长度应≥5d，且至少到梁中线。

2. 顶层剪力墙中间支座

(1)预制板留有外伸板底纵筋。预制板板底纵筋应伸至墙中线处，每边伸入墙内的长度应≥5d，且至少到墙中线。

(2)板顶有高差，预制板留有外伸板底纵筋。预制板高跨板面纵筋伸至梁纵筋内侧后弯折，弯折长度为15d，直段长度应≥0.4 l_{ab}，当直段长度≥l_a时，可不弯折；低跨板面纵筋应贯通于梁内并伸至高跨板内，伸入长度应≥l_a；板底纵筋应伸至墙中线处，每边伸入墙内的长度应≥5d，且至少到墙中线。

(3)板底有高差，预制板留有外伸板底纵筋。无论是低跨还是高跨预制板，板底纵筋均应伸至墙中线处，每边伸入墙内的长度应≥5d，且至少到梁中线。

5.7 桁架钢筋混凝土叠合板制图规则

5.7.1 桁架钢筋混凝土叠合板的规格及编号

(1)按照《桁架钢筋混凝土叠合板(60 mm厚底板)》(15G366—1)的规定：桁架钢筋混凝土叠合板底板厚度均为60 mm，后浇混凝土叠合层厚度为70 mm、80 mm、90 mm三种。

(2)桁架钢筋混凝土叠合板底板的标志宽度、标志跨度见表5-7～表5-10。

(3)双向叠合板用底板编号，见表5-4。

【例】 底板编号DBS1－67－3620－31，表示双向受力叠合板用底板，拼装位置为边板，预制底板厚度为60 mm，后浇叠合层厚度为70 mm，预制底板的标志跨度为3 600 mm，预制底板的标志宽度为2 000 mm，底板跨度方向配筋为⌀10@200，底板宽度方向配筋为⌀8@200。

【例】 底板编号DBS2－67－3620－31，表示双向受力叠合板用底板，拼装位置为中板，预制底板厚度为60 mm，后浇叠合层厚度为70 mm，预制底板的标志跨度为3 600 mm，预制底板的标志宽度为2 000 mm，底板跨度方向配筋为⌀10 @200，底板宽度方向配筋为⌀8 @200。

(4)双向叠合板用底板钢筋代号，见表5-6。

(5)单向叠合板用底板编号，见表5-4。

【例】 底板编号DBD67－3620－2，表示单向受力叠合板用底板，预制底板厚度为60 mm，后浇叠合层厚度为70 mm，预制底板的标志跨度为3 600 mm，预制底板的标志宽度为2 000 mm，底板跨度方向配筋为⌀8 @150。

(6)单向叠合板用板钢筋代号，见表5-5。

(7)钢筋桁架规格及代号，见表5-13。

表5-13 钢筋桁架规格及代号

桁架规格代号	上弦钢筋公称直径/mm	下弦钢筋公称直径/mm	腹杆钢筋公称直径/mm	桁架设计高度/mm	桁架每延米理论质量/(kg·m^{-1})
A80	8	8	6	80	1.76

续表

桁架规格代号	上弦钢筋公称直径/mm	下弦钢筋公称直径/mm	腹杆钢筋公称直径/mm	桁架设计高度/mm	桁架每延米理论质量/(kg·m^{-1})
A90	8	8	6	90	1.79
A100	8	8	6	100	1.82
B80	10	8	6	80	1.98
B90	10	8	6	90	2.01
B100	10	8	6	100	2.04

5.7.2 桁架钢筋混凝土叠合板构造要求

桁架钢筋混凝土叠合板应满足下列要求：

(1)桁架钢筋应沿主要受力方向布置；

(2)桁架钢筋距板边不应大于 300 mm，间距不宜大于 600 mm；

(3)桁架钢筋弦杆钢筋直径不宜小于 8 mm，腹杆钢筋直径不应小于 4 mm；

(4)桁架钢筋弦杆混凝土保护层厚度不应小于 15 mm。

5.7.3 边梁支座板端连接构造

预制板无外伸板底纵筋，边梁支座板端连接构造如图 5-25 所示。

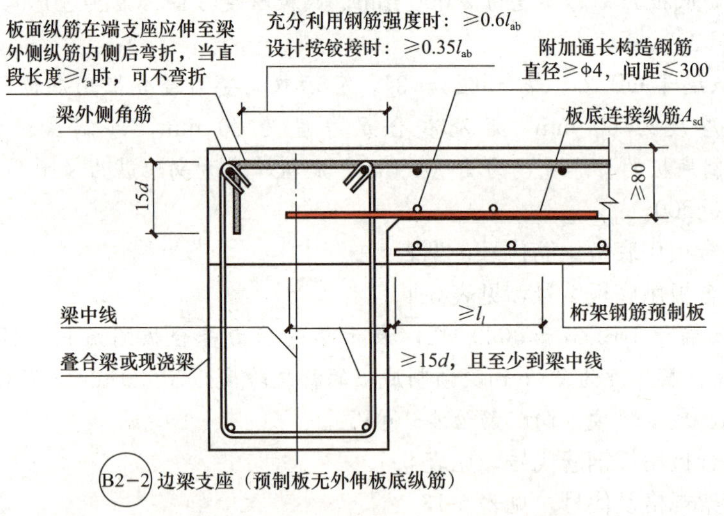

图 5-25　边梁支座(预制板无外伸板底纵筋)

叠合板的底板应采用桁架钢筋混凝土预制板，桁架钢筋的构造应满足图 5-26 所示的要求。桁架钢筋应沿主受力方向布置，桁架钢筋与板受力钢筋的位置关系仅为示意，由设计确定。

预制板板面纵筋在端支座处应伸至梁外侧纵筋内侧后弯折，弯折长度为 15d，直段长度应≥0.6l_{ab}(铰接设计时应≥0.35l_{ab})，当直段长度≥l_a 时，可不弯折。

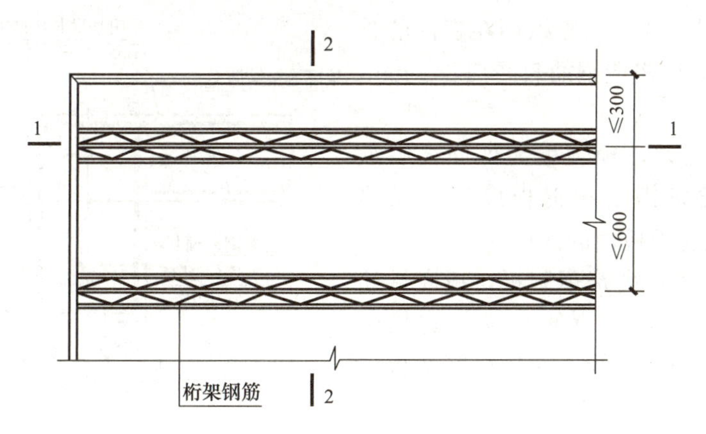

图 5-26　桁架钢筋预制板构造(无外伸板底纵筋)

当按设计要求需要布置板底连接纵筋 A_{sd}(板底连接纵筋距板面的高度应≥80 mm)时，板底连接纵筋宜伸过支座中心线，伸入梁内的长度应≥15d，且至少到梁中线，连接纵筋在板内的长度应≥l_l。附加通长构造钢筋直径应≥4 mm，间距≤300 mm。

5.7.4　中间梁支座板端连接构造

中间梁支座板端连接构造如图 5-27 所示。

叠合板的底板应采用桁架钢筋混凝土预制板，桁架钢筋的构造应满足图 5-26 所示的要求。桁架钢筋应沿主受力方向布置，桁架钢筋与板受力钢筋的位置关系仅为示意，由设计确定。

(1)预制板无外伸板底纵筋。当按设计要求需要布置板底连接纵筋 A_{sd}(板底连接纵筋距板面的高度应≥80 mm)时，板底连接纵筋应在梁内贯通，连接纵筋在板内的长度应≥l_l。附加通长构造钢筋直径应≥4 mm，间距≤300 mm。

(2)板顶有高差，预制板无外伸板底纵筋。预制板高跨板面纵筋伸至梁纵筋内侧后弯折，弯折长度为 15d，直段长度应≥0.6l_{ab}，当直段长度≥l_a 时，可不弯折；低跨板面纵筋应贯通于梁内并伸至高跨板内，外伸长度应≥l_a。

当按设计要求需要布置板底连接纵筋 A_{sd}(板底连接纵筋距板面的高度应≥80 mm)时，板底连接纵筋均应伸过梁中线处，每边伸入梁内的长度应≥

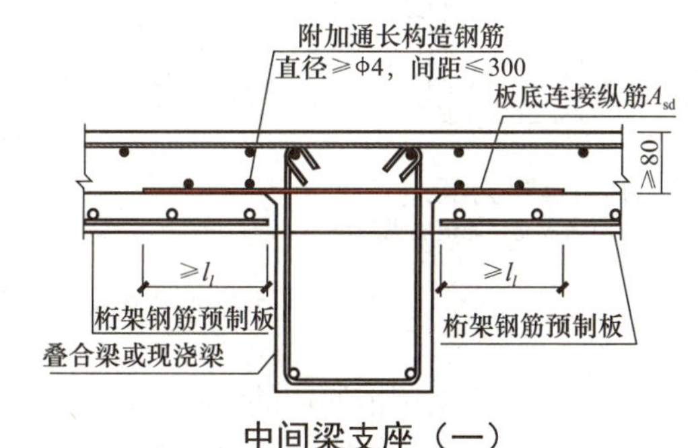

中间梁支座（一）

(预制板无外伸板底纵筋)

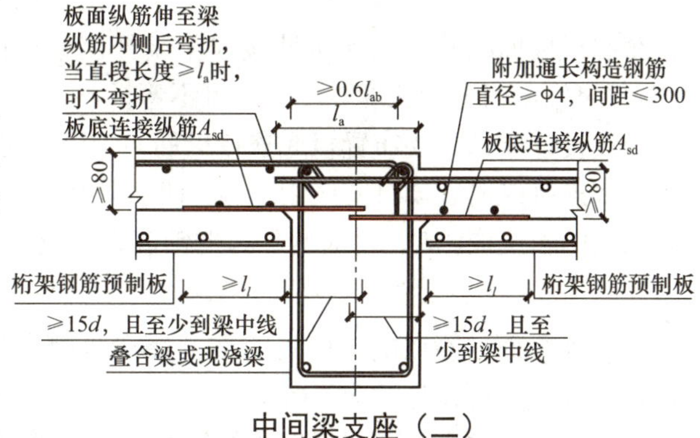

中间梁支座（二）

(板顶有高差，预制板无外伸板底纵筋)

图 5-27　中间梁支座板端连接构造

15d，且至少到梁中线，连接纵筋在板内的长度应≥l_l。附加通长构造钢筋直径应≥4 mm，间距≤300 mm。

(3)板底有高差，预制板无外伸板底纵筋。当按设计要求需要布置板底连接纵筋A_{sd}(板底连接纵筋距板面的高度应≥80 mm)时，无论是低跨还是高跨预制板，板底纵筋均应伸过梁中线处，每边伸入梁内的长度应≥5d，且至少到梁中线，连接纵筋在板内的长度应≥l_l。

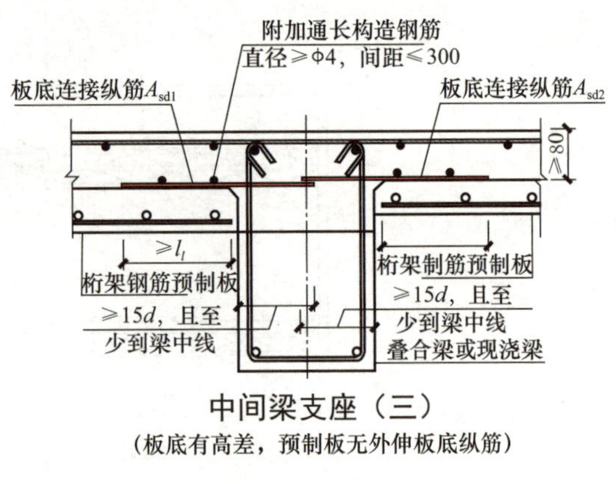

图 5-27　中间梁支座板端连接构造(续)

5.7.5　剪力墙边支座板端连接构造

预制板无外伸板底纵筋，剪力墙边支座板端连接构造如图 5-28 所示。

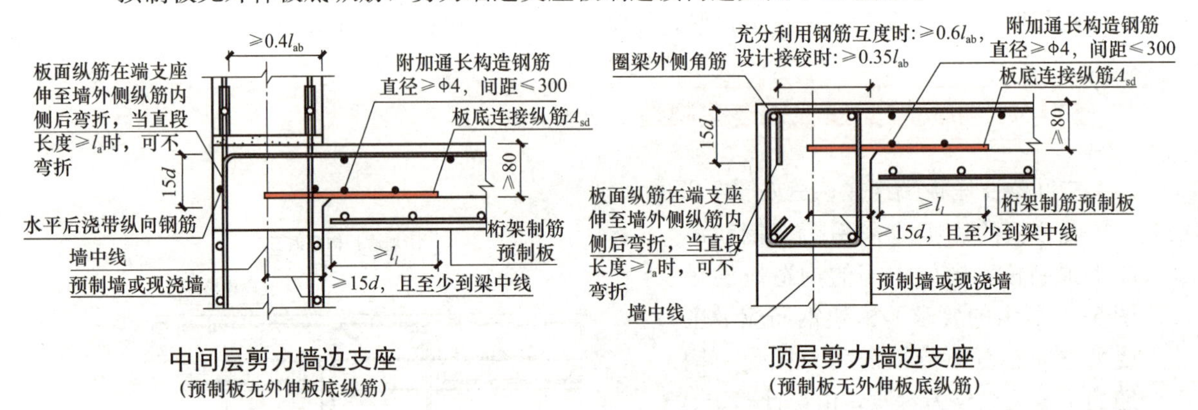

图 5-28　剪力墙边支座板端连接构造

叠合板的底板应采用桁架钢筋混凝土预制板，桁架钢筋的构造应满足图 5-26 所示的要求。桁架钢筋应沿主受力方向布置，桁架钢筋与板受力钢筋的位置关系仅为示意，由设计确定。

1. 中间层剪力墙边支座

预制板板面纵筋在端支座处应伸至墙外侧纵筋内侧后弯折，弯折长度为 15d，直段长度应≥0.4l_{ab}，当直段长度≥l_a 时，可不弯折。

当按设计要求需要布置板底连接纵筋 A_{sd}(板底连接纵筋 A_{sd}距板面的高度应≥80 mm)时，板底连接纵筋宜伸过支座中心线，伸入梁内的长度应≥15d，且至少到梁中线，连接纵筋在板内的长度应≥l_l。附加通长构造钢筋直径应≥4 mm，间距≤300 mm。

2. 顶层剪力墙边支座

预制板板面纵筋在端支座处应伸至圈梁外侧角筋内侧后弯折，弯折长度为 15d，直段长度应≥0.6l_{ab}(铰设计时应≥0.35l_{ab})，当直段长度≥l_a 时，可不弯折。

当按设计要求需要布置板底连接纵筋 A_{sd}(板底连接纵筋 A_{sd}距板面的高度应≥80 mm)时，板底连接纵筋宜伸过支座中心线，伸入梁内的长度应≥15d，且至少到梁中线，连接纵筋在板内的长度应≥l_l。附加通长构造钢筋直径应≥4 mm，间距≤300 mm。

5.7.6 剪力墙中间支座板端连接构造

剪力墙中间支座板端连接构造如图 5-29 所示。

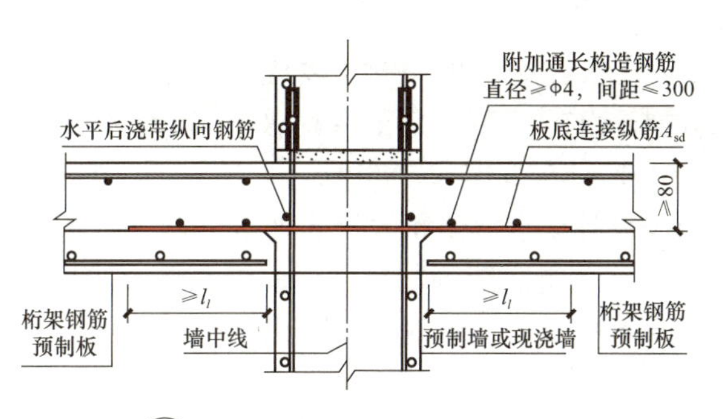

B5-2 中间层剪力墙中间支座（二）

（预制板无外伸板底纵筋）

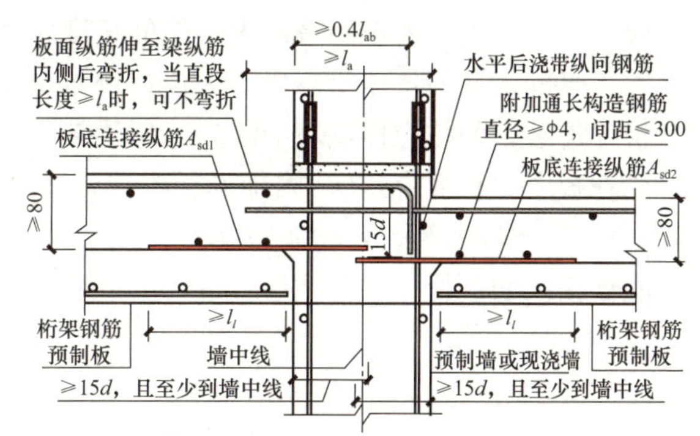

B5-4 中间层剪力墙中间支座（四）

（板顶有高差，预制板无外伸板底纵筋）

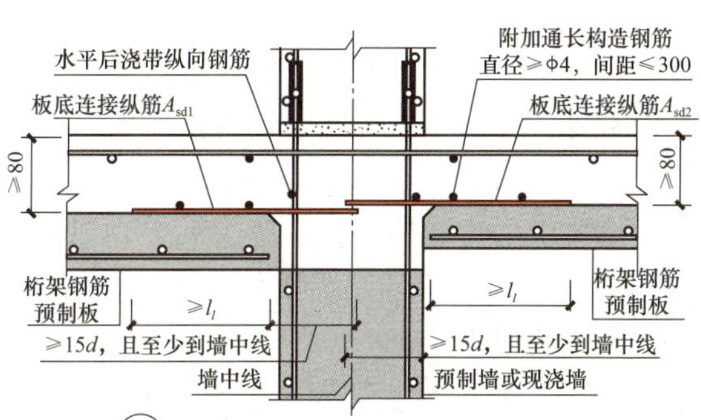

B5-6 中间层剪力墙中间支座（六）

（板底有高差，预制板无外伸板底纵筋）

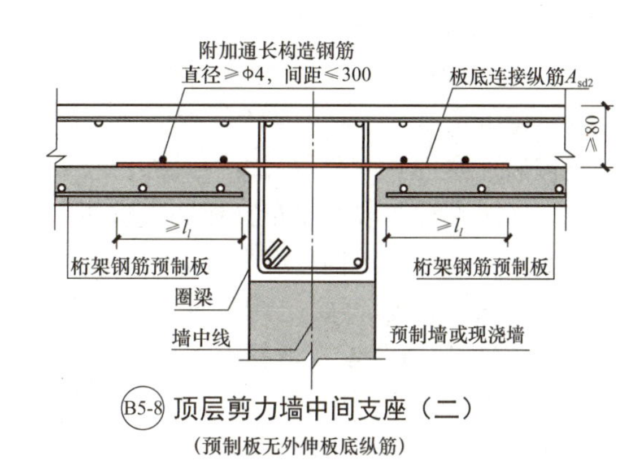

B5-8 顶层剪力墙中间支座（二）

（预制板无外伸板底纵筋）

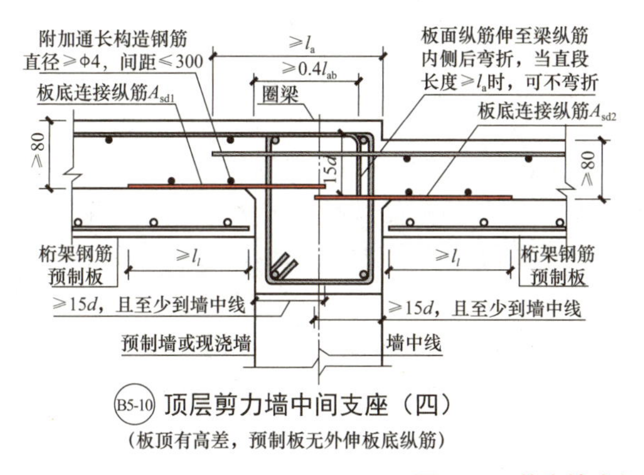

B5-10 顶层剪力墙中间支座（四）

（板顶有高差，预制板无外伸板底纵筋）

B5-12 顶层剪力墙中间支座（六）

（板底有高差，预制板无外伸板底纵筋）

图 5-29 剪力墙中间支座板端连接构造

叠合板的底板应采用桁架钢筋混凝土预制板，桁架钢筋的构造应满足图 5-26 所示的要求。桁架钢筋应沿主受力方向布置，桁架钢筋与板受力钢筋的位置关系仅为示意，由设计确定。

1. 中间层剪力墙中间支座

（1）预制板无外伸板底纵筋。当按设计要求需要布置板底连接纵筋 A_{sd}（板底连接纵筋距板面的高度应≥80 mm)时，板底连接纵筋应在墙内贯通，连接纵筋在板内的长度应≥l_l。附加通长构造钢筋直径应≥4 mm，间距≤300 mm。

(2)板顶有高差，预制板无外伸板底纵筋。预制板高跨板面纵筋伸至梁纵筋内侧后弯折，弯折长度为15d，直段长度应≥0.4 l_{ab}，当直段长度≥l_a时，可不弯折；低跨板面纵筋应贯通于梁内并伸至高跨板内，外伸长度应≥l_a。

当按设计要求需要布置板底连接纵筋A_{sd}(板底连接纵筋距板面的高度应≥80 mm)时，板底连接纵筋均应伸过墙中线处，每边伸入墙内的长度应≥15d，且至少到墙中线，连接纵筋在板内的长度应≥l_l。附加通长构造钢筋直径应≥4 mm，间距≤300 mm。

(3)板底有高差，预制板无外伸板底纵筋。当按设计要求需要布置板底连接纵筋A_{sd}(板底连接纵筋距板面的高度应≥80 mm)时，无论是低跨还是高跨预制板，板底纵筋均应伸过墙中线处，每边伸入墙内的长度应≥15d，且至少到墙中线，连接纵筋在板内的长度应≥l_l。

2. 顶层剪力墙中间支座

(1)预制板无外伸板底纵筋。当按设计要求需要布置板底连接纵筋A_{sd}(板底连接纵筋距板面的高度应≥80 mm)时，板底连接纵筋应在墙内贯通，连接纵筋在板内的长度应≥l_l。附加通长构造钢筋直径应≥4 mm，间距≤300 mm。

(2)板顶有高差，预制板无外伸板底纵筋。预制板高跨板面纵筋伸至梁纵筋内侧后弯折，弯折长度为15d，直段长度应≥0.4l_{ab}，当直段长度≥l_a时，可不弯折；低跨板面纵筋应贯通于梁内并伸至高跨板内，外伸长度应≥l_a。

当按设计要求需要布置板底连接纵筋A_{sd}(板底连接纵筋距板面的高度应≥80 mm)时，板底连接纵筋均应伸过墙中线处，每边伸入墙内的长度应≥15d，且至少到墙中线，连接纵筋在板内的长度应≥l_l。附加通长构造钢筋直径应≥4 mm，间距≤300 mm。

(3)板底有高差，预制板无外伸板底纵筋。当按设计要求需要布置板底连接纵筋A_{sd}(板底连接纵筋距板面的高度应≥80 mm)时，无论是低跨还是高跨预制板，板底纵筋均应伸过墙中线处，每边伸入墙内的长度应≥15d，且至少到墙中线，连接纵筋在板内的长度应≥l_l。

5.7.7 桁架钢筋混凝土叠合板模板及配筋示意图

以宽1 500 mm双向板为例，宽1 500 mm双向板底板边板模板及配筋图如图5-30所示。底板编号、具体参数见底板参数表，底板配筋、钢筋参数见底板配筋表。钢筋桁架之间的间距为600 mm。①号钢筋弯钩角度为135°，弯弧内直径D为32 mm。②号钢筋位于①号钢筋上层，桁架下弦钢筋与②号钢筋同层。

宽1 500双向板底板中板模板及配筋图，如图5-31所示，底板编号、具体参数见底板参数表，底板配筋、钢筋参数见底板配筋表。钢筋桁架之间的间距为600 mm。①号钢筋弯钩角度为135°，弯弧内直径D为32 mm。②号钢筋位于①号钢筋上层，桁架下弦钢筋与②号钢筋同层。

宽1 500 mm双向板吊点位置平面示意图(L=3 000 mm/L=3 300 mm)，如图5-32所示。“▲”表示吊点位置，吊点应设置在图示位置最近的上弦节点处，预埋2ϕ8的钢筋进行吊装，吊点位置侧面示意图如图5-33所示。

钢筋桁架立面图如图5-34所示。桁架筋两弯折点之间的距离为200 mm。钢筋桁架钢筋搭接如图5-35所示。叠合板的连接构造如图5-36所示。

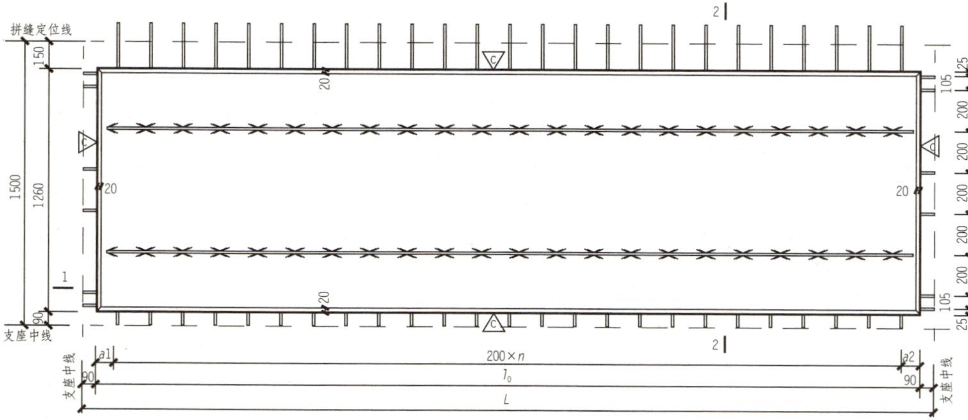

板模板图

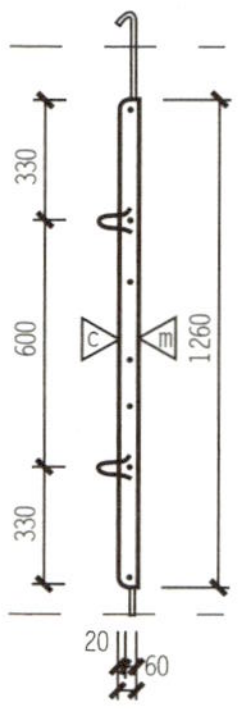

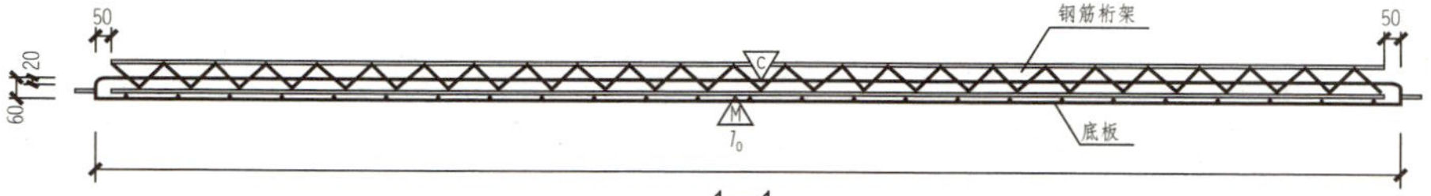

1—1

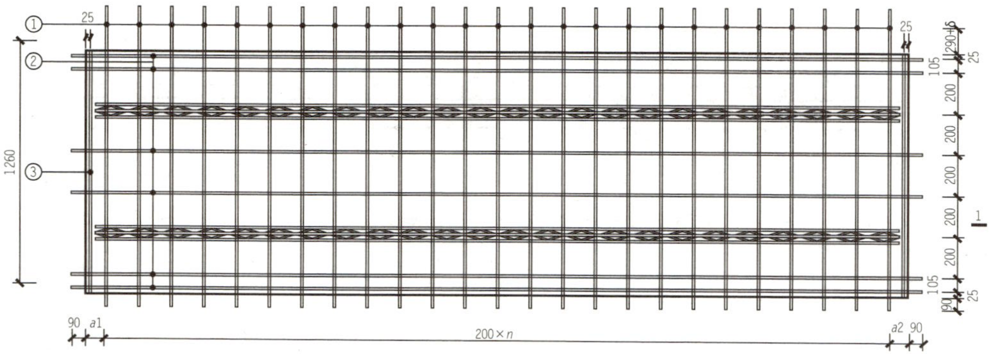

板配筋图

底板参数表

底板编号 (X代表1、3)	l_0 /mm	a_1 /mm	a_2 /mm	n	桁架编号 编号	桁架编号 长度/mm	桁架编号 质量/kg	混凝土体积 /m³	底板自重 /t
DBS1-67-3018-X1	2820	130	90	13	A80	2720	4.79	0.264	0.660
DBS1-68-3018-X1					A90		4.87		
DBS1-67-3318-X1	3120	80	40	15	A80	3020	5.32	0.292	0.730
DBS1-68-3318-X1					A90		5.40		
DBS1-67-3518-X1	3420	130	90	16	A80	3320	5.85	0.320	0.800
DBS1-68-3618-X1					A90		5.94		
DBS1-67-3918-X1	3720	80	40	18	B80	3620	7.18	0.348	0.871
DBS1-68-3918-X1					B90		7.28		
DBS1-67-4218-X1	4020	130	90	19	B80	3920	7.77	0.376	0.841
DBS1-68-4218-X1					B90		7.88		
DBS1-67-4518-X1	4320	80	40	21	B80	4220	8.37	0.404	1.011
DBS1-68-4518-X1					B90		8.48		
DBS1-67-4818-X1	4620	130	90	22	B80	4520	8.96	0.432	1.081
DBS1-68-4818-X1					B90		9.09		
DBS1-67-5118-X1	2920	80	40	24	B80	4820	9.55	0.461	1.151
DBS1-68-5118-X1					B90		9.69		
DBS1-67-5418-X1	5220	130	90	25	B80	5720	10.15	0.489	1.222
DBS1-68-5418-X1					B90		10.29		
DBS1-67-5718-X1	5520	80	40	27	B80	5420	10.74	0.527	1.292
DBS1-68-5718-X1					B90		10.90		
DBS1-67-6018-X1	5820	230	90	28	B80	5720	11.33	0.545	1.262
DBS1-68-6018-X1					B90		11.50		

底板配筋表

底板编号 (X代表7、8)	① 规格	① 加工尺寸	① 根数	② 规格	② 加工尺寸	② 根数	③ 规格	③ 加工尺寸	③ 根数
DBS1-6X-3018-21	Φ8	1940+δ 40	14	Φ8	3000	6	Φ6	1510	2
DBS1-6X-3018-31				Φ10					
DBS1-6X-3318-11	Φ8	1940+δ 40	16	Φ8	3300	6	Φ6	1510	2
DBS1-6X-3318-31				Φ10					
DBS1-6X-3618-11	Φ8	1940+δ 40	17	Φ8	3600	6	Φ6	1510	2
DBS1-6X-3618-31				Φ10					
DBS1-6X-3918-11	Φ8	1940+δ 40	19	Φ8	3900	6	Φ6	1510	2
DBS1-6X-3918-31				Φ10					
DBS1-6X-4218-11	Φ8	1940+δ 40	20	Φ8	4200	6	Φ6	1510	2
DBS1-6X-4218-31				Φ10					
DBS1-6X-4518-11	Φ8	1940+δ 40	22	Φ8	4500	6	Φ6	1510	2
DBS1-6X-4508-31				Φ10					
DBS1-6X-4818-21	Φ8	1940+δ 40	23	Φ8	4800	6	Φ6	1510	2
DBS1-6X-4818-31				Φ10					
DBS1-6X-5118-11	Φ8	1940+δ 40	25	Φ8	5100	6	Φ6	1510	2
DBS1-6X-5118-31				Φ10					
DBS1-6X-5418-11	Φ8	1940+δ 40	26	Φ8	5400	6	Φ6	1510	2
DBS1-6X-5418-31				Φ10					
DBS1-6X-5718-11	Φ8	1940+δ 40	28	Φ8	5700	6	Φ6	1510	2
DBS1-6X-5718-31				Φ10					
DBS1-6X-6018-11	Φ8	1940+δ 40	29	Φ8	6000	6	Φ6	1510	2
DBS1-6X-6018-31				Φ10					

图 5-30　宽1 500双向板底板边板模板及配筋图

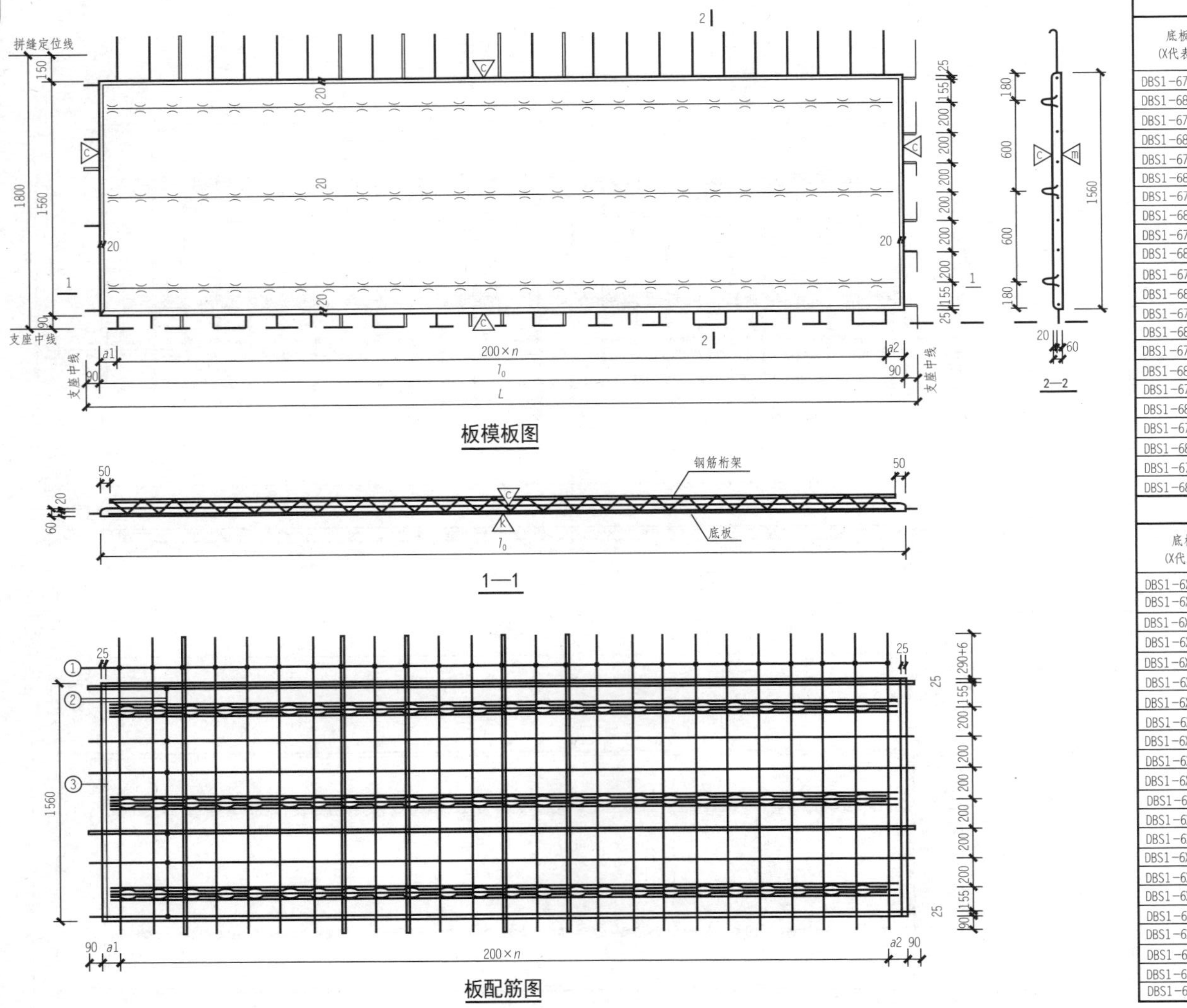

底板参数表

底板编号 (X代表1、3)	l_0 /mm	a_1 /mm	a_2 /mm	n	桁架编号 编号	长度/mm	质量/kg	混凝土体积 /m³	底板自重 /t
DBS1-67-3018-X1	2820	130	90	13	A80	2720	4.79	0.264	0.660
DBS1-68-3018-X1					A90		4.87		
DBS1-67-3318-X1	3120	80	40	15	A80	3020	5.32	0.292	0.730
DBS1-68-3318-X1					A90		5.40		
DBS1-67-3518-X1	3420	130	90	16	A80	3320	5.85	0.320	0.800
DBS1-68-3618-X1					A90		5.94		
DBS1-67-3918-X1	3720	80	40	18	B80	3620	7.18	0.348	0.871
DBS1-68-3918-X1					B90		7.28		
DBS1-67-4218-X1	4020	130	90	19	B80	3920	7.77	0.376	0.841
DBS1-68-4218-X1					B90		7.88		
DBS1-67-4518-X1	4320	80	40	21	B80	4220	8.37	0.404	1.011
DBS1-68-4518-X1					B90		8.48		
DBS1-67-4818-X1	4620	130	90	22	B80	4520	8.96	0.432	1.081
DBS1-68-4818-X1					B90		9.09		
DBS1-67-5118-X1	2920	80	40	24	B80	4820	9.55	0.461	1.151
DBS1-68-5118-X1					B90		9.69		
DBS1-67-5418-X1	5220	130	90	25	B80	5720	10.15	0.489	1.222
DBS1-68-5418-X1					B90		10.29		
DBS1-67-5718-X1	5520	80	40	27	B80	5420	10.74	0.527	1.292
DBS1-68-5718-X1					B90		10.90		
DBS1-67-6018-X1	5820	230	90	28	B80	5720	11.33	0.545	1.262
DBS1-68-6018-X1					B90		11.50		

底板配筋表

底板编号 (X代表7、8)	① 规格	① 加工尺寸	① 根数	② 规格	② 加工尺寸	② 根数	③ 规格	③ 加工尺寸	③ 根数
DBS1-6X-3018-21	⌀8	40 1940 40	14	⌀8	3000	6	⌀6	1510	2
DBS1-6X-3018-31				⌀10					
DBS1-6X-3318-11	⌀8	40 1940 40	16	⌀8	3300	6	⌀6	1510	2
DBS1-6X-3318-31				⌀10					
DBS1-6X-3618-11	⌀8	40 1940 40	17	⌀8	3600	6	⌀6	1510	2
DBS1-6X-3618-31				⌀10					
DBS1-6X-3918-11	⌀8	40 1940 40	19	⌀8	3900	6	⌀6	1510	2
DBS1-6X-3918-31				⌀10					
DBS1-6X-4218-11	⌀8	40 1940 40	20	⌀8	4200	6	⌀6	1510	2
DBS1-6X-4218-31				⌀10					
DBS1-6X-4518-11	⌀8	40 1940 40	22	⌀8	4500	6	⌀6	1510	2
DBS1-6X-4508-31				⌀10					
DBS1-6X-4818-21	⌀8	40 1940 40	23	⌀8	4800	6	⌀6	1510	2
DBS1-6X-4818-31				⌀10					
DBS1-6X-5118-11	⌀8	40 1940 40	25	⌀8	5100	6	⌀6	1510	2
DBS1-6X-5118-31				⌀10					
DBS1-6X-5418-11	⌀8	40 1940 40	26	⌀8	5400	6	⌀6	1510	2
DBS1-6X-5418-31				⌀10					
DBS1-6X-5718-11	⌀8	40 1940 40	28	⌀8	5700	6	⌀6	1510	2
DBS1-6X-5718-31				⌀10					
DBS1-6X-6018-11	⌀8	40 1940 40	29	⌀8	6000	6	⌀6	1510	2
DBS1-6X-6018-31				⌀10					

图 5-31　宽1 500双向板底板中板模板及配筋图

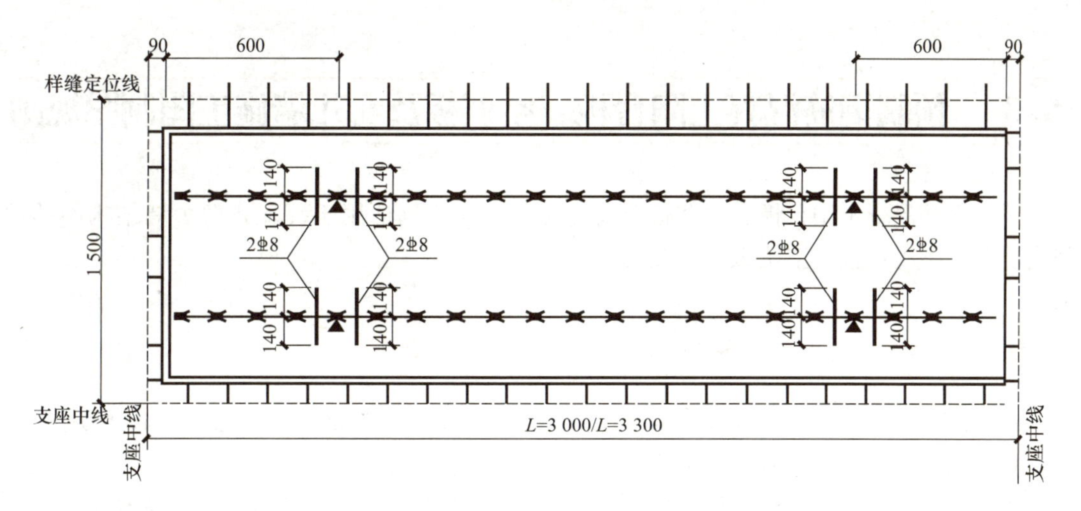

图 5-32　宽 1 500 mm 双向板吊点位置平面示意

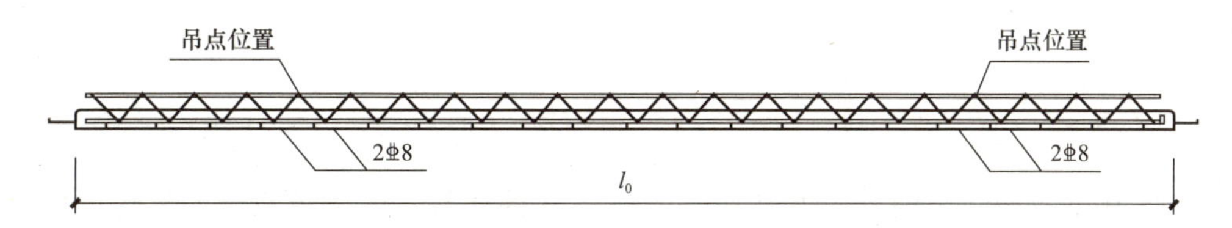

图 5-33　吊点位置侧面示意

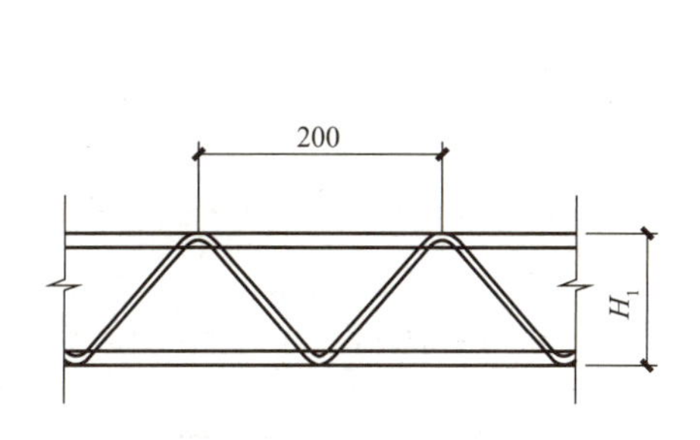

图 5-34　钢筋桁架立面图

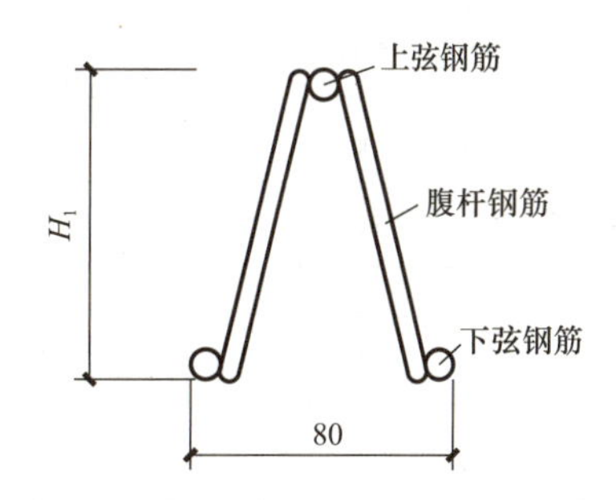

图 5-35　钢筋桁架剖面图

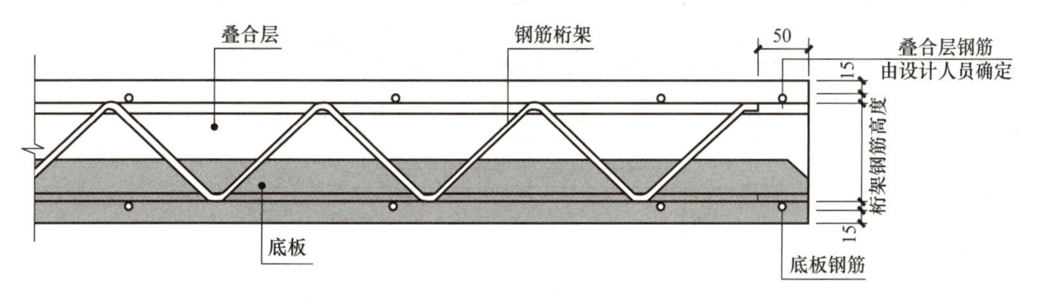

图 5-36　叠合板剖面图

5.8 预制钢筋混凝土阳台板、空调板及女儿墙施工图制图规则

预制钢筋混凝土阳台板、空调板及女儿墙的制图规则适用于装配式剪力墙结构中的预制钢筋混凝土阳台板、空调板及女儿墙的施工图设计。

5.8.1 预制阳台板、空调板及女儿墙的表示方法

预制阳台板、空调板及女儿墙施工图应包括按标准层绘制的平面布置图、构件选用表。平面布置图中需要标注预制构件编号、定位尺寸及连接做法。

叠合式预制阳台板现浇层注写方法与《混凝土结构施工图平面整体表示方法制图规则和构造详图(现浇混凝土框架、剪力墙、梁、板)》(16G101—1)的“有梁楼盖板平法施工图的表示方法”相同。同时应标注叠合板编号。

5.8.2 预制阳台板、空调板及女儿墙的编号

(1)预制阳台板、空调板及女儿墙编号应由构件代号、序号组成,编号规则应符合表 5-14 的规定。选用示例分别如图 5-37～图 5-39 所示。

表 5-14 预制阳台板、空调板及女儿墙编号

预制构件类型	代号	序号
预制阳台板	YTB	××
预制空调板	KTB	××
预制女儿墙	NEQ	××
注:在女儿墙编号中,如若干女儿墙的厚度尺寸和配筋均相同,仅墙厚与轴线的关系不同,也可将其编号为同一墙身号,但应在图中注明与轴线的几何关系,序号可为数字或数字加字母。		

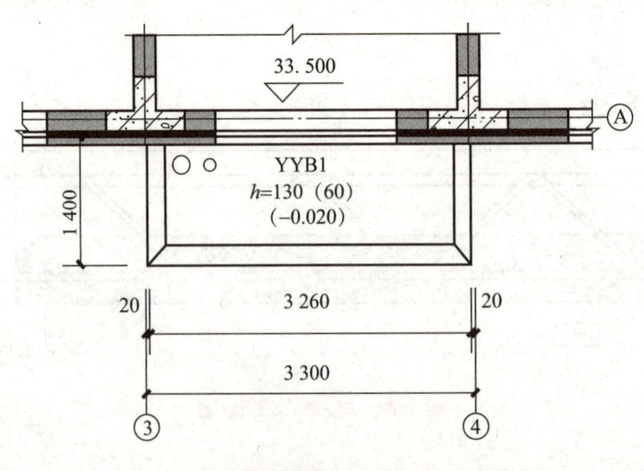

图 5-37 标准预制阳台板平面注写示例

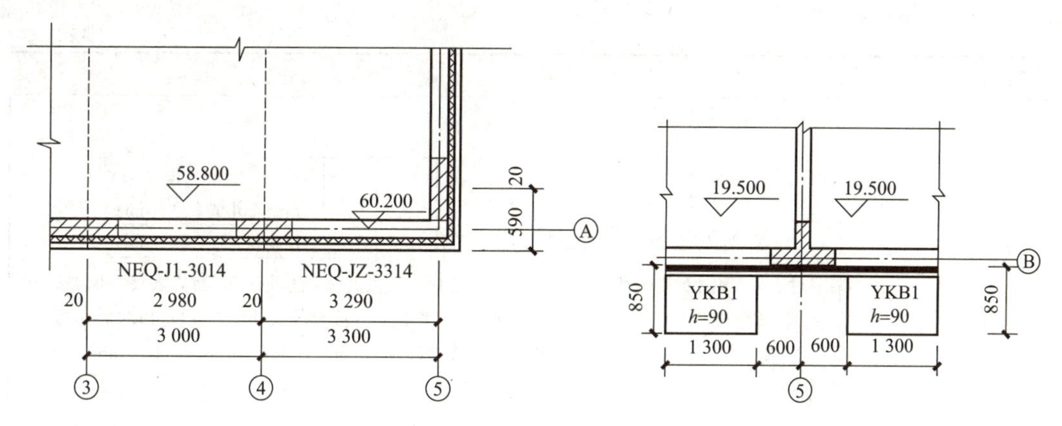

图 5-38　标准预制女儿墙平面注写示例　　图 5-39　标准预制空调板平面注写示例

【例】 KTB2，表示预制空调板，序号为 2。

【例】 YTB3a，表示某工程有一块预制阳台板与已编号的 YYB3 除洞口位置外，其他参数均相同，为方便起见，将该预制阳台板序号编为 3a。

【例】 NEQ5，表示预制女儿墙，序号为 5。

(2)注写选用标准预制阳台板、空调板及女儿墙编号时，编号规则见表 5-15。标准预制阳台板、空调板及女儿墙可选型号详见《预制钢筋混凝土阳台板、空调板及女儿墙》(15G368—1)。

(3)如果设计的预制阳台板、空调板及女儿墙与标准构件的尺寸、配筋不同，应由设计单位另行设计。

表 5-15　标准图集中预制阳台板、空调板及女儿墙编号

预制构件类型	编号
阳台板	YTB－×－× × × ×－× × 预制阳台板 预制阳台板类型：D、B、L 预制阳台板墙封边高度（仅用于板式阳台）：04，08，12 预制阳台板宽度（dm） 预制阳台板挑出长度（dm） 注：1. 预制阳台板类型：D 表示叠合板式阳台，B 表示全预制板式阳台，L 表示全预制梁式阳台； 2. 预制阳台封边高度：04 表示 400 mm，08 表示 800 mm，12 表示 1 200 mm； 3. 预制阳台板挑出长度从结构承重墙外表面算起。
	例：某住宅楼封闭式预制叠合板阳台挑出长度为 1 000 mm，阳台开间为 2 400 mm，封边高度为 800 mm，则预制阳台板编号为 YTB－D－1024－08。
空调板	KTB－ × ×－× × × 预制空调板 预制空调板宽度（cm） 预制空调板挑出长度（cm） 注：预制空调板挑出长度从结构承重墙外表面算起。
	例：某住宅楼预制空调板实际长度为 840 mm，宽度为 1 300 mm，则预制空调板编号为 KTB－84－130。

续表

<table>
<tr><th>预制构件类型</th><th>编号</th></tr>
<tr><td rowspan="2">女儿墙</td><td>NEQ－× × － × × × ×
预制女儿墙
预制女儿墙类型：J1、J2、Q1、Q2
预制女儿墙宽度（dm）
预制女儿墙长度（dm）
注：1. 预制女儿墙类型：J1 型代表夹心保温式女儿墙(直板)；J2 型代表夹心保温式女儿墙(转角板)；Q1 型代表非保温式女儿墙(直板)；Q2 型代表非保温式女儿墙(转角板)；
2. 预制女儿墙高度从屋顶结构层标高算起，600 mm 高表示为 06，1 400 mm 高表示为 14。</td></tr>
<tr><td>例：某住宅楼女儿墙采用夹心保温式女儿墙，其高度为 1 400 mm，长度为 3 600 mm，则预制女儿墙编号为 NEQ－J1－3614</td></tr>
</table>

5.8.3 预制阳台板、空调板及女儿墙平面布置图注写内容

预制阳台板、预制空调板及预制女儿墙平面布置图注写包括以下内容：

(1)预制构件编号；

(2)各预制构件的平面尺寸、定位尺寸；

(3)预留洞口尺寸及相对于构件本身的定位(与标准构件中留洞位置一致时可不标)；

(4)楼层结构标高；

(5)预制钢筋混凝土阳台板、空调板结构完成面与结构标高不同时的标高高差；

(6)预制女儿墙厚度、定位尺寸、女儿墙顶标高。

预制阳台板、预制空调板及预制女儿墙各构件平面表示示例如图 5-37～图 5-39 所示。

5.8.4 构件表的主要内容

1. 预制阳台板、预制空调板表的主要内容

(1)预制构件编号；

(2)选用标准图集的构件编号，自行设计构件可不写；

(3)板厚(mm)，叠合式还需注写预制底板厚度，表示方法为×××(××)；

(4)构件质量；

(5)构件数量；

(6)所在层号；

(7)构件详图页码：选用标准图集构件需注写所在图集号和相应页码；自行设计构件需注写施工图图号；

(8)备注中可标明该预制构件是“标准构件”或“自行设计”。

预制阳台板、空调板表表示示例见表 5-16。

表 5-16　预制阳台板、空调板表

平面图中编号	选用构件	板厚 h /mm	构件质量 /t	数量	所在层号	构件详图页码(图号)	备注
YYB1	YTB—D—1224—4	130(60)	0.97	51	4—20	15G368—1	标准构件
YKB1	—	90	1.59	17	4—20	结施—38	自行设计

2. 预制女儿墙表的主要内容

预制女儿墙表的主要内容包括：

(1)平面图中的编号；

(2)选用标准图集的构件编号，自行设计构件可不写；

(3)所在层号和轴线号。轴号标注方法与外墙板相同；

(4)内叶墙厚；

(5)构件质量；

(6)构件数量；

(7)构件详图页码：选用标准图集构件需注写所在图集号和相应页码，自行设计构件需注写施工图图号；

(8)如果女儿墙内叶墙板与标准图集中的一致，外叶墙板有区别，可对外叶墙板调整后选用，调整参数(a、b)如图 5-40 所示；

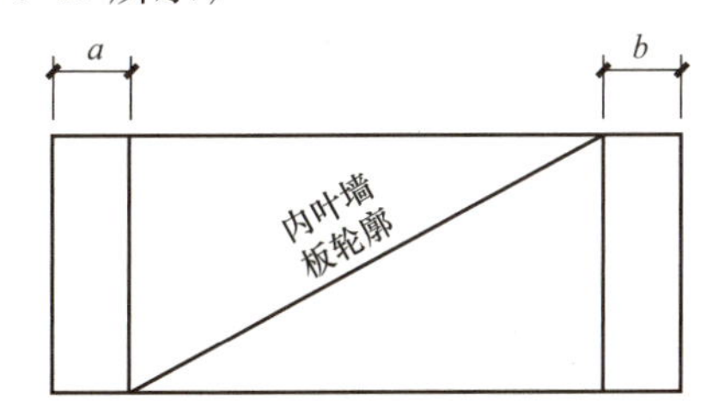

图 5-40　女儿墙外叶墙板调整选用参数示意

(9)备注中可标明该预制构件是“标准构件”“调整选用”或“自行设计”。

预制钢筋混凝土女儿墙表见表 5-17。

表 5-17　预制女儿墙表

平面图中编号	选用构件	外叶墙板调整	所在层号	所在轴号	墙厚(内叶墙)	构件质量 /t	数量	构件详图页码(图号)
YNEQ2	NEQ—J2— 3614	—	屋面 1	①—②/Ⓑ	160	2.44	1	15G368—1 D08～D11
YNEQ5	NEQ—J1—3914	a=190 b=230	屋面 1	②—③/Ⓒ	160	2.90	1	15G368—1 D04，D05
YNEQ6	—	—	屋面 1	③—⑤/Ⓙ	160	3.70	1	结施—74 本图集略

5.9 预制钢筋混凝土阳台板、空调板及女儿墙构造要求

5.9.1 预制钢筋混凝土阳台板、空调板的构造要求

阳台板、空调板宜采用叠合构件或预制构件。预制构件应与主体结构可靠连接；叠合构件的负弯矩钢筋应在相邻叠合板的后浇混凝土中可靠锚固，叠合构件中预制底板钢筋的锚固应符合下列规定：

(1)当板底为构造钢筋时，其钢筋锚固应满足叠合板支座处的纵向钢筋在板端支座处的规定，预制板内的纵向受力钢筋宜从板端伸出并锚入支承梁或墙的后浇混凝土中，锚固长度不应小于 $5d$(d 为纵向受力钢筋直径)，且宜伸过支座中心线[图 5-18(a)]。

(2)当板底为计算要求配筋时，钢筋应满足受拉钢筋的锚固要求。

5.9.2 预制钢筋混凝土阳台板

预制钢筋混凝土阳台板按构件形式分类包括叠合板式阳台、全预制板式阳台和全预制梁式阳台三类。按建筑做法分类包括封闭式阳台和开敞式阳台。

1. 叠合板式阳台

(1)叠合板式阳台选用表，见表 5-18。

表 5-18 叠合板式阳台选用表

规格	阳台长度 l/mm	房间开间 b/mm	阳台宽度 b_0/mm	现浇层厚度 h/mm	叠合板总厚度 h/mm
YTB—D—1024—××	1 010	2 400	2 380	70	130
YTB—D—1027—××	1 010	2 700	2 680	70	130
YTB—D—1030—××	1 010	3 000	2 980	70	130
YTB—D—1033—××	1 010	3 300	3 280	70	130
YTB—D—1036—××	1 010	3 600	3 580	70	130
YTB—D—1039—××	1 010	3 900	3 880	70	130
YTB—D—1042—××	1 010	4 200	4 180	70	130
YTB—D—1045—××	1 010	4 500	4 480	70	130
YTB—D—1224—××	1 210	2 400	2 380	70	130
YTB—D—1227—××	1 210	2 700	2 680	70	130
YTB—D—1230—××	1 210	3 000	2 980	70	130

续表

规格	阳台长度 l/mm	房间开间 b/mm	阳台宽度 b_0/mm	现浇层厚度 h/mm	叠合板总厚度 h/mm
YTB—D—1233—××	1 210	3 300	3 280	70	130
YTB—D—1236—××	1 210	3 600	3 580	70	130
YTB—D—1239—××	1 210	3 900	3 880	70	130
YTB—D—1242—××	1 210	4 200	4 180	70	130
YTB—D—1245—××	1 210	4 500	4 480	70	130
YTB—D—1424—××	1 410	2 400	2 380	90	150
YTB—D—1427—××	1 410	2 700	2 680	90	150
YTB—D—1430—××	1 410	3 000	2 980	90	150
YTB—D—1433—××	1 410	3 300	3 280	90	150
YTB—D—1436—××	1 410	3 600	3 580	90	150
YTB—D—1339—××	1 410	3 900	3 880	90	150
YTB—D—1442—××	1 410	4 200	4 180	90	150
YTB—D—1445—××	1 410	4 500	4 480	90	150

叠合板式阳台的施工参数选用表详见图集《预制钢筋混凝土阳台板、空调板及女儿墙》(15G368—1)的规定。

(2)叠合板式阳台预制底板模板图。叠合板式阳台的预制底板模板图如图 5-41 和图 5-42 所示。

预制阳台板的阳台长度和阳台宽度如图 5-41、图 5-42 中 l 和 b_0 所示，落水管、地漏、接线盒的位置及尺寸如图 5-42 所示。电线盒应避开板内钢筋，居中布置。预制阳台板开洞位置由具体工程设计在深化图纸中指定。图 5-41、图 5-42 中给出了雨水管、地漏预留洞位置位于预制阳台板左侧纵、横排布的布置图，当开洞位于右侧时，应将模板图和配筋图镜像。预制阳台板栏杆预埋件间距 s_1 和 s_2 不大于 750 mm 且等分布置，预制阳台板滴水线、栏杆预埋件、阳台与主体结构连接节点详图、预埋吊件详见图 5-43～图 5-46 所示。

预制阳台板吊点定位图、吊点大样图详见图集《预制钢筋混凝土阳台板、空调板及女儿墙》(15G368—1)的规定。吊点位置处箍筋应加密为 6⌀6@50。

叠合板式阳台与主体结构连接时保温材料在阳台板处截断，钢筋桁架顺阳台方向布置。

(3)叠合板式阳台预制底板配筋图(图 5-47)。预制阳台板纵向受力钢筋宜在后浇混凝土内直线锚固，当直线锚固长度不足时可采用弯钩和机械锚固方式。预制阳台板内埋设管线时，所铺设管线应放在板下层钢筋之上，板上层钢筋之下且管线应避免交叉，管线的混凝土保护层应不小于 30 mm。叠合板式阳台内埋设管线时，所铺设管线应放在现浇层内，板上层钢筋之下，在桁架筋空挡间穿过。阳台底板钢筋应在阳台内外伸≥12d，且至少伸过梁(墙)中线。

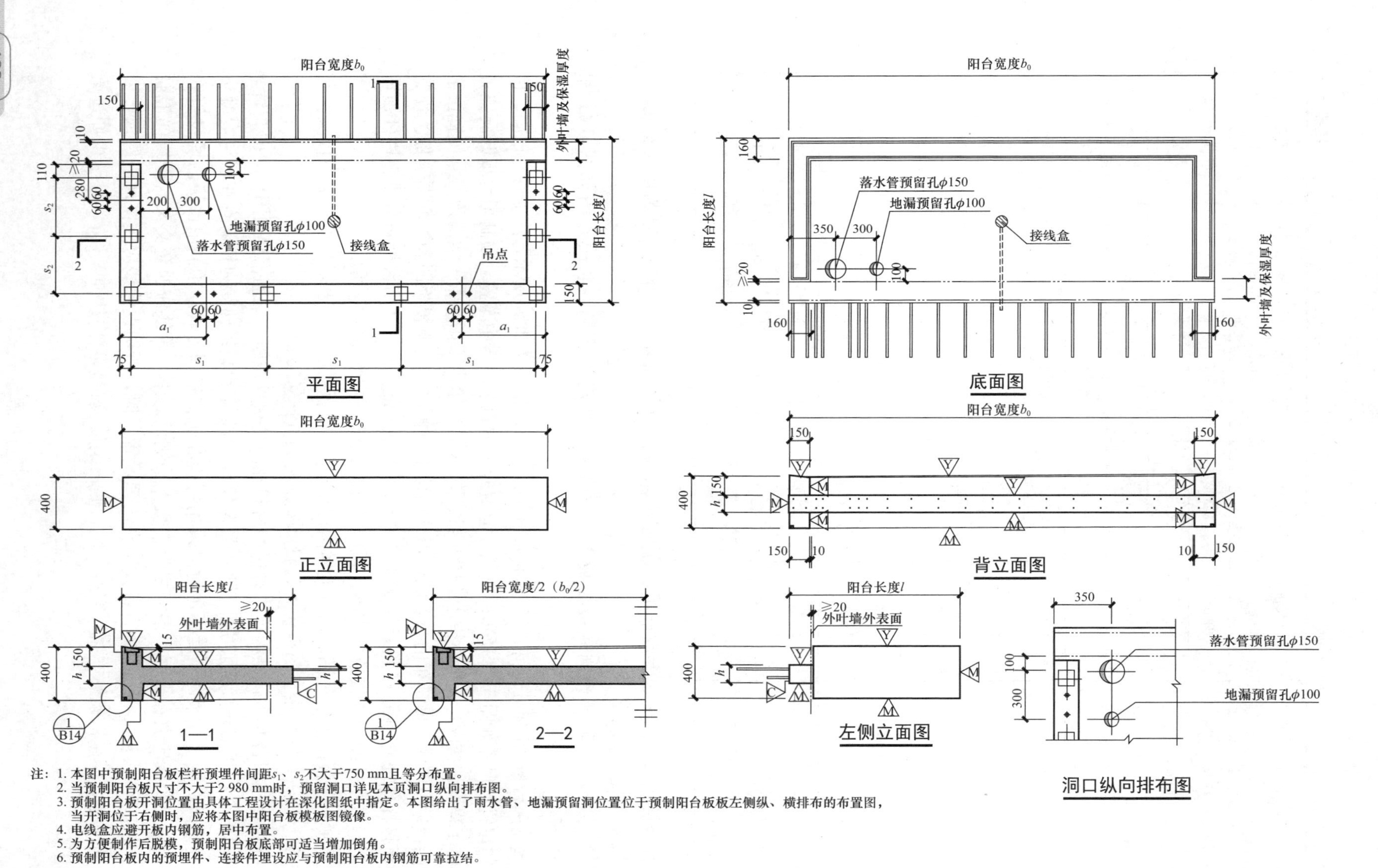

注：1. 本图中预制阳台板栏杆预埋件间距s_1、s_2不大于750 mm且等分布置。
2. 当预制阳台板尺寸不大于2 980 mm时，预留洞口详见本页洞口纵向排布图。
3. 预制阳台板开洞位置由具体工程设计在深化图纸中指定。本图给出了雨水管、地漏预留洞位置位于预制阳台板板左侧纵、横排布的布置图，当开洞位于右侧时，应将本图中阳台板模板图镜像。
4. 电线盒应避开板内钢筋，居中布置。
5. 为方便制作后脱模，预制阳台板底部可适当增加倒角。
6. 预制阳台板内的预埋件、连接件埋设应与预制阳台板内钢筋可靠拉结。

图 5-41　叠合板式阳台YTB-D-xxxx-04预制底板模板图

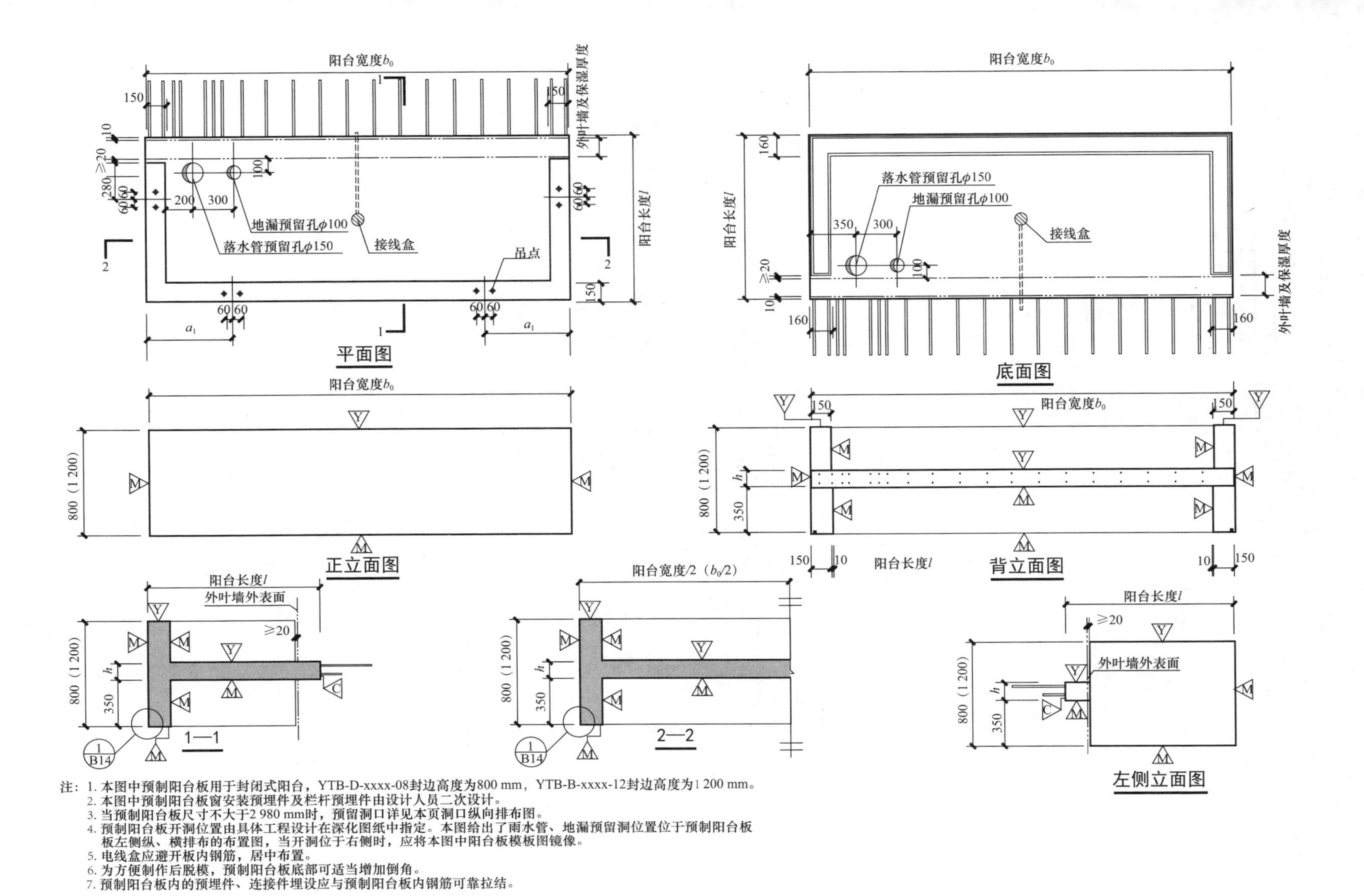

注：1. 本图中预制阳台板用于封闭式阳台，YTB-D-xxxx-08封边高度为800 mm，YTB-B-xxxx-12封边高度为1 200 mm。
2. 本图中预制阳台板窗安装预埋件及栏杆预埋件由设计人员二次设计。
3. 当预制阳台板尺寸不大于2 980 mm时，预留洞口详见本页洞口纵向排布图。
4. 预制阳台板开洞位置由具体工程设计在深化图纸中指定。本图给出了雨水管、地漏预留洞位置位于预制阳台板板左侧纵、横排布的布置图，当开洞位于右侧时，应将本图中阳台板模板图镜像。
5. 电线盒应避开板内钢筋，居中布置。
6. 为方便制作后脱模，预制阳台板底部可适当增加倒角。
7. 预制阳台板内的预埋件、连接件埋设应与预制阳台板内钢筋可靠拉结。

图 5-42　叠合板式阳台YTB-D-xxxx-08/ YTB-B-xxxx-12预制底板模板图

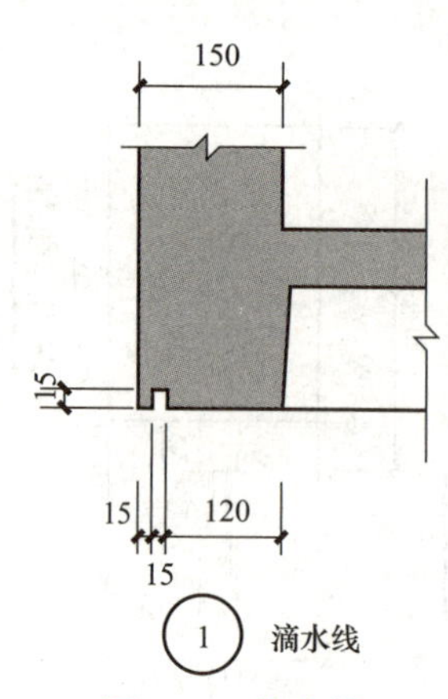

图 5-43　滴水线

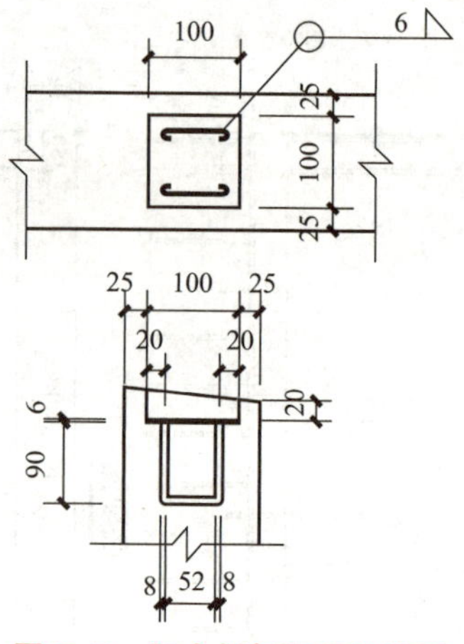

图 5-44　阳台栏杆预埋件详图

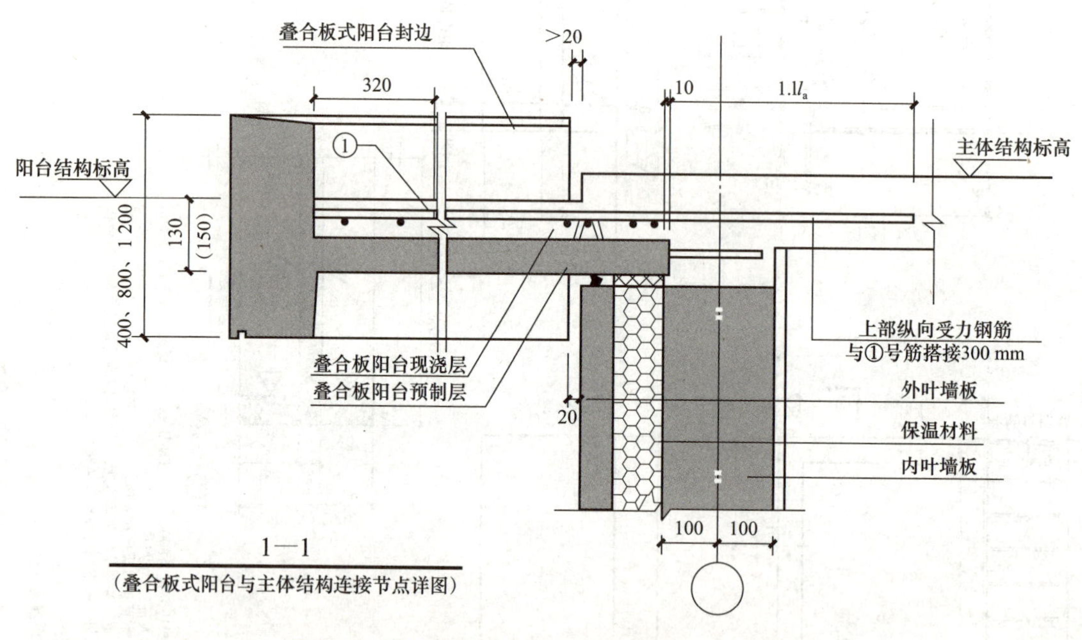

图 5-45　叠合板式阳台与主体结构连接节点详图

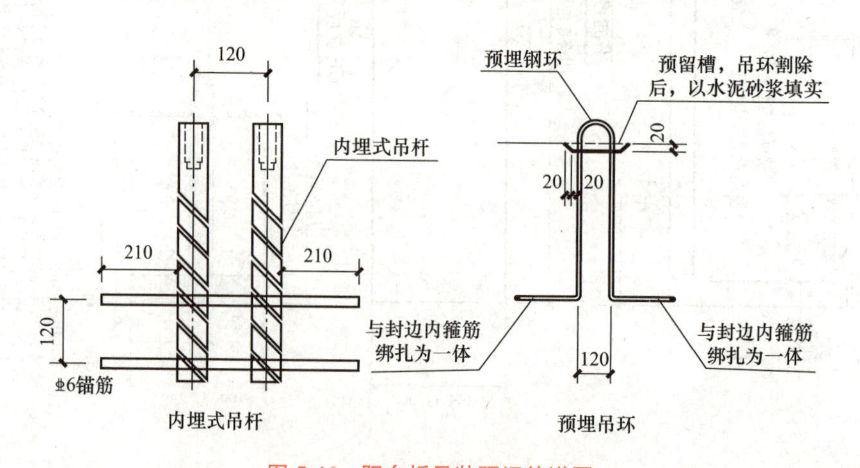

图 5-46　阳台板吊装预埋件详图

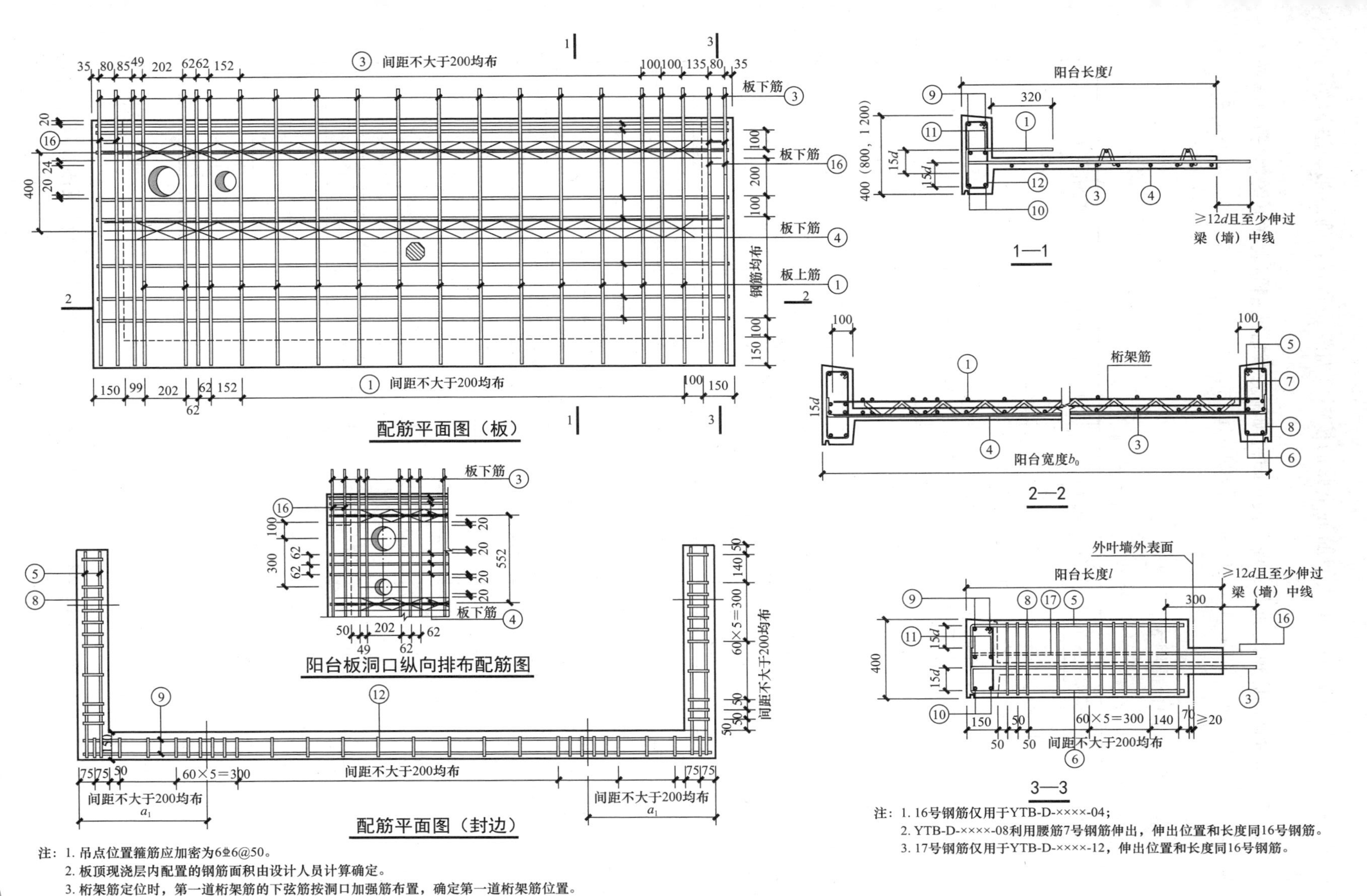

注：1. 吊点位置箍筋应加密为6⌀6@50。
2. 板顶现浇层内配置的钢筋面积由设计人员计算确定。
3. 桁架筋定位时，第一道桁架筋的下弦筋按洞口加强筋布置，确定第一道桁架筋位置。

注：1. 16号钢筋仅用于YTB-D-××××-04；
2. YTB-D-××××-08利用腰筋7号钢筋伸出，伸出位置和长度同16号钢筋。
3. 17号钢筋仅用于YTB-D-××××-12，伸出位置和长度同16号钢筋。

图 5-47　叠合板式阳台预制底板配筋图

对于桁架筋的定位，第一道桁架筋的下弦筋按洞口加强筋布置，确定第一道桁架筋位置。

叠合板式阳台预制底板配筋表、叠合板式阳台预制底板桁架钢筋表详见图集《预制钢筋混凝土阳台板、空调板及女儿墙》(15G368—1)的规定。

2. 全预制板式阳台

(1)全预制板式阳台选用表，见表5-19。

表5-19　全预制板式阳台选用表

规格	阳台长度/mm	房间开间 b/mm	阳台宽度 b_2/mm	全股制作厚度 h/mm
YTB—B—1024—××	1 010	2 400	2 380	130
YTB—B—1027—××	1 010	2 700	2 680	130
YTB—B—1030—××	1 010	3 000	2 980	130
YTB—B—1033—××	1 010	3 300	3 200	130
YTB—B—1036—××	1 010	3 600	3 580	130
YTB—B—1039—××	1 010	3 900	3 880	130
YTB—B—1042—××	1 010	4 200	4 180	130
YTB—B—1045—××	1 010	4 500	4 480	130
YTB—B—1224—××	1 210	2 400	2 380	130
YTB—B—1227—××	1 210	2 700	2 860	130
YTB—B—1230—××	1 210	3 000	2 980	130
YTB—B—1233—××	1 210	3 300	3 280	130
YTB—B—1236—××	1 210	3 600	3 580	130
YTB—B—1239—××	1 210	3 900	3 880	130
YTB—B—1243—××	1 210	4 200	4 180	130
YTB—B—1245—××	1 210	4 500	4 480	130
YTB—B—1424—××	1 410	2 400	2 380	150
YTB—B—1427—××	1 410	2 700	2 680	150
YTB—B—1430—××	1 410	3 000	2 980	150
YTB—B—1433—××	1 410	3 300	3 280	150
YTB—B—1436—××	1 410	3 600	3 580	150
YTB—B—1439—××	1 410	3 900	3 880	150
YTB—B—1442—××	1 410	4 200	4 180	150
YTB—B—1445—××	1 410	4 500	4 480	150

全预制板式阳台的施工参数选用表详见图集《预制钢筋混凝土阳台板、空调板及女儿墙》(15G368—1)的规定。

(2)全预制板式阳台预制底板模板图。全预制板式阳台的预制底板模板图如图5-48、图5-49所示。

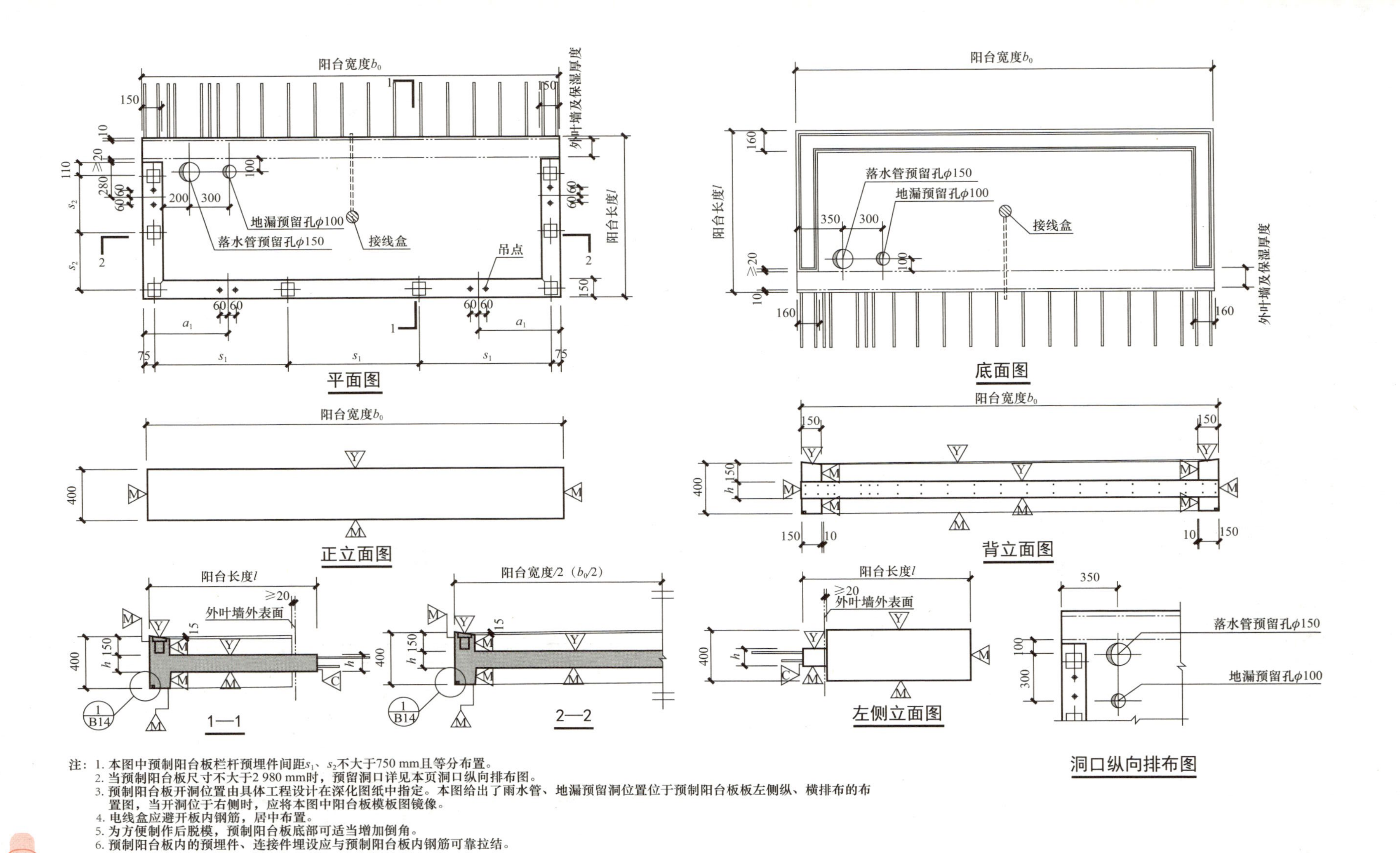

注：1. 本图中预制阳台板栏杆预埋件间距s_1、s_2不大于750 mm且等分布置。
2. 当预制阳台板尺寸不大于2 980 mm时，预留洞口详见本页洞口纵向排布图。
3. 预制阳台板开洞位置由具体工程设计在深化图纸中指定。本图给出了雨水管、地漏预留洞位置位于预制阳台板板左侧纵、横排布的布置图，当开洞位于右侧时，应将本图中阳台板模板图镜像。
4. 电线盒应避开板内钢筋，居中布置。
5. 为方便制作后脱模，预制阳台板底部可适当增加倒角。
6. 预制阳台板内的预埋件、连接件埋设应与预制阳台板内钢筋可靠拉结。

图 5-48　全预制板式阳台YTB-B-xxxx-04模板图

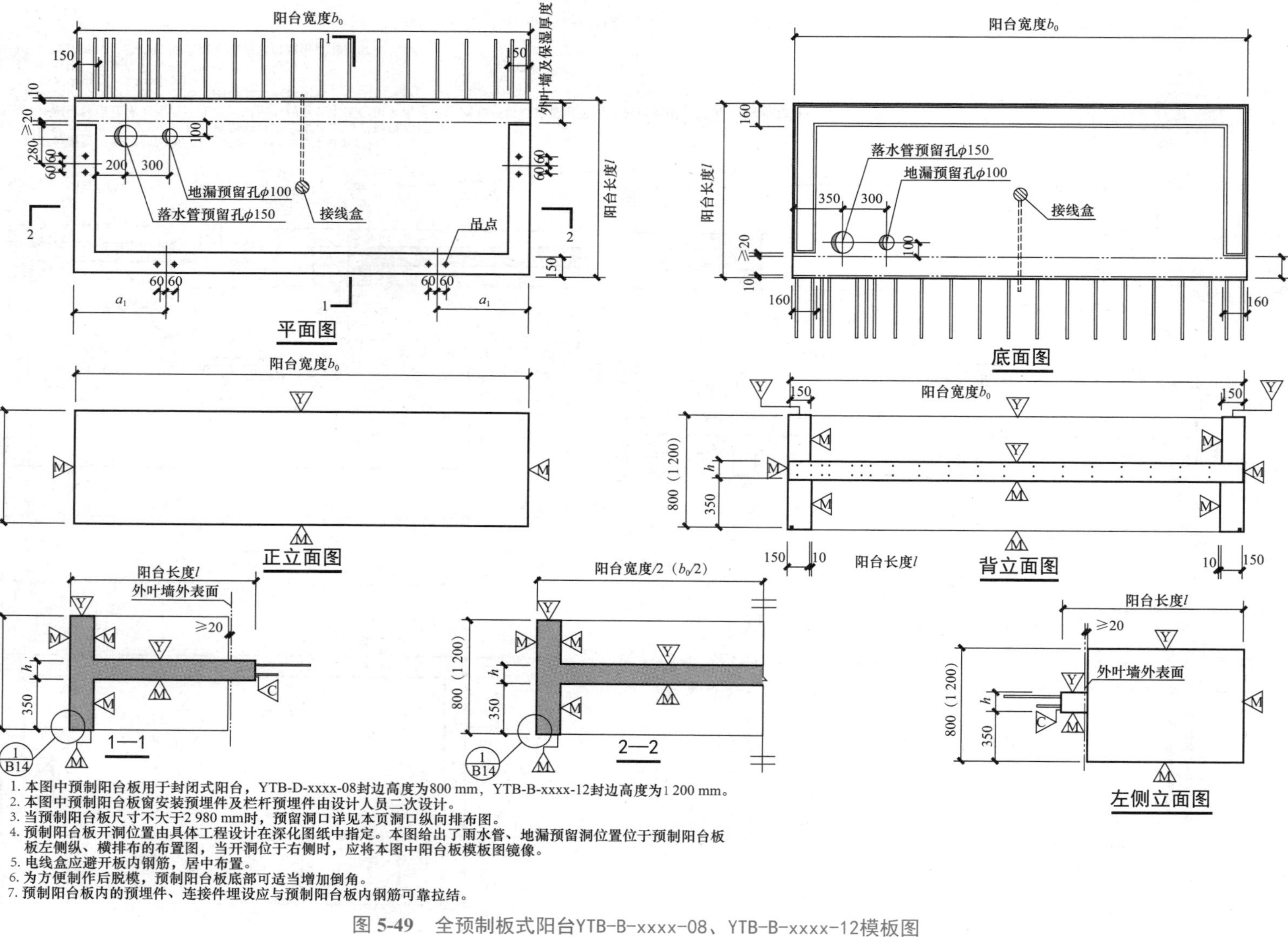

注：1. 本图中预制阳台板用于封闭式阳台，YTB-D-xxxx-08封边高度为800 mm，YTB-B-xxxx-12封边高度为1 200 mm。
2. 本图中预制阳台板窗安装预埋件及栏杆预埋件由设计人员二次设计。
3. 当预制阳台板尺寸不大于2 980 mm时，预留洞口详见本页洞口纵向排布图。
4. 预制阳台板开洞位置由具体工程设计在深化图纸中指定。本图给出了雨水管、地漏预留洞位置位于预制阳台板板左侧纵、横排布的布置图，当开洞位于右侧时，应将本图中阳台板模板图镜像。
5. 电线盒应避开板内钢筋，居中布置。
6. 为方便制作后脱模，预制阳台板底部可适当增加倒角。
7. 预制阳台板内的预埋件、连接件埋设应与预制阳台板内钢筋可靠拉结。

图 5-49　全预制板式阳台YTB-B-xxxx-08、YTB-B-xxxx-12模板图

图 5-48 中预制阳台板栏杆预埋件间距 s_1 和 s_2 不大于 750 mm 且等分布置，预制阳台板滴水线、栏杆预埋件、阳台与主体结构连接节点详图、预埋吊件如图 5-43、图 5-44、图 5-46、图 5-50 所示。

图 5-49 中预制阳台板用于封闭式阳台，YTB—B—××××—08、YTB—B—××××—12 的封边高度分别为 800 mm 和 1 200 mm。全预制阳台板的阳台长度和阳台宽度如图 5-48、图 5-49 中 l 和 b_0 所示，落水管、地漏、接线盒的位置及尺寸如图 5-48 所示。预制阳台板吊点定位图、吊点大样图详见图集《预制钢筋混凝土阳台板、空调板及女儿墙》(15G368—1)的规定。吊点位置处箍筋应加密为 6ф6@50。

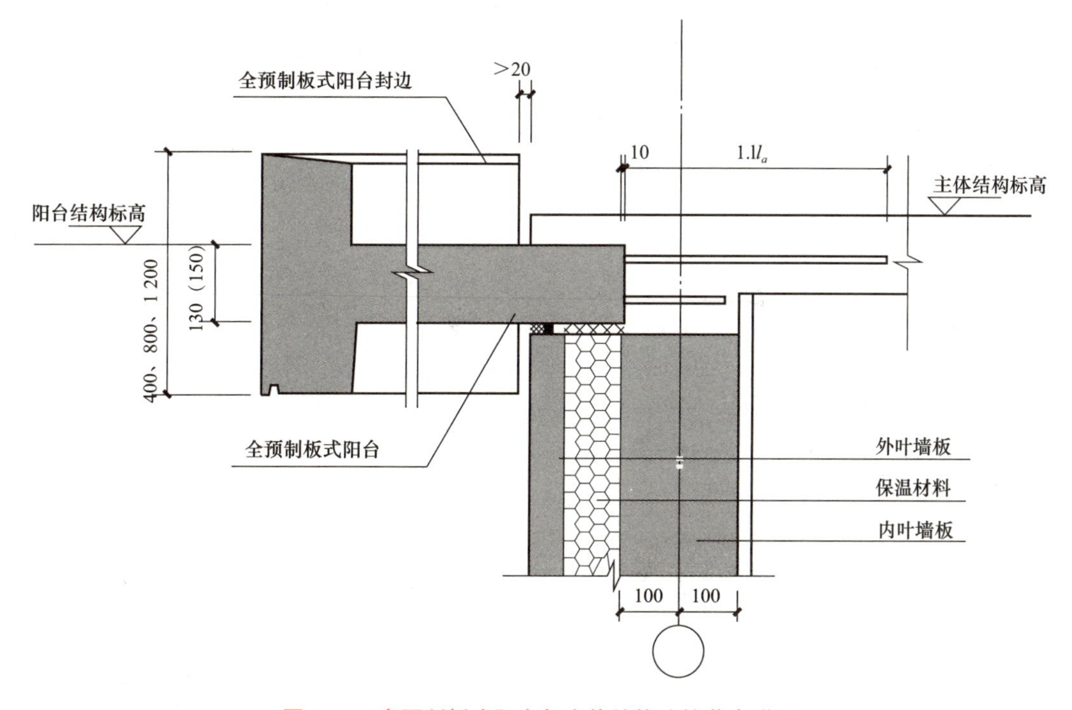

图 5-50　全预制板式阳台与主体结构连接节点详图

全预制板式阳台与主体结构连接时保温材料在阳台板处截断。

(3)全预制板式阳台配筋图。全预制板式阳台配筋的钢筋布置如图 5-51 所示。阳台底板钢筋应在阳台内外伸≥12d，且至少伸过梁(墙)中线。

全预制板式阳台预制底板配筋表、全预制板式阳台预制底板桁架钢筋表详见图集《预制钢筋混凝土阳台板、空调板及女儿墙》(15G368—1)的规定。

3. 全预制梁式阳台

(1)全预制梁式阳台选用表，见表 5-20。

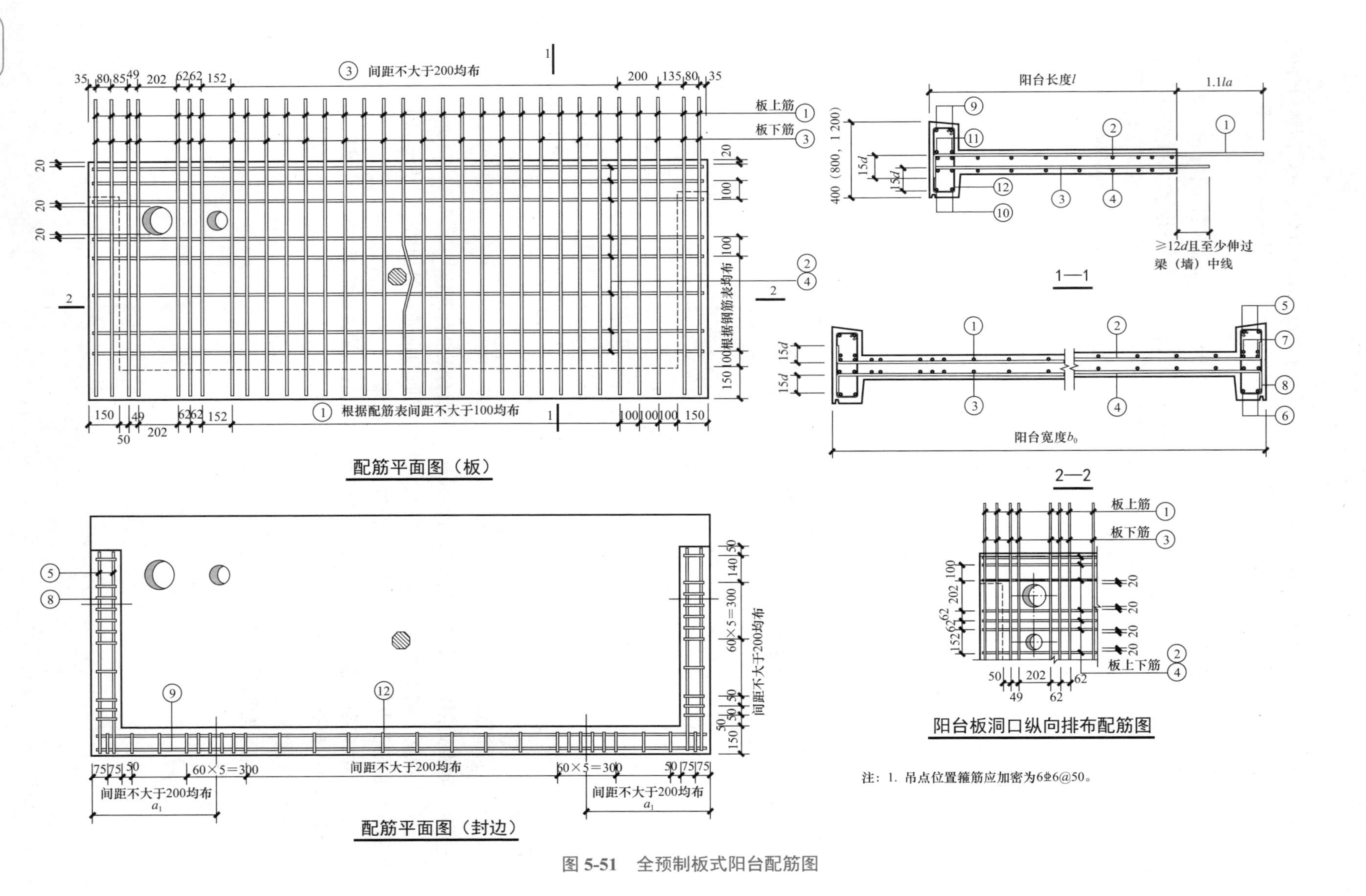

注：1. 吊点位置箍筋应加密为6⌀6@50。

图 5-51 全预制板式阳台配筋图

表 5-20　全预制梁式阳台选用表

记　录	阳台长度 l/mm	房间开间 b/mm	阳台宽 b_0/mm
YBT—L—1224	1 210	2 400	2 600
YBT—L—1227	1 210	2 700	2 900
YBT—L—1230	1 210	3 000	3 200
YBT—L—1233	1 210	3 300	3 500
YBT—L—1236	1 210	3 600	3 800
YBT—L—1239	1 210	3 900	4 100
YBT—L—1242	1 210	4 200	4 400
YBT—L—1245	1 210	4 500	4 700
YBT—L—1424	1 410	2 400	2 800
YBT—L—1427	1 410	2 700	2 900
YBT—L—1430	1 410	3 000	3 200
YBT—L—1433	1 410	3 300	3 500
YBT—L—1436	1 410	3 600	3 800
YBT—L—1439	1 410	3 900	4 100
YBT—L—1442	1 410	4 200	4 400
YBT—L—1445	1 410	4 500	4 700
YBT—L—1624	1 610	2 400	2 900
YBT—L—1627	1 610	2 700	2 900
YBT—L—1630	1 610	3 000	3 200
YBT—L—1633	1 610	3 300	3 500
YBT—L—1636	1 610	3 600	3 800
YBT—L—1639	1 610	3 900	4 100
YBT—L—1642	1 610	4 200	4 400
YBT—L—1645	1 610	4 500	4 700
YBT—L—1824	1 810	2 400	2 600
YBT—L—1827	1 810	2 700	2 900
YBT—L—1830	1 810	3 000	3 200
YBT—L—1833	1 810	3 300	3 500
YBT—L—1836	1 810	3 600	3 800
YBT—L—1839	1 810	3 900	4 100
YBT—L—1842	1 810	4 200	4 400
YBT—L—1845	1 810	4 500	4 700

全预制梁式阳台的施工参数选用表详见图集《预制钢筋混凝土阳台板、空调板及女儿墙》(15G368—1)的规定。

(2)全预制梁式阳台模板图。预制阳台板的阳台长度和阳台宽度如图 5-52 中 l 和 b_0 所示，落水管、地漏、接线盒的位置及尺寸如图所示。预制阳台板吊点定位图、吊点大样图详见图集《预制钢筋混凝土阳台板、空调板及女儿墙》(15G368—1)的规定。

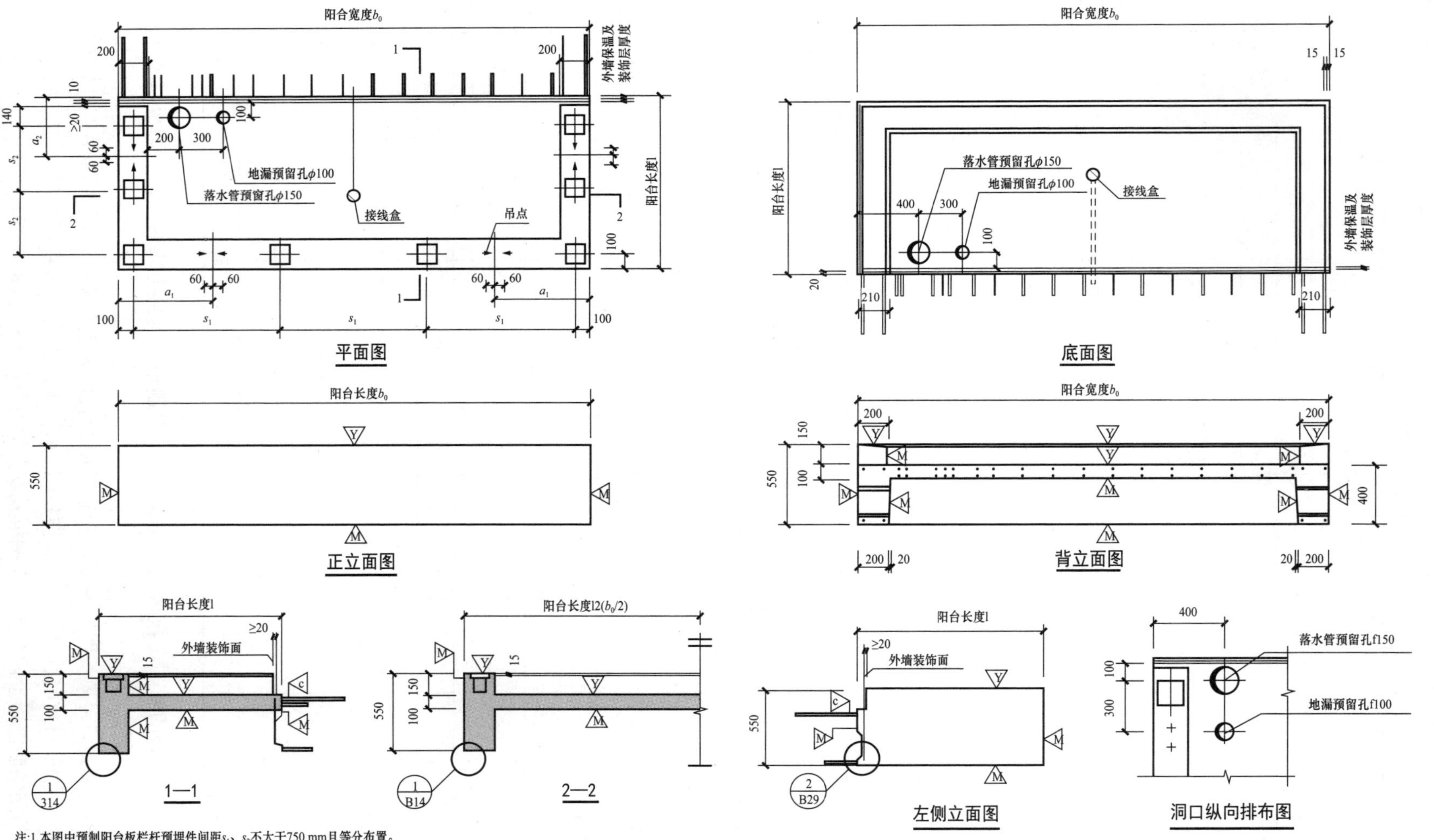

注:1.本图中预制阳台板栏杆预埋件间距s_1、s_2不大于750 mm且等分布置。

2.当预制阳台板尺寸不大于3 200 mm时，预留洞口详见本页洞口纵向排布图。

3.预制阳台板开洞位置由具体工程设计在深化图纸中指定，本图给出了雨水管，地漏预留洞位置位于预制阳台板左侧纵、横排布的布置图。当开洞位于右侧时，应将本图中预制阳台板模板图镜像。

4.电线盒应避开板内钢筋，居中布置。

5.为方便制作后脱模，预制阳台板底部可适当增加倒角。

图 5-52 全预制梁式阳台模板图

电线盒应避开板内钢筋，居中布置。预制阳台板开洞位置由具体工程设计在深化图纸中指定。图 5-52 中给出了雨水管、地漏预留洞位置位于预制阳台板左侧纵、横排布的布置图，当开洞位于右侧时，应将模板图和配筋图镜像。

预制阳台板栏杆预埋件间距 s_1 和 s_2 不大于 750 mm 且等分布置，预制阳台板滴水线、栏杆预埋件、阳台与主体结构连接节点详图、预埋吊件如图 5-43、图 5-44、图 5-53、图 5-54 所示。

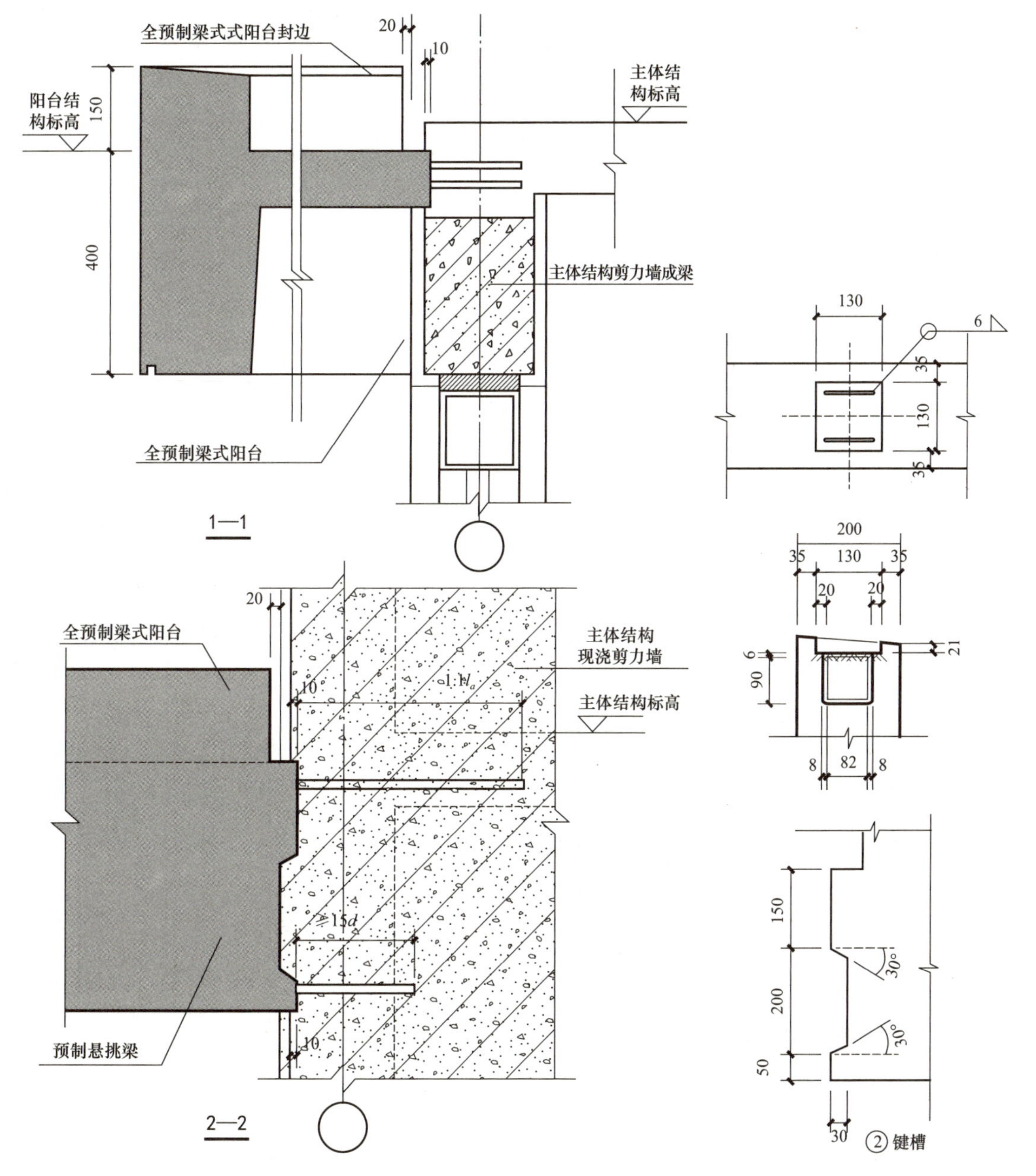

图 5-53　全预制梁式阳台与主体结构连接节点详图　　图 5-54　阳台栏杆预埋件详图

全预制梁式阳台与主体结构连接时不采用夹心保温剪力墙。

(3)全预制梁式阳台配筋图。全预制梁式阳台配筋的钢筋布置如图 5-55 所示。阳台底板钢筋应在阳台内外伸≥5d，且至少伸过梁(墙)中线。吊点位置处箍筋应加密为 5⌀6@60。

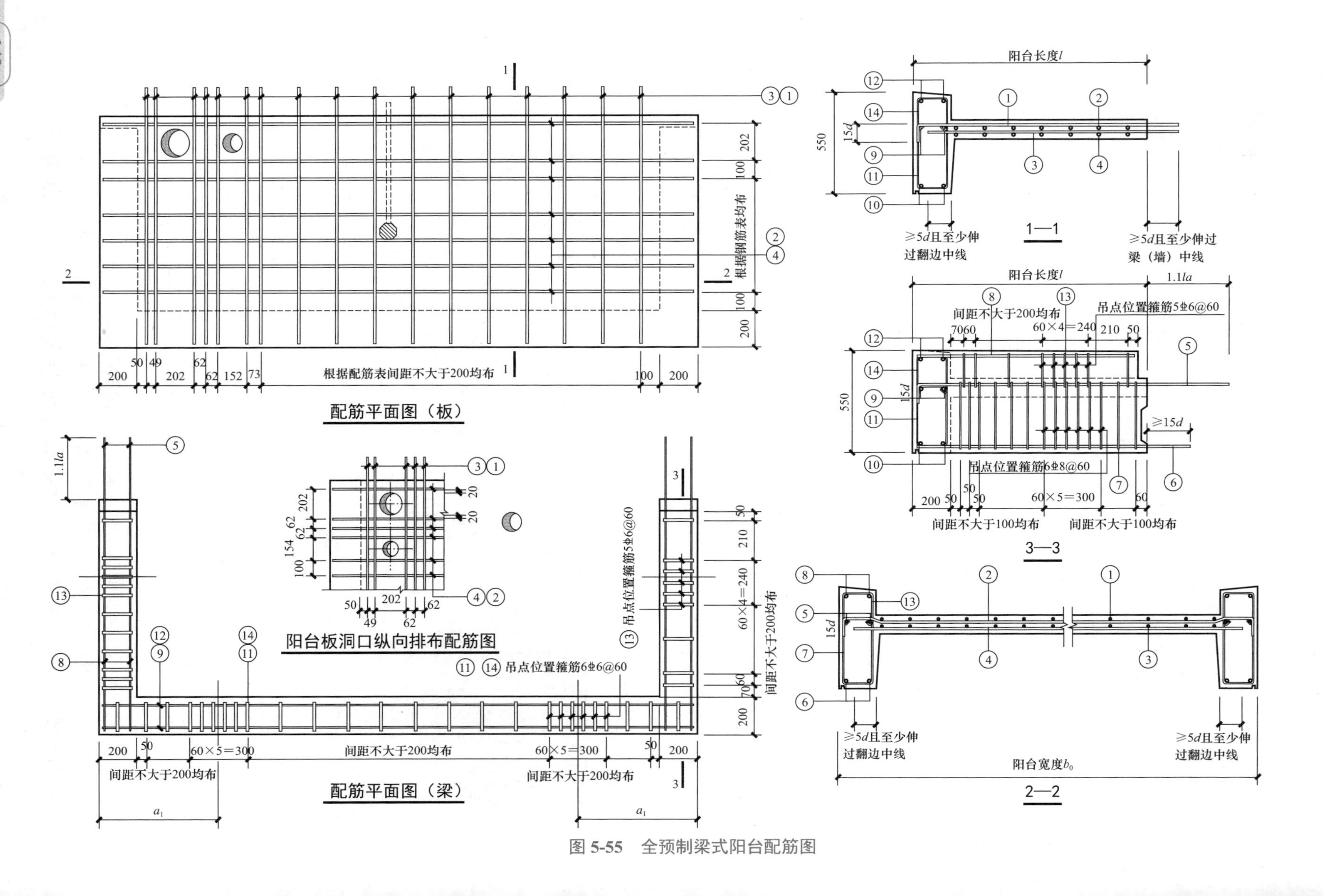

图 5-55　全预制梁式阳台配筋图

全预制梁式阳台预制底板配筋表详见图集《预制钢筋混凝土阳台板、空调板及女儿墙》(15G368—1)的规定。

5.9.3 预制钢筋混凝土空调板

1. 预制钢筋混凝土空调板尺寸选用表

预制钢筋混凝土空调板尺寸的选用见表 5-21。

表 5-21 预制钢筋混凝土空调板尺寸选用表

纸号	长度 L/mm	宽度 B/mm	厚度 h/mm	质量/kg	备注
KTB—63—110	630	1 100	80	139	一般用于南方铁艺栏杆做法
KTB—63—120	630	1 200	80	151	一般用于南方铁艺栏杆做法
KTB—63—130	630	1 300	80	164	一般用于南方铁艺栏杆做法
KTB—73—110	730	1 100	80	161	一般用于南方百叶做法
KTB—73—120	730	1 200	80	175	一般用于南方百叶做法
KTB—73—130	730	1 300	80	190	一般用于南方百叶做法
KTB—74—110	740	1 100	80	163	一般用于北方铁艺栏杆做法
KTB—74—120	740	1 200	80	178	一般用于北方铁艺栏杆做法
KTB—74—130	740	1 300	80	192	一般用于北方铁艺栏杆做法
KTB—84—110	840	1 100	80	185	一般用于北方百叶做法
KTB—84—120	840	1 200	80	202	一般用于北方百叶做法
KTB—84—130	840	1 300	80	218	一般用于北方百叶做法

2. 预制钢筋混凝土空调板模板图

预制钢筋混凝土空调板模板图包括铁艺栏杆和百叶两部分。

(1)预制钢筋混凝土空调板模板图(铁艺栏杆)。预制钢筋混凝土空调板铁艺栏杆的模板图，如图 5-56 所示。预留孔、预埋件及吊件的位置及大小如图 5-56 所示。

预制钢筋混凝土空调板的吊件可根据相应的标准和规范进行设计，当采用普通吊环作为吊件时，吊环应采用 HPB300 级钢筋制作，严禁采用冷加工钢筋，吊点可设置为两个，位置如图 5-56 所示。

预制钢筋混凝土空调板所用铁艺栏杆的预埋件宜采用 Q235-B 钢材，也可采用其他材料的预埋件，当采用其他材料的预埋件时，可根据相应的标准和规范进行设计。预埋件位置由具体设计确定，预埋件表面应做防腐处理。

预制钢筋混凝土空调板选用时，排水孔数量、位置、尺寸由具体设计确定，预制钢筋混凝土空调板安装后，在建筑面层施工时需要增加适当的坡度以利于排水，低端在排水孔一侧，坡度由具体设计确定。

预制钢筋混凝土空调板预埋件的选用表、吊环的形式、预埋件的形式详见图集《预制钢筋混凝土阳台板、空调板及女儿墙》(15G368—1)的规定。

(2)预制钢筋混凝土空调板模板图(百叶)。预制钢筋混凝土空调板百叶模板图如图 5-57 所示。预留孔、预埋件及吊件的位置及大小如图 5-57 所示。

预制钢筋混凝土空调板的吊件可根据相应的标准和规范进行设计，当采用普通吊环作为吊件时，吊环应采用 HPB300 级钢筋制作，严禁采用冷加工钢筋，吊点可设置为两个，位置如图 5-57 所示。

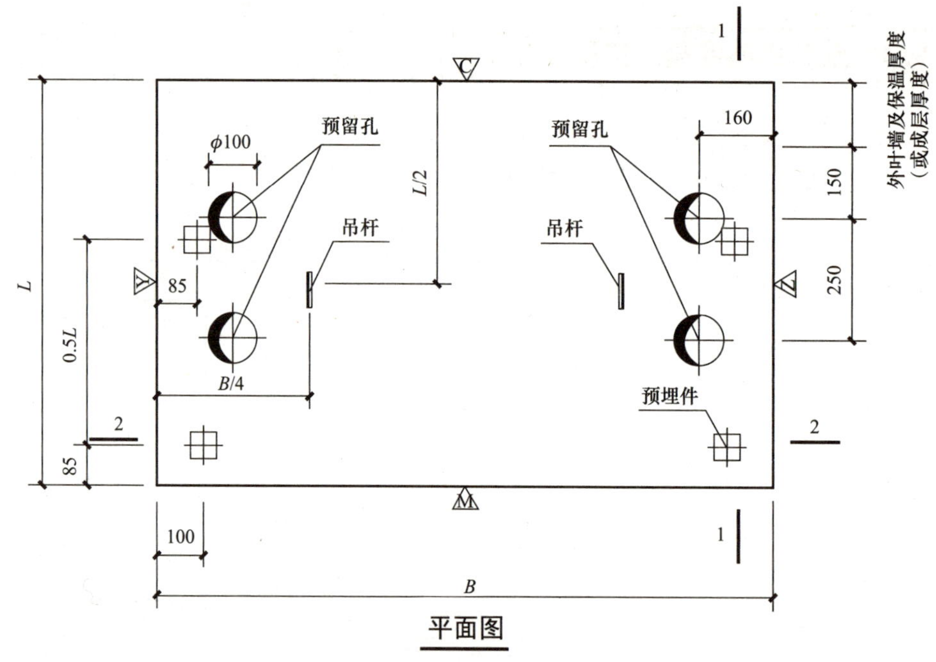

图 5-56　预制钢筋混凝土空调板模板平面图

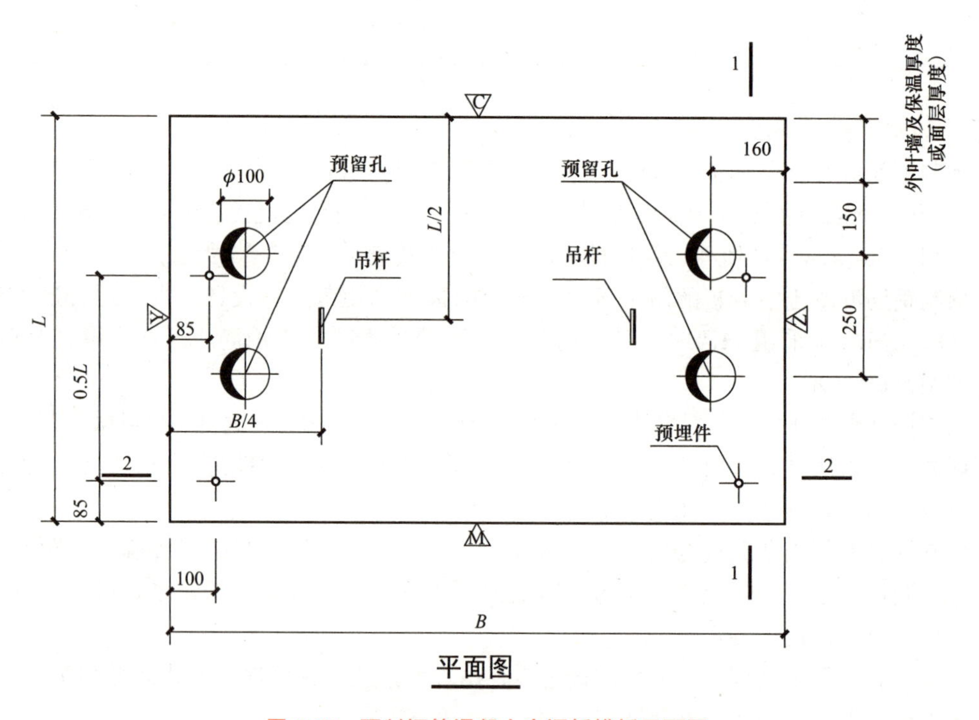

图 5-57　预制钢筋混凝土空调板模板平面图

预制钢筋混凝土空调板所用百叶的预埋件宜采用优质碳素结构钢，也可采用其他材料的预埋件，当采用其他材料的预埋件时，可根据相应的标准和规范进行设计。预埋件位置由具体设计确定，预埋件表面应做防腐处理。

预制钢筋混凝土空调板选用时，排水孔数量、位置、尺寸由具体设计确定，预制钢筋混凝土空调板安装后，在建筑面层施工时需要增加适当的坡度以利于排水，低端在排水孔一侧，坡度由具体设计确定。

预制钢筋混凝土空调板预埋件的选用表、吊环的形式、预埋件的形式详见图集《预制钢筋混凝土阳台板、空调板及女儿墙》(15G368—1)的规定。

3. 预制钢筋混凝土空调板配筋图

预制钢筋混凝土空调板配筋图如图 5-58 所示。预制空调板只配上层钢筋，预制钢筋混凝土空调板配筋表详见图集《预制钢筋混凝土阳台板、空调板及女儿墙》(15G368—1)的规定。其中，预制空调板预留负弯矩筋伸入主体结构后浇层，并与主体结构梁板钢筋可靠绑扎，浇筑成整体，图 5-58 中①号负弯矩筋伸入主体结构水平段的长度为不小于 $1.1l_a$，d_1 为预制空调板按图中给定尺寸后计算的均布尺寸，d_2、d_3 用来调节洞口与钢筋间距，d_1、d_2、d_3 尺寸均≤200 mm。

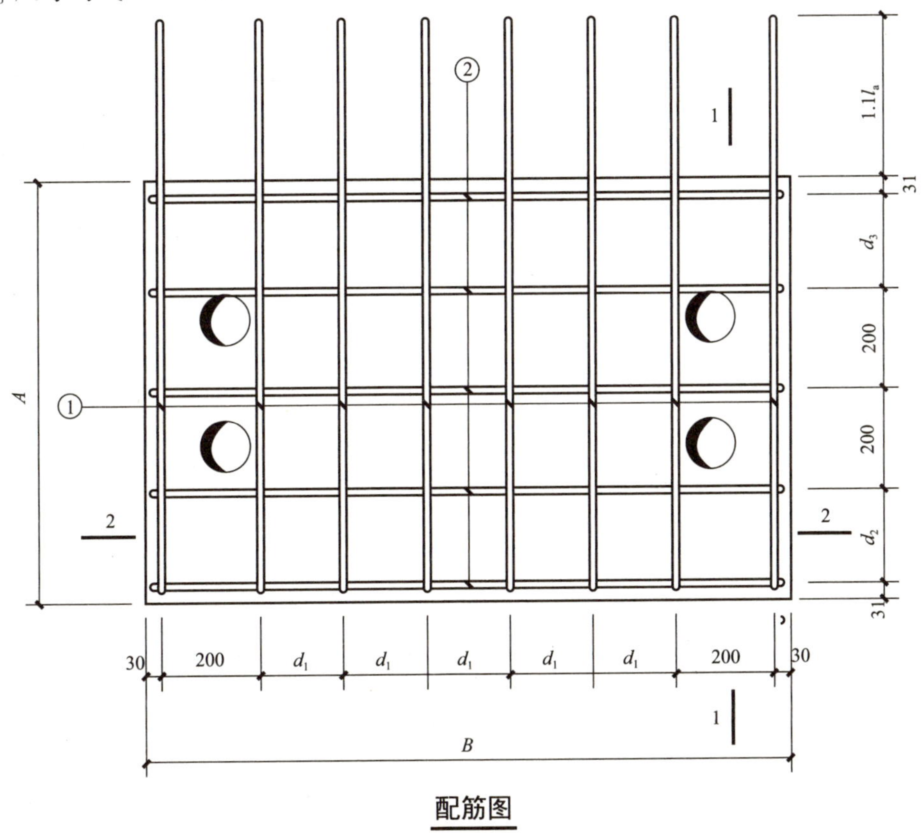

图 5-58　预制钢筋混凝土空调板配筋图

5.9.4　预制钢筋混凝土女儿墙

预制钢筋混凝土女儿墙的类型包括夹心保温式女儿墙和非保温式女儿墙，有直板和转角板两种。常用的预制钢筋混凝土女儿墙的高度为 0.6 m 和 1.4 m，预制女儿墙的设计高度为从屋顶结构标高算起，到女儿墙压顶的顶面为主，即其设计高度＝女儿墙墙体高度＋女儿墙压顶高度＋接缝高度。

预制钢筋混凝土女儿墙构造要求详见图集《预制钢筋混凝土阳台板、空调板及女儿墙》(15G368—1)的规定。

思考题

1. 板块编号中 XB 表示________。
2. 叠合板的支座有________和________两种情况。
3. 叠合板中单向板和双向板应如何标注？

第6章　剪力墙平法识图

6.1　剪力墙构件基础知识

6.1.1　剪力墙的类型

剪力墙是由钢筋混凝土墙体构成的承重体系，是高层建筑最重要的竖向构件，其承担房屋的竖向荷载和房屋受到的水平荷载。

剪力墙按照结构类型的不同，可分为框架-剪力墙结构、部分框架剪力墙结构(框支剪力墙结构)、筒体结构。

框架结构中有时将框架梁柱之间的矩形空间设置成现浇钢筋混凝土墙，用以加强框架的空间刚度和抗剪能力，这样的结构称为“框架-剪力墙结构”。

在钢筋混凝土结构中，部分剪力墙因建筑要求不能落地，直接落在下层框架梁上，再由框架梁将荷载传至框架柱上，这样的梁就称为框支梁，柱就称为框支柱，上面的墙就称为“框支剪力墙”。

如果由一个或多个竖向筒体(由剪力墙围成的薄壁筒或由密柱框架构成的框筒)组成的结构，称为“筒体结构”。

6.1.2　剪力墙的构件类型

为了表达清晰，平法图集中将剪力墙视为剪力墙柱、剪力墙身和剪力墙梁三类构件。为方便表述可将剪力墙的构成概括为：一墙、二柱、三梁，即一种墙身，两种墙柱，三种墙梁(图6-1)。

1. 一种墙身

剪力墙的墙身就是一道混凝土墙，常见厚度为200 mm以上，一般配置两排钢筋网，更厚的墙也可配置三排以上的钢筋网，需要拉筋连接。

剪力墙墙身钢筋网包括水平分布筋、竖直分布筋和拉筋三种。其中，水平分布筋在外侧，是剪力墙的主要受力钢筋，其承受抗拉和抗剪要求；竖直分布筋在内侧，其承受抗拉要求；拉筋主要是连接内外钢筋网。

但应注意：水平分布筋必须伸到墙肢的尽端，即伸入到边缘构件的外侧纵筋的内侧。

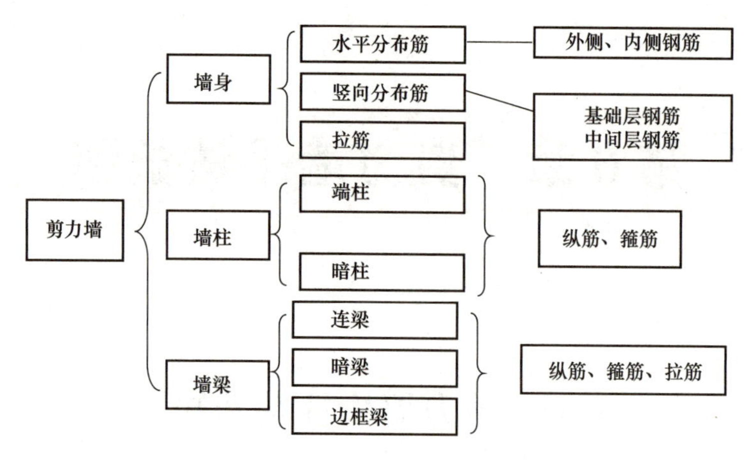

图 6-1　剪力墙构件类型

2. 两种墙柱

《建筑抗震设计规范（2016 年版）》（GB 50011—2010）规定："抗震墙两端和洞口两侧应设置边缘构件。"边缘构件即剪力墙柱，可分为暗柱和端柱两种墙柱。暗柱的宽度等于墙的厚度，隐藏在墙内看不见；端柱的宽度比墙厚要大，需凸出墙面。根据墙柱位于直墙、翼墙还是转角墙位置的不同，墙柱可分为以下几类，见表 6-1。

表 6-1　墙柱分类

暗柱（隐藏）			端柱（凸出）		
直墙	翼墙	转角墙	直墙	翼墙	转角墙
端部暗柱	翼墙暗柱	转角墙暗柱	端柱	端柱翼墙	端柱转角墙

图集中将暗柱和端柱统称为"边缘构件"，这是因为这些构件被设置在墙肢的边缘部位。

剪力墙边缘构件又划分为"构造边缘构件"和"约束边缘构件"两大类。"约束边缘构件"要比"构造边缘构件"强一些，"约束边缘构件"应用在抗震等级较高的建筑，而"构造边缘构件"应用在等级较低的建筑。

3. 三种墙梁

剪力墙有三种墙梁，即连梁、暗梁、边框梁。

（1）连梁是一种特殊的墙身，是指上下楼层门窗洞口之间的那部分窗间墙。

（2）暗梁与暗柱相似，都是隐藏在墙身内部看不见的构件，都是墙身的一个组成部分。也类似于砖混结构中的圈梁，都是墙身的一个水平"加强带"，一般设置在楼板之下。

（3）边框梁一般设置在楼板以下部位，截面比暗梁宽，形成凸出于墙面的边框，有边框梁就不必设暗梁。

6.1.3　墙内钢筋的类型

剪力墙的组成构件及钢筋的设置见表 6-2。

表 6-2 剪力墙的组成构件及钢筋设置

剪力墙结构构件	剪力墙身	水平分布钢筋	外侧钢筋
			内侧钢筋
		竖向分布钢筋	基础层钢筋
			中间层钢筋
			顶层钢筋
		拉筋	—
	剪力墙柱	端柱	纵筋、箍筋
		暗柱	纵筋、箍筋
	剪力墙梁	连梁	纵筋、箍筋、拉筋、水平分布筋
		暗梁	纵筋、箍筋、拉筋、水平分布筋
		边框梁	纵筋、箍筋、拉筋、水平分布筋

6.2 现浇混凝土剪力墙平法施工制图规则

6.2.1 剪力墙平法施工图的表示方法

(1)剪力墙平法施工图是在剪力墙平面布置图上采用列表注写方式或截面注写方式表达。

(2)剪力墙平面布置图可采用适当比例单独绘制，也可与柱或梁平面布置图合并绘制。当剪力墙较复杂或采用截面注写方式时，应按标准层分别绘制剪力墙平面布置图。

(3)在剪力墙平法施工图中，应注明各结构层的楼面标高、结构层高及相应的结构层号，还应注明上部结构嵌固部位位置。

(4)对于轴线未居中的剪力墙(包括端柱)，应标注其偏心定位尺寸。

6.2.2 列表注写方式

为表达清楚、简便，剪力墙可视为由剪力墙柱、剪力墙身和剪力墙梁三类构件构成。

剪力墙列表注写方式是分别在剪力墙柱表、剪力墙身表和剪力墙梁表中，对应于剪力墙平面布置图上的编号，用绘制截面配筋图并注写几何尺寸与配筋具体数值的方式，来表达剪力墙平法施工图。

图 6-2 和图 6-3 所示为剪力墙平法施工图列表注写方式示例。

层号	标高/m	层高/m
屋面2	65.670	
塔层2	62.370	3.30
屋面1（塔层1）	59.070	3.30
16	55.470	3.60
15	51.870	3.60
14	48.270	3.60
13	44.670	3.60
12	41.070	3.60
11	37.470	3.60
10	33.870	3.60
9	30.270	3.60
8	26.670	3.60
7	23.070	3.60
6	19.470	3.60
5	15.870	3.60
4	12.270	3.60
3	8.670	3.60
2	4.470	4.20
1	−0.030	4.50
−1	−4.530	4.50
−2	−9.030	4.50

底部加强部位（1～3层）

结构层楼面标高
结构层高

上部结构嵌固部位：−0.030

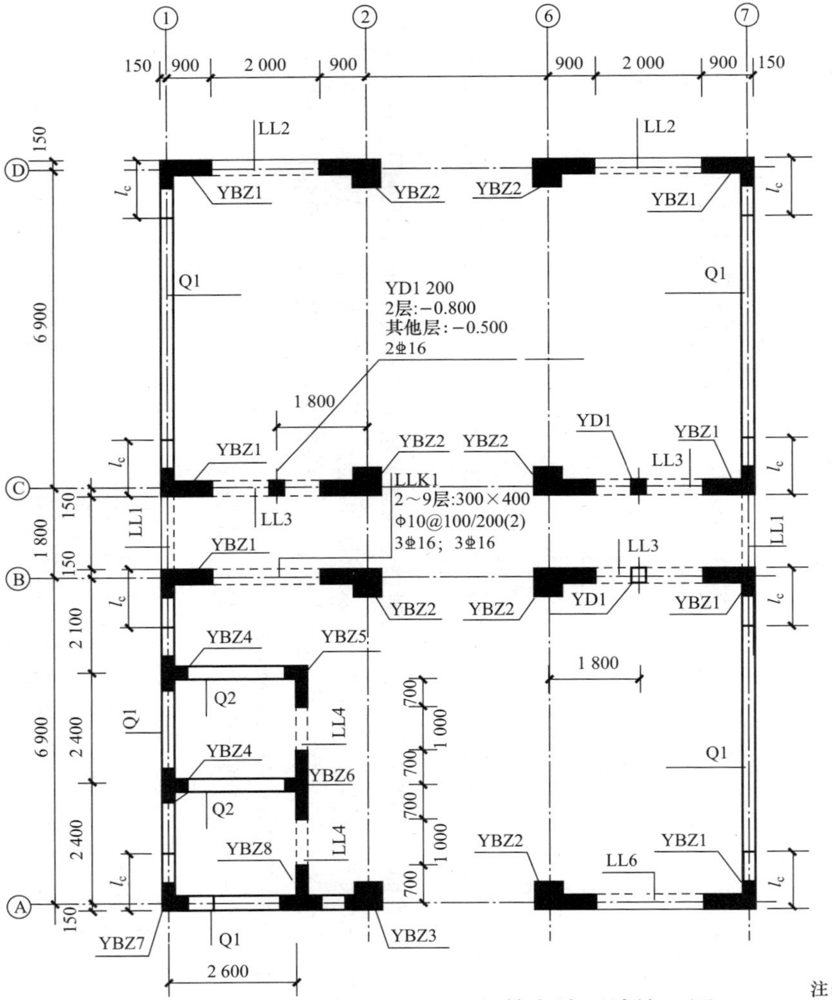

剪力墙梁表

编号	所在楼层号	梁顶相对标高高差	梁截面 $b \times h$	上部纵筋	下部纵筋	箍筋
LL1	2~9	0.800	300×2 000	4⌀25	4⌀25	ϕ10@100(2)
	10~16	0.800	250×2 000	4⌀22	4⌀22	ϕ10@100(2)
	屋面1		250×1 200	4⌀20	4⌀20	ϕ10@100(2)
LL2	3	−1.200	300×2 520	4⌀25	4⌀25	ϕ10@150(2)
	4	−0.900	300×2 070	4⌀25	4⌀25	ϕ10@150(2)
	5~9	−0.900	300×1 770	4⌀25	4⌀25	ϕ10@150(2)
	10~屋面1	−0.900	250×1 770	4⌀22	4⌀22	ϕ10@150(2)
LL3	2		300×2 070	4⌀25	4⌀25	ϕ10@100(2)
	3		300×1 770	4⌀25	4⌀25	ϕ10@100(2)
	4~9		300×1 170	4⌀25	4⌀25	ϕ10@100(2)
	10~屋面1		250×1 170	4⌀22	4⌀22	ϕ10@100(2)
LL4	2		250×2 070	4⌀20	4⌀20	ϕ10@120(2)
	3		250×1 770	4⌀20	4⌀20	ϕ10@120(2)
	4~屋面1		250×1 170	4⌀20	4⌀20	ϕ10@120(2)
AL1	2~9		300×600	3⌀20	3⌀20	ϕ8@150(2)
	10~16		250×500	3⌀18	3⌀18	ϕ8@150(2)
BKL1	屋面1		500×700	4⌀22	4⌀22	ϕ10@150(2)

剪力墙身表

编号	标高	墙厚	水平分布钢筋	垂直分布钢筋	拉筋(双向)
Q1	−0.030~30.270	300	⌀12@200	⌀12@200	ϕ6@600@600
	30.270~59.070	250	⌀10@200	⌀10@200	ϕ6@600@600
Q2	−0.030~30.270	250	⌀10@200	⌀10@200	ϕ6@600@600
	30.270~59.070	200	⌀10@200	⌀10@200	ϕ6@600@600

−0.030~12.270剪力墙平法施工图

注：1. 可在“结构层楼面标高，结构层高表”中增加混凝土强度等级等栏目。
2. 本示例中l_c为约束边缘构件沿墙肢的长度（实际工程中应注明具体值）。

图 6-2 剪力墙平法施工图列表注写方式实例（一）

层号	标高/m	层高/m
层面2	65.670	
塔层2	62.270	3.30
屋面1(塔层1)	59.070	3.30
16	55.470	3.60
15	51.870	3.60
14	48.270	3.60
13	44.670	3.60
12	41.070	3.60
11	37.470	3.60
10	33.870	3.60
9	30.270	3.60
8	36.670	3.60
7	23.070	3.60
6	19.470	3.60
5	15.870	3.60
4	12.270	3.60
3	8.670	3.60
2	4.470	4.20
1	-0.030	4.50
-1	-4.530	4.50
-2	-9.030	4.50

底部加强部位

结构层楼面标高
结构层高

上部结构嵌固部位:
-0.030

截面	1 050; 300; 300; 300	1 200; 300; 600; 600	900; 300; 600; 600	300; 250; 300; 300; 300
编号	YBZ1	YBZ2	YBZ3	YBZ4
标高	-0.030~12.270	-0.030~12.270	-0.030~12.270	-0.030~12.270
纵筋	24Φ20	22Φ20	18Φ20	20Φ20
箍筋	Φ10@100	Φ10@100	Φ10@100	Φ10@100

截面	550; 250; 825; 250	250; 300; 250; 1 400	300; 600; 300; 600
编号	YBZ5	YBZ6	YBZ7
标高	-0.030~12.270	-0.030~12.270	-0.030~12.270
纵筋	20Φ20	23Φ20	16Φ20
箍筋	Φ10@100	Φ10@100	Φ10@100

-0.030～12.270剪力墙平法施工图（部分剪力墙柱表）

图 6-3　剪力墙平法施工图列表注写方式实例（二）

1. 编号规定

将剪力墙按剪力墙柱、剪力墙身、剪力墙梁(简称为墙柱、墙身、墙梁)三类构件分别编号。

(1)墙柱编号。墙柱编号由墙柱类型代号和序号组成，表达形式应符合表 6-3 的规定。

表 6-3　墙柱编号

墙柱类型	代号	序号
约束边缘构件	YBZ	××
构造边缘构件	GBZ	××
非边缘暗柱	AZ	××
扶壁柱	FBZ	××

注：约束边缘构件包括约束边缘暗柱、约束边缘端柱、约束边缘翼墙、约束边缘转角墙四种(图 6-4)。构造边缘构件包括构造边缘暗柱、构造边缘端柱、构造边缘翼墙、构造边缘转角墙四种(图 6-5)。

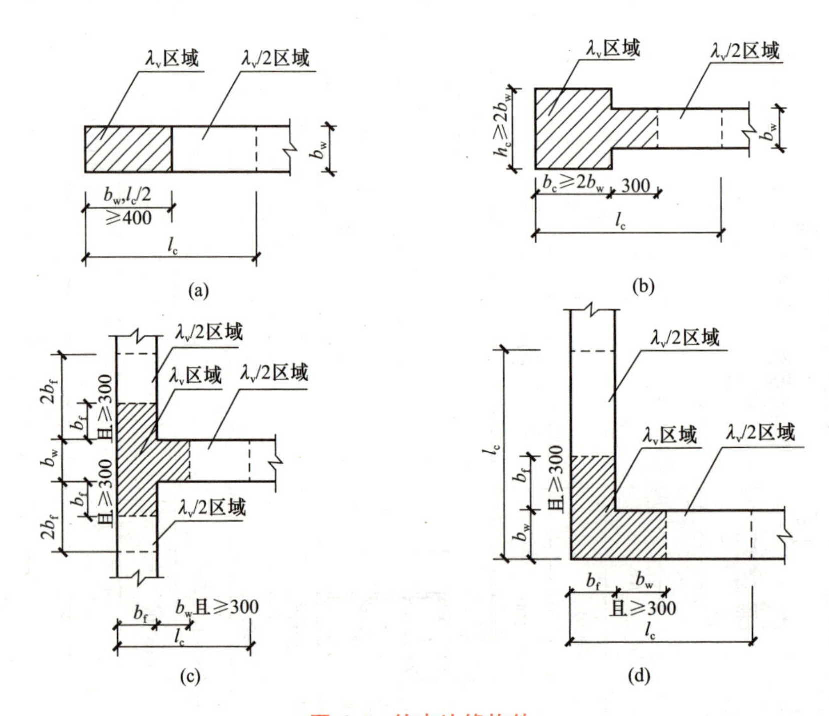

图 6-4　约束边缘构件

(a)约束边缘暗柱；(b)约束边缘端柱；(c)约束边缘翼墙；(d)约束边缘转角墙

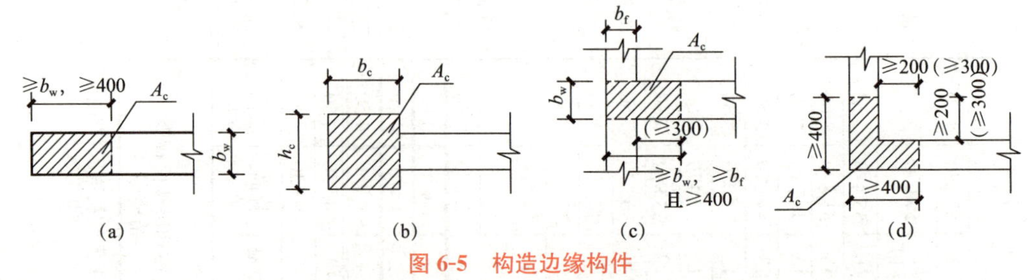

图 6-5　构造边缘构件

(a)构造边缘暗柱；(b)构造边缘端柱；(c)构造边缘翼墙(括号中数值用于高层建筑)；(d)构造边缘转角墙(括号中数值用于高层建筑)

(2)墙身编号。墙身编号由墙身代号、序号以及墙身所配置的水平与竖向分布钢筋的排数组成，其中排数注写在括号内。表达形式为：

Q××(××排)

注：1. 在编号中：如若干墙柱的截面尺寸与配筋均相同，仅截面与轴线的关系不同时，可将其编为同一墙柱号；又如若干墙身的厚度尺寸和配筋均相同，仅墙厚与轴线的关系不同或墙身长度不同时，也可将其编为同一墙身号，但应在图中注明与轴线的几何关系；

2. 当墙身所设置的水平与竖向分布钢筋的排数为 2 时可不注；

3. 对于分布钢筋的排数规定：当剪力墙厚度不大于 400 mm 时，应配置双排；当剪力墙厚度大于 400 mm，但不大于 700 mm 时，宜配置三排；当剪力墙厚度大于 700 mm 时，宜配置四排。各排水平分布钢筋和竖向分布钢筋的直径与间距宜保持一致。

当剪力墙配置的分布钢筋多于两排时，剪力墙拉筋两端应同时勾住外排水平纵筋和竖向纵筋，还应与剪力墙内排水平纵筋和竖向纵筋绑扎在一起。

(3)墙梁编号。墙梁编号由墙梁类型代号和序号组成，表达形式应符合表 6-4 的规定。

表 6-4　墙梁编号

墙梁类型	代号	序号
连梁	LL	××
连梁(对角暗撑配筋)	LL(JC)	××
连梁(交叉斜筋配筋)	LL(JX)	××
连梁(集中对角斜筋配筋)	LL(DX)	××
连梁(跨高比不小于 5)	LLk	××
暗梁	AL	××
边框梁	BKL	××

注：1. 在具体工程中，当某些墙身需设置暗梁或边框梁时，宜在剪力墙平法施工图中绘制暗梁或边框梁的平面布置图并编号，以明确其具体位置；

2. 跨高比不小于 5 的连梁按框架梁设计时，代号为 LLk。

2. 墙柱注写内容

在剪力墙柱表中表达的内容，规定如下：

(1)注写墙柱编号(表 6-3)，绘制该墙柱的截面配筋图，标注墙柱几何尺寸。

1)约束边缘构件需注明阴影部分尺寸。剪力墙平面布置图中应注明约束边缘构件沿墙肢长度 l_c(约束边缘翼墙中沿墙肢长度尺寸为 $2b_f$ 时不注)。

2)构造边缘构件需注明阴影部分尺寸。

3)扶壁柱和非边缘暗柱需标注几何尺寸。

(2)注写各段墙柱的起止标高。各段墙体的起止标高自墙柱根部往上以变截面位置或截面未变但配筋改变处为界分段注写。墙柱根部标高一般指基础顶面标高(部分框支剪力墙结构则为框支梁顶面标高)。

(3)注写各段墙柱的纵向钢筋和箍筋。注写值应与在表中绘制的截面配筋图对应一致。纵向钢筋注总配筋值；墙柱箍筋的注写方式与柱箍筋相同。

应特别注意以下几项：

1)在剪力墙平面布置图中需注写约束边缘构件非阴影区内布置的拉筋或箍筋直径，与阴影区箍筋直径相同时，可不注；

2)当约束边缘构件体积配筋率计算中计入墙身水平分布钢筋时，设计者应注明。施工时，墙身水平分布钢筋应注意采用相应的构造做法。

3)约束边缘构件非阴影区拉筋是沿剪力墙竖向分布钢筋逐根设置。施工时应注意，非阴影区外圈设置箍筋时，箍筋应包住阴影区内第二列竖向纵筋。当设计采用与本构造详图不同的做法时，应另行注明。

4)当非底部加强部位构造边缘构件不设置外圈封闭箍筋时，设计者应注明。施工时，墙身水平分布钢筋应注意采用相应的构造做法。

3. 墙身注写内容

在剪力墙身表中表达的内容，规定如下：

(1)注写墙身编号。在注写墙身编号时应注意必须含有水平与竖向分布钢筋的排数。

(2)注写各段墙身起止标高。各段墙身起止标高自墙身根部往上以变截面位置或截面未变但配筋改变处为界分段注写。墙身根部标高一般指基础顶面标高(部分框支剪力墙结构则为框支梁顶面标高)。

(3)注写水平分布钢筋、竖向分布钢筋和拉筋的具体数值。注写数值为一排水平分布钢筋和竖向分布钢筋的规格与间距，具体设置几排已经在墙身编号后面表达。

拉结筋应注明布置方式“矩形”或“梅花”布置，用于剪力墙分布钢筋的拉结，如图 6-6 所示。

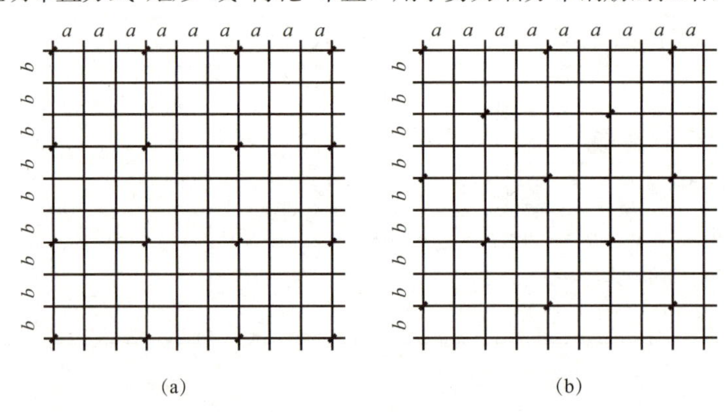

图 6-6　拉结筋设置示意

(a)拉结筋@3a3b 矩形(a≤200、b≤200)；(b)拉结筋@4a4b 梅花(a≤150、b≤150)

4. 墙梁注写内容

在剪力墙梁表中表达的内容，规定如下：

(1)注写墙梁编号，见表 6-4。

(2)注写墙梁所在楼层号。

(3)注写墙梁顶面标高高差。墙梁顶面标高高差是指相当于墙梁所在结构层楼面标高的高差值。高于者为正值，低于者为负值，当无高差时不注。

(4)注写墙梁截面 $b\times h$，上部纵筋、下部纵筋和箍筋的具体数值。

(5)当连梁设有对角暗撑时[代号为 LL(JC)××]，注写暗撑的截面尺寸(箍筋外皮尺寸)；注写一根暗撑的全部纵筋，并标注×2 表明有两根暗撑相互交叉；注写暗撑箍筋的具体数值。

(6)当连梁设有交叉斜筋时[代号为 LL(JX)××]，注写连梁一侧对角斜筋的配筋值，并标注×2 表明对称设置；注写对角斜筋在连梁端部设置的拉筋根数、强度级别及直径，并标注×4 表示四个角都设置；注写连梁一侧折线筋配筋值，并标注×2 表明对称设置。

(7)当连梁设有集中对角斜筋时[代号为 LL(DX)××]，注写一条对角线上的对角斜筋，并标注×2 表明对称设置。

(8)跨高比小于 5 的连梁，按框架梁设计时(代号为 LLk××)，采用平面注写方式，注写规则同框架梁，可采用适当比例单独绘制，也可与剪力墙平法施工图合并绘制。

墙梁侧面纵筋的配置，当墙身水平分布钢筋满足连梁、暗梁及边框梁的梁侧面纵向构造钢筋的要求时，该筋配置同墙身水平分布钢筋，表中不注，施工按标准构造详图的要求即可。当墙身水平分布钢筋不满足连梁、暗梁及边框梁的梁侧面纵向构造钢筋的要求时，应在表中补充注明梁侧面纵筋的具体数值；当为连梁(跨高比不小于 5)时，平面注写方式以大写字母 N 打头。梁侧面纵向钢筋在支座内锚固要求同连梁中受力钢筋。

采用列表注写方式分别表达剪力墙墙梁、墙身和墙柱的平法施工图示如图 6-3 和图 6-4 所示。

6.2.3 截面注写方式

截面注写方式，是在分标准层绘制的剪力墙平面布置图上，直接在墙柱、墙身、墙梁上注写截面尺寸和配筋具体数值，整体表达该标准层的剪力墙平法施工图，如图 6-7 所示。

选用适当比例原位放大绘制剪力墙平面布置图，其中对墙柱绘制配筋截面图；对所有墙柱、墙身、墙梁、洞口分别按编号规定进行编号，并分别在相同编号的墙柱、墙身、墙梁中选择一根墙柱、一道墙身、一根墙梁进行注写，其注写方式按以下规定进行：

(1)从相同编号的墙柱中选择一个截面，注明几何尺寸，标注全部纵筋及箍筋的具体数值。

约束边缘构件除需注明阴影部分具体尺寸外，尚需注明约束边缘构件沿墙肢长度 l_c，约束边缘翼墙中沿墙肢长度尺寸为 $2b_f$ 时不注。

(2)从相同编号的墙身中选择一道墙身，按顺序引注的内容为：墙身编号(应包括注写在括号内墙身所配置的水平与竖向分布钢筋的排数)、墙厚尺寸、水平分布钢筋、竖向分布钢筋和拉筋的具体数值。

(3)从相同编号的墙梁中选择一根墙梁，按顺序引注的内容为：

1)注写墙梁编号、墙梁截面尺寸 $b \times h$、墙梁箍筋、上部纵筋、下部纵筋和墙梁顶面标高高差的具体数值。

2)当连梁设有对角暗撑时[代号为 LL(JC)××]，注写暗撑的截面尺寸(箍筋外皮尺寸)；注写一根暗撑的全部纵筋，并标注×2 表明有两根暗撑相互交叉；注写暗撑箍筋的具体数值。

3)当连梁设有交叉斜筋时[代号为 LL(JX)××]，注写连梁一侧对角斜筋的配筋值，并标注×2 表明对称设置；注写对角斜筋在连梁端部设置的拉筋根数、强度级别及直径，并标注×4 表示四个角都设置；注写连梁一侧折线筋配置值，并标注×2 表明对称设置。

4)当连梁设有集中对角斜筋时[代号为 LL(DX)××]，注写一条对角线上的对角斜筋，并标注×2 表明对称设置。

层号	标高/m	层高/m
屋面 2	65.670	
塔层 2	62.370	3.30
屋面 1 (塔层 1)	59.070	3.30
16	55.470	3.60
15	51.870	3.60
14	48.270	3.60
13	44.670	3.60
12	41.070	3.60
11	37.470	3.60
10	33.870	3.60
9	30.270	3.60
8	26.670	3.60
7	23.070	3.60
6	19.470	3.60
5	15.870	3.60
4	12.270	3.60
3	8.670	3.60
2	4.470	4.20
1	-0.030	4.50
-1	-4.530	4.50
-2	-9.030	4.50

底部加强部位

结构层楼面标高
结构层高

上部结构嵌固
部位 -0.030

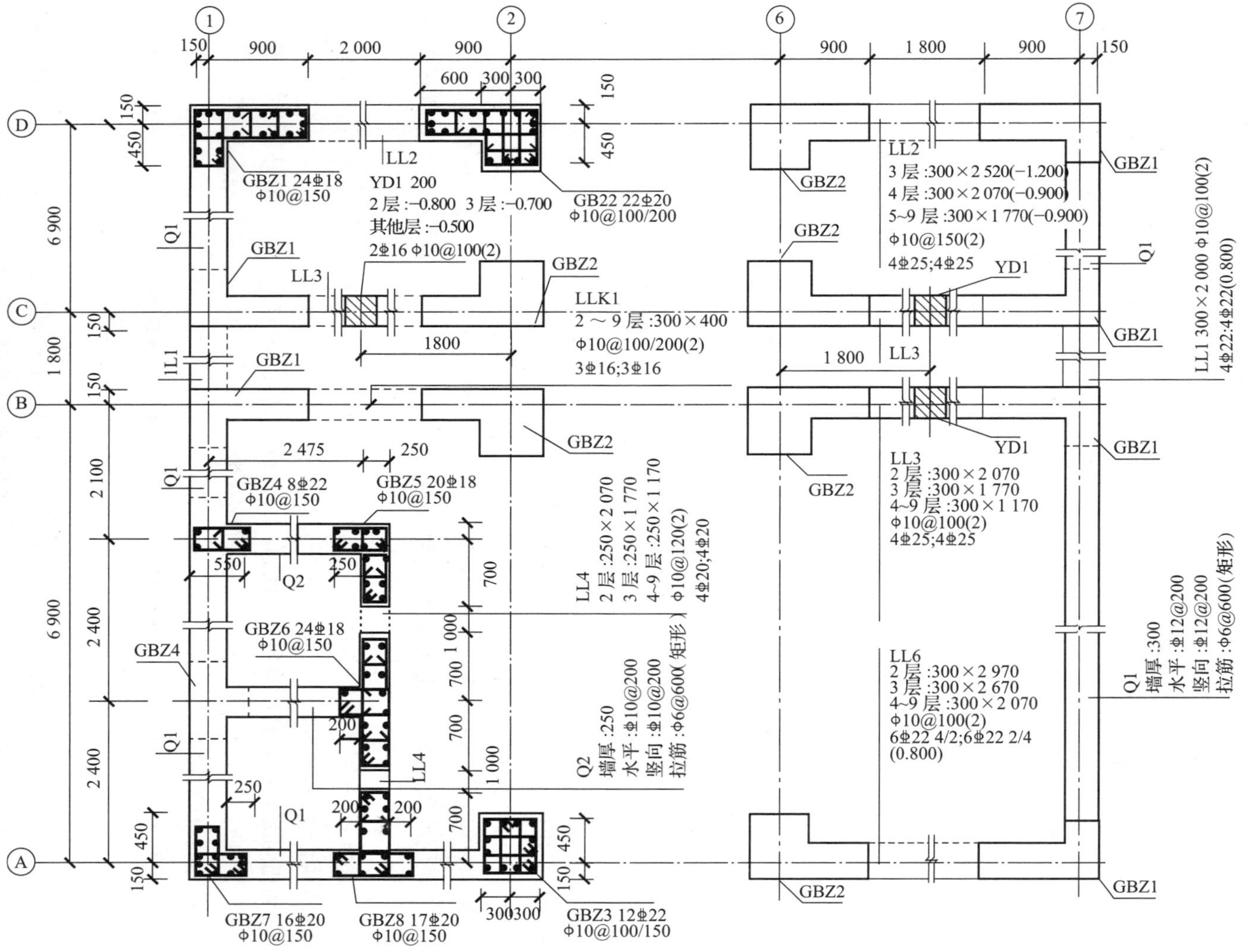

GBZ1 24⌀18
ϕ10@150

YD1 200
2 层 :-0.800 3 层 :-0.700
其他层 :-0.500
2⌀16 ϕ10@100(2)

GB22 22⌀20
ϕ10@100/200

LLK1
2 ～ 9 层 :300×400
ϕ10@100/200(2)
3⌀16;3⌀16

GBZ4 8⌀22
ϕ10@150

GBZ5 20⌀18
ϕ10@150

GBZ6 24⌀18
ϕ10@150

LL4
2 层 :250×2 070
3 层 :250×1 770
4~9 层 :250×1 170
ϕ10@120(2)
4⌀20;4⌀20

Q2
墙厚 :250
水平 :⌀10@200
竖向 :⌀10@200
拉筋 :ϕ6@600(矩形)

GBZ7 16⌀20
ϕ10@150

GBZ8 17⌀20
ϕ10@150

GBZ3 12⌀22
ϕ10@100/150

LL2
3 层 :300×2 520(-1.200)
4 层 :300×2 070(-0.900)
5~9 层 :300×1 770(-0.900)
ϕ10@150(2)
4⌀25;4⌀25

LL3
2 层 :300×2 070
3 层 :300×1 770
4~9 层 :300×1 170
ϕ10@100(2)
4⌀25;4⌀25

LL6
2 层 :300×2 970
3 层 :300×2 670
4~9 层 :300×2 070
ϕ10@100(2)
6⌀22 4/2;6⌀22 2/4
(0.800)

LL1 300×2 000 ϕ10@100(2)
4⌀22;4⌀22(0.800)

Q1
墙厚 :300
水平 :⌀12@200
竖向 :⌀12@200
拉筋 :ϕ6@600(矩形)

图 6-7 12.270~30.270剪力墙平法施工图

5)跨高比小于 5 的连梁，按框架梁设计时(代号为 LLk××)，采用平面注写方式，注写规则同框架梁，可采用适当比例单独绘制，也可与剪力墙平法施工图合并绘制。

当墙身水平分布钢筋不能满足连梁、暗梁及边框梁的梁侧面纵向构造钢筋的要求时，应补充注明梁侧面纵筋的具体数值；注写时，以大写字母 N 打头，接续注写直径与间距。其在支座内的锚固要求同连梁中受力钢筋。

【例】 N ⌀10@150，表示墙梁两个侧面纵筋对称配置为，强度级别为 HRB400 级钢筋，钢筋的直径为 10 mm，间距为 150 mm。

采用截面注写方式表达的剪力墙平法施工图示例如图 6-7 所示。

6.2.4 剪力墙洞口的表示方法

无论采用列表注写方式还是截面注写方式，剪力墙上的洞口均可在剪力墙平面布置图上原位表达。

洞口的具体表示方法如下：

(1)在剪力墙平面布置图上绘制洞口示意，并标注洞口中心的平面定位尺寸。

(2)在洞口中心位置引注，有四项内容：洞口编号、洞口几何尺寸、洞口中心相对标高和洞口每边补强钢筋。具体规定如下：

1)洞口编号：矩形洞口为 JD××(××为序号)，圆形洞口为 YD××(××为序号)。

2)洞口几何尺寸：矩形洞口为洞宽×洞高($b \times h$)，圆形洞口为洞口直径 D。

3)洞口中心相对标高，是相对于结构层楼(地)面标高的洞口中心高度。当其高于结构层楼面时为正值，低于结构层楼面时为负值。

4)洞口每边补强钢筋，分以下 5 种不同情况：

①当矩形洞口的洞宽、洞高均不大于 800 mm 时，此项注写为洞口每边补强钢筋的具体数值，如果按标准构造详图设置补强钢筋时可不注。当洞宽、洞高方向补强钢筋不一致时，分别注写洞宽方向、洞高方向补强筋，以“/”分隔。

【例】 JD2　400×300　+3.100　3⌀14，表示 2 号矩形洞口，洞宽 400 mm，洞高 300 mm，洞口中心距本结构层楼面 3 100 mm，洞口每边补强钢筋为 3⌀14。

【例】 JD3　400×300　+3.100，表示 3 号矩形洞口，洞宽 400 mm，洞高 300 mm，洞口中心距本结构层楼面 3 100 mm，洞口每边补强钢筋按构造配置。

【例】 JD4　800×300　+3.100　3⌀18/3⌀14，表示 4 号矩形洞口，洞宽 800 mm，洞高 300 mm，洞口中心距本结构层楼面 3 100 mm，洞宽方向补强钢筋为 3⌀18，洞高方向补强钢筋为 3⌀14。

②当矩形或圆形洞口的洞宽或直径大于 800 mm 时，在洞口的上、下需设置补强暗梁。此项注写为洞口上、下每边暗梁的纵筋与箍筋的具体数值(在标准构造详图中，补强暗梁梁高一律定为 400 mm，施工时按标准构造详图取值，设计不注。当设计者采用与标准构造详图不同的做法时，应另行注明)，圆形洞口时尚需注明环向加强钢筋的具体数值；当洞口上、下边为剪力墙连梁时，此项免注；洞口竖向两侧设置边缘构件时，也不在此项表达(当洞口两侧不设置边缘构件时，设计者应给出具体做法)。

【例】 JD5　1 000×900　+1.400　6⌀20　⌀8@150，表示 5 号矩形洞口，洞宽 1 000 mm，洞高 900 mm，洞口中心距本结构层楼面 1 400 mm，洞口上下设补强暗梁，每

边暗梁纵筋为 6⏀20，箍筋为 ϕ8@150。

【例】 YD5 1 000 +1.800 6⏀20 ϕ8@150 2⏀16，表示 5 号圆形洞口，直径 1 000 mm，洞口中心距本结构层楼面 1 800 mm，洞口上下设补强暗梁，每边暗梁纵筋为 6⏀20，箍筋为 ϕ8@150，环向加强钢筋 2⏀16。

③当圆形洞口设置在连梁中部 1/3 范围(且圆洞直径不应大于 1/3 梁高)时，需注写在圆洞上下水平设置的每边补强纵筋或箍筋。

④当圆形洞口设置在墙身或暗梁、边框梁位置，且洞口直径不大于 300 mm 时，此项注写为洞口上下左右每边布置的补强纵筋具体数值。

⑤当圆形洞口直径大于 300 mm，但不大于 800 mm 时，此项注写为洞口上下左右每边布置的补强纵筋具体数值，以及环向加强钢筋的具体数值。

6.3 剪力墙构件钢筋构造

6.3.1 剪力墙身的钢筋构造

剪力墙身内的钢筋有水平分布钢筋、竖向分布钢筋和拉筋。

当无抗震设防要求时，墙水平及竖向分布钢筋直径不宜小于 8 mm，间距不宜大于300 mm。可利用焊接钢筋网片进行墙内配筋。

1. 剪力墙水平分布钢筋构造

(1)剪力墙多排配筋构造，如图 6-8 所示。

当墙厚 $b_w \leqslant 400$ mm 时，宜设置双排钢筋网；当 400 mm< 墙厚 $b_w \leqslant 700$ mm 时，宜设置三排钢筋网；当墙厚 $b_w > 700$ mm 时，宜设置四排钢筋网。

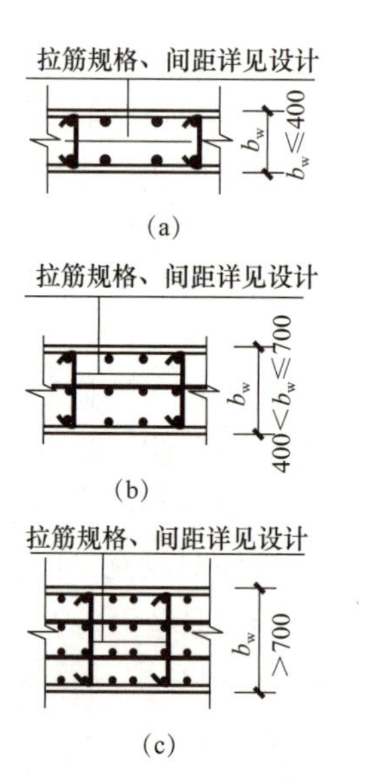

图 6-8 剪力墙多排钢筋配筋

(a)剪力墙双排配筋；

(b)剪力墙三排配筋；

(c)剪力墙四排配筋

(2)剪力墙水平分布钢筋交错搭接，如图 6-9 所示。

同侧上下相邻的墙身水平分布筋交错搭接连接，搭接长度≥$1.2l_{aE}$，搭接范围交错 500 mm。同层不同侧的墙身水平分布筋交错搭接连接，搭接长度≥$1.2l_{aE}$，搭接范围交错 500 mm。

(3)转角墙构造，如图 6-10 所示。

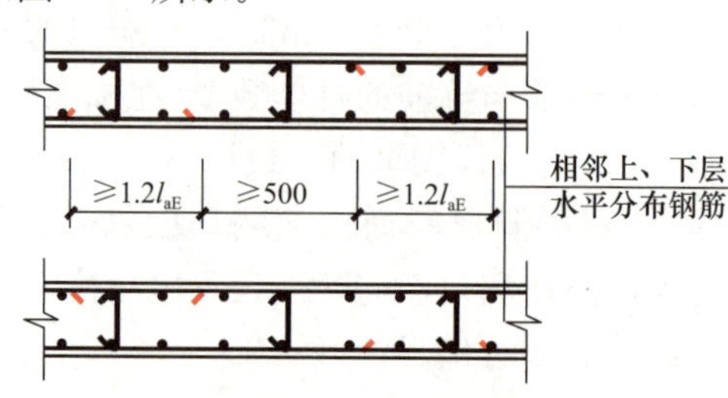

图 6-9 剪力墙水平分布钢筋交错搭接

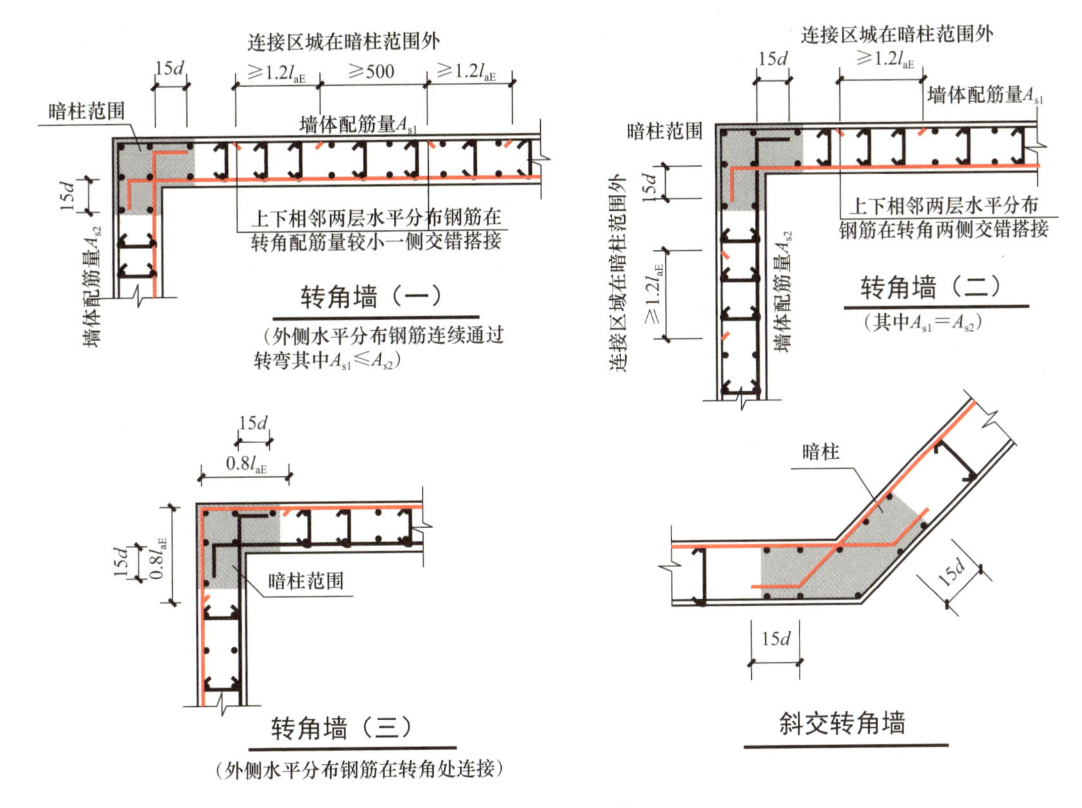

图 6-10　转角墙

转角墙外侧的水平分布钢筋应在墙端外转角处弯入翼墙，并与翼墙外侧的水平分布钢筋搭接。

水平分布筋在转角墙柱(暗柱)中的构造有以下三种：

1)剪力墙外侧水平分布筋从转角墙的一侧绕道另一侧，与另一侧的水平分布筋搭接≥1.2l_{aE}，上下相邻两层水平分布筋在转角配筋量较小一侧交错搭接，搭接范围交错≥500 mm；

2)剪力墙外侧水平分布筋分别在转角的两侧进行搭接，搭接长度≥1.2l_{aE}，上下相邻两层水平分布筋在转角两侧交错搭接；

3)剪力墙外侧水平筋在转角处搭接，搭接长度 0.8l_{lE}。

转角墙内侧水平分布钢筋应伸至转角墙核心部位的外侧钢筋内侧，弯折 15d。

(4)端柱转角墙构造，如图 6-11 所示。

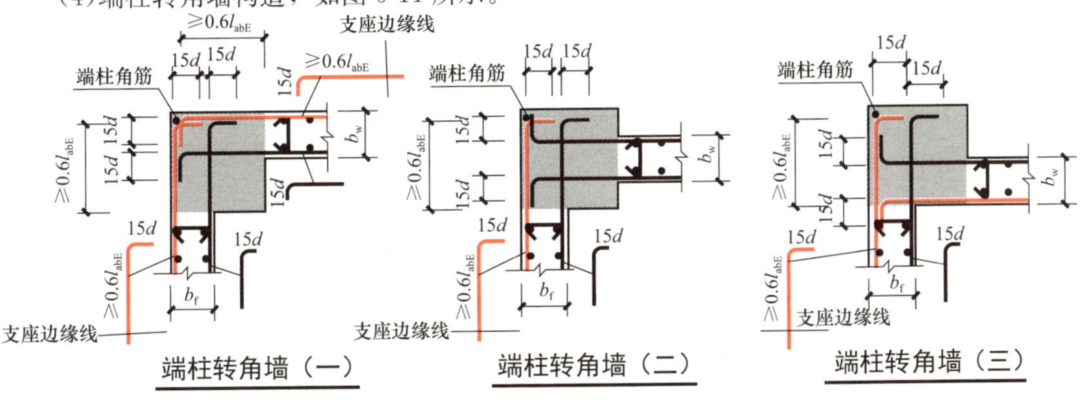

图 6-11　端部转角墙

剪力墙水平分布筋在端柱转角墙中的构造按端柱与墙的相对位置不同可分为三种，不论何种情况，位于端柱纵向钢筋内侧的墙水平分布钢筋伸入端柱的长度≥l_{aE}时可直锚，但必须伸至端柱对边紧贴角筋内侧位置。剪力墙水平分布筋伸至端柱对边紧贴角筋弯折 15d，伸至对边的直锚长度≥0.6l_{abE}。

(5)水平分布钢筋端部做法，如图 6-12 所示。

端部无暗柱时剪力墙水平分布钢筋端部做法

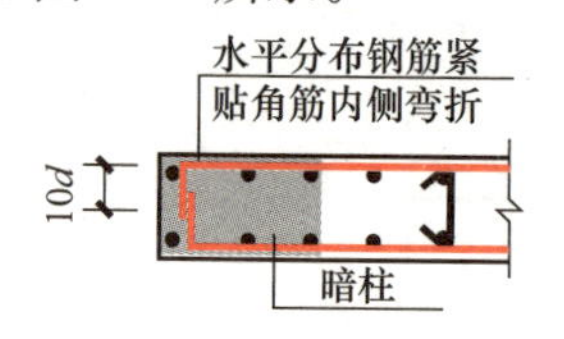

端部有暗柱时剪力墙水平分布钢筋端部做法

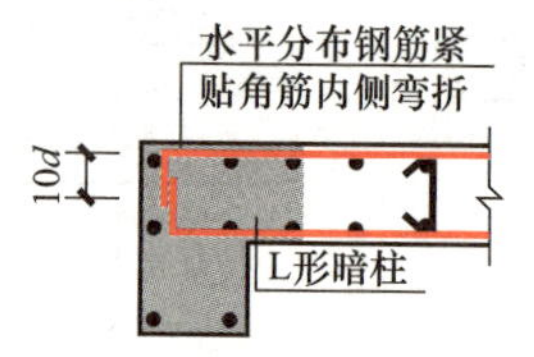

端部有L形暗柱时剪力墙水平分布钢筋端部做法

图 6-12　水平分布钢筋端部做法

水平分布钢筋端部做法有端部无暗柱和端部有暗柱两种情况。

端部无暗柱时剪力墙水平分布钢筋端部做法：墙身两侧水平分布钢筋伸至墙端向内弯折，弯折 10d。每道水平分布钢筋均设双列拉筋。

端部有暗柱时剪力墙水平分布钢筋端部做法：墙身两侧水平分布钢筋伸至边缘暗柱角筋内侧向内弯折，弯折 10d。

端部有 L 形暗柱时剪力墙水平分布钢筋端部做法：墙身两侧水平分布钢筋伸至边缘暗柱角筋内侧向内弯折，弯折 10d。

(6)翼墙构造，如图 6-13 所示。

翼墙两翼墙身水平分布筋连续通过翼墙；翼墙肢部墙身水平分布筋伸至翼墙核心部位的外侧钢筋内侧，弯折 15d。

(7)端柱翼墙构造，如图 6-14 所示。

剪力墙水平分布筋在端柱翼墙中的构造按端柱与墙的相对位置不同可分为三种，无论何种情况，剪力墙水平分布筋伸至端柱对边紧贴角筋弯折，弯折 15d。当直锚长度≥l_{aE}时，贯通或分别锚固与端柱内，可不弯折。

(8)端柱端部墙构造，如图 6-15 所示。

剪力墙水平分布筋伸至端柱对边紧贴角筋弯折，弯折 15d。位于端柱纵向钢筋内侧的墙水平分布钢筋伸入端柱的长度≥l_{aE}时可直锚。

2. 剪力墙竖向钢筋构造

(1)剪力墙竖向分布钢筋连接构造，如图 6-16 所示。

1)当采用绑扎连接时，一、二级抗震等级剪力墙底部加强部位竖向分布筋搭接长度为≥1.2l_{aE}(1.2l_a)，交错搭接，搭接范围交错≥500 mm。

2)当采用机械连接时，各级抗震等级或非抗震剪力墙竖向分布筋第一个连接点距楼板顶面或基础顶面≥500 mm，相邻钢筋交错连接，错开距离≥35d。

3)当采用焊接连接时，各级抗震等级或非抗震剪力墙竖向分布筋第一个连接点距楼板顶面或基础顶面≥500 mm，相邻钢筋交错连接，错开距离≥35d 且≥500 mm。

4)一、二级抗震等级剪力墙非底部加强部位，或者三、四级抗震等级，或非抗震剪力墙竖向分布筋可在同一部位搭接，搭接长度为≥1.2l_{aE}(1.2l_a)。

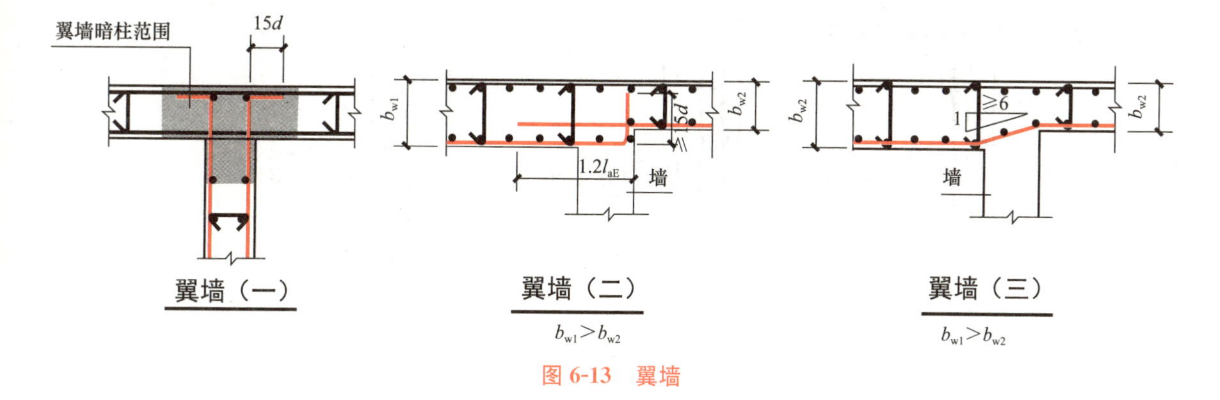

图 6-13　翼墙

贯通或分别锚固于端柱内（直锚长度≥l_{aE}）

15d　15d　b_w　b_f

端柱翼墙（一）

贯通或分别锚固于端柱内（直锚长度≥l_{aE}）

15d　15d　b_w　b_f

端柱翼墙（二）

贯通或分别锚固于端柱内（直锚长度≥l_{aE}）

15d　15d　b_w　端柱角筋　b_f

端柱翼墙（三）

暗柱　15d　15d

斜交翼墙

图 6-14　端柱翼墙

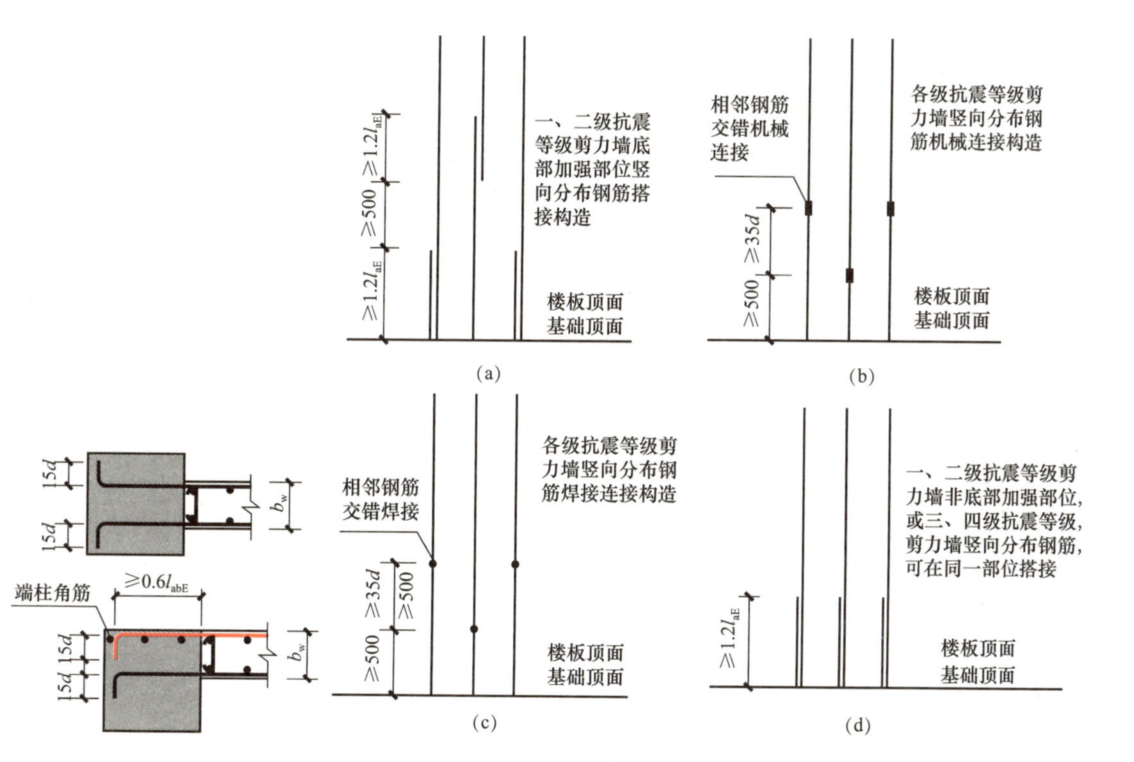

图 6-15　端柱端部墙

图 6-16　剪力墙竖向分布钢筋连接构造

(a)绑扎连接；(b)机械连接；(c)焊接连接；(d)非底部加强部位

(2)剪力墙多排配筋构造，如图 6-17 所示。

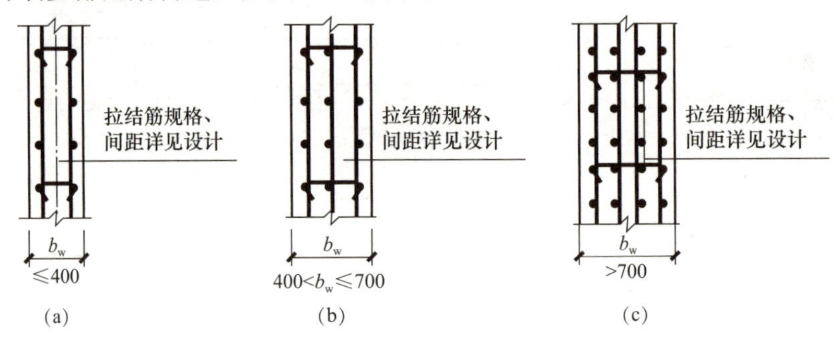

图 6-17　剪力墙多排配筋构造

(a)剪力墙双排配筋；(b)剪力墙三排配筋；(c)剪力墙四排配筋

当墙厚≤400 mm 时，宜设置双排钢筋网；当 400 mm<墙厚≤700 mm 时，宜设置三排钢筋网；当墙厚>700 mm 时，宜设置四排钢筋网。

(3)剪力墙变截面处竖向钢筋构造，如图 6-18 所示。

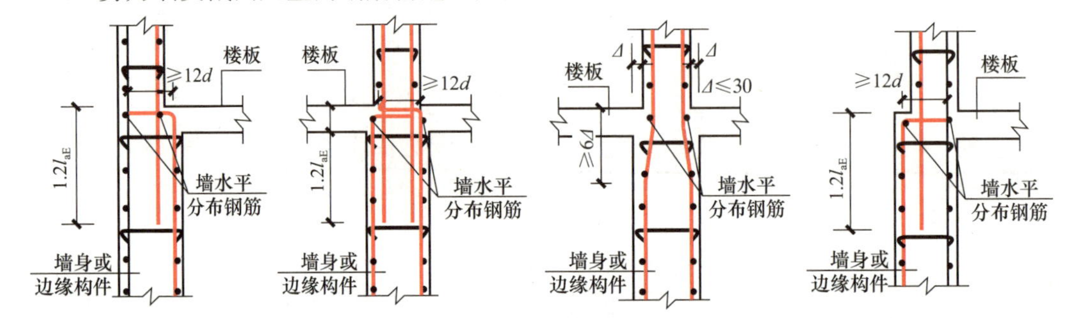

图 6-18　剪力墙变截面处竖向钢筋构造

当采用竖向分布筋非直通构造时，下层墙身钢筋伸至变截面处向内弯折，至对面竖向分布筋处截断，弯折水平直段尺寸≥12d。上层纵筋垂直锚入下层墙内 1.2l_{aE}。

当 Δ≤30 mm 时(Δ 为截面单侧内收尺寸)，采用竖向分布筋向内斜弯贯通构造时，钢筋自距离结构层楼面≥6Δ 点的位置向内略斜弯后向上垂直贯通。

(4)剪力墙竖向钢筋顶部构造，如图 6-19 所示。

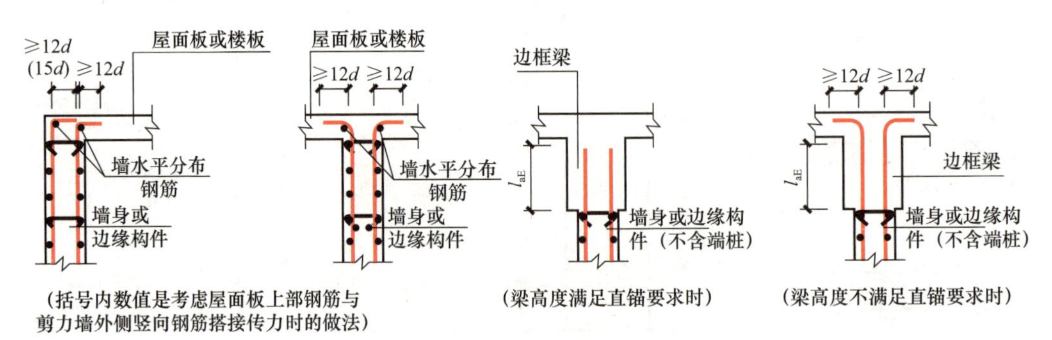

图 6-19　剪力墙竖向钢筋顶部构造

剪力墙竖向钢筋弯锚入屋面板或楼板内，从板底开始伸入屋面板或楼板顶部后弯折，弯折长度≥12d。当梁高满足直锚要求时，顶部设有边框梁时，竖向钢筋伸入边框梁内 l_{aE}。当梁高不满足直锚要求时，顶部设有边框梁，竖向钢筋伸入边框梁顶，并向两侧弯折，弯折长度≥12d。

6.3.2 剪力墙柱的钢筋构造

1. 剪力墙边缘构件纵向钢筋连接构造

剪力墙边缘构件纵向钢筋连接构造，如图 6-20 所示。

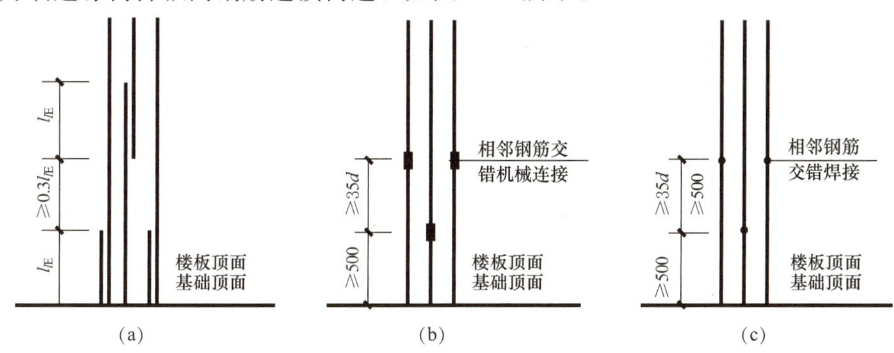

图 6-20 剪力墙边缘构件纵向钢筋连接构造

(a)绑扎连接；(b)机械连接；(c)焊接连接

(1)当采用绑扎连接时，竖向分布筋搭接长度为≥ l_{lE}，交错搭接，搭接范围交错≥0.3l_{lE}。

(2)当采用机械连接时，竖向分布筋第一个连接点距楼板顶面或基础顶面≥500 mm，相邻钢筋交错连接，错开距离≥35d。

(3)当采用焊接连接时，竖向分布筋第一个连接点距楼板顶面或基础顶面≥500 mm，相邻钢筋交错连接，错开距离≥35d 且≥500 mm。

2. 剪力墙上起边缘构件纵筋构造

剪力墙上起边缘构件纵筋构造，如图 6-21 所示。

约束边缘构件纵筋插入下一层剪力墙内，锚固长度为 1.2l_{aE}。锚固长度自楼板板面算起。

3. 约束边缘构件构造

(1)约束边缘暗柱构造，如图 6-22 所示。

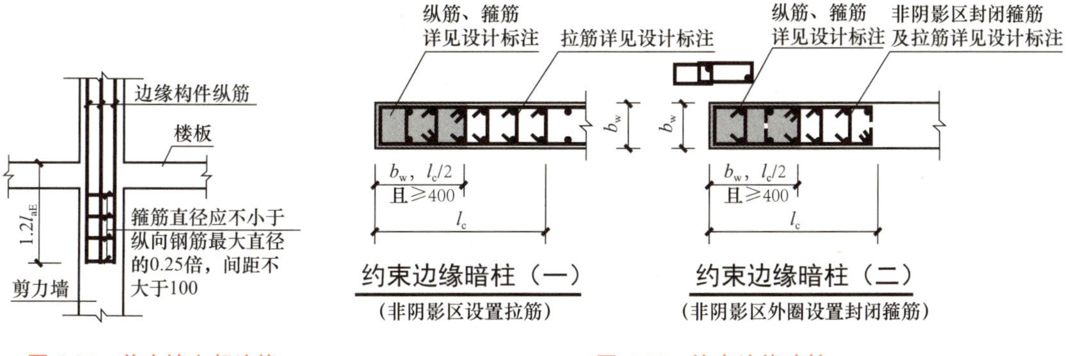

图 6-21 剪力墙上起边缘构件纵筋构造

图 6-22 约束边缘暗柱

约束边缘暗柱阴影区范围取 b_w，$l_c/2$ 和 400 mm 的较大值。

(2)约束边缘端柱构造，如图 6-23 所示。

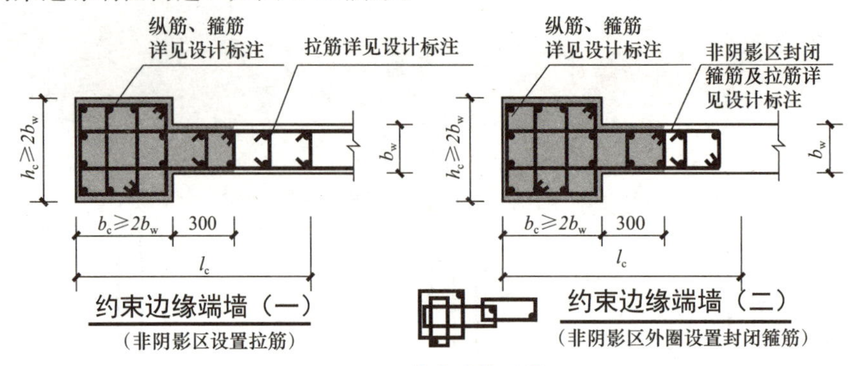

图 6-23　约束边缘端柱

约束边缘端柱矩形柱的截面高和截面宽均应≥$2b_w$，约束边缘端柱需伸出一段翼缘，伸出取 300 mm。

(3)约束边缘翼墙构造，如图 6-24 所示。

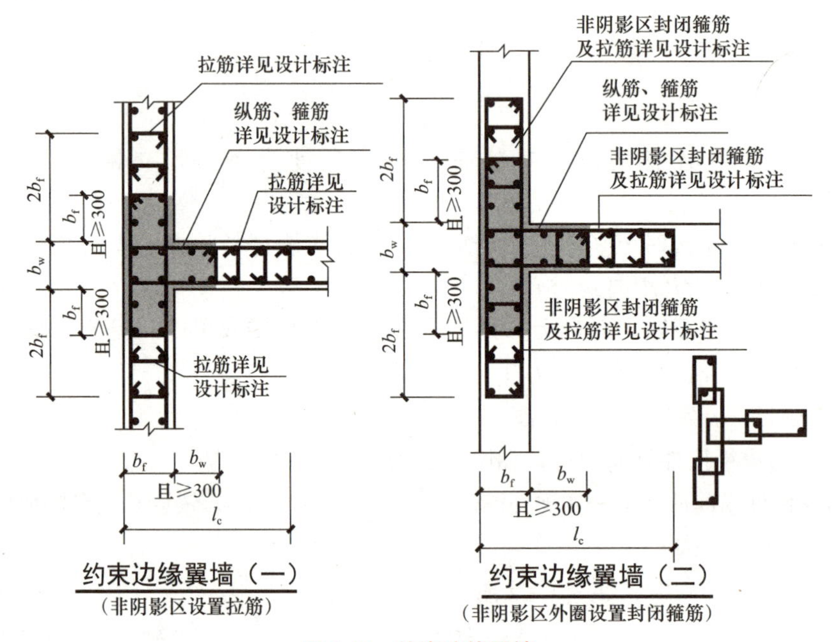

图 6-24　约束边缘翼墙

约束边缘翼墙柱阴影区在腹板的长度应≥b_w 且≥300 mm，在两个翼缘的长度应≥b_f 且≥300 mm。

(4)约束边缘转角墙构造，如图 6-25 所示。

约束边缘转角墙柱阴影区在两个方向均应≥b_f(或 b_w)且≥300 mm。

4. 构造边缘构件构造

(1)构造边缘暗柱构造，如图 6-26 所示。

构造边缘暗柱，其长度应≥b_w 且≥400 mm。

(2)构造边缘端柱构造，如图 6-27 所示。

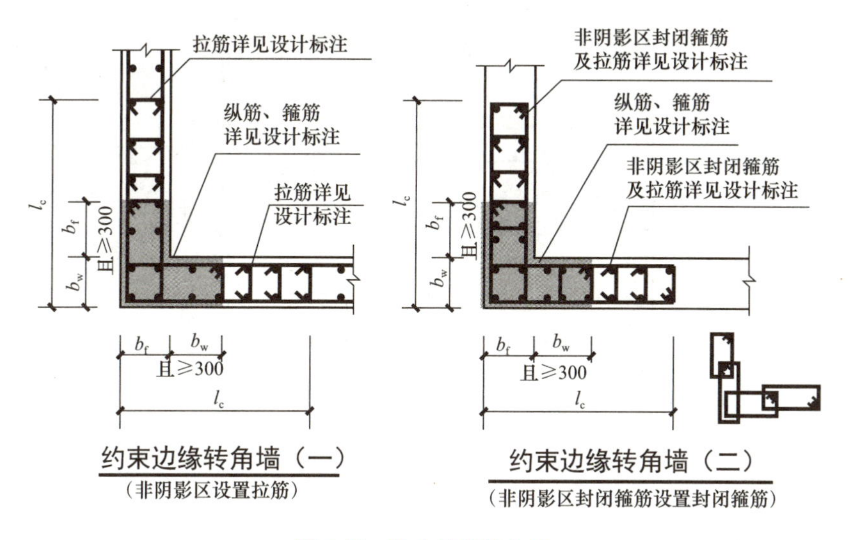

图 6-25　约束边缘转角墙

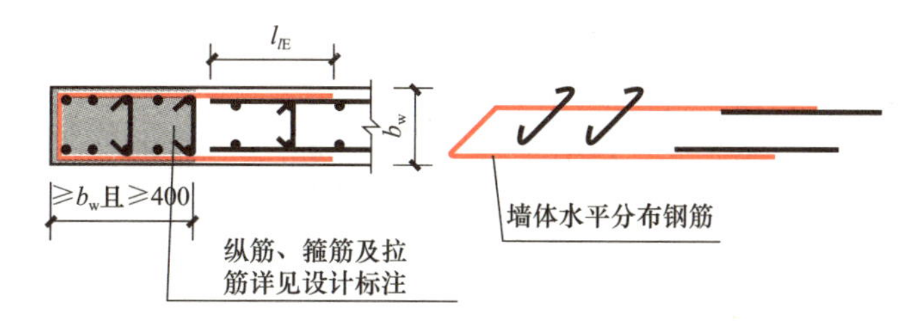

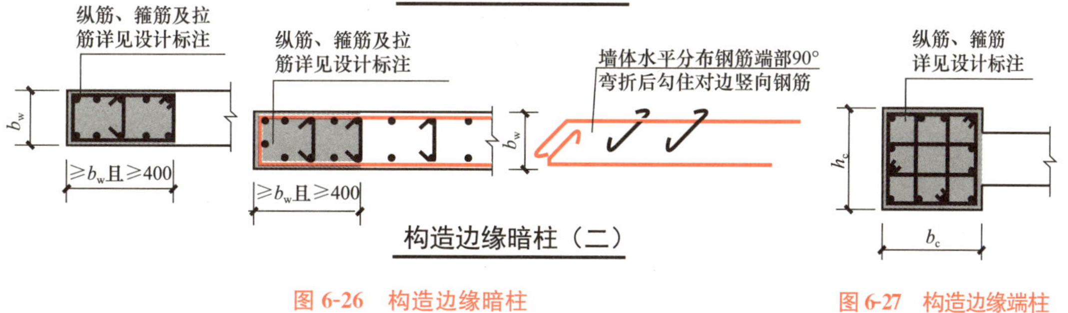

图 6-26　构造边缘暗柱　　　　图 6-27　构造边缘端柱

构造边缘端柱仅在矩形柱的范围内布置纵筋和箍筋。其箍筋布置为复合箍筋，与框架柱类似。

(3)构造边缘翼墙构造，如图 6-28 所示。

构造边缘翼墙柱，其长度应≥b_w，≥b_f 且≥400 mm。

(4)构造边缘转角墙构造，如图 6-29 所示。

构造边缘转角墙柱，每边长度等于对边墙厚与 200 mm 的和，且总长度≥400 mm。

5. 非边缘暗柱构造

非边缘暗柱构造，如图 6-30 所示。

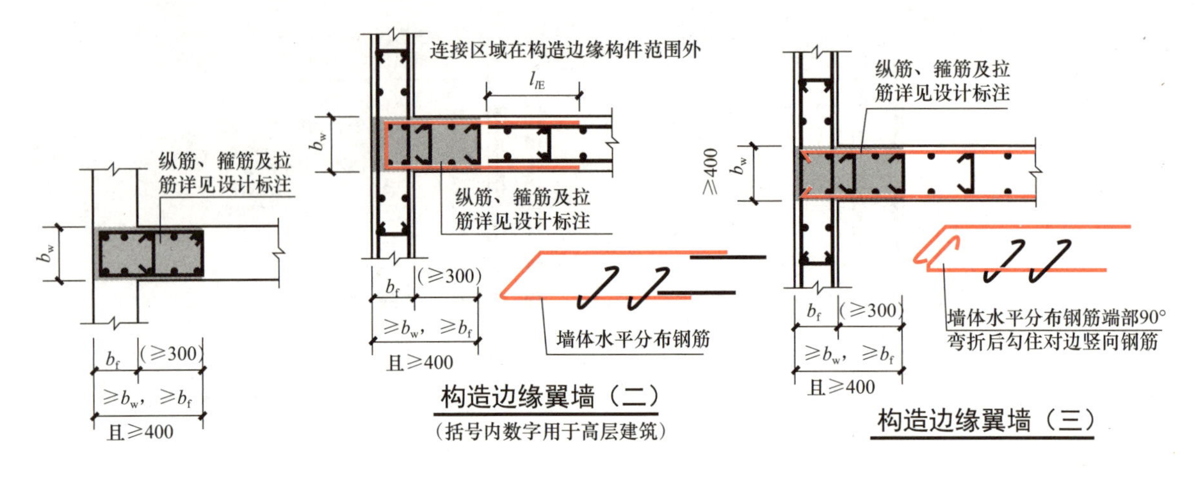

图 6-28 构造边缘翼墙

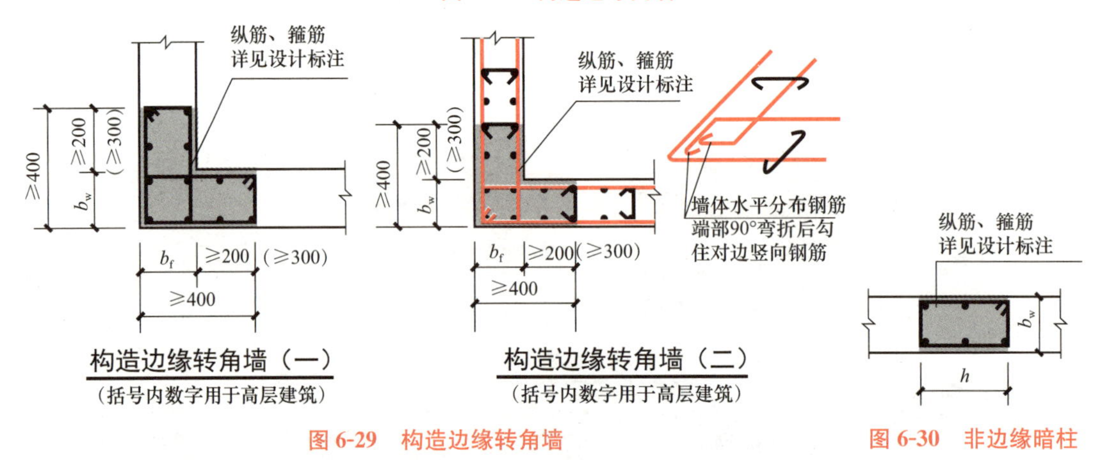

图 6-29 构造边缘转角墙

图 6-30 非边缘暗柱

6.3.3 剪力墙梁的钢筋构造

1. 连梁配筋构造

连梁有小墙垛处洞口连梁、单洞口连梁和双洞口连梁。其连梁配筋构造如图 6-31 所示，构造要求如下：

(1)当端部洞口连梁的纵向钢筋在端支座的直锚长度$\geqslant l_{aE}$且$\geqslant$600 mm 时，可不必往上(下)弯折。当直锚不满足要求时，纵向钢筋应伸至墙外侧纵筋内侧后弯折，弯折为 15d。

(2)连梁第一道箍筋距支座边缘 50 mm 开始设置。连梁、暗梁及边框梁拉筋直径需满足：当梁宽$\leqslant$350 mm 时，直径为 6 mm；当梁宽$>$350 mm 时，直径为 8 mm，拉筋间距为 2 倍箍筋间距，竖向沿侧面水平筋隔一布一。

(3)在墙顶连梁纵筋锚入支座长度范围内应设箍筋，箍筋直径与连梁跨中直径相同，按照间距 150 mm 布置，箍筋距支座边缘 100 mm 开始设置。

2. 剪力墙边框梁或暗梁与连梁重叠时配筋构造

剪力墙边框梁或暗梁与连梁重叠时配筋构造如图 6-32 所示。

当楼层边框梁或暗梁与连梁顶面在同一平面上，且上部配置多根纵筋时，边框梁或暗梁与连梁上部纵筋位置不重叠的纵筋应贯通连梁设置，位置重叠的纵筋相互搭接长度为$\geqslant l_{aE}$且$\geqslant$600 mm。

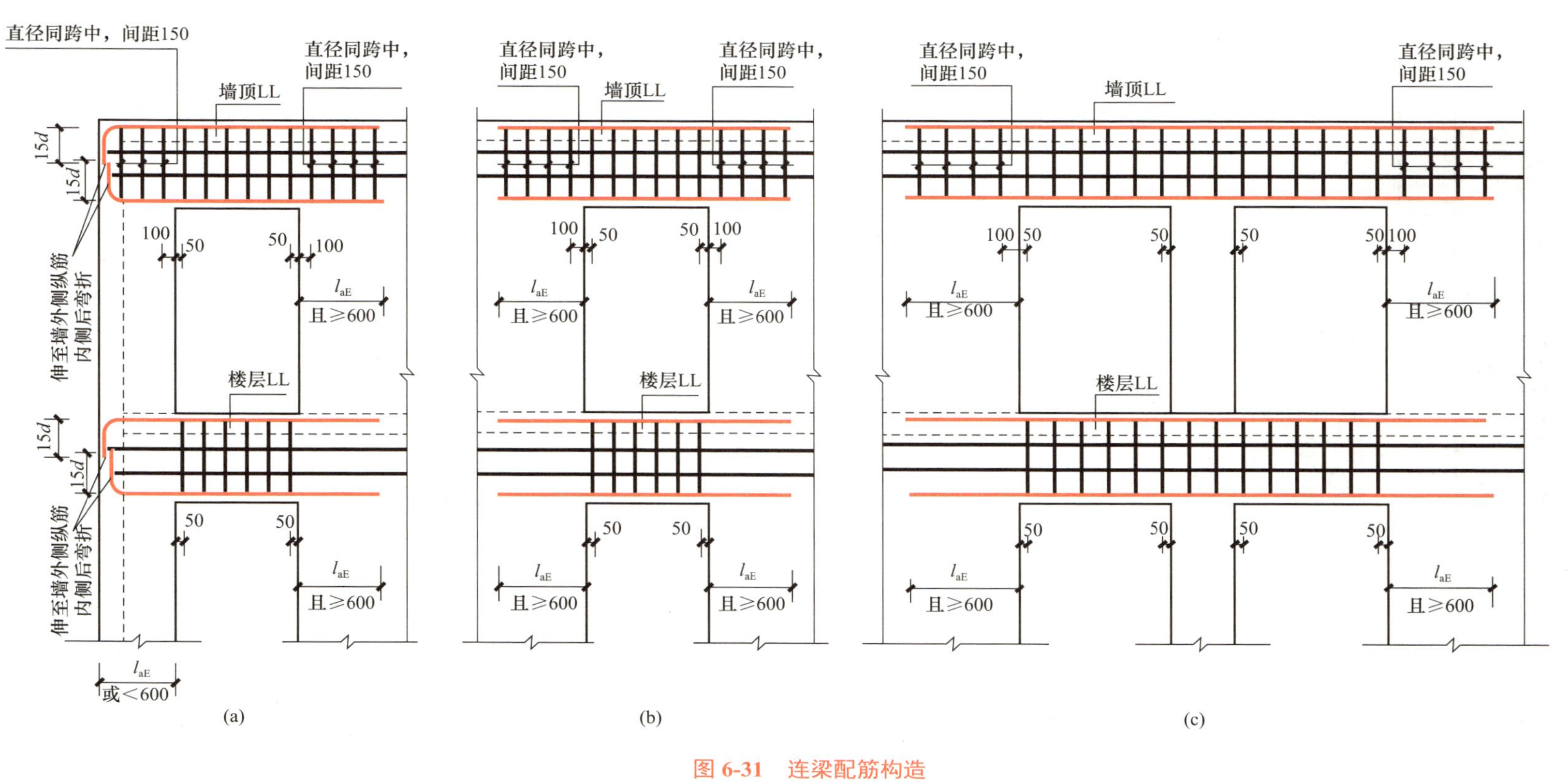

图 6-31　连梁配筋构造

(a)小墙垛处洞口连梁（端部墙肢较短）；(b)单洞口连梁（单跨）；(c)双洞口连梁（双跨）

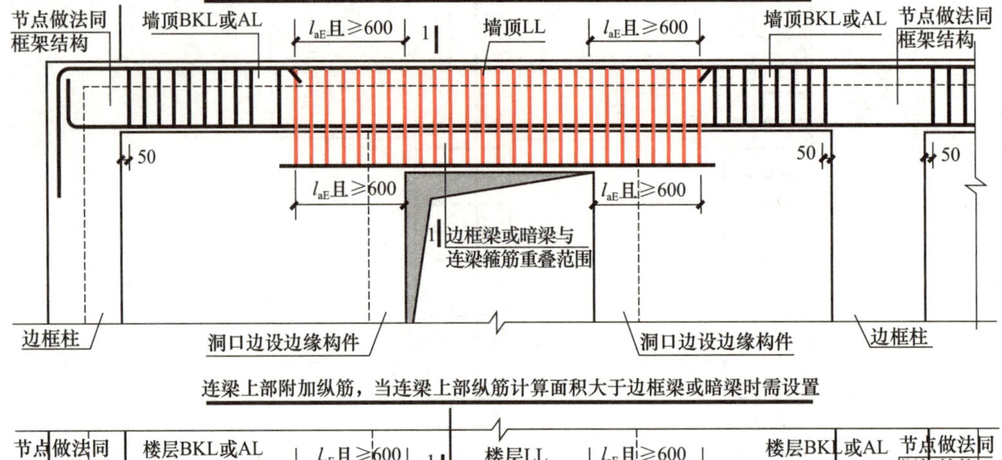

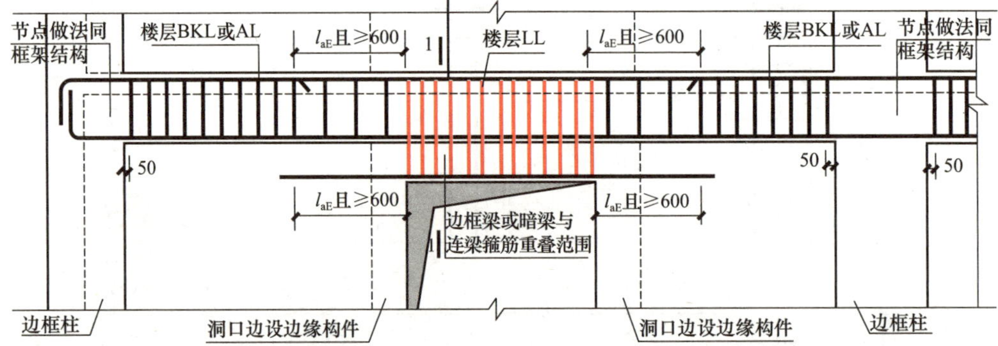

图 6-32　剪力墙边框梁或暗梁与连梁重叠时配筋构造

6.3.4　剪力墙洞口补强构造

剪力墙洞口补强构造如图 6-33 所示。

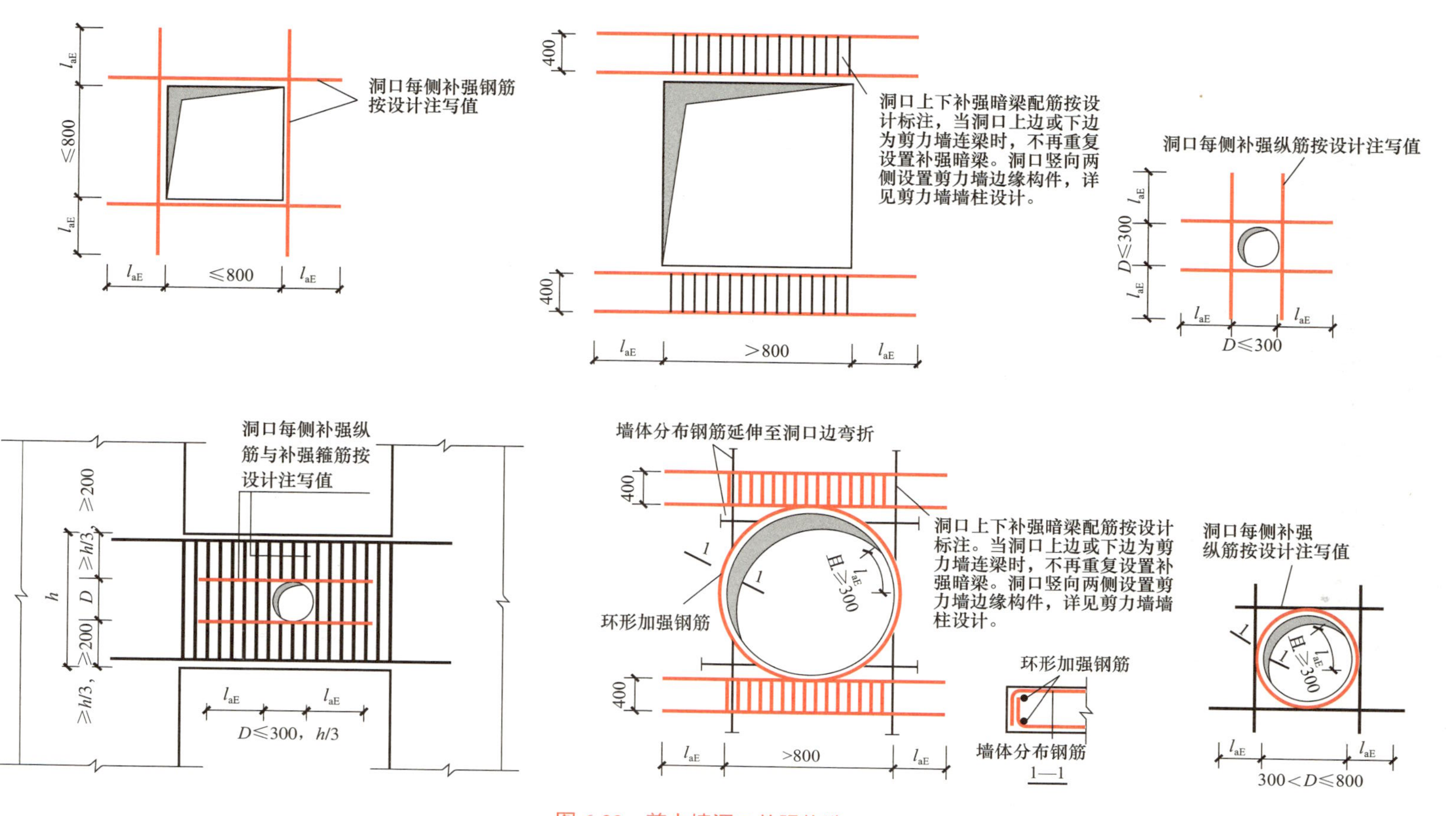

图 6-33　剪力墙洞口补强构造

6.4 预制混凝土剪力墙施工制图规则

6.4.1 剪力墙平法施工图的表示方法

预制混凝土剪力墙平面布置图应按标准层绘制，其内容包括预制剪力墙、现浇混凝土墙体、后浇段、现浇梁、楼面梁、水平后浇段或圈梁等。

剪力墙平面布置图应按规定标注结构楼层标高表，并注明上部结构嵌固部位位置。

规定中的结构层楼面标高是指将建筑图中的各层地面和楼面标高值扣除建筑面层及垫层做法厚度的标高，结构层号应与建筑层号一致。用表格或其他方式注明包括地下和地上各层的结构层楼(地)面标高、结构层高及相应的结构层号。其结构层楼面标高和结构层高在单项工程中必须统一，为方便施工，应将统一的结构楼面标高和结构层高分别放在墙、板等各类构件的施工图中。

在平面布置图中，应标注未居中承重墙体与轴线的定位，需标明预制剪力墙的门窗洞口、结构洞的尺寸和定位，还需标明预制剪力墙的装配方向。在平面布置图中，还应标注水平后浇带或圈梁的位置。

6.4.2 预制混凝土剪力墙编号规定

预制剪力墙编号由墙板代号、序号组成，表达形式应符合表 6-5 的规定。

表 6-5 预制混凝土剪力墙编号

预制墙板类型	代号	序号
预制外墙	YWQ	××
预制内墙	YNQ	××

注：1. 在编号中，如若干预制剪力墙的模板、配筋、各类预埋件完全一致，仅墙厚与轴线的关系不同，也可将其编为同一预制剪力墙编号，但应在图中注明与轴线的几何关系。
2. 序号可为数字，或数字加字母。

【例】 YWQ1，表示预制外墙，序号为 1。

【例】 YNQ5a，某工程有一块预制混凝土内墙板与已编号的 YNQ5 除线盒位置外，其他参数均相同，为方便起见，将该预制内墙板序号编为 5a。

6.4.3 列表注写方式

为表达清楚、简便，装配式剪力墙墙体结构可视为由预制剪力墙、后浇段、现浇剪力墙身、现浇剪力墙柱、现浇剪力墙梁等构件构成。其中，现浇剪力墙身、现浇剪力墙柱、现浇剪力墙梁的注写方式应符合《混凝土结构施工图平面整体表示方法制图规则和构造详图(现浇混凝土框架、剪力墙、梁、板)》(16G101—1)的规定。

对应于预制剪力墙平面布置图上的编号，在预制墙板表中，选用标准图集中的预制剪力墙或引用施工图中自行设计的预制剪力墙；在后浇段表中，绘制截面配筋图并注写几何尺寸与配筋具体数值。

预制墙板表中表达的内容包括以下几项：

(1)注写墙板编号。

(2)注写各段墙板位置信息，包括所在轴号和所在楼层号。所在轴号应先标注垂直于墙板的起止轴号，用波浪线“～”表示起止方向；再标注墙板所在轴线轴号，二者用斜线“/”分隔，如图 6-34 所示。如果同一轴线、同一起止区域内有多块墙板，可在所在轴号后用“－1”“－2”……顺序标注。

同时，需要在平面中注明预制剪力墙的装配方向，外墙板以内侧为装配方向，不需特殊标注，内墙板用▲表示装配方向，如图 6-34 所示。

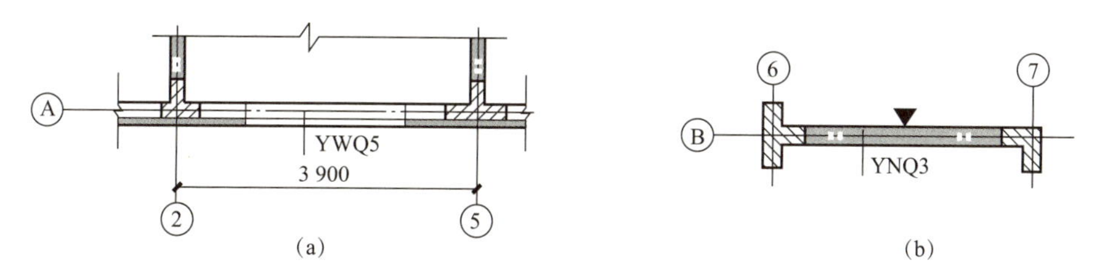

图 6-34　所在轴号示意

(a)外墙板 YWQ5 所在轴号为②～⑤/Ⓐ；(b)内墙板 YNQ3 所在轴号为⑥～⑦/Ⓑ，装配方向如图所示

(3)注写管线预埋位置信息，当选用标准图集时，高度方向可只注写低区、中区和高区，水平方向根据标准图集的参数进行选择；当不可选用标准图集时，高度方向和水平方向均应注写具体定位尺寸，其参数位置所在装配方向为 X、Y，装配方向背面为 X'、Y'，可用下角标编号区分不同线盒，如图 6-35 所示。

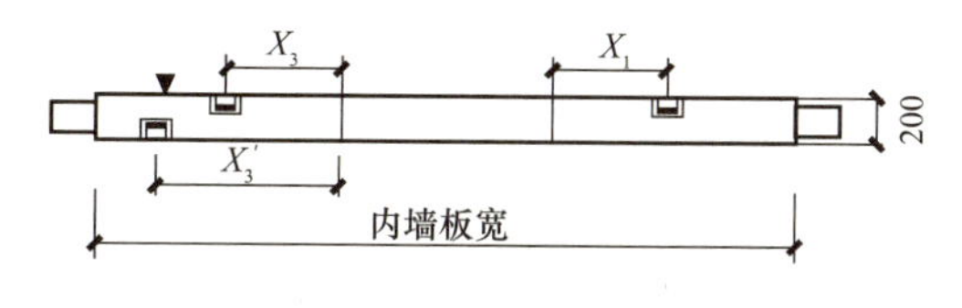

图 6-35　线盒参数含义示例

(4)构件质量、构件数量。

(5)构件详图页码。当选用标准图集时，需标注图集号和相应页码；当自行设计时，应注写构件详图的图纸编号。

6.4.4　后浇段的注写

1. 编号规定

后浇段编号由后浇段类型代号和序号组成，表达形式应符合表 6-6 的规定。

表 6-6　后浇段编号

后浇段类型	代号	序号
约束边缘构件后浇段	YHJ	××
构造边缘构件后浇段	GHJ	××
非边缘构件后浇段	AHJ	××

注：在编号中，如若干后浇段的截面尺寸与配筋均相同，仅截面与轴线的关系不同时，可将其编为同一后浇段号；约束边缘构件后浇段包括有翼墙和转角墙两种，如图 6-36 所示；构造边缘构件后浇段包括构造边缘翼墙、构造边缘转角墙、边缘暗柱三种，如图 6-37 所示；非边缘构件后浇段如图 6-38 所示。

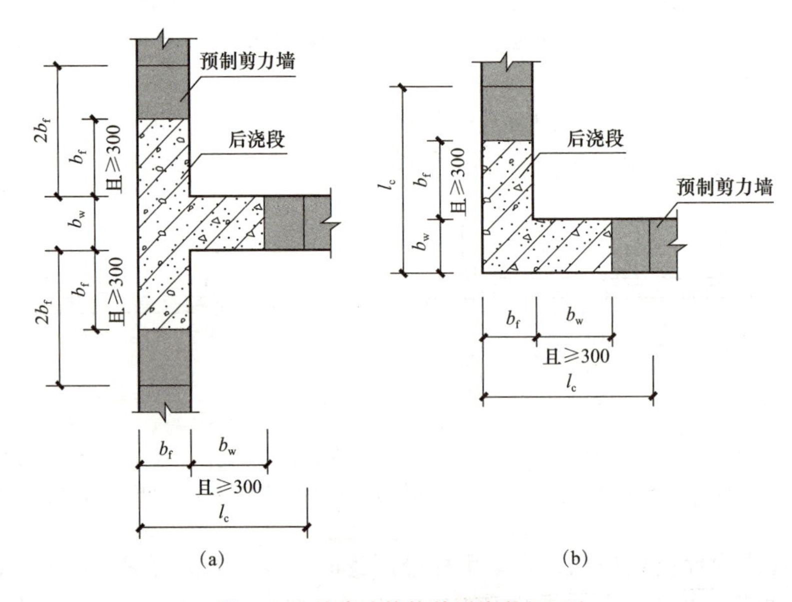

图 6-36　约束边缘构件后浇段(YHJ)

(阴影区域为约束边缘构件范围)

(a)有翼墙；(b)转角墙

l_c——约束边缘构件沿墙肢的长度

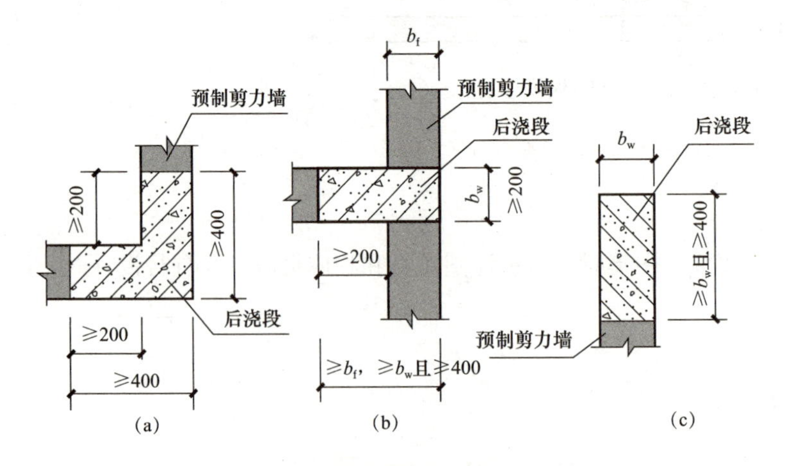

图 6-37　构造边缘构件后浇段(GHJ)

(阴影区域为构造边缘构件范围)

(a)转角墙；(b)有翼墙；(c)边缘暗柱

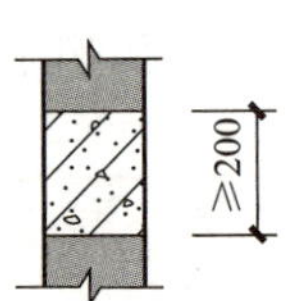

图 6-38　非边缘构件后浇段(AHJ)

【例】 YHJ1，表示约束边缘构件后浇段，编号为 1。

【例】 GHJ5，表示构造边缘构件后浇段，编号为 5。

【例】 AHJ3，表示非边缘暗柱后浇段，编号为 3。

2. 后浇段的表达内容

(1)注写后浇段编号，绘制该后浇段的截面配筋图，标注后浇段几何尺寸。

(2)注写后浇段的起止标高，自后浇段根部往上以变截面位置或截面未变但配筋改变处为界分段注写。

(3)注写后浇段的纵向钢筋和箍筋，注写值应与表中绘制的截面配筋对应一致，纵向钢筋注纵筋直径和数量；后浇段箍筋、拉筋的注写方式与现浇剪力墙结构墙柱箍筋的注写方式相同。

(4)预制墙板外露钢筋尺寸应标注至钢筋中线，保护层厚度应标注至箍筋外表面。

6.5 预制混凝土剪力墙构造要求

6.5.1 预制混凝土剪力墙基本构造要求

(1)装配整体式剪力墙结构的布置应满足下列要求：

1)应沿两个方向布置剪力墙；

2)剪力墙的截面宜简单、规则；预制墙的门窗洞口宜上下对齐、成列布置。

(2)预制剪力墙宜采用一字形，也可采用 L 形、T 形或 U 形；开洞预制剪力墙洞口宜居中布置，洞口两侧的墙肢宽度不应小于 200 mm，洞口上方连梁高度不宜小于 250 mm。

(3)预制剪力墙的连梁不宜开洞；当需开洞时，洞口宜预埋套管，洞口上、下截面的有效高度不宜小于梁高的 1/3，且不宜小于 200 mm；被洞口削弱的连梁截面应进行承载力验算，洞口处应配置补强纵向钢筋和箍筋，补强纵向钢筋的直径不应小于 12 mm。

(4)预制剪力墙开有边长小于 800 mm 的洞口且在结构整体计算中不考虑其影响时，应沿洞口周边配置补强钢筋；补强钢筋的直径不应小于 12 mm，截面面积不应小于同方向被洞口截断的钢筋面积；该钢筋自孔洞边角算起伸入墙内的长度，非抗震设计时不应小于 l_a，抗震设计时不应小于 l_{aE}。如图 6-39 所示。

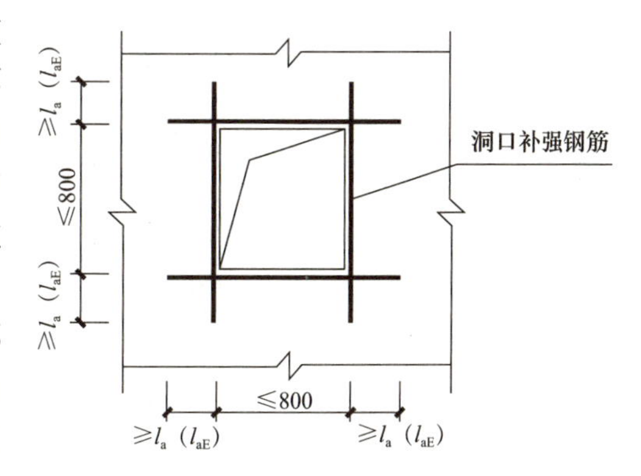

图 6-39 预制剪力墙洞口补强钢筋配置示意

(5)当采用套筒灌浆连接时，自套筒底部至套筒顶部并向上延伸 300 mm 范围内，预制剪力墙的水平分布筋应加密(图 6-40)，加密区水平分布筋的最大间距及最小直径应符合表 6-7的规定，套筒上端第一道水平分布钢筋距离套筒顶部不应大于 50 mm。

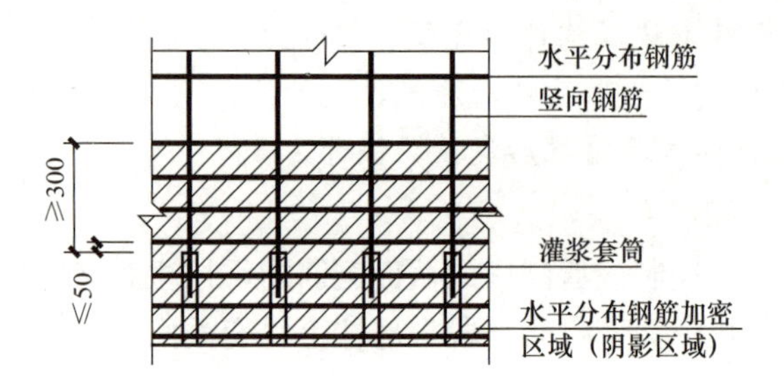

图 6-40　钢筋套筒灌浆连接部位水平分布钢筋的加密构造示意

表 6-7　加密区水平分布钢筋的要求

抗震等级	最大间距/mm	最小直径/mm
一、二级	100	8
三、四级	150	8

(6)端部无边缘构件的预制剪力墙，宜在端部配置 2 根直径不小于 12 mm 的竖向构造钢筋；沿该钢筋竖向应配置拉筋，拉筋直径不宜小于 6 mm，间距不宜大于 250 mm。

(7)当预制外墙采用夹心墙板时，应满足下列要求：

1)外叶墙板厚度不应小于 50 mm，且外叶墙板应与内叶墙板可靠连接；

2)夹心外墙板的夹层厚度不宜大于 120 mm；

3)当作为承重墙时，内叶墙板应按剪力墙进行设计。

6.5.2　预制混凝土剪力墙连接设计

(1)楼层内相邻预制剪力墙之间应采用整体式接缝连接，且应符合下列规定：

1)当接缝位于纵横墙交接处的约束边缘构件区域时，约束边缘构件的阴影区域(图 6-36)宜全部采用后浇混凝土，并应在后浇段内设置封闭箍筋。

2)当接缝位于纵横墙交接处的构造边缘构件区域时，构造边缘构件宜全部采用后浇混凝土[图 6-37(a)、(b)]；当仅在一面墙上设置后浇段时，后浇段的长度不宜小于 300 mm(图 6-41)。

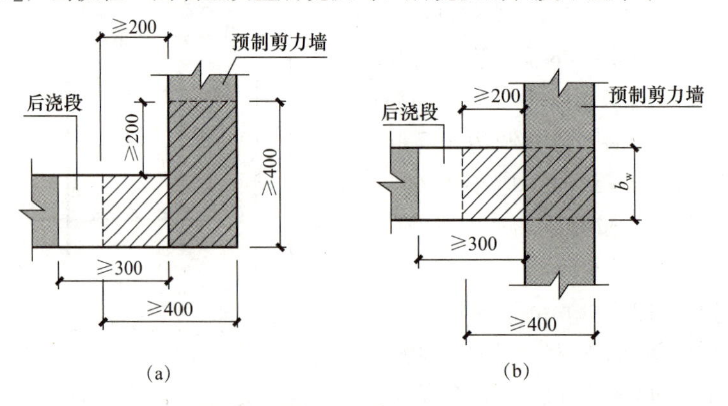

图 6-41　构造边缘构件部分后浇构造示意

(阴影区域为构造边缘构件范围)

(a)转角墙；(b)有翼墙

3)边缘构件内的配筋及构造要求应符合现行国家标准《建筑抗震设计规范(2016 年版)》(GB 50011—2010)的有关规定，预制剪力墙的水平分布钢筋在后浇段。

4)非边缘构件位置，相邻预制剪力墙之间应设置后浇段，后浇段的宽度不应小于墙厚且不宜小于 200 mm；后浇段内应设置不少于 4 根竖向钢筋，钢筋直径不应小于墙体竖向分布筋直径且不应小于 8 mm；两侧墙体的水平分布筋在后浇段内的锚固、连接应符合现行国家标准《混凝土结构设计规范(2015 年版)》(GB 50010—2010)的有关规定。

(2)屋面以及立面收进的楼层，应在预制剪力墙顶部设置封闭的后浇钢筋混凝土圈梁(图 6-42)，并应符合下列规定：

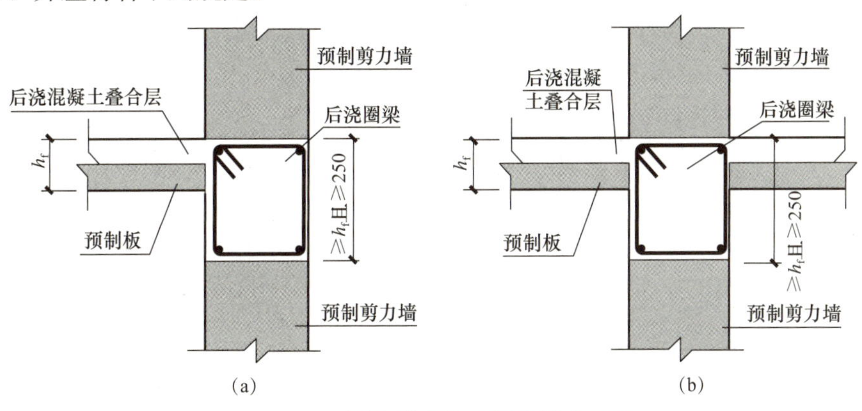

图 6-42　后浇钢筋混凝土圈梁构造示意

(a)端部节点；(b)中间节点

1)圈梁截面宽度不应小于剪力墙的厚度，截面高度不宜小于楼板厚度及 250 mm 的较大值；圈梁应与现浇或者叠合楼、屋盖浇筑成整体。

2)圈梁内配置的纵向钢筋不应少于 4ϕ12，且按全截面计算的配筋率不应小于 0.5%和水平分布筋配筋率的较大值，纵向钢筋竖向间距不应大于 200 mm；箍筋间距不应大于 200 mm，且直径不应小于 8 mm。

(3)各层楼面位置，预制剪力墙顶部无后浇圈梁时，应设置连续的水平后浇带(图 6-43)；水平后浇带应符合下列规定：

1)水平后浇带宽度应取剪力墙的厚度，高度不应小于楼板厚度；水平后浇带应与现浇或者叠合楼、屋盖浇筑成整体。

2)水平后浇带内应配置不少于 2 根连续纵向钢筋，其直径不宜小于 12 mm。

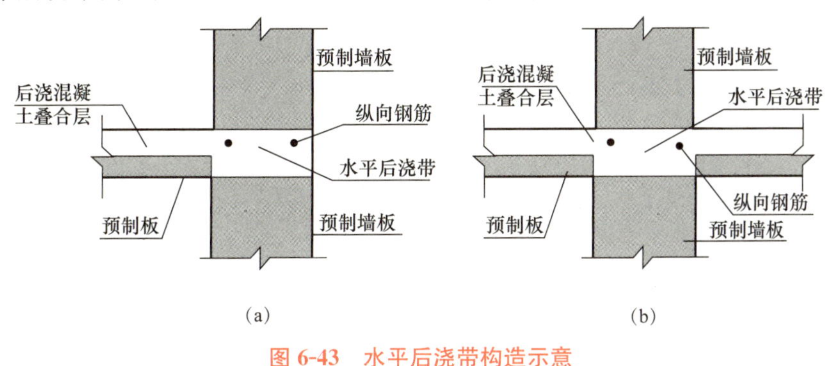

图 6-43　水平后浇带构造示意

(a)端部节点；(b)中间节点

(4)预制剪力墙底部接缝宜设置在楼面标高处，并应符合下列规定：

1)接缝高度宜为 20 mm；

2)接缝宜采用灌浆料填实；

3)接缝处后浇混凝土上表面应设置粗糙面。

(5)上下层预制剪力墙的竖向钢筋，当采用套筒灌浆连接和浆锚搭接连接时，应符合下列规定：

1)边缘构件竖向钢筋应逐根连接。

2)预制剪力墙的竖向分布钢筋，当仅部分连接时(图 6-44)，被连接的同侧钢筋间距不应大于 600 mm，且在剪力墙构件承载力设计和分布钢筋配筋率计算中不得计入不连续的分布钢筋；不连接的竖向分布钢筋直径不应小于 6 mm。

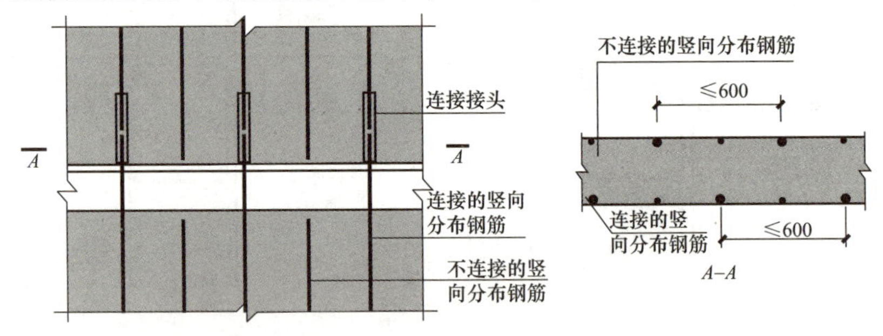

图 6-44　预制剪力墙竖向分布钢筋连接构造示意

3)一级抗震等级剪力墙以及二、三级抗震等级底部加强部位，剪力墙的边缘构件竖向钢筋宜采用套筒灌浆连接。

(6)预制剪力墙相邻下层为现浇剪力墙时，预制剪力墙与下层现浇剪力墙中竖向钢筋的连接应符合上述第(5)条的规定，下层现浇剪力墙顶面应设置粗糙面。

(7)预制剪力墙洞口上方的预制连梁宜与后浇圈梁或水平后浇带形成叠合连梁(图 6-45)，叠合连梁的配筋及构造要求应符合现行国家标准《混凝土结构设计规范(2015 年版)》(GB 50010—2010)的有关规定。

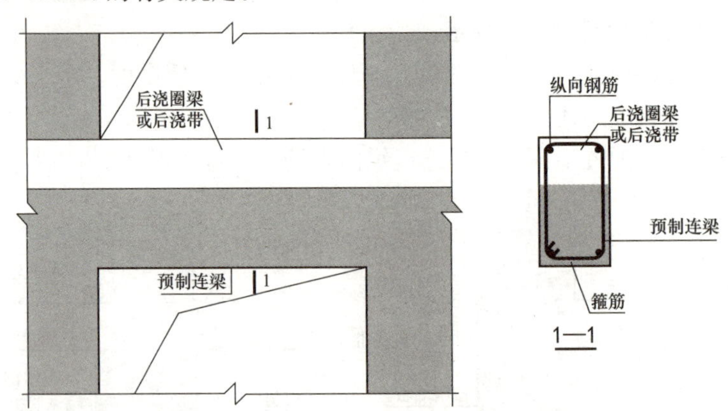

图 6-45　预制剪力墙叠合连梁构造示意

(8)楼面梁不宜与预制剪力墙在剪力墙平面外单侧连接；当楼面梁与剪力墙在平面外单侧连接时，宜采用铰接。

(9)预制叠合连梁的预制部分宜与剪力墙整体预制，也可在跨中拼接或在端部与预制剪力墙拼接。

(10)当预制叠合连梁在跨中拼接时，可按相关要求进行接缝的构造设计。

(11)当预制叠合连梁端部与预制剪力墙在平面内拼接时，接缝构造应符合下列规定：

1)当墙端边缘构件采用后浇混凝土时，连梁纵向钢筋应在后浇段中可靠锚固[图 6-46(a)]或连接[图 6-46(b)]；

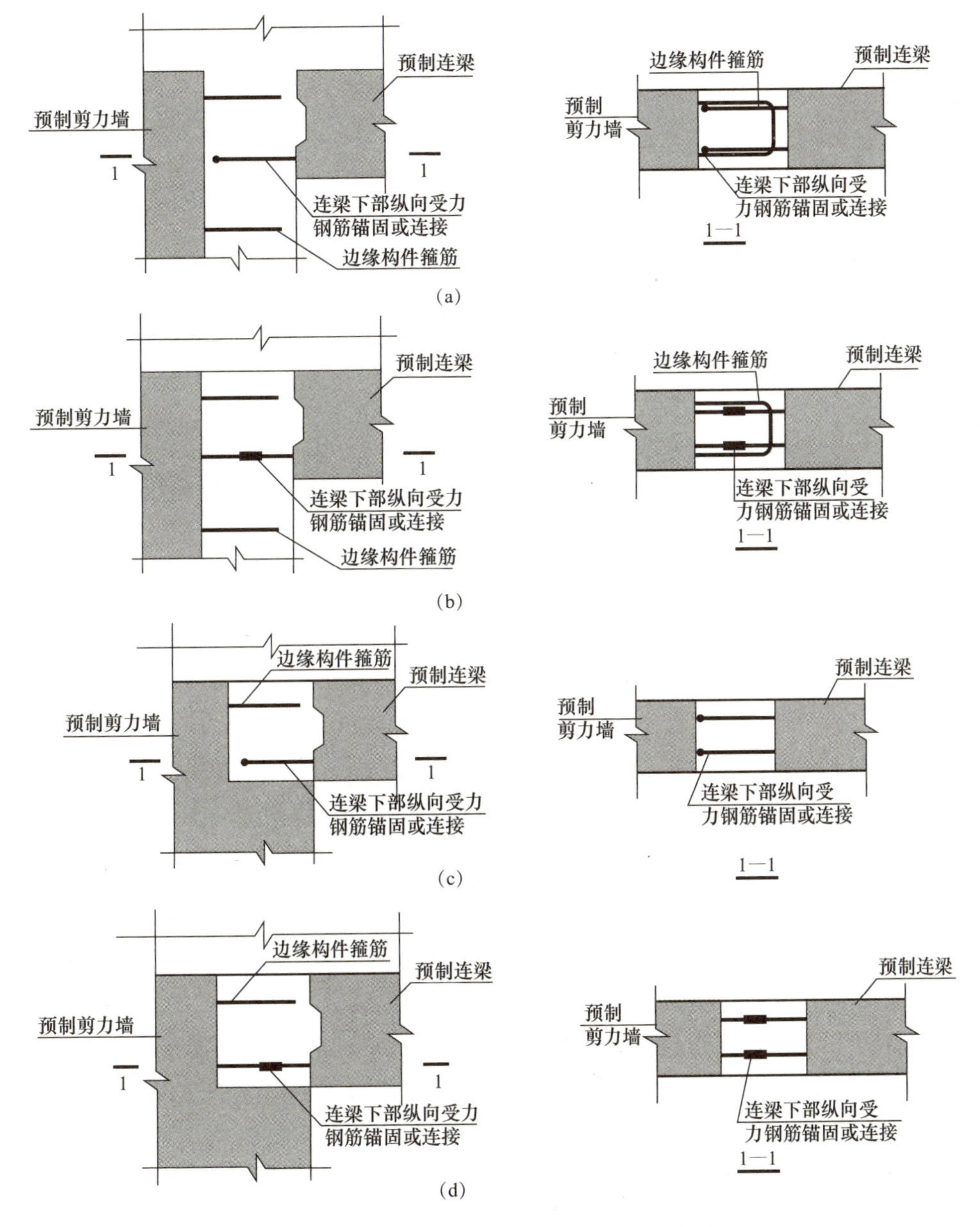

图 6-46 同一平面内预制连梁与预制剪力墙连接构造示意

(a)预制连梁钢筋在后浇段内锚固构造示意；

(b)预制连梁钢筋在后浇段内与预制剪力墙预留钢筋连接构造示意；

(c)预制连梁钢筋在预制剪力墙局部后浇节点区内锚固构造示意；

(d)预制连梁钢筋在预制力墙局部后浇节点区内与墙板预留钢筋连接示意

2)当预制剪力墙端部上角预留局部后浇节点区时，连梁的纵向钢筋应在局部后浇节点区内可靠锚固[图 6-46(c)]或连接[图 6-46(d)]。

(12)当采用后浇连梁时，宜在预制剪力墙端伸出预留纵向钢筋，并与后浇连梁的纵向钢筋可靠连接(图 6-47)。

(13)当预制剪力墙洞口下方有墙时，宜将洞口下墙作为单独的连梁进行设计(图 6-48)。

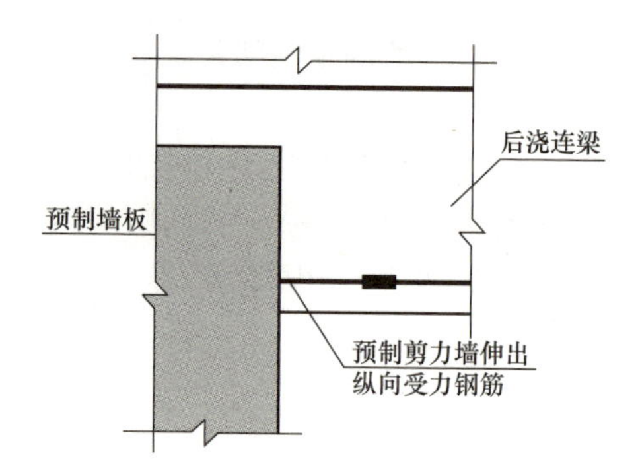

图 6-47 后浇连梁与预制剪力墙连接构造示意

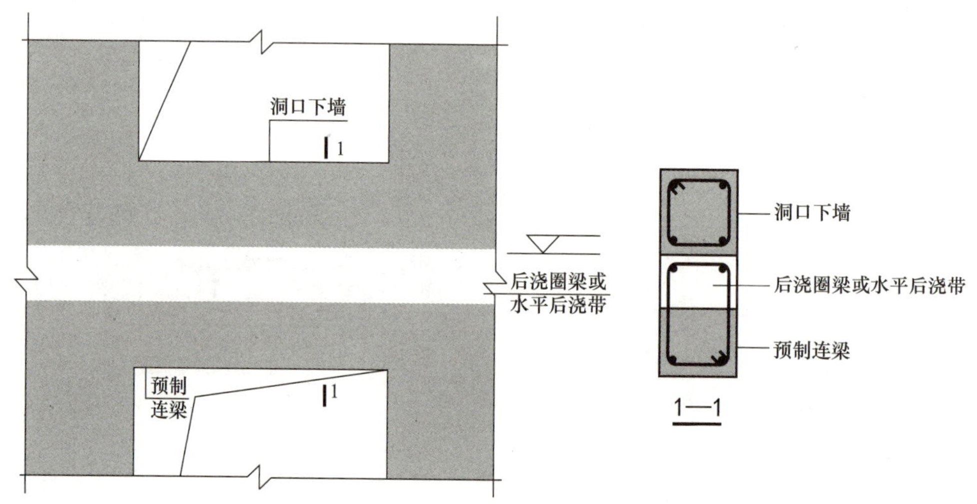

图 6-48 预制剪力墙洞口下墙与叠合连梁的关系示意

6.6 预制剪力墙节点构造

6.6.1 后浇剪力墙竖向钢筋连接构造

(1)后浇剪力墙竖向分布钢筋连接构造，如图 6-49 所示。后浇剪力墙竖向分布钢筋连接构造适用于非边缘构件和约束边缘构件非阴影部分的后浇段竖向分布钢筋。当采用Ⅰ级接头机械连接时，接头位置距基础顶面或楼板顶面的距离应≥100 mm，伸出长度应符合施工工艺的要求；当采用机械连接时，相邻钢筋应交错连接，两接头之间的距离应≥35d，且连接点距基础顶面或楼板顶面的距离应≥500 mm；当采用搭接连接时，钢筋的搭接的长度应≥1.2l_{aE}(≥1.2l_a)，接头位置应高于基础顶面或楼板顶面，当相邻钢筋采用错位搭接时两接头之间的距离应≥500 mm；当采用焊接连接时，相邻钢筋交错焊接，两接头之间的距离应≥35d 且≥500 mm，且连接点应距基础顶面或楼板顶面的距离应≥500 mm。

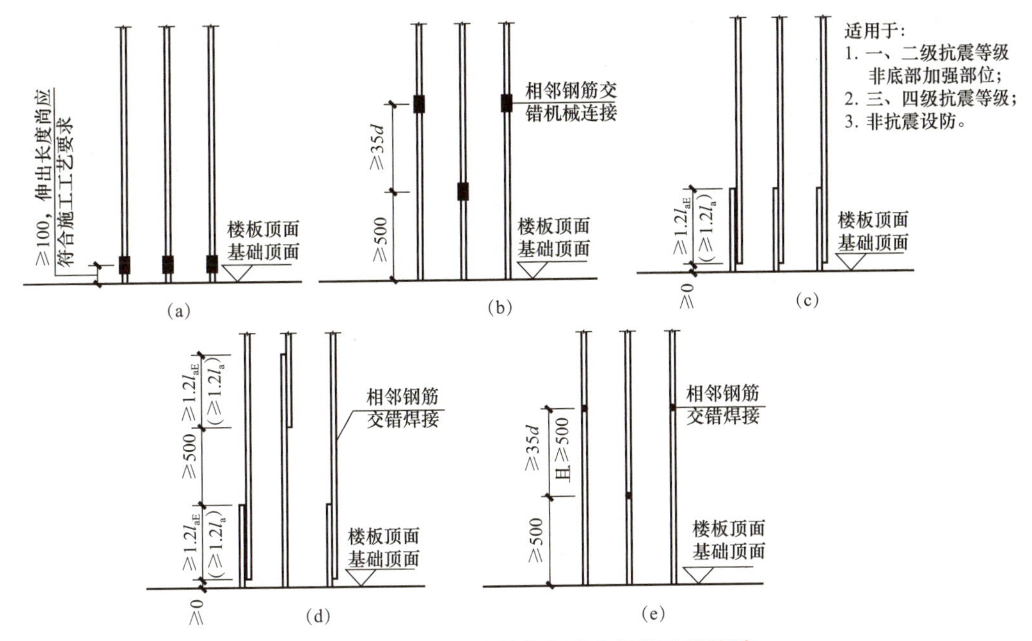

图 6-49　后浇剪力墙竖向分布钢筋连接构造

（适用于非边缘构件和约束边缘构件非阴影部分的后浇段竖向分布钢筋）

(a) Ⅰ级接头机械连接；(b)机械连接；(c)搭接(一)；(d)搭接(二)；(e)焊接

(2)后浇剪力墙边缘构件纵向钢筋连接构造，如图 6-50 所示。后浇剪力墙边缘构件纵向钢筋连接构造适用于构造边缘构件和约束边缘构件阴影部分的纵向钢筋。当采用Ⅰ级接

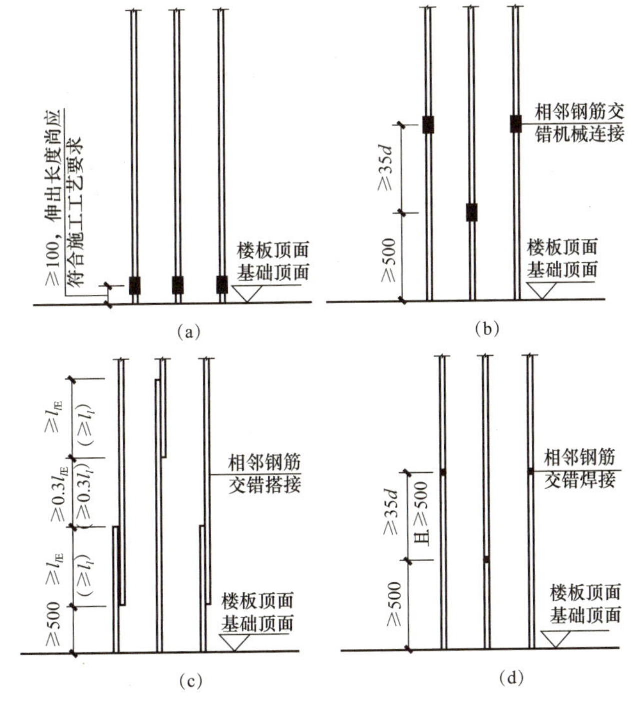

图 6-50　后浇剪力墙边缘构件纵向钢筋连接构造

（适用于构造边缘构件和约束边缘构件阴影部分的纵向钢筋）

(a) Ⅰ级接头机械连接；(b)机械连接；(c)搭接；(d)焊接

头机械连接时，接头位置与基础顶面或楼板顶面的距离应≥100 mm，伸出长度应符合施工工艺的要求；当采用机械连接时，相邻钢筋交错连接，两接头之间的距离应≥35d，且连接点距基础顶面或楼板顶面的距离应≥500 mm；当采用搭接连接时，相邻钢筋应交错搭接，两接头之间的距离应≥0.3l_{lE}(≥0.3l_l)，钢筋搭接的长度应≥l_{lE}(≥l_l)，连接点与基础顶面或楼板顶面的距离应≥500 mm；当采用焊接连接时，相邻钢筋应交错焊接，两接头之间的距离应≥35d 且≥500 mm，且连接点与基础顶面或楼板顶面的距离应≥500 mm。

搭接长度范围内，边缘构件端柱的箍筋直径不应小于竖向搭接钢筋最大直径的0.25 倍，箍筋间距不应大于竖向钢筋最小直径的 5 倍，且不应大于 100 mm。

6.6.2 预制墙间的竖向接缝构造

预制墙间的竖向接缝构造 Q1-1

(1)预制墙间的竖向接缝构造(无附加连接钢筋)。该预制墙间的竖向接缝构造适用于剪力墙非边缘构件部分。竖向接缝常用的方法有预留直线钢筋搭接、预留弯钩钢筋连接、预留 U 形钢筋连接、预留半圆形钢筋连接等四种方式。其构造要求如图 6-51 所示。

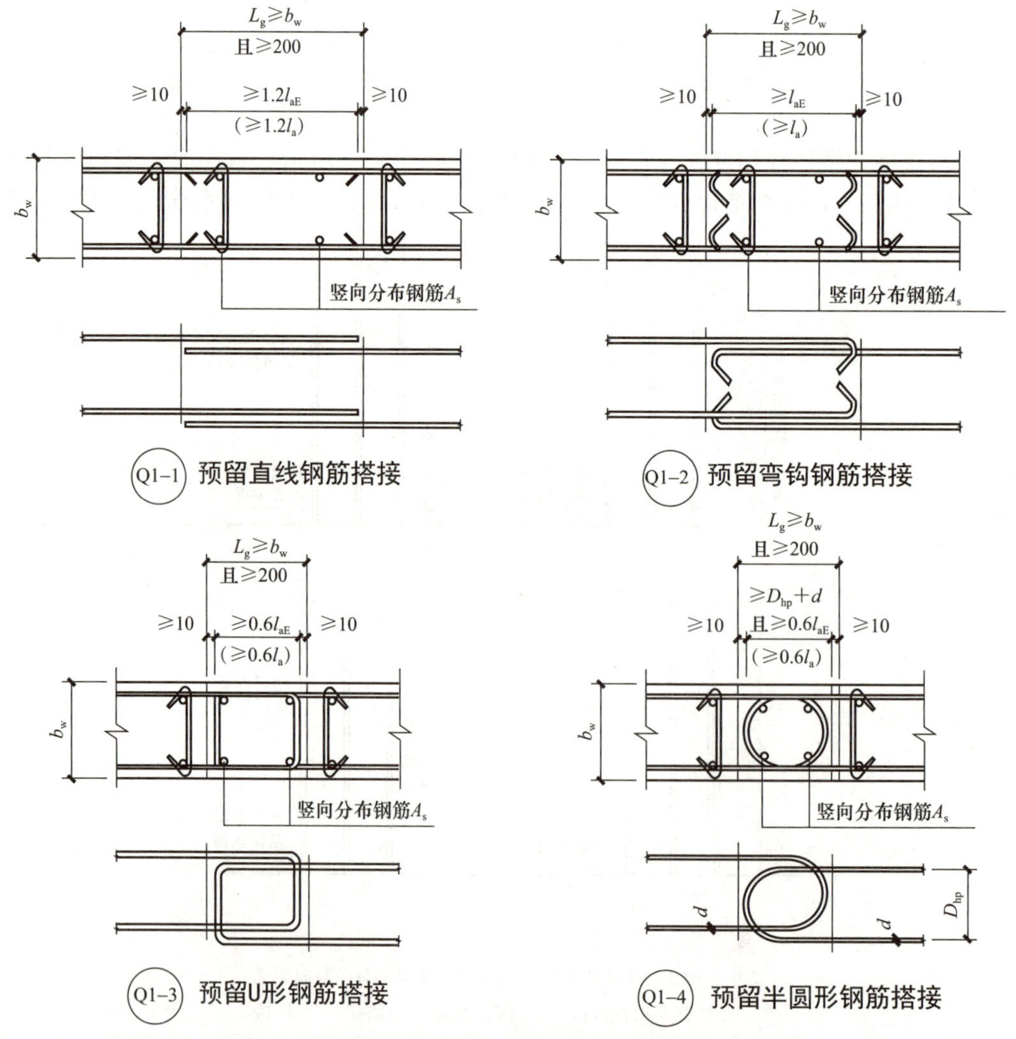

图 6-51 预制墙间的竖向接缝构造(无附加连接钢筋)

后浇段的宽度不应小于墙厚且不宜小于 200 mm；后浇段内应设置不少于 4 根竖向钢筋，钢筋直径不应小于墙体竖向分布钢筋直径且不应小于 8 mm。后浇段宽度 L_g、竖向分布钢筋 A_s、半圆形钢筋中心弯弧直径 D_{hp} 由设计标注。

构造要求如下：

1）节点 Q1-1：后浇段的宽度应 $\geqslant b_w$ 且 $\geqslant 200$ mm，预留直线钢筋的搭接长度应 $\geqslant 1.2l_{aE}$（$\geqslant 1.2l_a$），搭接钢筋的钢筋末端距后浇段的距离应 $\geqslant 10$ mm。

2）节点 Q1-2：后浇段的宽度应 $\geqslant b_w$ 且 $\geqslant 200$ mm，预留弯钩钢筋的搭接长度应 $\geqslant l_{aE}$（$\geqslant l_a$），钢筋弯钩处距后浇段的距离应 $\geqslant 10$ mm。预留钢筋可采用末端带 90°弯钩的锚固构造。

3）节点 Q1-3：后浇段的宽度应 $\geqslant b_w$ 且 $\geqslant 200$ mm，预留 U 形钢筋的搭接长度应 $\geqslant 0.6l_{aE}$（$\geqslant 0.6l_E$），U 形钢筋的最外缘距后浇段的距离应 $\geqslant 10$ mm。

4）节点 Q1-4：后浇段的宽度应 $\geqslant b_w$ 且 $\geqslant 200$ mm，预留半圆形钢筋的搭接长度应 $\geqslant$ 半圆形钢筋中心弯弧直径 + 钢筋直径 d 且 $\geqslant 0.6l_{aE}$（$\geqslant 0.6l_a$），半圆形钢筋的最外缘距后浇段的距离应 $\geqslant 10$ mm。

（2）预制墙间的竖向接缝构造（有附加连接钢筋）。该预制墙间的竖向接缝构造适用于剪力墙非边缘构件部分。竖向接缝常用的方法有附加封闭连接钢筋与预留 U 形钢筋连接、附加封闭连接钢筋与预留弯钩钢筋连接连接钢筋、附加弯钩与预留 U 形钢筋连接、附加弯钩连接钢筋与预留弯钩钢筋连接、附加长圆环连接钢筋与预留半圆形钢筋连接等五种方式。其构造要求如图 6-52 所示。后浇段宽度 L_g、竖向分布钢筋 A_s、附加连接钢筋 A_{sd} 由设计标注。

预制墙间的竖向接缝构造 Q1-5

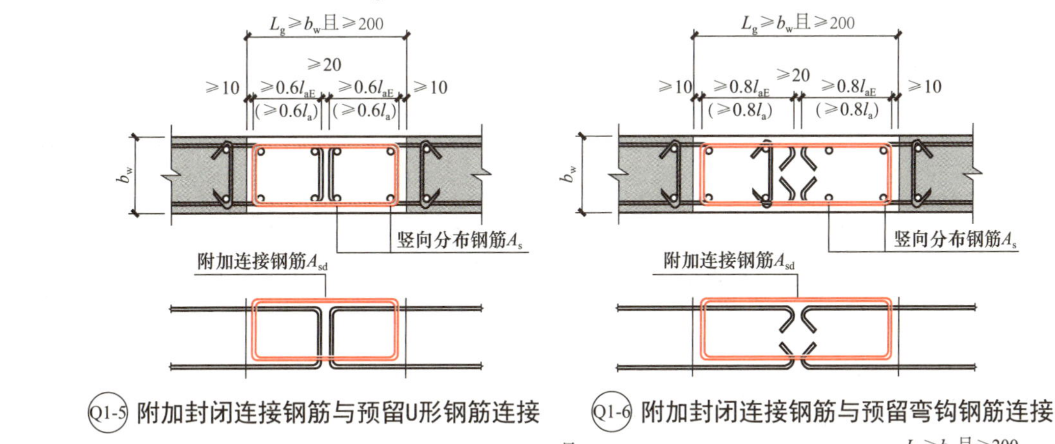

Q1-5 附加封闭连接钢筋与预留U形钢筋连接　Q1-6 附加封闭连接钢筋与预留弯钩钢筋连接

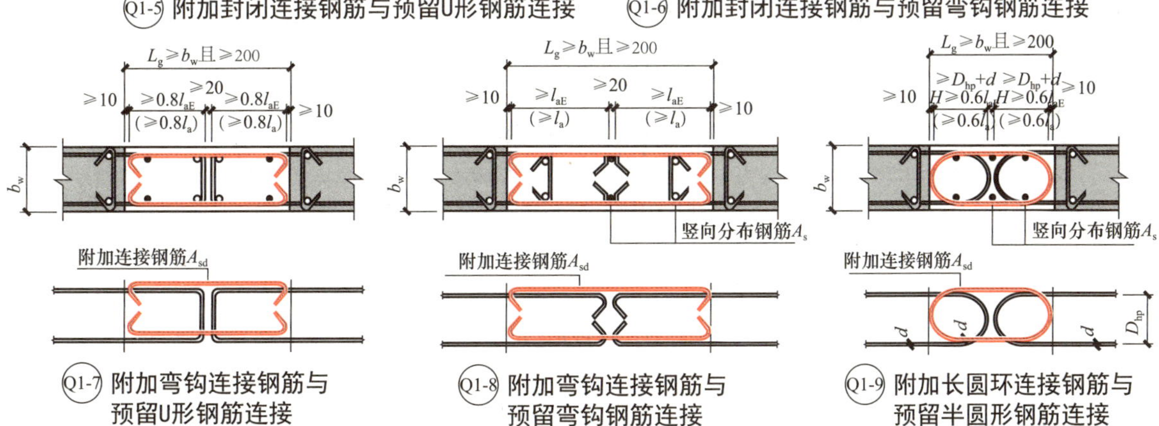

Q1-7 附加弯钩连接钢筋与预留U形钢筋连接　Q1-8 附加弯钩连接钢筋与预留弯钩钢筋连接　Q1-9 附加长圆环连接钢筋与预留半圆形钢筋连接

图 6-52　预制墙间的竖向接缝构造（有附加连接钢筋）

构造要求如下：

1）节点 Q1-5：后浇段的宽度应≥b_w 且≥200 mm，附加封闭连接钢筋与预留 U 形钢筋的搭接长度应≥0.6l_{aE}（≥0.6l_a），附加封闭连接钢筋的最外缘距后浇段的距离应≥10 mm。预留 U 形钢筋最外缘之间的距离应≥20 mm。

2）节点 Q1-6：后浇段的宽度应≥b_w 且≥200 mm，附加封闭连接钢筋与预留弯钩钢筋的搭接长度应≥0.8l_{aE}（≥0.8l_a），附加封闭连接钢筋的最外侧距后浇段的距离应≥10 mm。预留弯钩钢筋的弯钩之间的距离应≥20 mm。

3）节点 Q1-7：后浇段的宽度应≥b_w 且≥200 mm，附加弯钩连接钢筋与预留 U 形钢筋的搭接长度应≥0.8l_{aE}（≥0.8l_a），附加弯钩最外缘距后浇段的距离应≥10 mm。预留 U 形钢筋最外缘之间的距离应≥20 mm。

4）节点 Q1-8：后浇段的宽度应≥b_w 且≥200 mm，附加弯钩连接钢筋与预留弯钩钢筋的搭接长度应≥l_{aE}（≥l_a），附加弯钩最外缘距后浇段的距离应≥10 mm。预留弯钩钢筋最外缘之间的距离应≥20 mm。

5）节点 Q1-9：后浇段的宽度应≥b_w 且≥200 mm，附加长圆环连接钢筋与预留半圆形钢筋的搭接长度应≥半圆形钢筋中心弯弧直径＋钢筋直径 d 且≥0.6l_{aE}（≥0.6l_a），附加长圆环连接钢筋最外缘距后浇段的距离应≥10 mm。预留半圆形钢筋最外缘之间的距离应≥20 mm。

预制墙与现浇墙间的竖向接缝构造 Q2-1

（3）预制墙与现浇墙间的竖向接缝构造。该预制墙与现浇墙间的竖向接缝构造适用于剪力墙非边缘构件部分。竖向接缝常用的方法有直线钢筋搭接、U 形钢筋连接、U 形钢筋与预留弯钩钢筋连接、弯钩钢筋与预留 U 形钢筋连接、弯钩钢筋连接、半圆形钢筋连接等六种方式。其构造要求如图 6-53 所示。

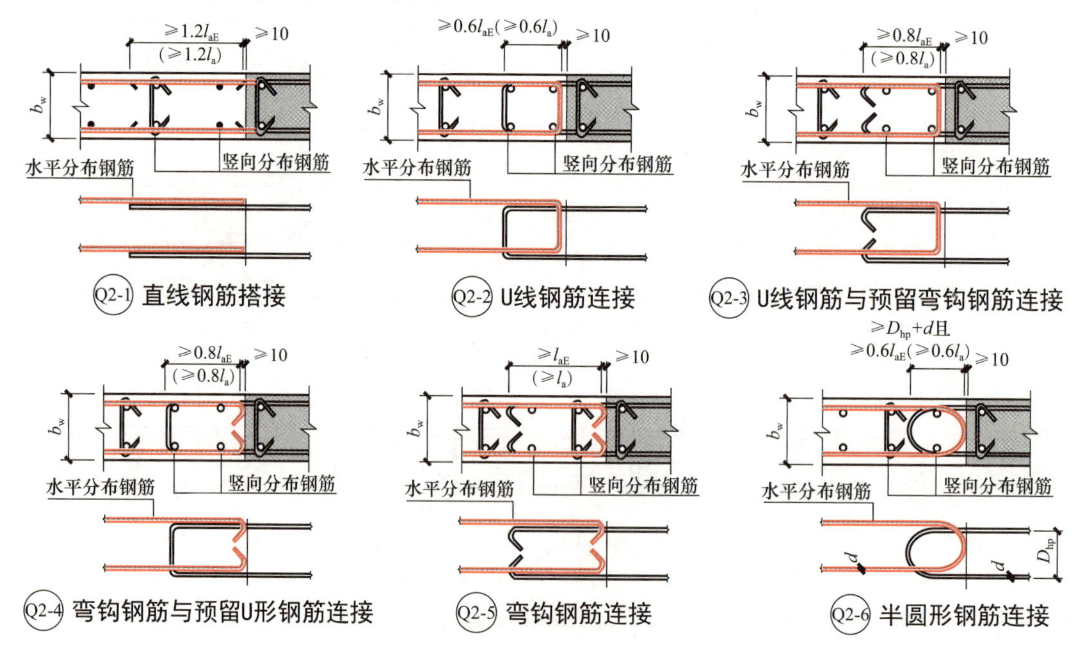

图 6-53　预制墙与现浇墙间的竖向接缝构造

直线钢筋搭接中现浇墙水平分布钢筋与预制墙水平分布钢筋的搭接长度应≥1.2l_{aE}

($\geqslant$1.2l_a)，现浇墙水平分布钢筋的钢筋末端距预制墙的距离$\geqslant$10 mm；U形钢筋连接中现浇墙水平分布钢筋与预制墙水平分布钢筋的搭接长度应$\geqslant$0.6l_{aE}($\geqslant$0.6l_a)，现浇墙水平分布钢筋的钢筋外缘距预制墙的距离$\geqslant$10 mm；U形钢筋与预留弯钩钢筋连接中现浇墙的U形钢筋与预制墙的弯钩钢筋的水平搭接长度应$\geqslant$0.8l_{aE}($\geqslant$0.8l_a)，现浇墙水平分布钢筋的钢筋外缘距预制墙的距离$\geqslant$10 mm；弯钩钢筋与预留U形钢筋连接中现浇墙的弯钩钢筋与预制墙的U形钢筋水平搭接长度应$\geqslant$0.8l_{aE}($\geqslant$0.8l_a)，现浇墙水平分布钢筋的钢筋外缘距预制墙的距离$\geqslant$10 mm；弯钩钢筋连接中现浇墙水平分布钢筋与预制墙水平分布钢筋的搭接长度应$\geqslant l_{aE}$($\geqslant l_a$)，现浇墙水平分布钢筋的钢筋外缘距预制墙的距离$\geqslant$10 mm；半圆形钢筋连接中现浇墙水平分布钢筋与预制墙水平分布钢筋的搭接长度应$\geqslant$半圆形钢筋中心弯弧直径＋钢筋直径d且$\geqslant$0.6l_{aE}($\geqslant$0.6l_a)，现浇墙水平分布钢筋的钢筋外缘距预制墙的距离$\geqslant$10 mm。

(4)预制墙与后浇边缘暗柱间的竖向接缝构造。预制墙与后浇边缘暗柱间的竖向接缝构造如图6-54所示。后浇边缘暗柱的长度应取b_w和400 mm的较大值，对约束边缘构件尚应$\geqslant l_c/2$。

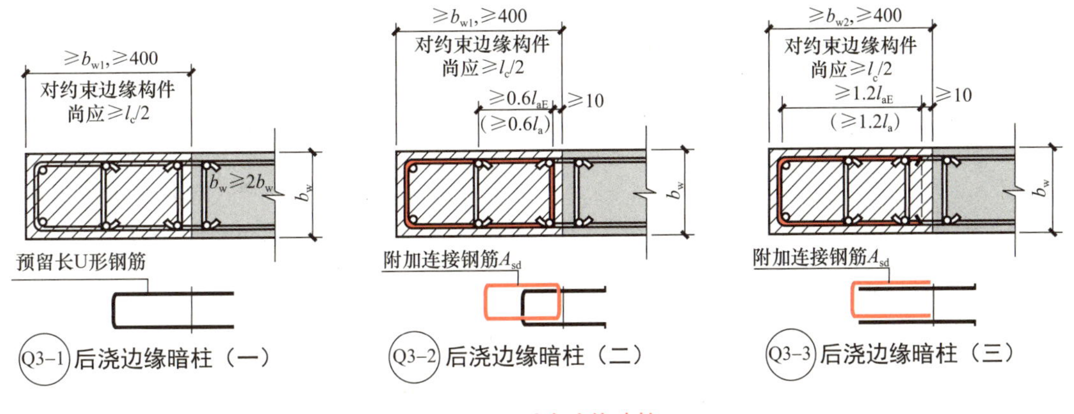

图 6-54　后浇边缘暗柱

(5)预制墙与后浇端柱间的竖向接缝构造。预制墙与后浇端柱间的竖向接缝构造如图6-55所示。约束边缘端柱矩形柱的截面高度和截面宽度均应$\geqslant 2b_w$，约束边缘端柱需伸出一段翼缘，伸出长度应$\geqslant$300 mm。

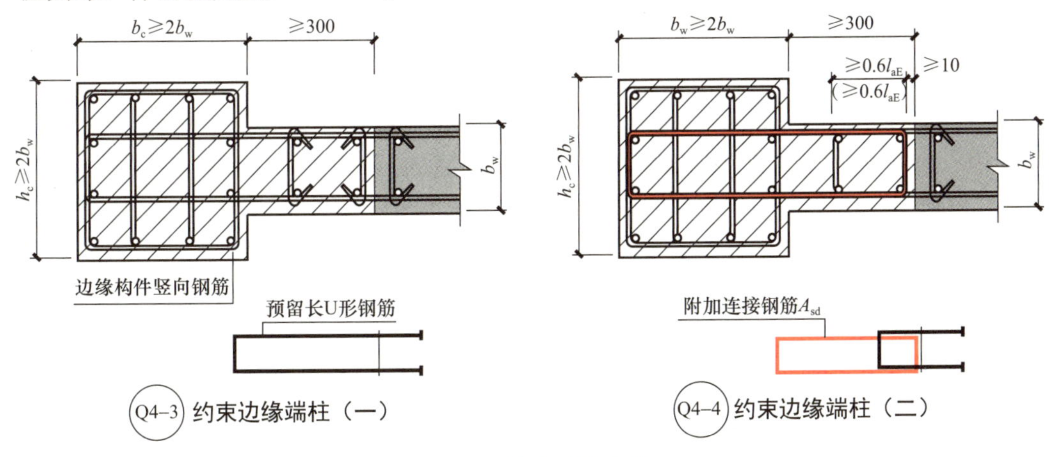

图 6-55　约束边缘端柱

(6)预制墙在转角墙处的竖向接缝构造(构造边缘转角墙)。预制墙在构造边缘转角墙处的竖向接缝构造有四种节点构造，如图 6-56 所示。

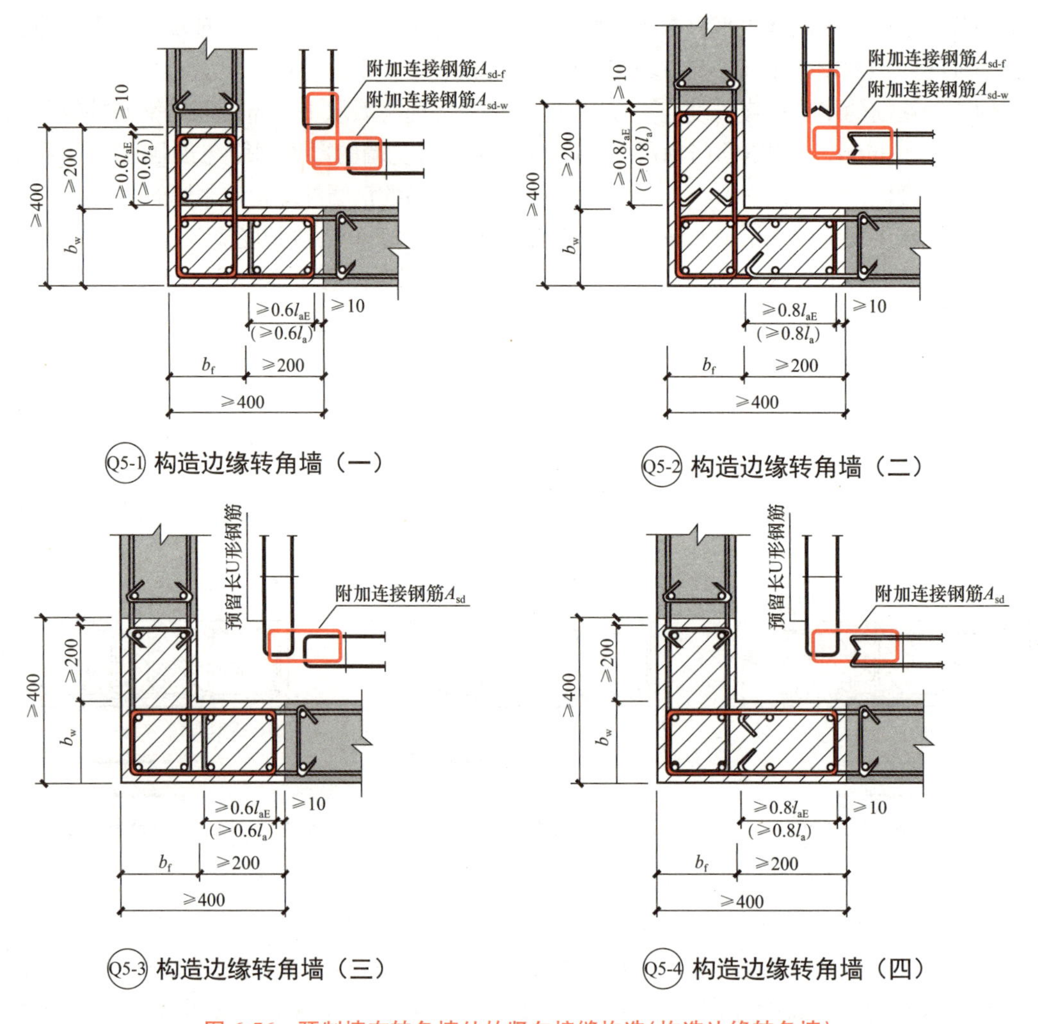

图 6-56　预制墙在转角墙处的竖向接缝构造(构造边缘转角墙)

构造边缘转角墙，每边长度等于对边墙厚与 200 mm 的和，且总长度≥400 mm。

封闭式附加连接钢筋与预留 U 形钢筋的搭接长度应≥$0.6l_{aE}$(≥$0.6l_a$)，封闭式附加连接钢筋与预留弯钩钢筋的搭接长度应≥$0.8l_{aE}$(≥$0.8l_a$)，封闭式附加连接钢筋与预留 U 形钢筋的搭接长度应≥$0.6l_{aE}$(≥$0.6l_a$)，封闭式附加连接钢筋与预留弯钩钢筋的搭接长度应≥$0.8l_{aE}$(≥$0.8l_a$)。

(7)预制墙在转角墙处的竖向接缝构造(约束边缘转角墙)。预制墙在约束边缘转角墙处的竖向接缝构造有三种节点构造，如图 6-57 所示。约束边缘构件伸出翼缘的长度应取对边墙厚与 300 mm 的较大值。封闭式附加连接钢筋与预留 U 形钢筋的搭接长度应≥$0.6l_{aE}$(≥$0.6l_a$)，封闭式附加连接钢筋与预留弯钩钢筋的搭接长度应≥$0.8l_{aE}$(≥$0.8l_a$)。

(8)预制墙在有翼墙处的竖向接缝构造(约束边缘翼墙)。预制墙在约束边缘翼墙处的竖向接缝构造，如图 6-58 所示。封闭式附加连接钢筋与预留 U 形钢筋的搭接长度应≥$0.6l_{aE}$(≥$0.6l_a$)，附加连接钢筋与预留 U 形钢筋的搭接长度应≥$0.8l_{aE}$(≥$0.8l_a$)，封闭式附加连接钢筋与预留弯钩钢筋的搭接长度应≥$0.8l_{aE}$(≥$0.8l_a$)，附加连接钢筋与预留弯钩钢筋的搭接长度应≥l_{aE}(≥l_a)。

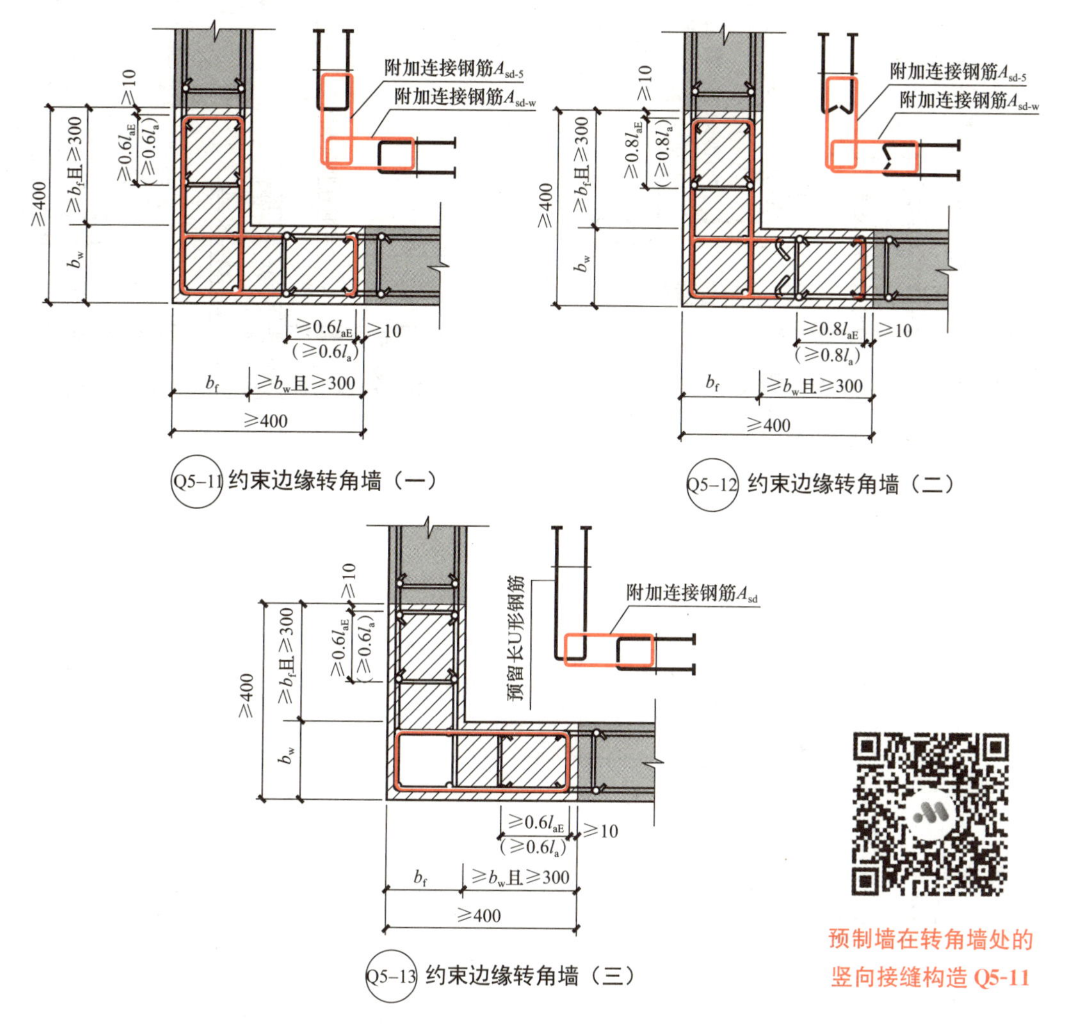

图 6-57　预制墙在转角墙处的竖向接缝构造(约束边缘转角墙)

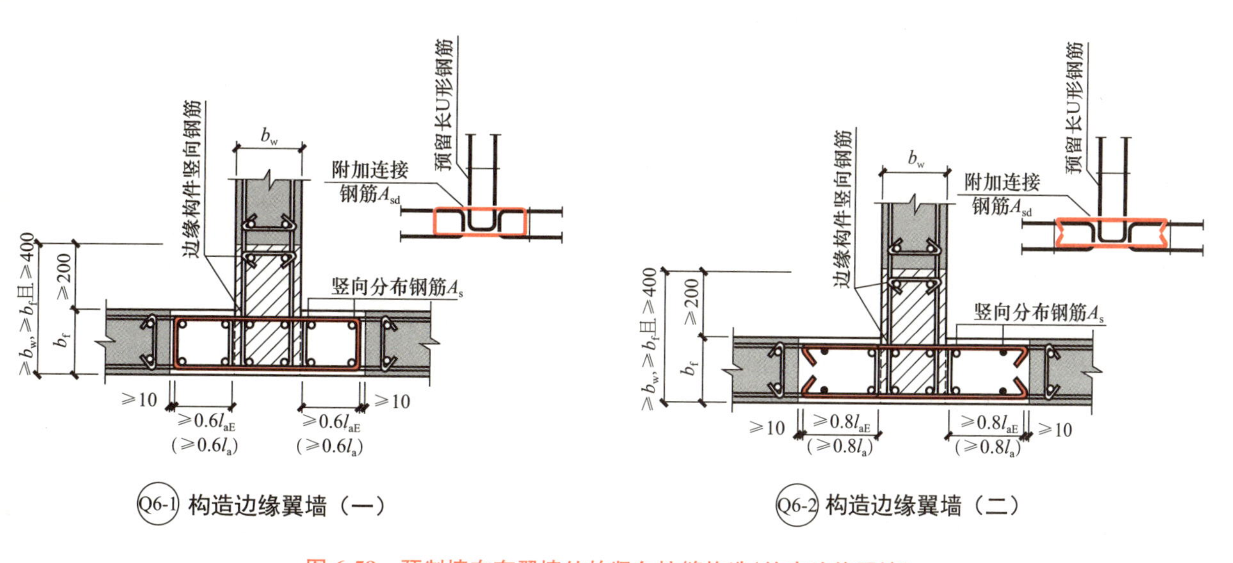

图 6-58　预制墙在有翼墙处的竖向接缝构造(约束边缘翼墙)

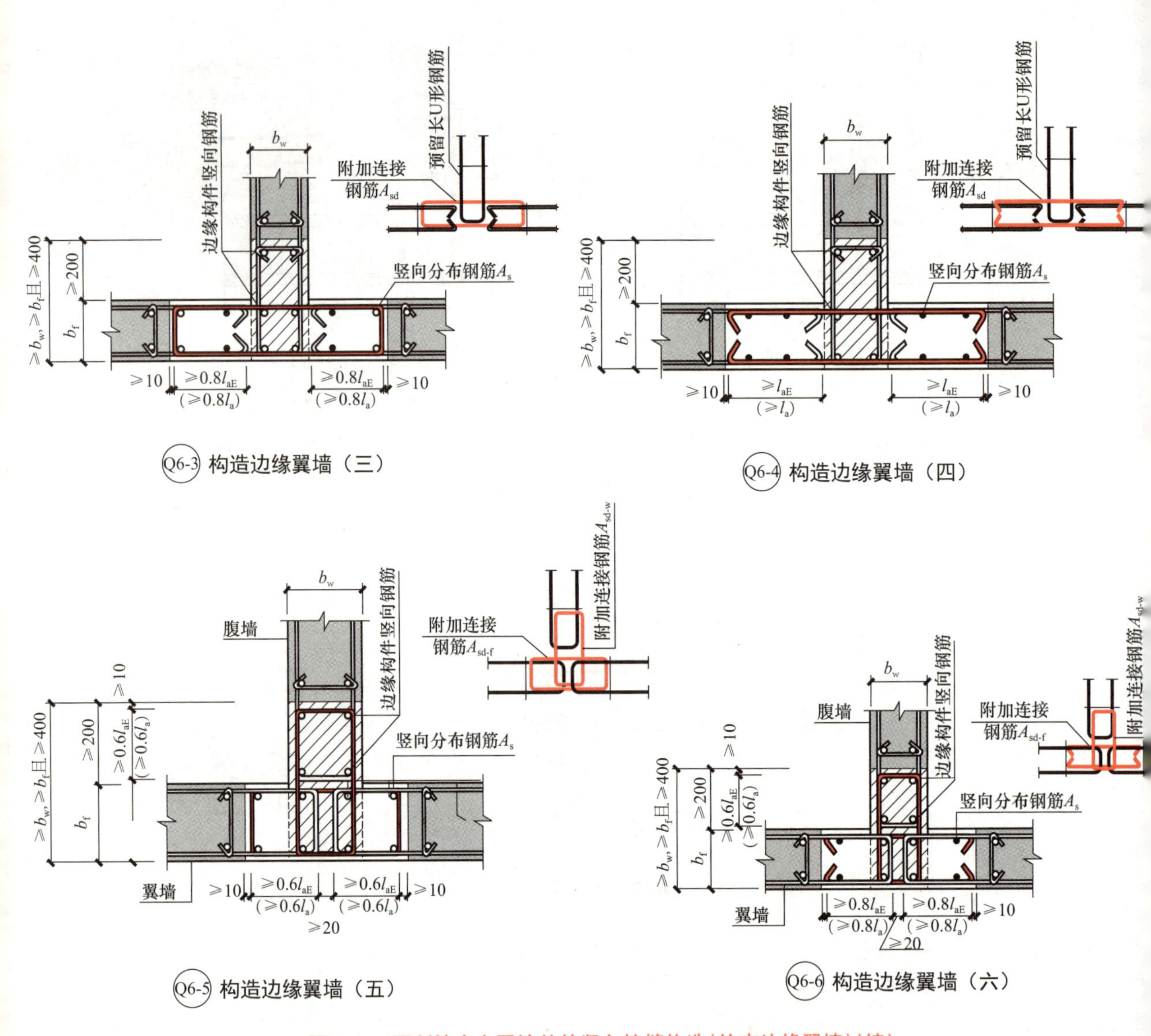

图 6-58　预制墙在有翼墙处的竖向接缝构造(约束边缘翼墙)(续)

6.6.3　预制墙水平接缝连接构造

1. 预制墙水平接缝连接构造

预制墙水平接缝连接构造(图 6-59)有预制墙边缘构件的竖向钢筋连接构造(钢筋套筒灌浆连接)、预制墙竖向分布钢筋逐根连接(钢筋套筒灌浆连接)、预制墙竖向分布钢筋部分连接(钢筋套筒灌浆连接，连接的钢筋通长)和抗剪用连接钢筋构造四种方式。其中，抗剪用连接钢筋构造做法适用于连接钢筋仅作为抗剪用，且应经设计验算后使用。灌浆料填实距楼层标高的高度为 20 mm。节点 Q8-2 中，同侧灌浆套筒之间的间距不大于 300 mm；节点 Q8-3 中，同侧灌浆套筒之间的间距不大于 600 mm；节点 Q8-4 中，金属波纹管浆锚之间的间距不大于 600 mm。

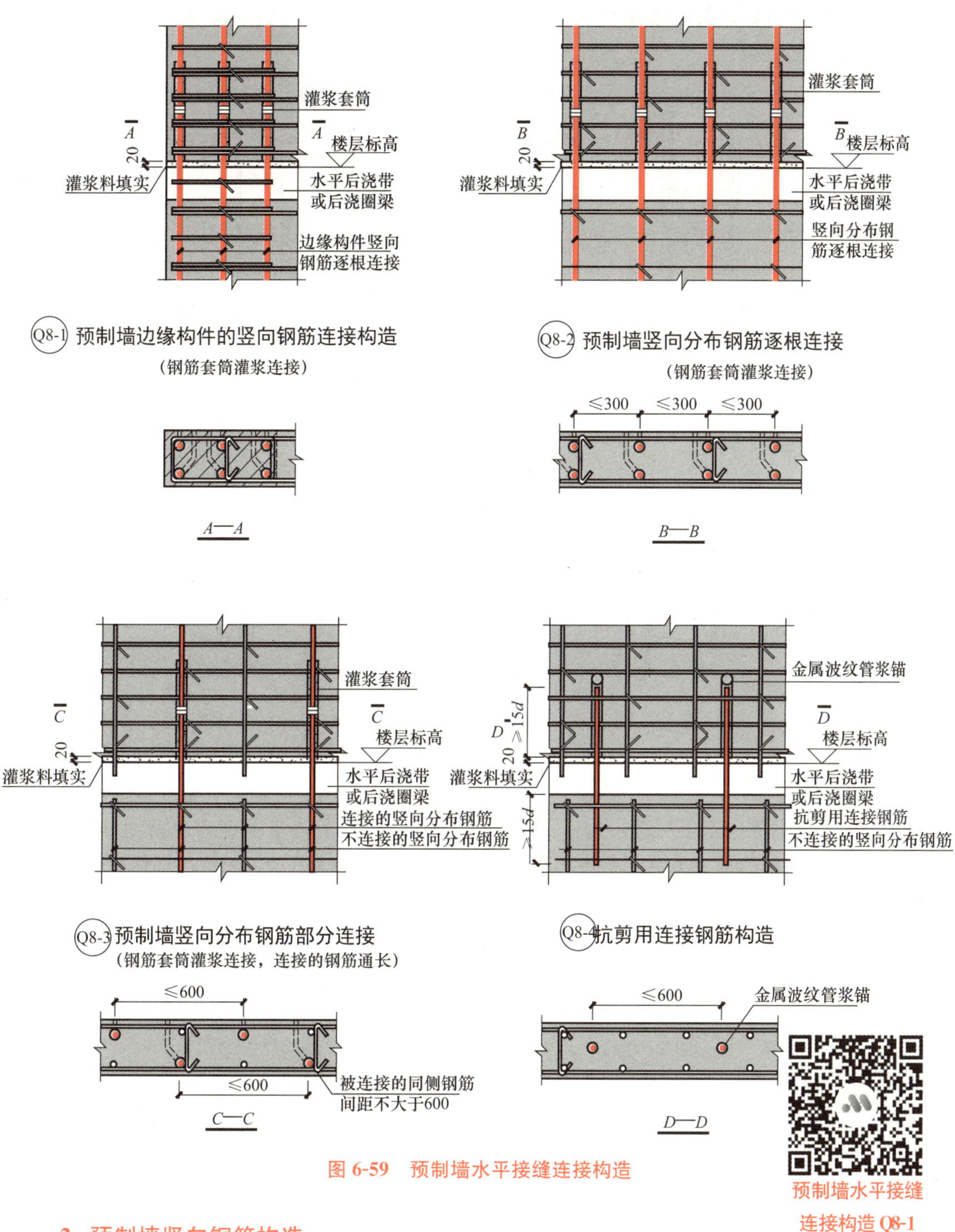

图 6-59　预制墙水平接缝连接构造

2. 预制墙竖向钢筋构造

(1)预制墙竖向钢筋顶部构造。预制墙竖向钢筋顶部构造如图 6-60 所示，无论是中间还是端部，预制墙的竖向钢筋应伸入水平后浇带或后浇圈梁的顶部并弯折，弯折的水平长度应≥12d。

(2)预制墙变截面处竖向分布钢筋构造。预制墙变截面处有三种形式，其竖向分布钢筋的构造如图 6-61 所示。在变截面处，预制墙下层的竖向钢筋应伸入水平后浇带或后浇圈梁的顶部并向内弯折，弯折的水平长度应≥12d，上层预制墙的竖向钢筋应垂直锚入下层预制墙内，直锚长度应≥1.2l_{aE}(≥1.2l_a)。

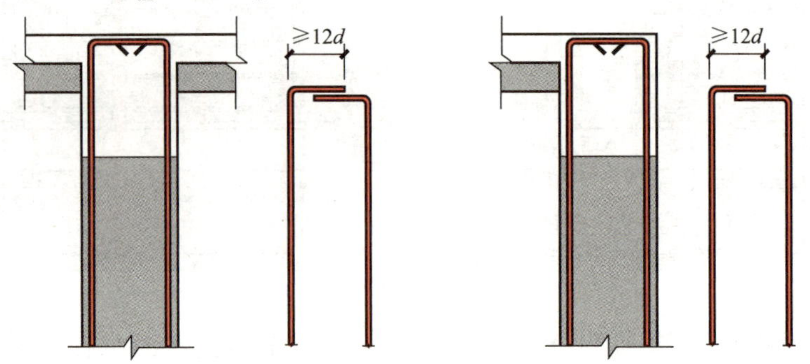

图 6-60 预制墙竖向钢筋顶部构造

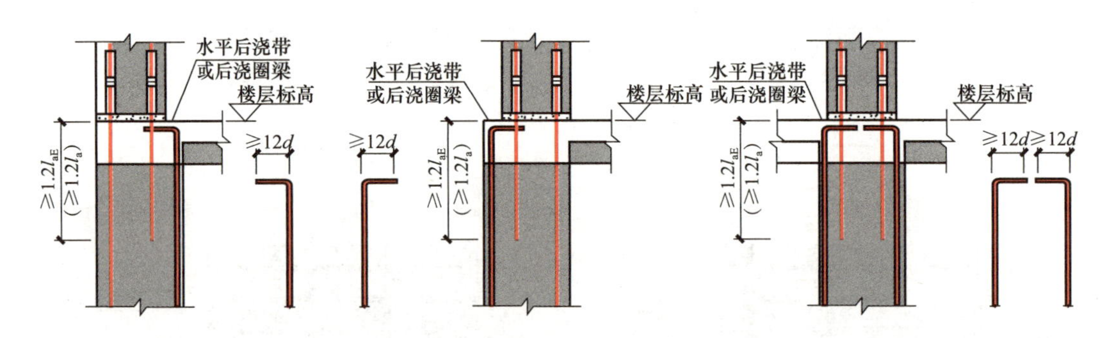

图 6-61 预制墙变截面处竖向分布钢筋构造

3. 水平后浇带和后浇圈梁构造

(1)水平后浇带。水平后浇带构造如图 6-62 所示。水平后浇带宽度应取剪力墙的厚度，高度不应小于楼板厚度；水平后浇带应与现浇或者叠合楼盖浇筑成整体。水平后浇带内应配置不少于 2 根连续纵向钢筋，其直径不宜小于 12 mm。

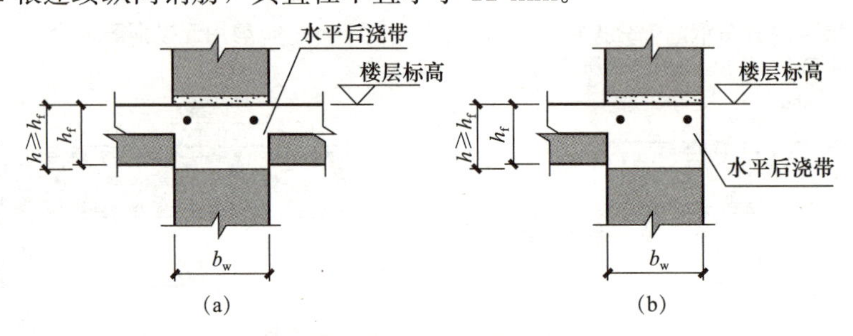

图 6-62 水平后浇带构造

(a)中间节点；(b)端部节点

(2)后浇圈梁。后浇圈梁构造如图 6-63 所示。后浇圈梁截面宽度不应小于剪力墙的厚度，截面高度不宜小于楼板厚度及 250 mm 的较大值；后浇圈梁应与现浇或叠合楼(屋)盖浇筑成整体。后浇圈梁内配置的纵向钢筋不应少于 4Φ12，且按全截面计算的配筋率不应小于 0.5%和水平分布钢筋配筋率的较大值，纵向钢筋竖向间距不应大于 200 mm；箍筋间距不应大于 200 mm，且箍筋直径不应小于 8 mm。

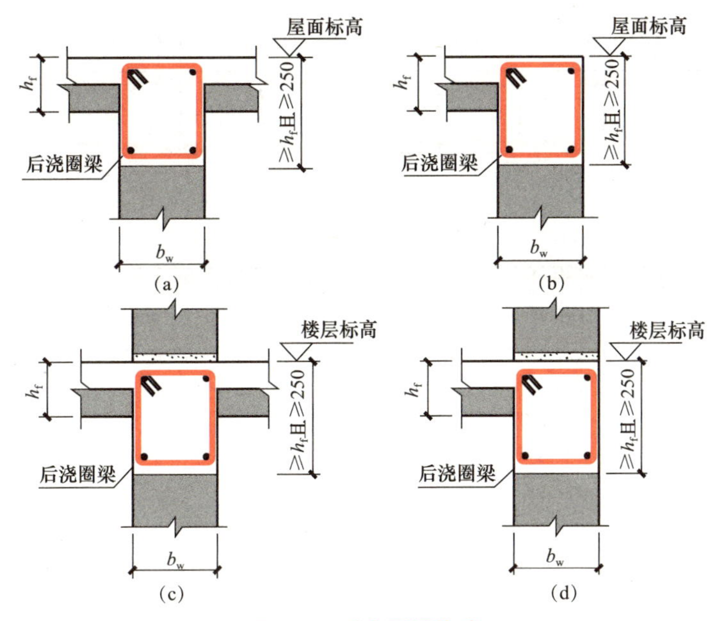

图 6-63　后浇圈梁构造

(a)顶层中间节点；(b)顶层墙部节点；(c)楼层中间节点；(d)楼层端部节点

4. 水平后浇带和后浇圈梁钢筋构造

(1)水平后浇带。水平后浇带钢筋构造如图 6-64 所示，后浇带内的纵向钢筋应交错搭接，同侧钢筋的搭接长度应≥$1.2l_{aE}$（≥$1.2l_a$）。上、下两层相邻钢筋的搭接接头之间，沿水平方向的净间距应≥500 mm。当有转角墙时，剪力墙外墙外侧水平钢筋在转角墙处搭接，内侧水平分布钢筋应伸至转角墙外侧，并分别向两侧水平弯折，弯折长度应≥15d；当有翼墙时，剪力墙内墙两侧的水平钢筋应伸至翼墙外边，并分别向两侧水平弯折，弯折长度≥15d。

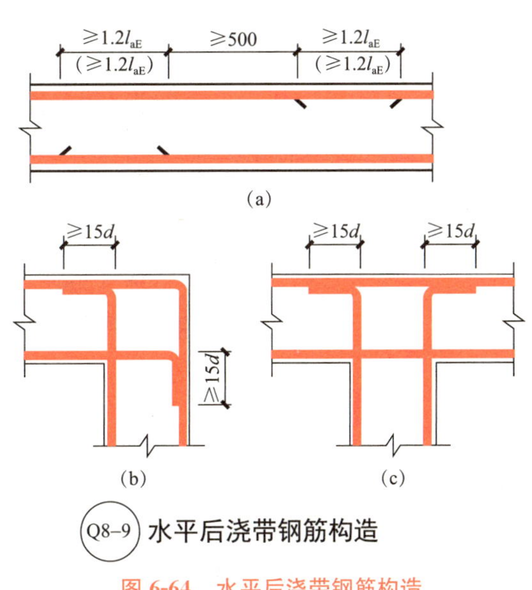

图 6-64　水平后浇带钢筋构造

(a)纵向钢筋交错搭接；(b)转角墙；(c)有翼墙

(2)后浇圈梁钢筋构造。后浇圈梁钢筋构造如图 6-65 所示。后浇圈梁内的纵向钢筋应交错搭接，同侧钢筋的搭接长度应≥$1.2l_{aE}$（≥$1.2l_a$）。上、下两层相邻钢筋的搭接接头之间，沿水平方向的净间距应≥500 mm。当有转角墙时，剪力墙外墙外侧水平钢筋在转角墙处搭接，内侧水平分布钢筋应伸至转角墙外侧，并分别向两侧水平弯折，弯折长度应≥15d；当有翼墙时，剪力墙内墙两侧的水平钢筋应伸至翼墙外边，并分别向两侧水平弯折，弯折长度≥15d。

(3)水平后浇带与梁的纵向钢筋搭接构造。水平后浇带与梁的纵向钢筋搭接构造如图 6-66 所示，在水平后浇带内，梁上部纵向钢筋与水平后浇带纵向钢筋的搭接长度应≥l_{lE}（≥l_l）。

(4)后浇圈梁与梁的纵向钢筋搭接构造。后浇圈梁与梁的纵向钢筋搭接构造如图6-67所示，在后浇圈梁内，梁上部纵向钢筋与后浇圈梁纵向钢筋的搭接长度应≥l_{lE}（≥l_l）。

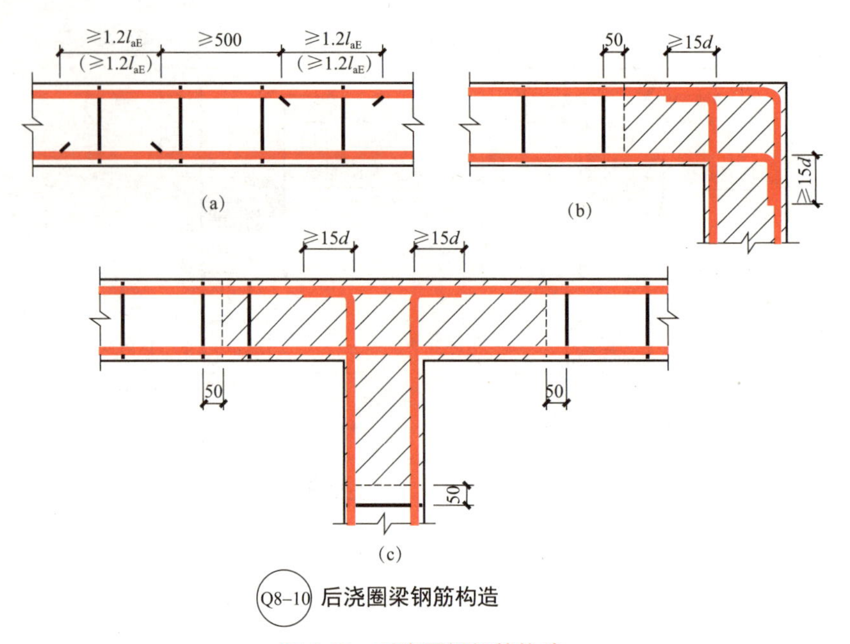

图 6-65　后浇圈梁钢筋构造

(a)纵向钢筋交错搭接；(b)转角墙；(c)有翼墙

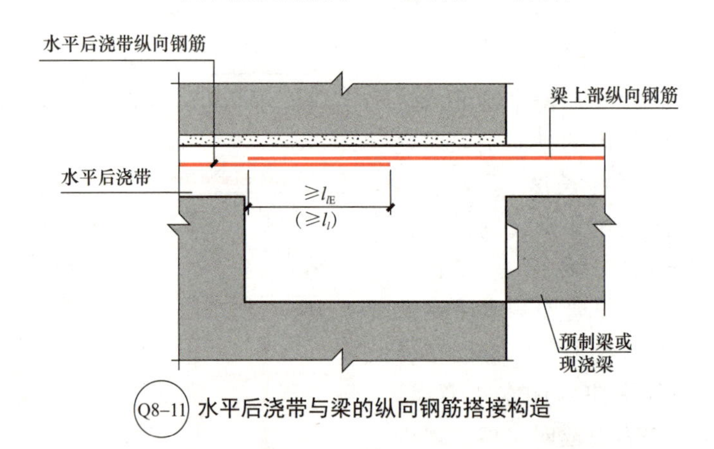

图 6-66　水平后浇带与梁的纵向钢筋搭接构造

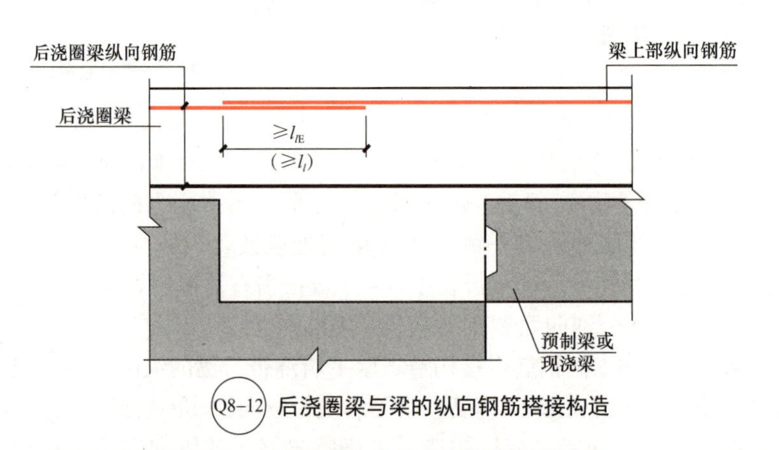

图 6-67　后浇圈梁与梁的纵向钢筋搭接构造

6.6.4 连梁及楼(屋)面梁与预制墙连接构造

1. 预制连梁与墙后浇带的连接构造

预制连梁与墙后浇带的连接构造如图 6-68 和图 6-69 所示。预制连梁与墙后浇带的连接构造有预制连梁纵筋锚固段采用机械连接和预制连梁预留纵筋在后浇段内锚固两种情况。其锚固要求如图 6-68 和图 6-69 中的截面 $A—A$、$B—B$、$C—C$ 和 $D—D$ 所示。

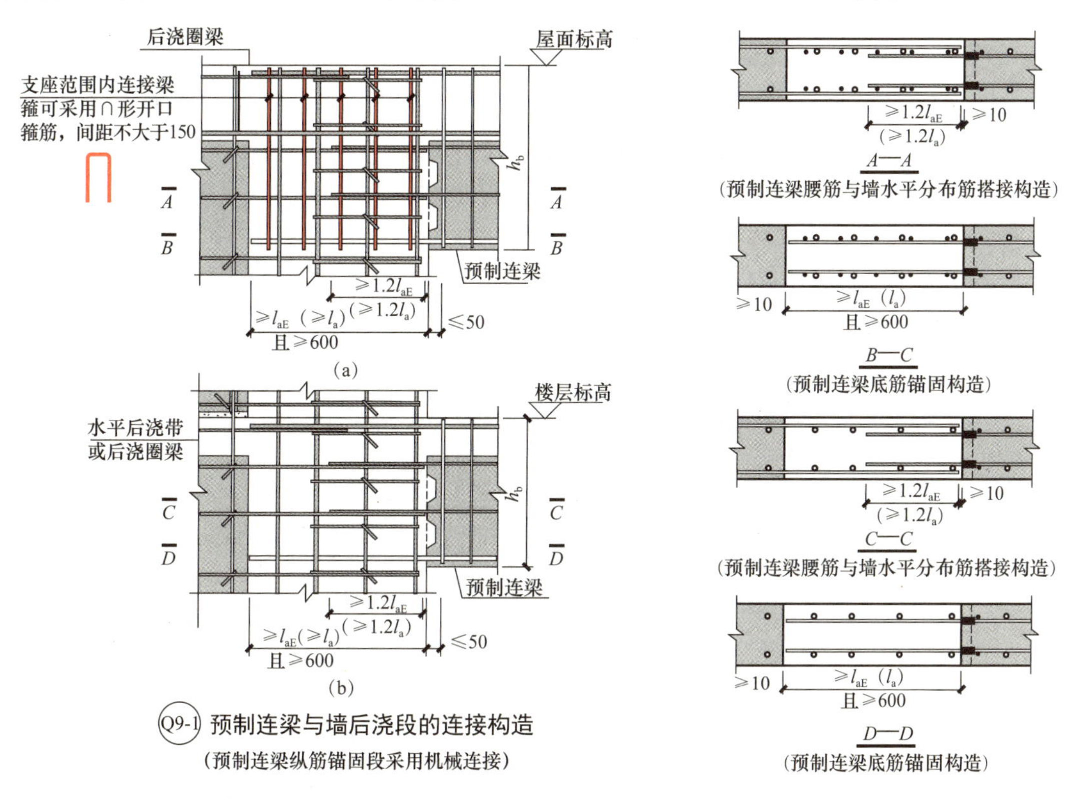

图 6-68 预制连梁与墙后浇带的连接构造(一)

(a)顶层；(b)中间层

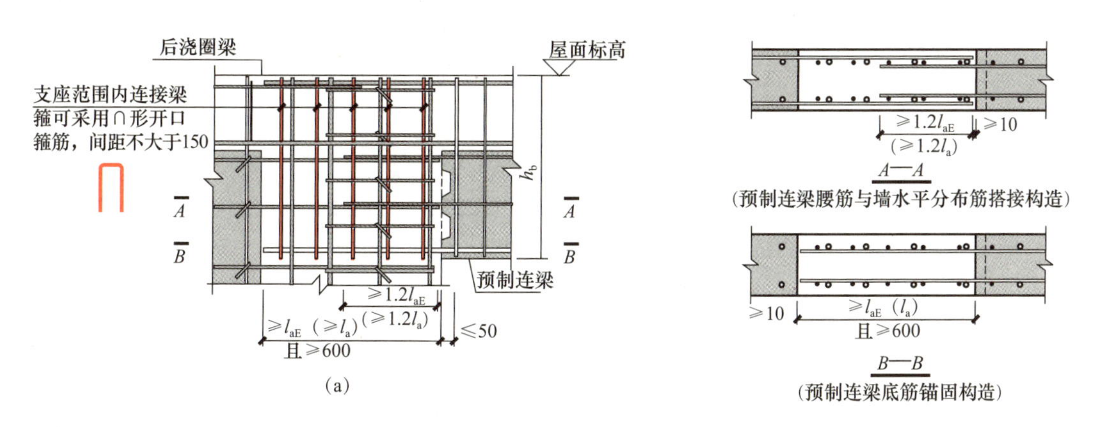

图 6-69 预制连梁与墙后浇带的连接构造(二)

(a)顶层

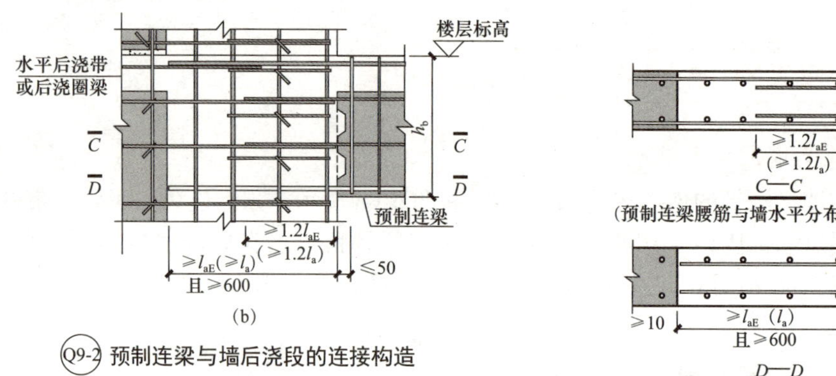

(b)

Q9-2 预制连梁与墙后浇段的连接构造

（预制连梁预留纵筋在后浇段内锚固）

$\geqslant 1.2l_{aE}$ $\geqslant 10$

$(\geqslant 1.2l_a)$

C—C

（预制连梁腰筋与墙水平分布筋搭接构造）

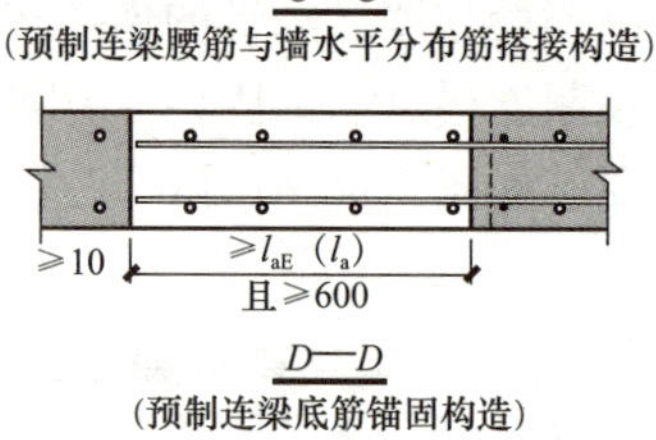

D—D

（预制连梁底筋锚固构造）

图 6-69 预制连梁与墙后浇带的连接构造(二)(续)

(b)中间层

2. 后浇连梁与预制墙连接构造

后浇连梁与预制墙连接构造如图 6-70 所示，预制墙与后浇连梁之间采用Ⅰ级接头机械连接，连接长度应$\geqslant l_{aE}$($\geqslant l_a$)且$\geqslant$600 mm。

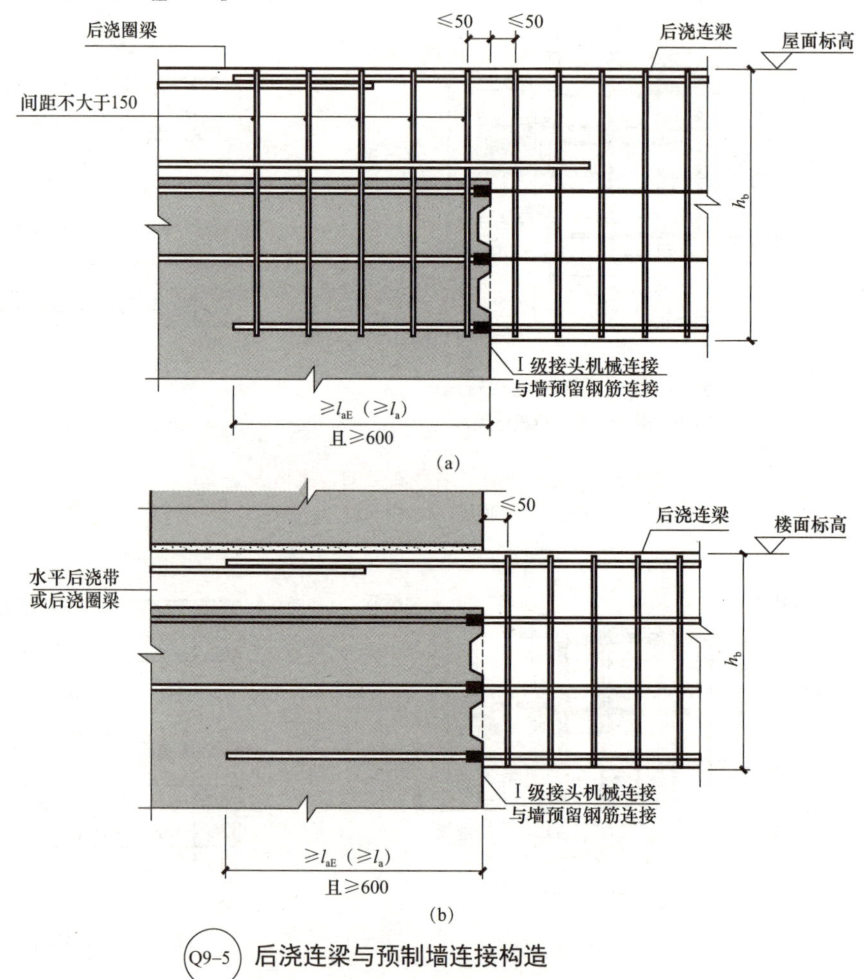

Q9-5 后浇连梁与预制墙连接构造

图 6-70 后浇连梁与预制墙连接构造

(a)顶层；(b)中间层

3. 预制连梁对接连接构造

预制连梁对接连接构造如图 6-71 所示。可采用钢筋Ⅰ级机械连接接头或套筒灌浆连接接头、钢筋绑扎搭接接头(搭接长度不小于 l_{lE}或 l_l)。后浇段内箍筋的间距不应大于 5d(d 为搭接的梁纵向钢筋的最小直径),且不应大于 100 mm。

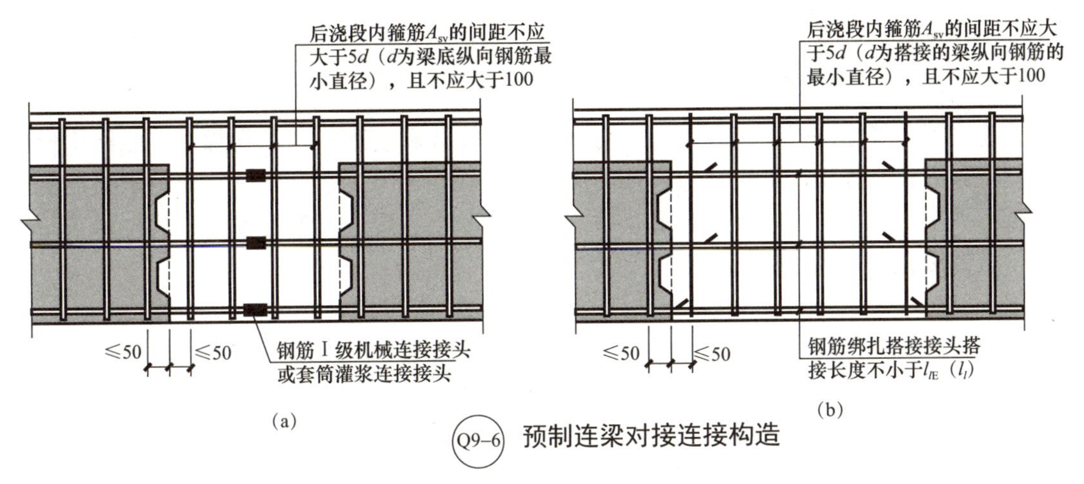

图 6-71 预制连梁对接连接构造

(a)钢筋机械连接或套筒灌浆连接；(b)钢筋绑扎搭接

思考题

1. 在平法图集 16G101—1 中,剪力墙梁的梁编号 LL2(JC)表示______________;剪力墙柱的编号 YBZ3 表示______________。

2. 端部有暗柱的剪力墙中,墙身水平分布钢筋应伸至暗柱端部,在暗柱外排纵向钢筋的________(内或外)侧弯折。

3. 在剪力墙的构造边缘构件中,纵向钢筋的接头位置应相互错开,第一批机械连接接头的位置距楼面不少于________,第二批接头距第一批接头不少于________。

第 7 章　现浇混凝土板式楼梯平法识图

钢筋混凝土楼梯按照施工方式的不同可分为整体式和装配式两种楼梯；按照结构形式的不同可分为板式楼梯、梁式楼梯、悬挑楼梯和螺旋楼梯等。本章中重点介绍现浇混凝土板式楼梯平法识图和构造做法，在第 8 章中将重点介绍装配式钢筋混凝土板式楼梯平法识图和构造做法。

7.1　楼梯基础知识

7.1.1　板式楼梯的组成

板式楼梯主要由踏步段、层间梯梁、层间平板、楼层梯梁和楼层平板等组成，如图 7-1 所示。板式楼梯按梯段形式的不同可分为单跑楼梯和双跑楼梯。

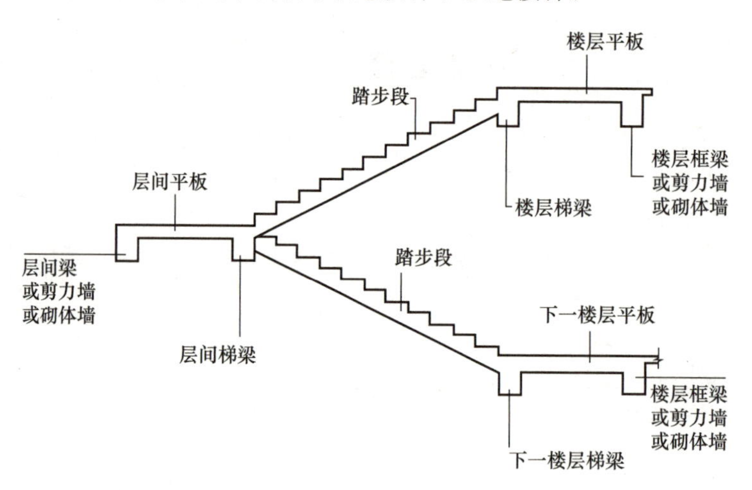

图 7-1　板式楼梯的组成

1. 踏步段

任何楼梯都包含踏步段，踏步段是由一阶阶的踏步组成。每个踏步的高度和宽度一般以上下楼梯舒适为准，且各段应该相等。

2. 层间梯梁

楼梯的层间梯梁起到支承层间平板和踏步段的作用。

3. 层间平板

楼梯的层间平板就是人们常说的“休息平台”。但应注意在“双跑楼梯”中包含层间平板，而“单跑楼梯”不包含层间平台。

4. 楼层梯梁

楼梯的楼层梯梁起到支承楼层平板和踏步段的作用。

5. 楼层平板

楼层平板是每个楼层中连接楼层梯梁或踏步段的平板，但并不是所有楼梯间都包含楼层平板。

在《混凝土结构施工图平面整体表示方法制图规则和构造详图(现浇混凝土板式楼梯)》(16G101—2)图集中将楼梯划分为十二种类型，单跑楼梯包括 AT 型、BT 型、CT 型、DT 型和 ET 型五种和 ATa 型、ATb 型、ATc 型、CTa 型、CTb 型五种；双跑楼梯包括 FT 型、GT 型两种。这 12 种楼梯的截面形状与支座位置示意图如图 7-2 所示。

AT～ET 型板式楼梯代号代表一段带上下支座的梯板。梯板的主体为踏步段，除踏步段外，梯板可包括低端平板、高端平板以及中位平板。

FT、GT 型板式楼梯每个代号代表两跑踏步段和连接它们的楼层平板及层间平板。

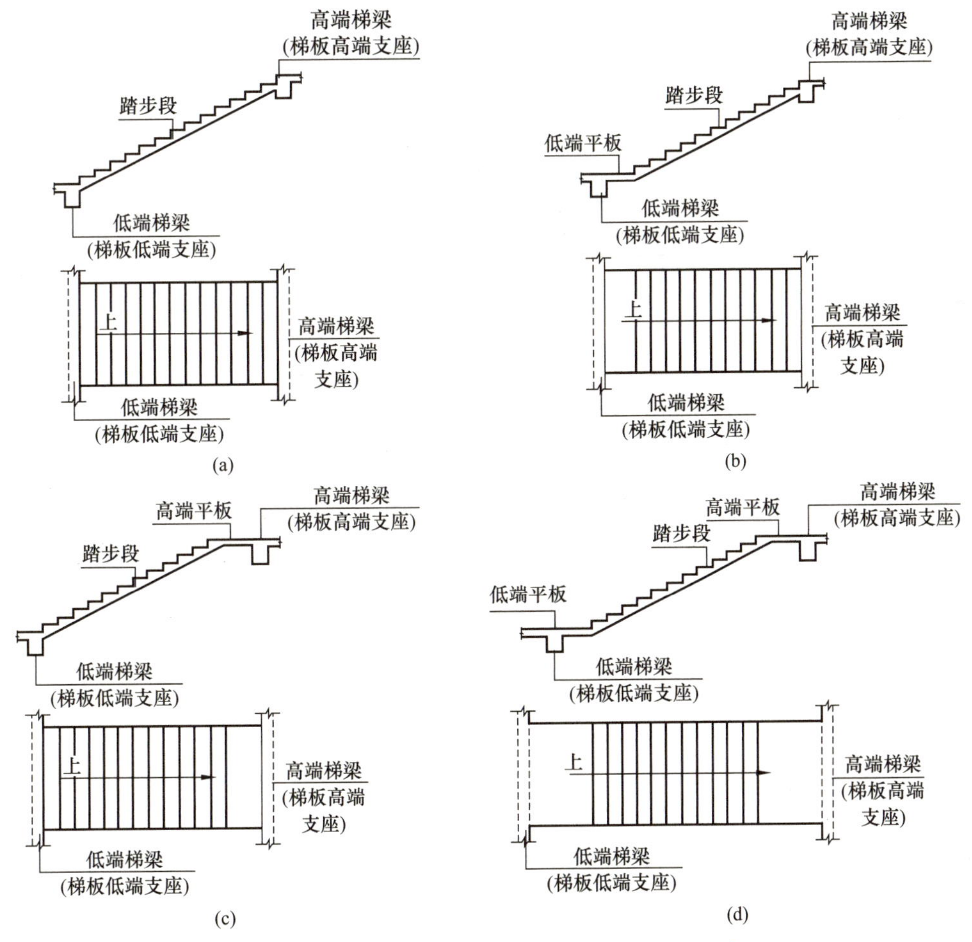

图 7-2　AT～GT 型楼梯截面形状与支座位置示意

(a)AT 型；(b)BT 型；(c)CT 型；(d)DT 型

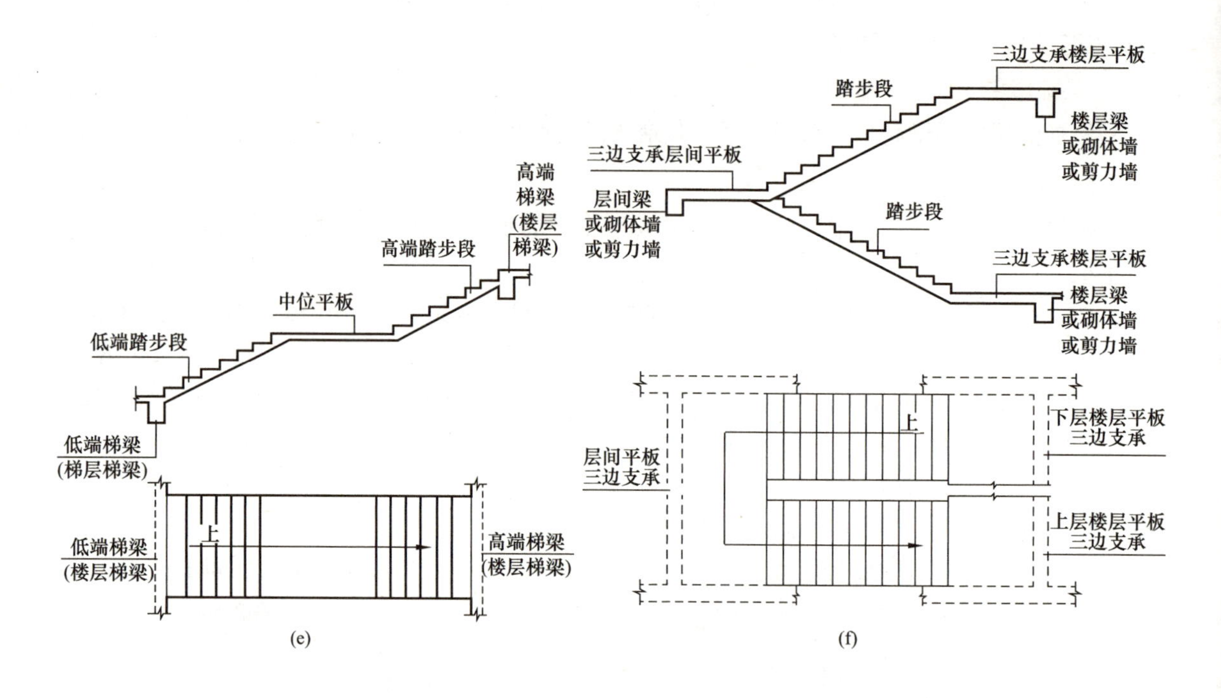

(e)

(f)

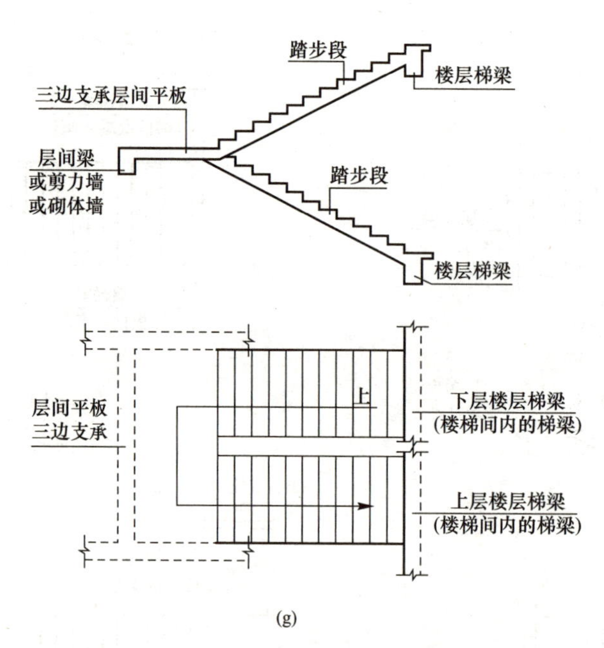

(g)

图 7-2 AT～GT 型楼梯截面形状与支座位置示意(续)

(e)ET 型；(f)FT 型(有层间和楼层平台板的双跑楼梯)；

(g)GT 型(有层间平台板的双跑楼梯)

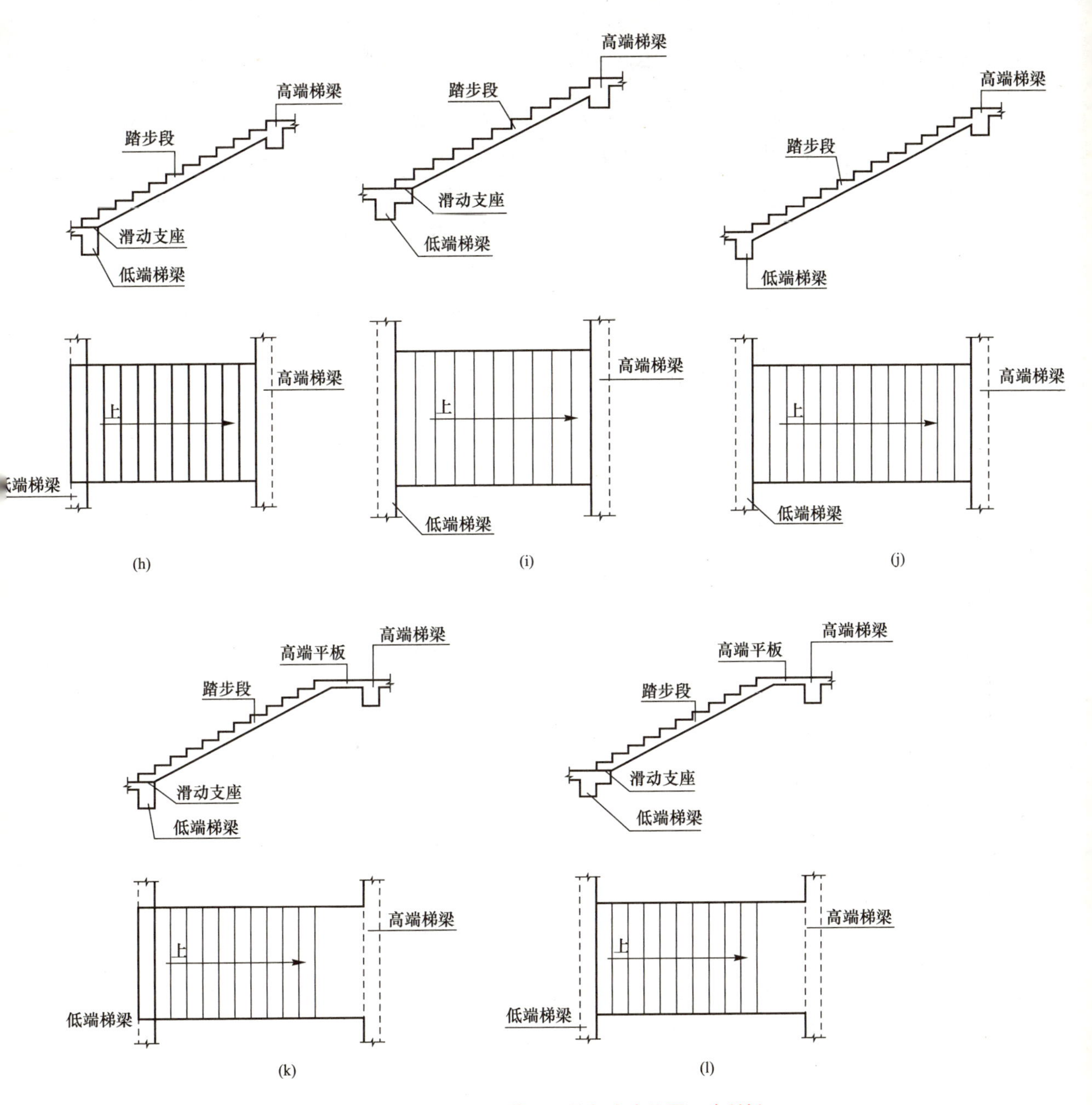

图 7-2　AT～GT 型楼梯截面形状与支座位置示意(续)

(h)ATa 型；(i)ATb 型；(j)ATc 型；(k)CTa 型；(l)CTb 型

7.1.2　楼梯的类型

楼梯的类型见表 7-1。

表 7-1　楼梯的类型

梯板代号	适用范围		是否参与整体抗震计算	特征	示意图
	抗震构造措施	适用结构			
AT	无	剪力墙、砌体结构	不参与	全部由踏步段构成	图 7-2(a)
BT			不参与	由低端平板和踏步段构成	图 7-2(b)
CT	无	剪力墙、砌体结构	不参与	由踏步段和高端平板构成	图 7-2(c)
DT			不参与	由低端平板、踏步板和高端平板构成	图 7-2(d)
ET	无	剪力墙、砌体结构	不参与	由低端踏步段、中位平板和高端踏步段构成	图 7-2(e)
FT			不参与	由层间平板、踏步段和楼层平板构成	图 7-2(f)
GT	无	剪力墙、砌体结构	不参与	由层间平板和踏步段构成	图 7-2(g)
ATa	有	框架结构、框剪结构中框架部分	不参与	带滑动支座的板式楼梯，梯段全部由踏步段构成，其支承方式为梯板高端均支承在梯梁上。梯板低端带滑动支座支承在梯梁上	图 7-2(h)
ATb			不参与	带滑动支座的板式楼梯，梯段全部由踏步段构成，其支承方式为梯板高端均支承在梯梁上。梯板低端带滑动支座支承在挑板上	图 7-2(i)
ATc			参与	全部由踏步段构成，其支承方式为梯段两端均支承在梯梁上	图 7-2(j)
CTa	有	框架结构、框剪结构中框架部分	不参与	带滑动支座的板式楼梯，梯板由踏步段和高端平板构成，其支承方式为梯板高端均支承在梯梁上。梯板低端带滑动支座支承在梯梁上	图 7-2(k)
CTb			不参与	带滑动支座的板式楼梯，梯板由踏步段和高端平板构成，其支承方式为梯板高端均支承在梯梁上。梯板低端带滑动支座支承在挑板上	图 7-2(l)

其中，FT 型、GT 型梯板的支承方式如下：

(1)FT 型：梯板一端的层间平板采用三边支承，另一端的楼层平板也采用三边支承。

(2)GT 型：梯板一端的层间平板采用三边支承，另一端的梯板段采用单边支承(在梯梁上)。

7.2　现浇混凝土板式楼梯平法施工图制图规则

7.2.1　现浇混凝土板式楼梯平法施工图的表示方法

现浇混凝土板式楼梯平法施工图有平面标注、剖面标注和列表标注三种表达方式。

本节主要表述梯板的表达方式，与楼梯相关的平台板、梯梁、梯柱的注写方式按照国家标准《混凝土结构施工图平面整体表示方法制图规则和构造详图(现浇混凝土框架、剪力墙、梁、板)》(16G101—1)的要求进行注写。

7.2.2 平面注写方式

平面标注方式是指在楼梯平面布置图上注写截面尺寸和配筋具体数值的方式来表达楼梯施工图，包括集中标注和外围标注两部分。

1. 集中标注

楼梯集中标注的内容有五项，具体规定如下：

(1)梯板类型代号与序号，如 AT××。

(2)梯板厚度，注写为 h=×××。当为带平板的梯板且梯段板厚度和平板厚度不同时，可在梯段板厚度后面括号内以字母 P 打头注写平板厚度。

例如：h=100(P120)，表示梯段板厚度为 100，梯板平板段的厚度为 120。

(3)踏步段总高度和踏步级数，之间以斜线“/”分隔。

(4)梯板支座上部纵筋、下部纵筋，之间以分号“;”分隔。

(5)梯板分布筋，以 F 打头注写分布钢筋具体值，该项也可在图中统一说明。

(6)对于 ATc 型楼梯尚应注明梯板两侧边缘构件纵向钢筋及箍筋。

如图 7-3 所示，平面图中梯板类型及配筋的标注表达的内容如下：

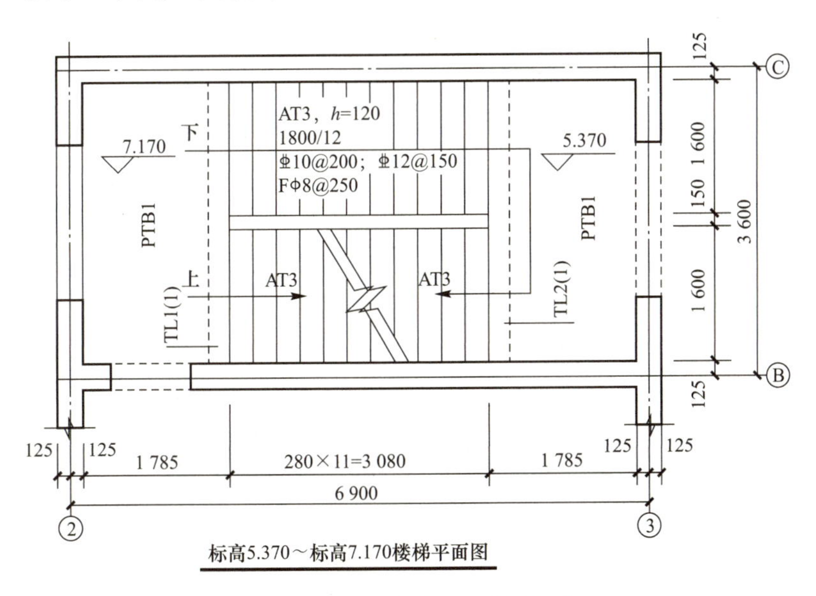

图 7-3　AT 型楼梯平面注写方式

AT3，h=120：表示梯板类型及编号，梯板板厚；

1 800/12：表示踏步段总高度/踏步级数；

⏀10@200；⏀12@150：表示梯板支座上部纵筋、下部纵筋；

F⏀8@250：表示梯板分布筋。

2. 外围标注

楼梯外围标注的内容，包括楼梯间的平面尺寸、楼层结构标高、层间结构标高、楼梯的上下方向、梯板的平面几何尺寸、平台板配筋、梯梁及梯柱配筋等。

7.2.3 剖面注写方式

(1)剖面注写方式需在楼梯平法施工图中绘制楼梯平面布置图和楼梯剖面图，注写方式分为平面标注、剖面标注两部分。

(2)楼梯平面布置图注写内容包括楼梯间的平面尺寸、楼层结构标高、层间结构标高、楼梯的上下方向、梯板的平面几何尺寸、梯板类型及编号、平台板配筋、梯梁及梯柱配筋等。

(3)楼梯剖面图标注内容，包括梯板集中标注、梯梁梯柱编号、梯板水平及竖向尺寸、楼层结构标高、层间结构标高等。

(4)梯板集中标注的内容有四项，具体规定如下：

1)梯板类型代号与序号，如 AT××。

2)梯板厚度，注写为 h=×××。当梯板由踏步段和平板构成，且踏步段梯板厚度和平板厚度不同时，可在梯板厚度后面括号内以字母 P 打头注写平板厚度。

3)梯板配筋。注明梯板上部纵筋和梯板下部纵筋，用分号"；"将上部纵筋与下部纵筋的配筋值分隔开来。

4)梯板分布筋，以 F 打头注写分布钢筋具体值，该项也可在图中统一说明。

5)对于 ATc 型楼梯还应注明梯板两侧边缘构件纵向钢筋及箍筋。

如图 7-4 所示，剖面图中梯板类型及配筋的标注表达的内容是：

AT1，h = 100：表示梯板类型及编号，梯板板厚；

Φ8@200；Φ8@100：表示梯板上部纵筋、下部纵筋；

FΦ6@150：表示梯板分布筋。

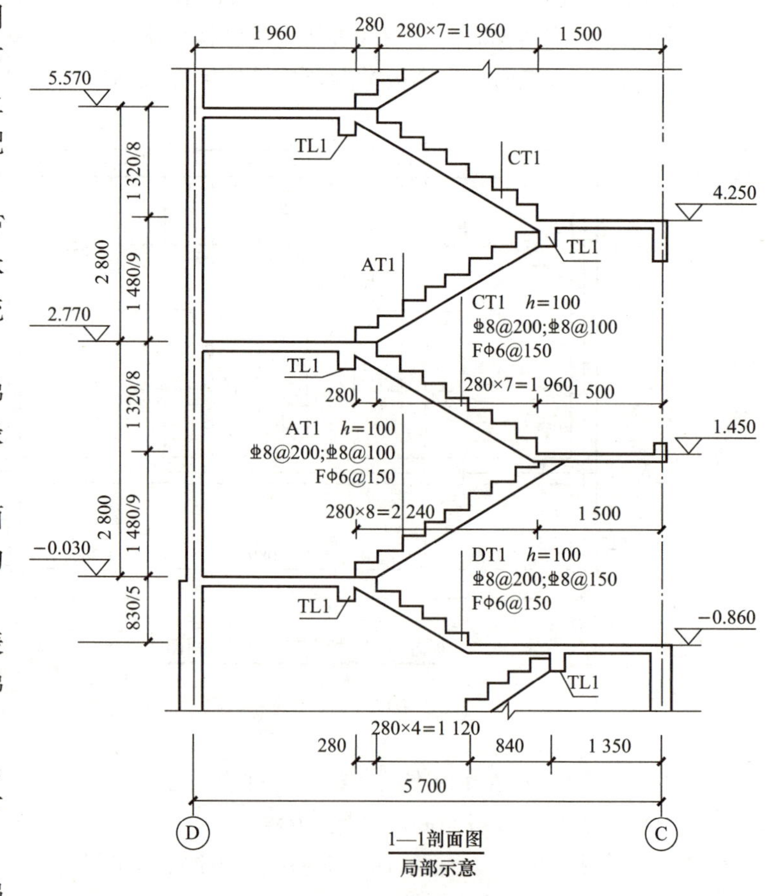

图 7-4 楼梯的剖面标注方式

7.2.4 列表注写方式

列表注写方式是指用列表方式注写梯板截面尺寸和配筋具体数值的方式来表达楼梯施工图。

列表注写方式的具体要求同剖面注写方式，仅将剖面注写方式中的梯板配筋注写项改为列表注写项即可。

梯板列表格式见表 7-2 所示。

表 7-2 梯板几何尺寸和配筋

梯板编号	踏步段总高度/踏步级数	板厚 h	上部纵向钢筋	下部纵向钢筋	分布筋
注：对于 ATc 型楼梯尚应注明梯板两侧边缘构件纵向钢筋及箍筋。					

7.3 AT 型楼梯平面注写方式与钢筋构造

7.3.1 AT 型楼梯平面注写方式与适用条件

1. AT 型楼梯的适用条件

AT 型楼梯适用于两梯梁之间的矩形梯板全部由踏步段构成，即踏步段两端均以梯梁为支座。凡是满足该条件的楼梯均可为 AT 型，如双跑楼梯、双分平行楼梯和剪刀楼梯，如图 7-5 所示。

2. AT 型楼梯的平面注写方式

如图 7-6 所示，AT 型楼梯集中注写的内容有 5 项：第 1 项为梯板类型代号与序号 AT××；第 2 项为梯板厚度 h；第 3 项为踏步段总高度 H_s/踏步级数($m+1$)；第 4 项为上部纵筋及下部纵筋；第 5 项为梯板分布筋。梯板的分布钢筋可直接标注，也可统一说明。示例如图 7-3 所示。

AT 型楼梯外围标注的内容包括楼梯间的开间为 3 600 mm，进深为 6 900 mm；楼层结构标高为 5.370 m；层间结构标高为 7.170 m；梯板的宽度为 1 600 mm，梯板的水平投影长度为 3 080 mm、梯井宽度为 150 mm、楼层和层间的平台宽度为 1 785 mm、墙厚为 250 mm；楼梯为上下方向。

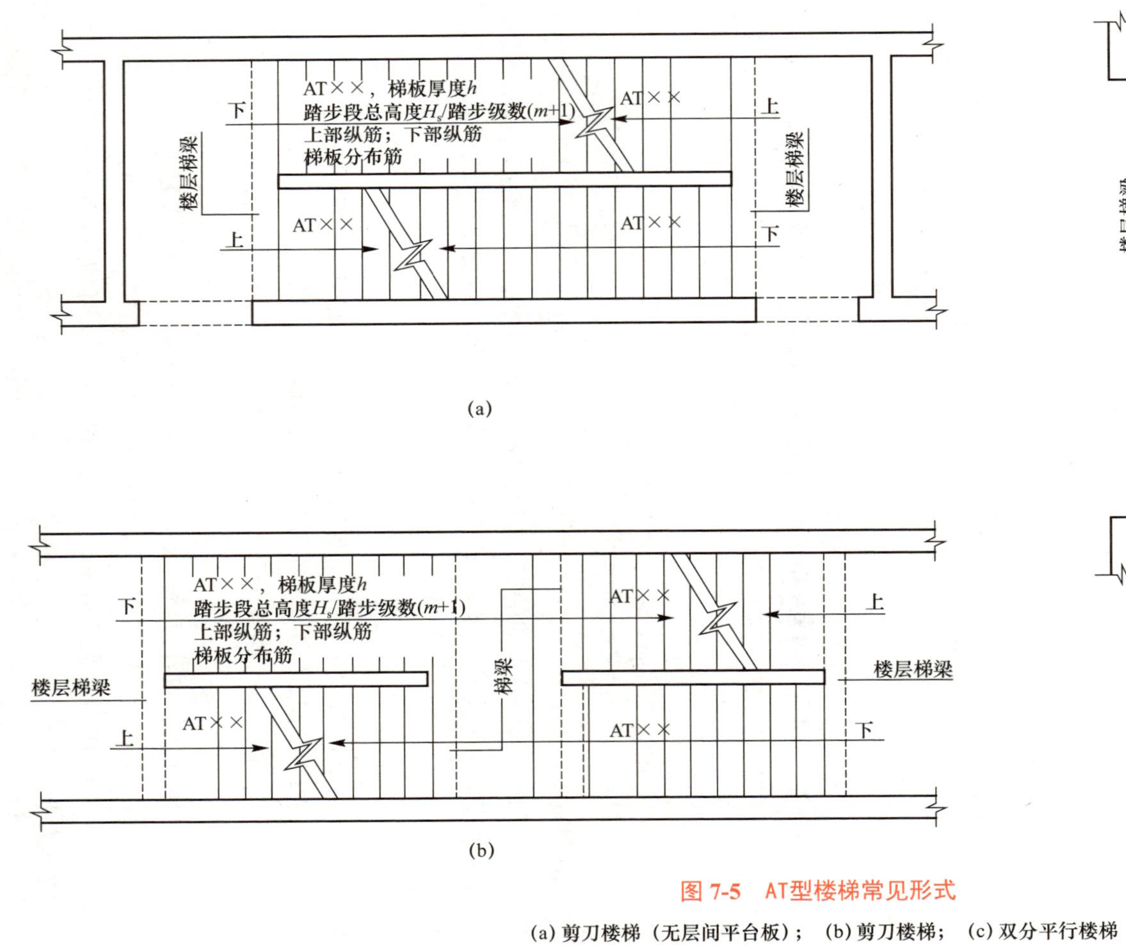

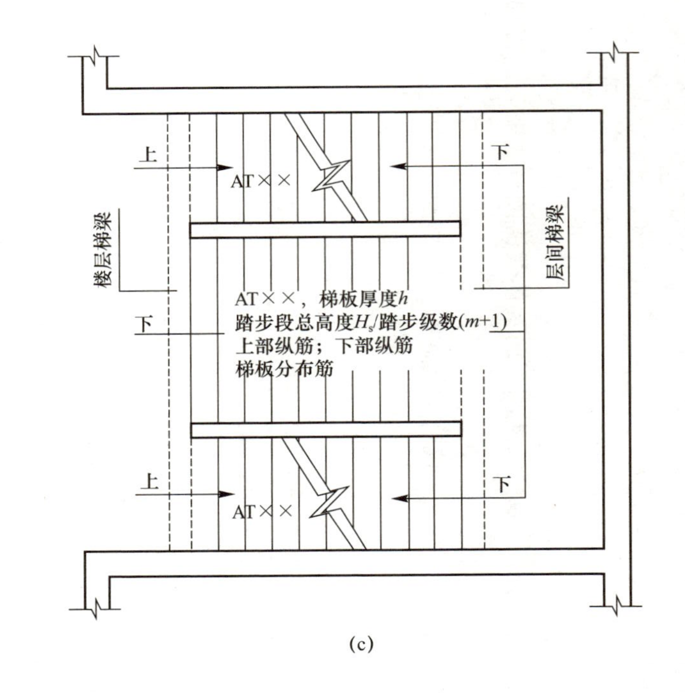

图 7-5 AT型楼梯常见形式

(a) 剪刀楼梯（无层间平台板）；(b) 剪刀楼梯；(c) 双分平行楼梯

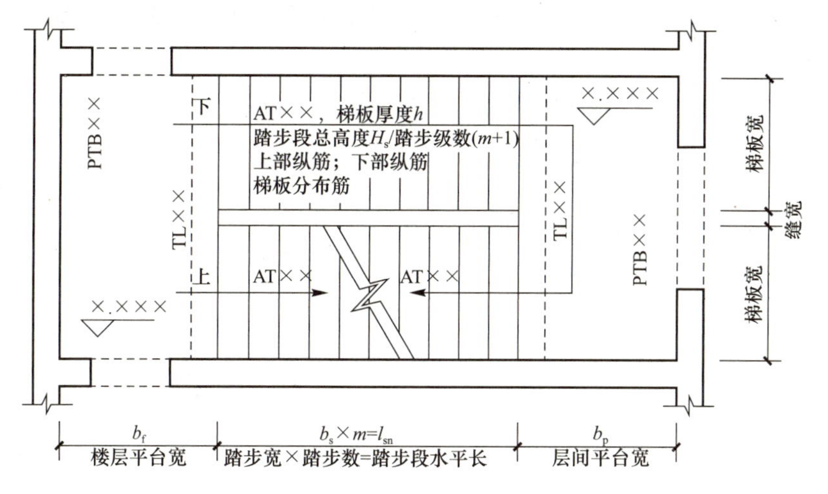

图 7-6　AT 型楼梯平面注写方式

7.3.2　AT 型楼梯板配筋构造

AT 型楼梯板配筋构造如图 7-7 所示。其构造要求如下：

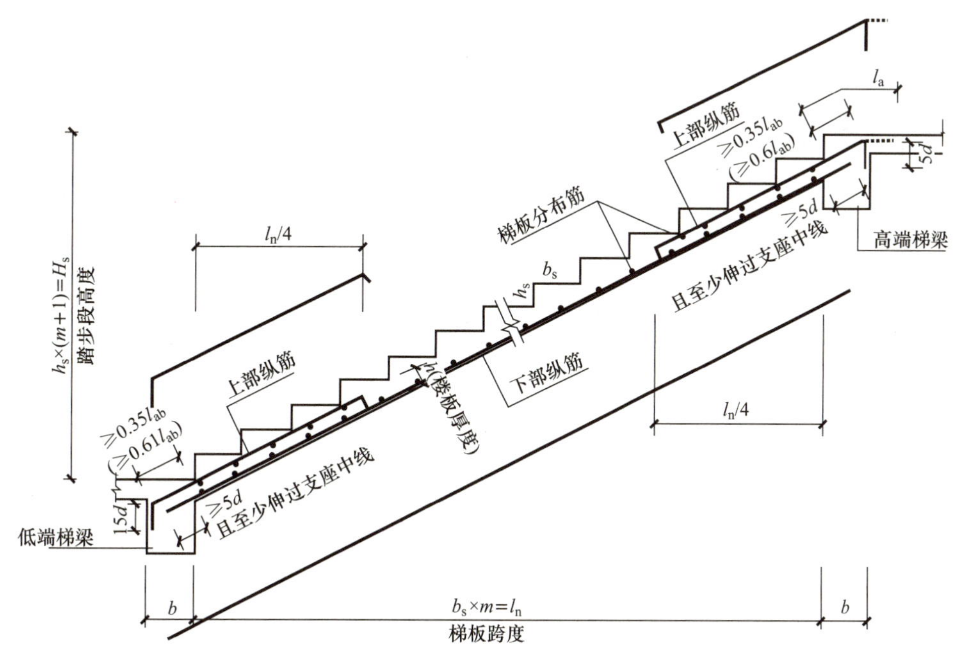

图 7-7　AT 型楼梯板配筋构造

(1)上部纵向钢筋。

1)上部纵筋锚固长度 0.35l_{ab}用于设计铰接的情况，括号内数据 0.6l_{ab}用于设计考虑充分发挥钢筋抗拉强度的情况，具体工程中设计应指明采用何种情况；

2)上部纵筋需伸至支座对边再向下弯折；

3)上部纵筋有条件时可直接伸入平台板内锚固，从支座内边算起总锚固长度不小于 l_a，如图中虚线所示。

(2)下部纵向钢筋。下部纵筋在支座的锚固长度应≥5d，且至少伸过支座中线。

(3)分布筋。

1)上层分布钢筋设置在上部纵向钢筋的内侧；

2)下层分布钢筋设置在下部纵向钢筋的内侧。

7.4 ATa、ATb、ATc 型楼梯平面注写方式与钢筋构造

7.4.1 ATa、ATb、ATc 型楼梯适用条件与平面注写方式

1. ATa 型、ATb 型楼梯适用条件与平面注写方式

(1)ATa 型、ATb 型楼梯的适用条件。ATa 型、ATb 型楼梯适用于两梯梁之间的矩形梯板全部由踏步段构成，即踏步段两端均以梯梁为支座，且梯板低端支承处做成滑动支座。ATa 型楼梯滑动支座直接落在梯梁上，ATb 型楼梯滑动支座落在挑板上。框架结构中，楼梯中间平台通常设梯柱、梁，中间平台可与框架柱连接。

(2)ATa 型、ATb 型楼梯的平面注写。如图 7-8 所示，ATa 型、ATb 型楼梯集中注写的内容有 5 项：第 1 项为梯板类型代号与序号 ATa××(ATb××)；第 2 项为梯板厚度 h；第 3 项为踏步段总高度 H_s/踏步级数(m+1)；第 4 项为上部纵筋及下部纵筋；第 5 项为梯板分布筋。梯板的分布钢筋可直接标注，也可统一说明。地震作用下，ATb 型楼梯悬挑板尚承受梯板传来的附加竖向作用力，设计时应对挑板及与其相连的平台梁采用加强措施。

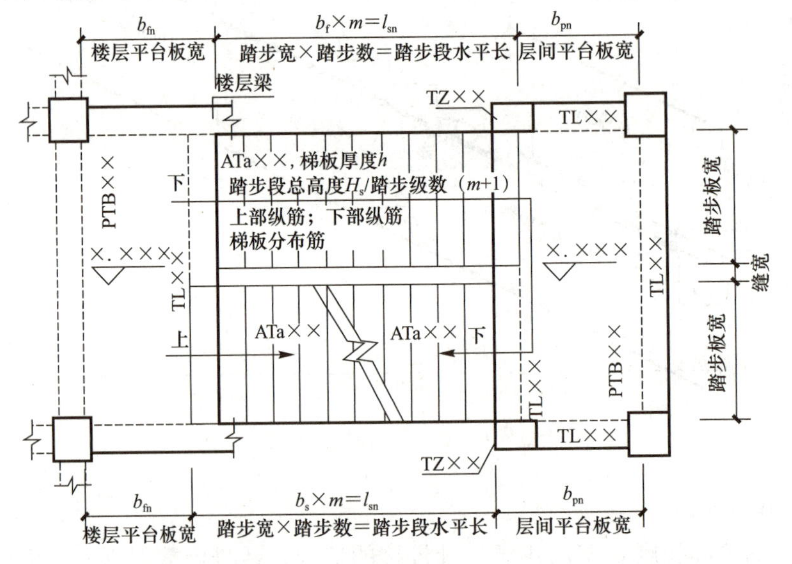

图 7-8　ATa 型 、ATb 型楼梯平面注写方式

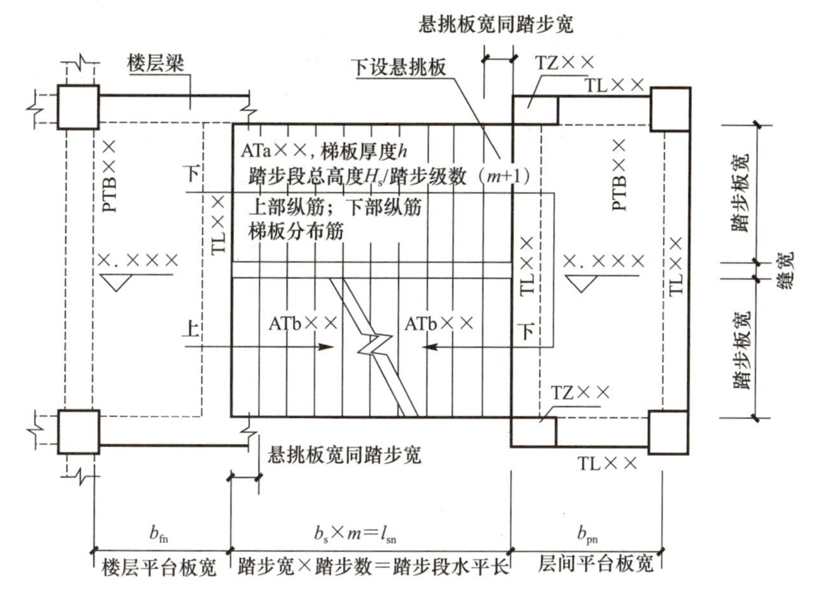

图 7-8　ATa 型 、ATb 型楼梯平面注写方式(续)

ATa 型、ATb 型楼梯滑动支座构造如图 7-9、图 7-10 所示。其做法有设聚四氟乙烯垫板、设塑料片和预埋钢板三种。

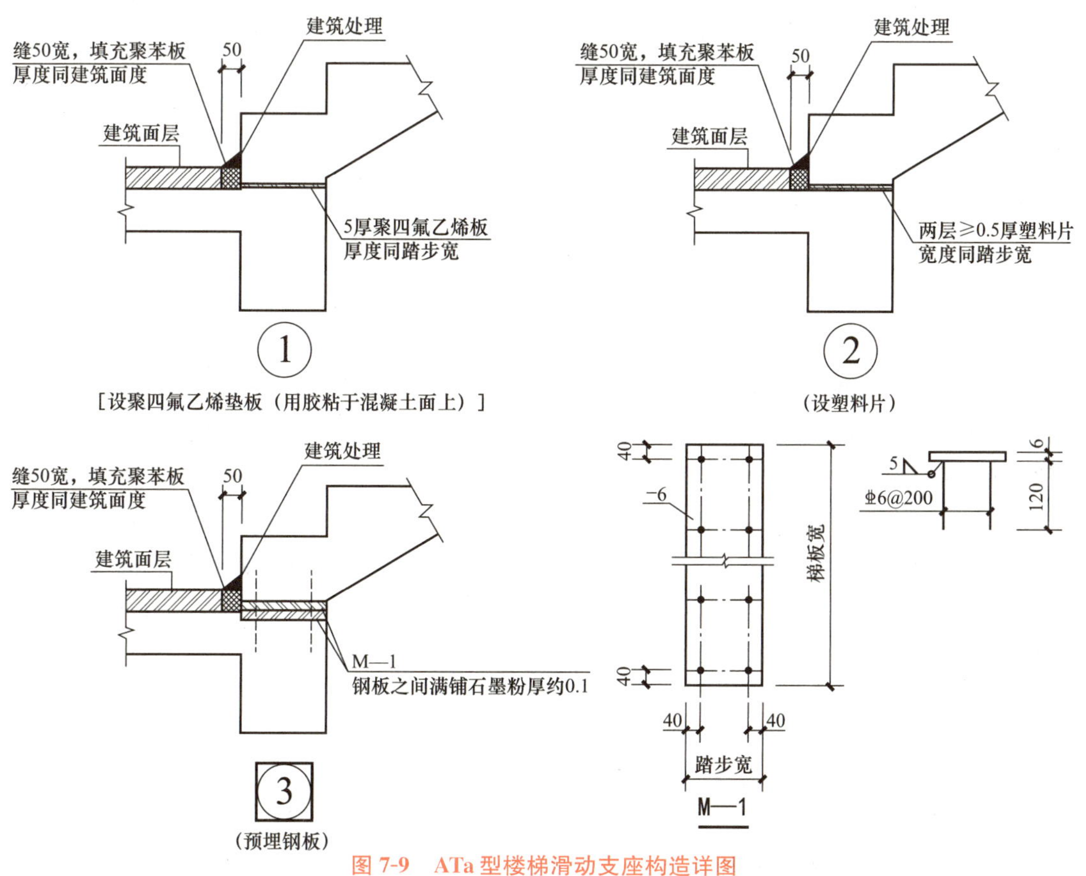

图 7-9　ATa 型楼梯滑动支座构造详图

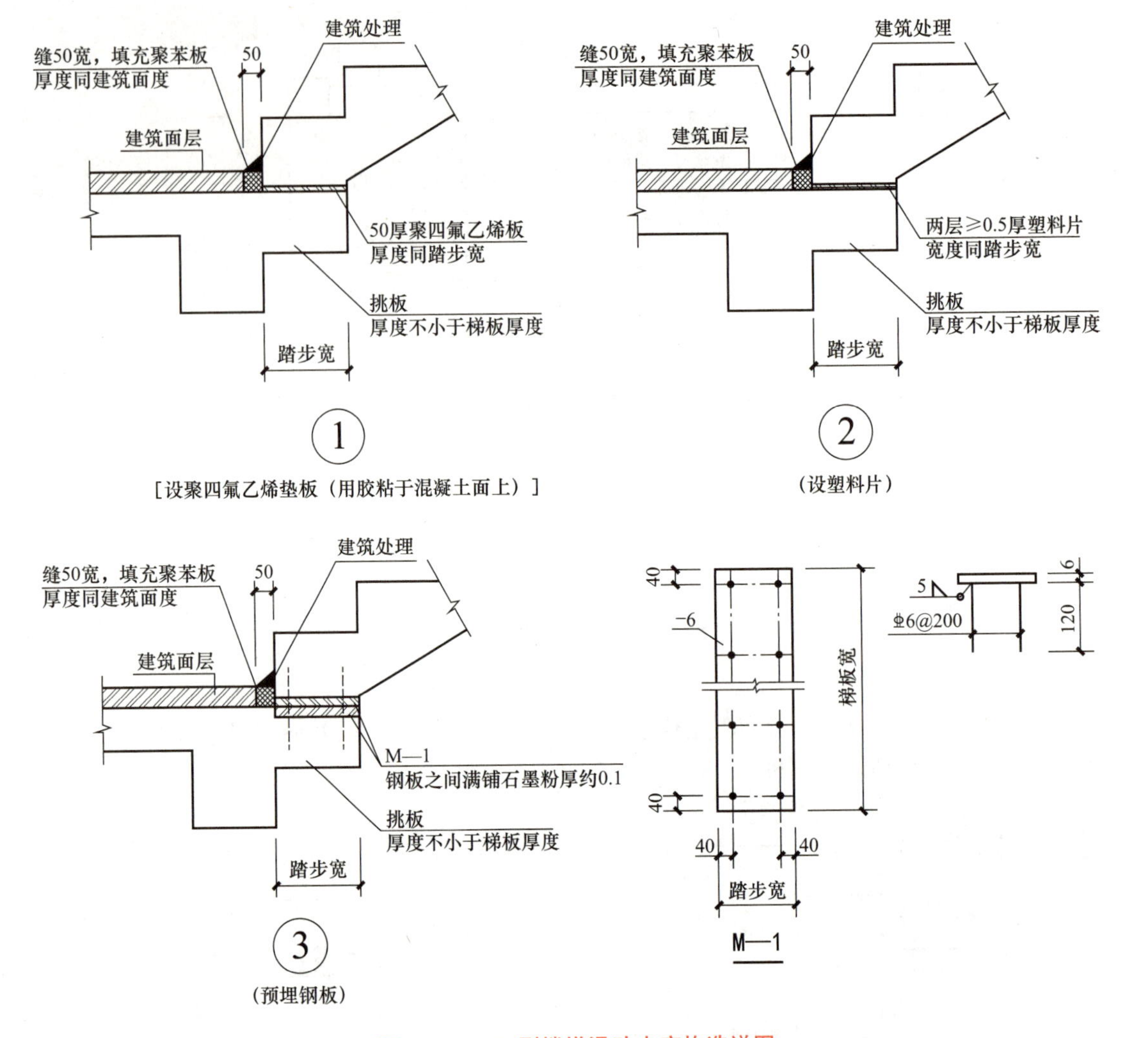

图 7-10　ATb 型楼梯滑动支座构造详图

2. ATc 型楼梯平面注写方式与适用条件

(1)ATc 型楼梯的适用条件。ATc 型楼梯适用于两梯梁之间的矩形梯板全部由踏步段构成，即踏步段两端均以梯梁为支座。框架结构中，楼梯中间平台通常设梯柱、梯梁，中间平台可与框架柱连接(2 个梯柱形式)或脱开(4 个梯柱形式)。

(2)ATc 型楼梯的平面注写。如图 7-11 所示，ATc 型楼梯集中注写的内容有 6 项：第 1 项为梯板类型代号与序号 ATc××；第 2 项为梯板厚度 h；第 3 项为踏步段总高度 H_s/踏步级数($m+1$)；第 4 项为上部纵筋及下部纵筋；第 5 项为梯板分布筋；第 6 项为边缘构件纵筋及箍筋。梯板的分布钢筋可直接标注，也可统一说明。楼梯休息平台与主体结构整体连接时，应对短柱、短梁采用有效的加强措施，防止产生脆性破坏。

7.4.2　ATa、ATb、ATc 型楼梯板配筋构造

(1)ATa 型楼梯板配筋构造如图 7-12 所示。其构造要求如下：

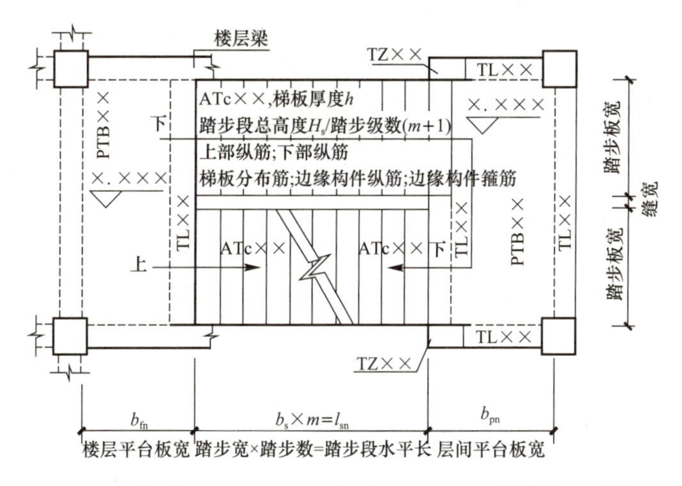

ATc型注写方式1 标高×.×××～标高×.×××楼梯平面图

（楼梯休息平台与主体结构整体连接）

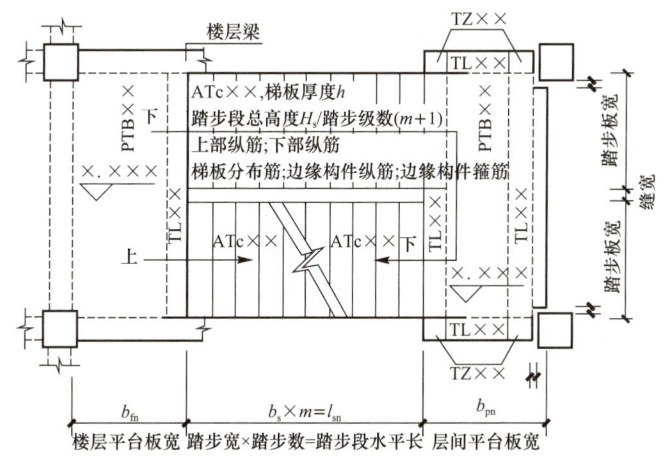

ATc型注写方式2 标高×.×××～标高×.×××楼梯平面图

（楼梯休息平台与主体结构脱开连接）

图 7-11 ATc 型楼梯滑动支座构造详图

1)上部纵向钢筋。

①上部纵筋应伸至第一阶踏步段尽头；

②上部纵筋应伸进平台板，锚入梁板内的长度为 l_{aE}。

2)下部纵向钢筋。

①下部纵筋应伸至第一阶踏步段尽头；

②下部纵筋应伸进平台板，锚入梁板内的长度为 l_{aE}。

3)分布筋。

①上层分布钢筋设置在上部纵向钢筋的外侧；

②下层分布钢筋设置在下部纵向钢筋的外侧。

4)附加纵筋。上部和下部的附加纵筋为 2⌀16 且不小于梯板纵向受力钢筋的直径。

(2)ATb 型楼梯板配筋构造如图 7-13 所示。其构造要求如下：

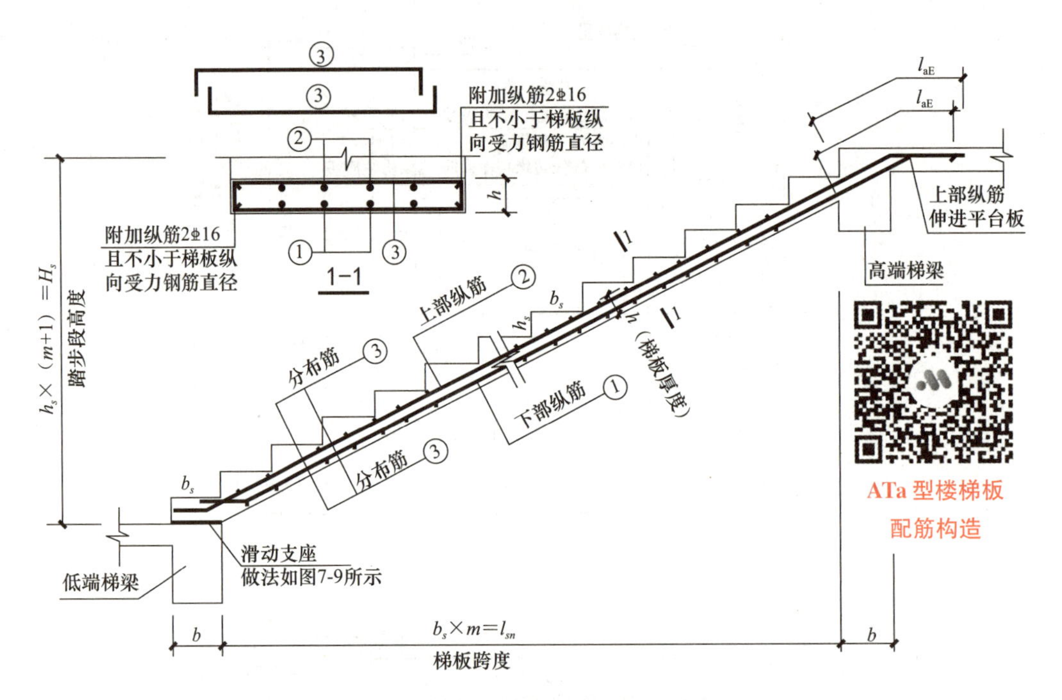

图 7-12　ATa 型楼梯板配筋构造

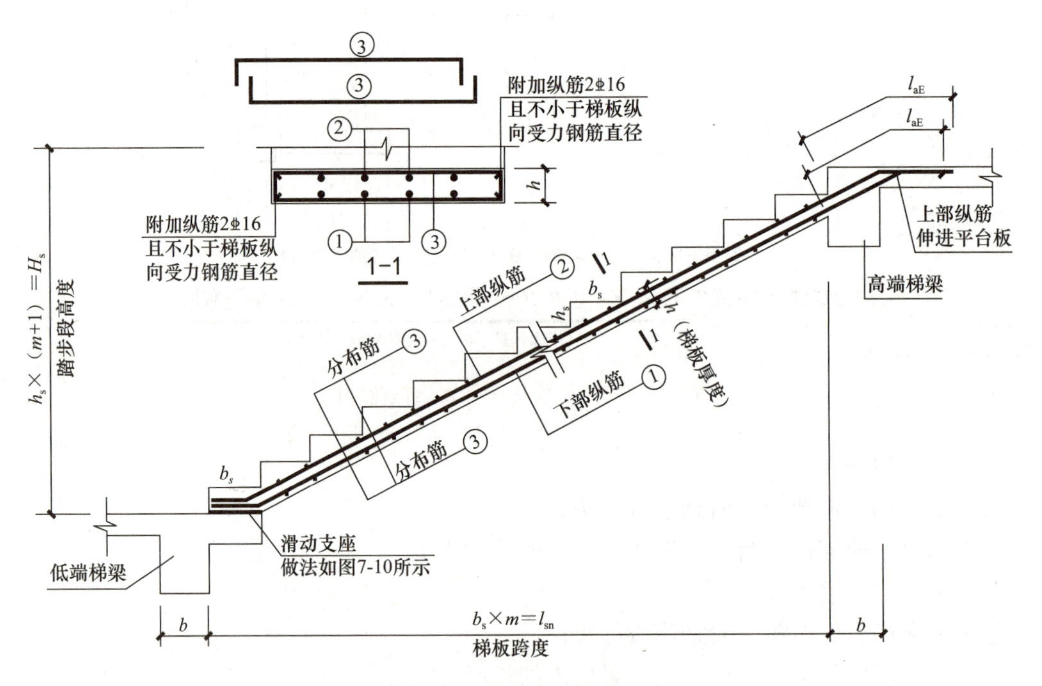

图 7-13　ATb 型楼梯板配筋构造

1）上部纵向钢筋。

①上部纵筋应伸至第一阶踏步段尽头；

②上部纵筋应伸进平台板，锚入梁板内的长度为 l_{aE}。

2)下部纵向钢筋。

①下部纵筋应伸至第一阶踏步段尽头；

②下部纵筋应伸进平台板，锚入梁板内的长度为 l_{aE}。

3)分布筋。

①上层分布钢筋设置在上部纵向钢筋的外侧；

②下层分布钢筋设置在下部纵向钢筋的外侧。

4)附加纵筋。上部和下部的附加纵筋为 2⌀16 且不小于梯板纵向受力钢筋的直径。

(3)ATc 型楼梯板配筋构造如图 7-14 所示。其构造要求如下：

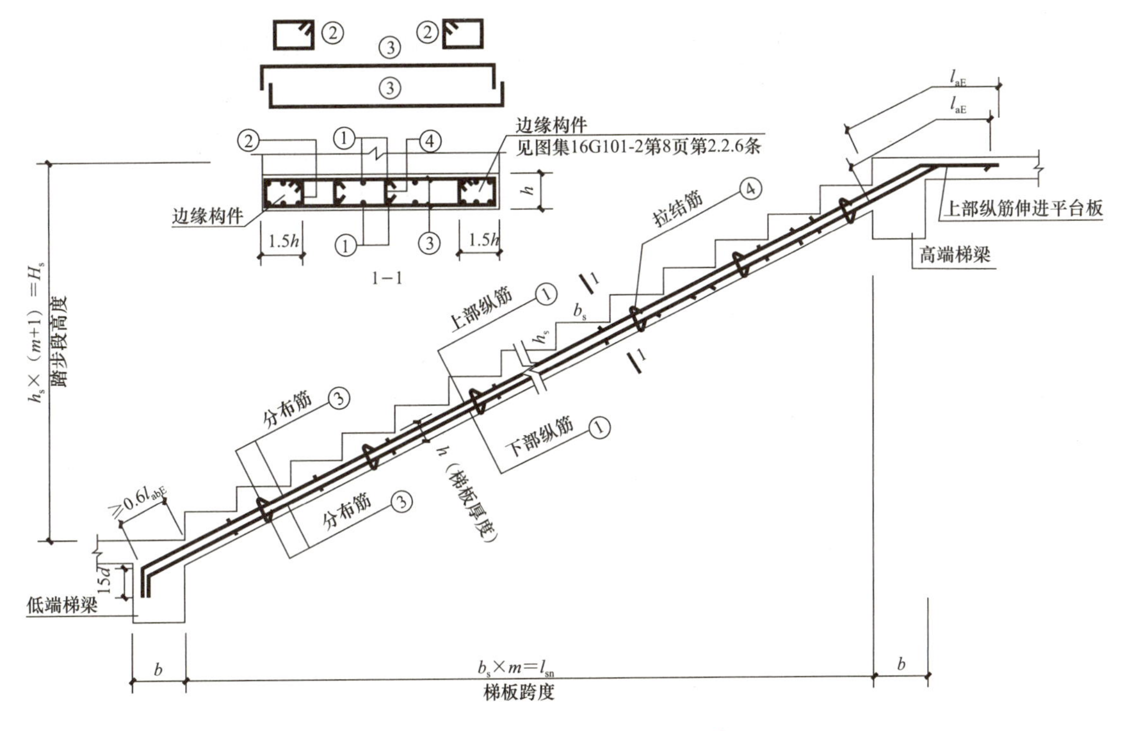

图 7-14 ATc 型楼梯板配筋构造

钢筋均采用复合抗震性能要求的热轧钢筋。钢筋的抗拉强度实测值与屈服强度实测值的比值不应小于 1.25，钢筋的屈服强度实测值与屈服强度标准值的比值不应大于 1.3，且钢筋在最大拉力下的总伸长率实测值不应小于 9%。

1)上部纵向钢筋。

①上部纵筋应锚入低端梯梁内，锚入的直段长度应≥0.6l_{abE}且上部纵筋需伸至支座对边再向下弯折，弯折后的垂直段长度为 15d；

②上部纵筋伸进平台板，锚入梁板内的长度为 l_{aE}。

2)下部纵向钢筋。

①下部纵筋应锚入低端梯梁内，锚入的直段长度应≥0.6l_{abE}；

②下部纵筋应锚入平台板，锚入梁板内的长度为 l_{aE}。

3)分布筋。

①上层分布钢筋设置在上部纵向钢筋的外侧；

②下层分布钢筋设置在下部纵向钢筋的外侧；

③分布筋两端均为弯直钩。

4)边缘构件钢筋。

①梯板两侧设置边缘构件，边缘构件的宽度取 1.5 倍的板厚；

②边缘构件的纵筋数量，当抗震等级为一、二级时不少于 6 根，当抗震等级为三、四级时不少于 4 根；

③纵筋直径不小于 ф12 且不小于梯板纵向受力钢筋的直径；

④箍筋直径不小于 ф6，间距不大于 200 mm。

7.5 不同踏步位置推高与高度减小构造

由于踏步段上下两端板的建筑面层厚度不同，为使面层完工后各级踏步等高等宽，必须减小最上一级踏步的高度并将其余踏步整体斜向推高，整体推高的(垂直)高度值 $\delta_1=\Delta_1-\Delta_2$，高度减小后的最上一级踏步高度 $h_{s2}=h_s-(\Delta_3-\Delta_2)$。如图 7-15 所示。

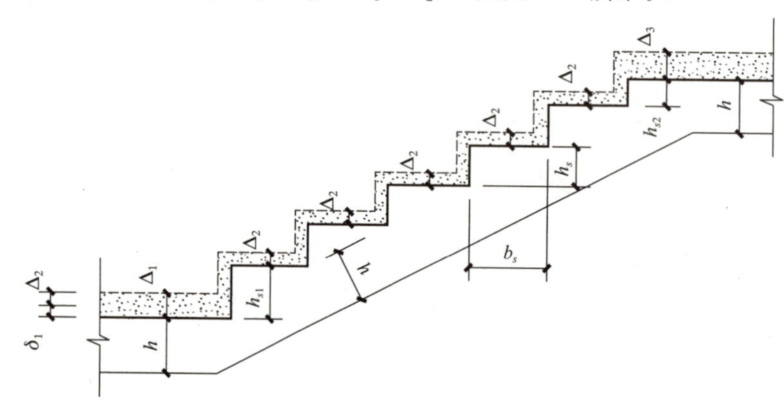

图中：δ_1为第一级与中间各级踏步整体竖向推高值
h_{s1}为第一级（推高后）踏步的结构高度
h_{s2}为最上一级（减小后）踏步的结构高度
Δ_1为第一级踏步根部面层厚度
Δ_2为中间各级踏步的面层厚度
Δ_3为最上一级踏步（板）面层厚度

图 7-15　不同踏步位置推高与高度减小构造

7.6 各型楼梯第一跑与基础连接构造

各型楼梯第一跑与基础连接构造如图 7-16 所示。其构造要求如下：

(1)滑动支座垫板做法如图 7-9 所示；

(2)图 7-16 中上部纵筋锚固长度 $0.35l_{ab}$用于设计铰接的情况，括号内数据 $0.6l_{ab}$用于设计考虑充分发挥钢筋抗拉强度的情况，具体工程中设计应指明采用何种情况；

(3)当梯板型号为 ATc 时，图 7-16 详图①、②中应改为分布筋在纵筋外侧，l_{ab}应改为

l_{abE}，下部纵筋锚固要求同上部纵筋，且平直段长度不应小于 $0.6l_{abE}$。

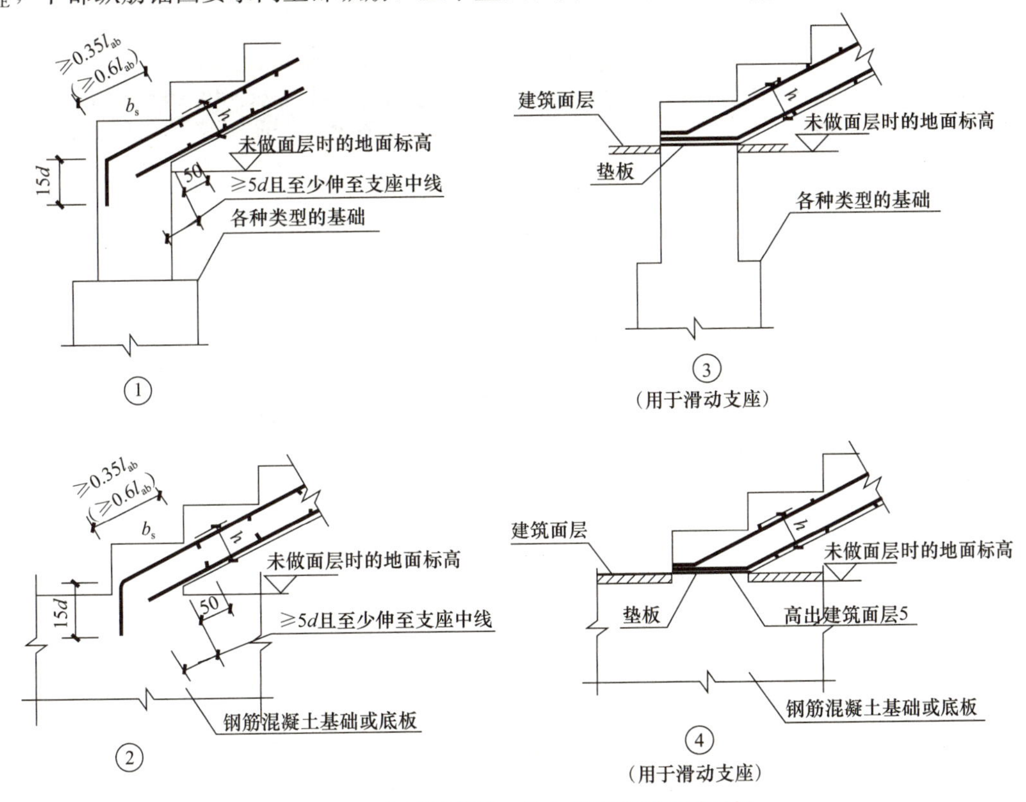

图 7-16　各型楼梯第一跑与基础连接构造(续)

思考题

1. 板式楼梯由哪几部分组成？
2. 如何进行板式楼梯的平法表示？

第8章　装配式钢筋混凝土板式楼梯平法识图

8.1　预制楼梯的类型与适用范围

8.1.1　楼梯的类型

本章主要介绍剪力墙结构中预制钢筋混凝土板式双跑楼梯和剪刀楼梯，如图 8-1 和图 8-2 所示，并归纳了常用层高、楼梯间净宽所对应的梯段板类型。

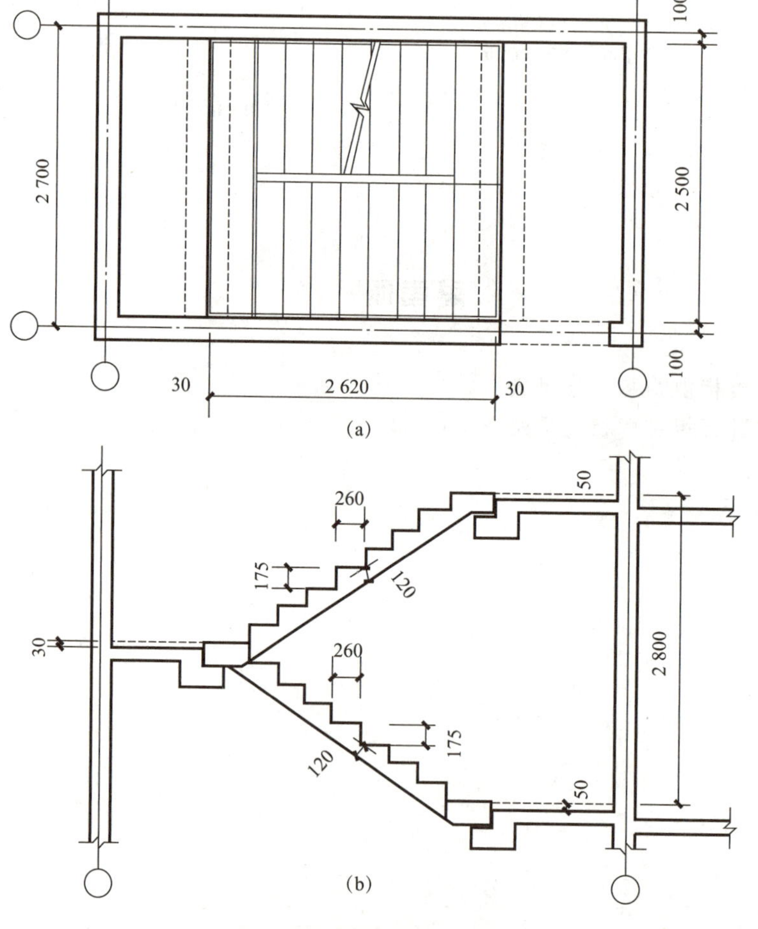

图 8-1　双跑楼梯选用示例

(a)平面布置图；(b)剖面图

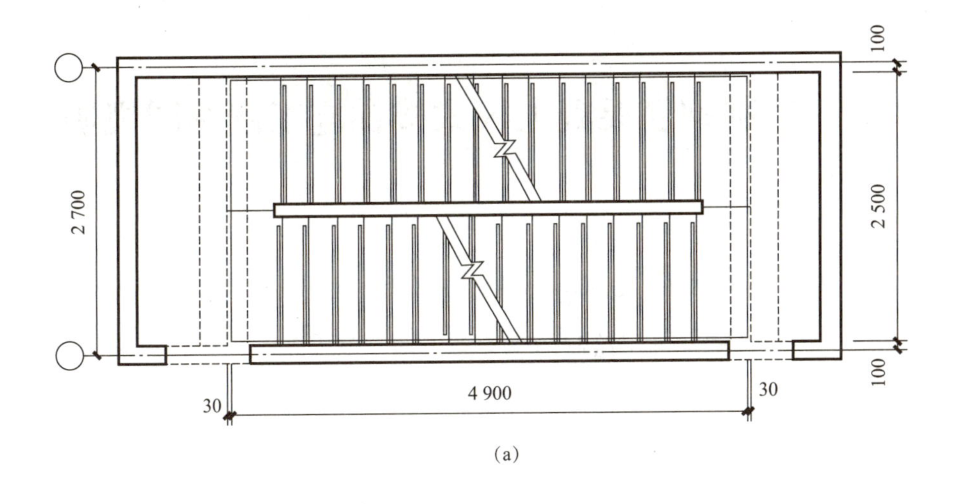

(a)

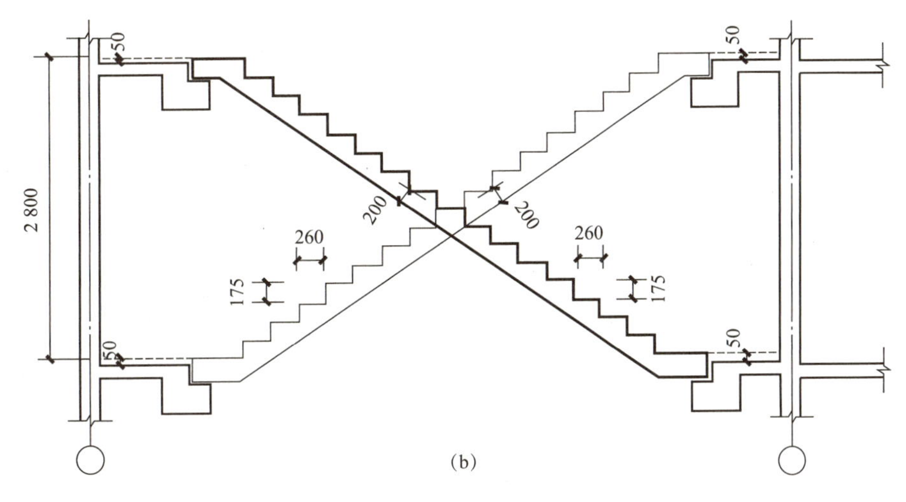

(b)

图 8-2　剪刀楼梯选用示例

(a)平面布置图；(b)剖面图

《预制钢筋混凝土板式楼梯》(15G367—1)中板式楼梯的层高为2.8 m、2.9 m和3.0 m。双跑楼梯的楼梯间净宽为2.4 m、2.5 m；剪刀楼梯的楼梯间净宽为2.5 m、2.6 m。楼梯入户处建筑面层厚度为50 mm，楼梯平台处建筑面层厚度为30 mm。

8.1.2　楼梯的适用范围

《预制钢筋混凝土板式楼梯》(15G367—1)适用于非抗震设计和抗震设防烈度为6、7、8度地区的多高层剪力墙结构体系的住宅。楼梯梯段板为预制混凝土构件时，平台梁、平台板可采用现浇混凝土。梯段板采用立模生产工艺，当采用其他生产工艺时，还应进行脱模验算。

8.2 预制钢筋混凝土板式楼梯施工图制图规则

8.2.1 预制楼梯的表示方法

预制楼梯施工图包括按标准层绘制的平面布置图、剖面图、预制梯段板的连接节点、预制楼板构件表等内容。

8.2.2 预制楼梯的编号

1. 双跑楼梯

用ST代表双跑楼梯。双跑楼梯的注写为楼梯类型-层高-楼梯间净宽，即ST-××-××，如图8-3所示。

【例】 ST-28-25，表示双跑楼梯，建筑层高为2.8 m，楼梯间净宽为2.5 m所对应的预制混凝土板式双跑楼梯梯段板。

2. 剪刀楼梯

用JT代表双跑楼梯。剪刀楼梯的注写为楼梯类型-层高-楼梯间净宽，即JT-××-××，如图8-4所示。

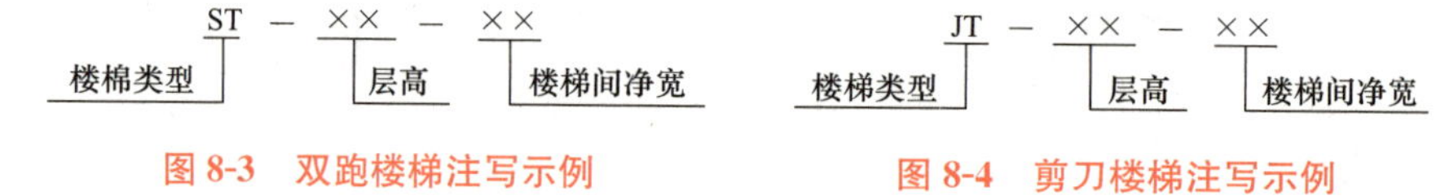

图8-3 双跑楼梯注写示例　　图8-4 剪刀楼梯注写示例

【例】 JT-28-25，表示剪刀楼梯，建筑层高为2.8 m，楼梯间净宽为2.5 m所对应的预制混凝土板式剪刀楼梯梯段板。

【例】 JT-28-26改，表示某工程标准层层高为2.8 m，楼梯间净宽为2.6 m，活荷载为5 kN/m^2，其设计构件尺寸与JT-28-26一致，仅配筋有区别。

如果设计的预制楼梯与标准图集中预制楼梯尺寸、配筋不同，应由设计单位自行设计。预制楼梯详图可参考《预制钢筋混凝土板式楼梯》(15G367—1)绘制。自行设计楼梯编号可参照标准预制楼梯的编号原则，也可自行编号。

8.2.3 预制楼梯平面布置图标注和剖面图标注的内容

预制楼梯平面布置图注写内容包括楼梯间的平面尺寸、楼层结构标高、楼梯的上下方向、预制梯板的平面几何尺寸、梯板类型及编号、定位尺寸和连接做法索引号等，如图8-5所示。

预制楼梯剖面注写内容包括预制楼梯编号、梯梁梯柱编号、预制梯板水平及竖向尺寸、楼层结构标高、层间结构标高、建筑楼面做法厚度等，如图8-5所示。

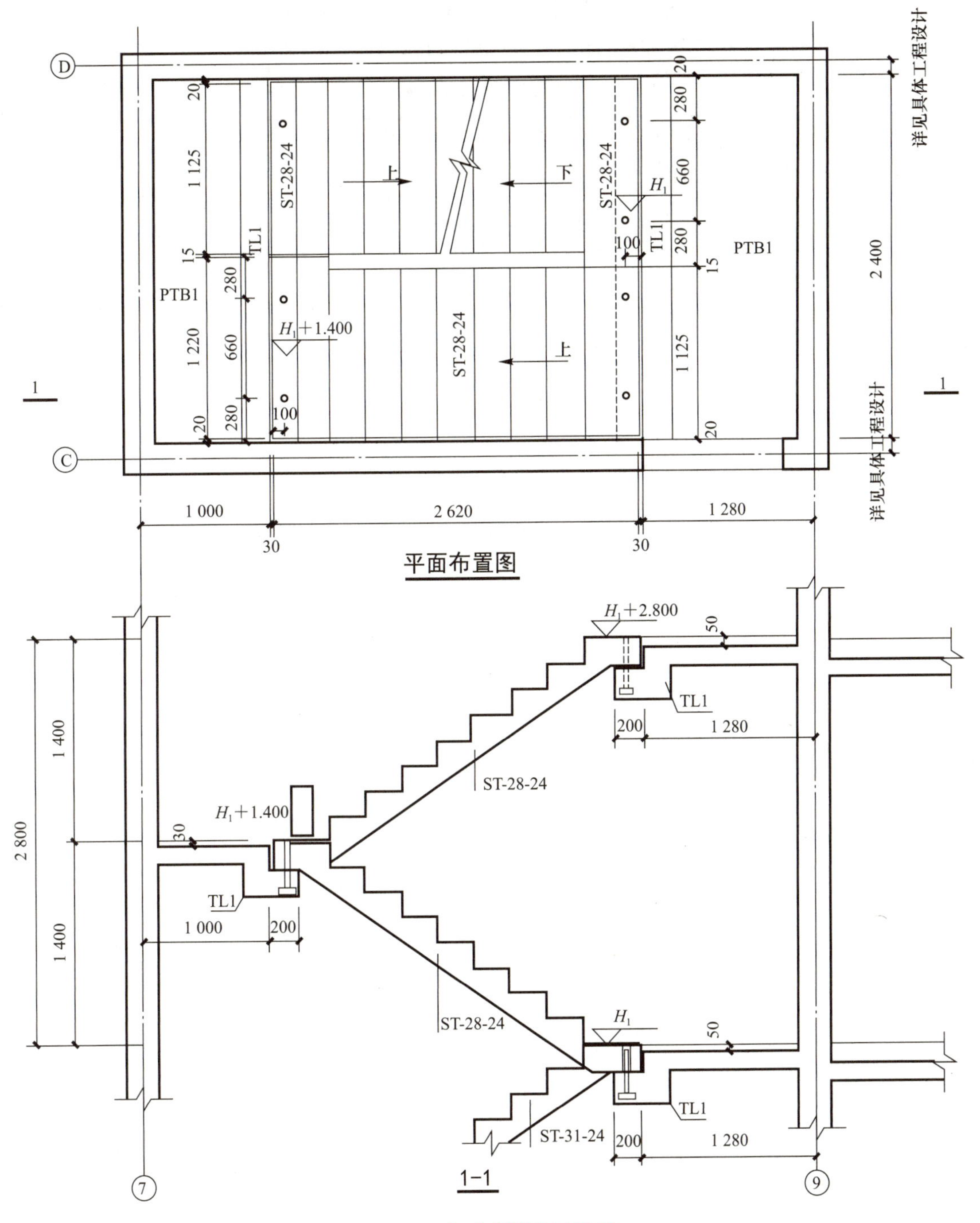

图 8-5　标准楼梯选用示例

8.2.4　预制楼梯表的主要内容

预制楼梯表的主要内容包括：构件编号、所在层号、构件质量、构件数量、构件详图页码(选用标准图集的楼梯注写具体图集号和相应页码；自行设计的构件需注写施工图图号)、连接索引(标准构件应注写具体图集号、页码和节点号;自行设计时需注写施工图页码)和备注中可标明该预制构件是"标准构件"和"自行设计"。预制楼梯表示例见表 8-1。

表 8-1 预制楼梯表

构件编号	所在楼层	构件重量/t	数量	构件详图页码(图号)	连接索引	备注
ST-28-24	3~20	1.61	72	15G367—1, 8~10	—	标准构件
ST-31-24	1~2	1.8	8	结施—24	15G367—1, 27, ① ②	自行设计本图略

8.3 双跑楼梯

8.3.1 双跑楼梯的楼梯选用表

双跑楼梯的楼梯选用表,见表 8-2。双跑楼梯尺寸示意图如图 8-6 所示。

表 8-2 双跑楼梯选用表

层高/m	楼梯间净宽/mm	梯井宽度/mm	梯段板水平投影长/mm	梯段板宽/mm	踏步高/mm	踏步宽/mm	钢筋质量/kg	混凝土方量/m³	梯段板重/t	梯段板型号
2.8	2 400	110	2 620	1 125	175	260	72.18	0.652 4	1.61	ST-28-24
	2 500	70	2 620	1 195	175	260	73.32	0.693 1	1.72	ST-28-25
2.9	2 400	110	2 880	1 125	161.1	260	74.15	0.724	1.81	ST-29-24
	2 500	70	2 880	1 195	161.1	260	75.29	0.768 8	1.92	ST-29-25
3.0	2 400	110	2 880	1 125	166.6	260	74.83	0.735 2	1.84	ST-30-24
	2 500	70	2 880	1 195	166.6	260	75.97	0.780 7	1.95	ST-30-25

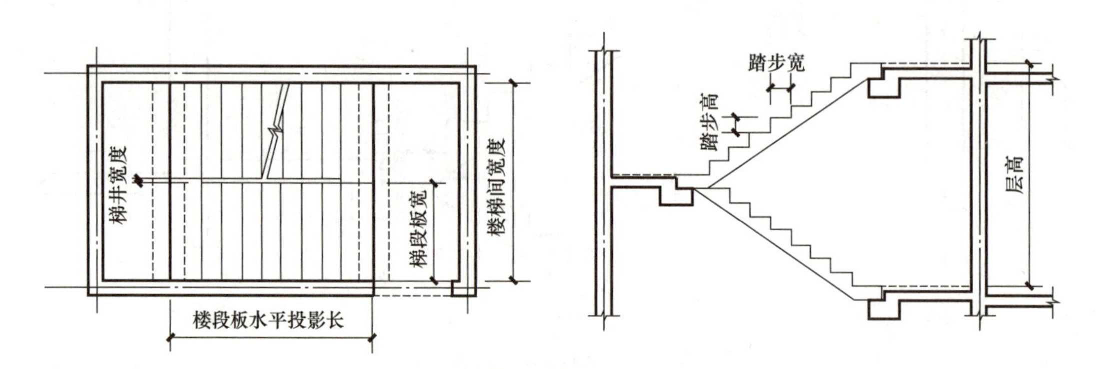

图 8-6 双跑楼梯尺寸示意

8.3.2 双跑楼梯的模板及配筋要求

以 ST-28-24 型为例说明一下双跑楼梯的模板及配筋要求,其余型号详见图集《预制钢筋混凝土板式楼梯》(15G367—1)。具体内容如下:

(1)安装图(图 8-7)。构造要求如下：

1)梯梁截面高度应满足建筑梯段的净高要求，避免碰头；

2)本图仅适用于标准层；

3)H_i 表示楼层标高；TL 详具体工程设计。

(2)模板图(图 8-8)。构造要求如下：

1)图 8-7 用于表示梯段板具体尺寸、梯板上埋件具体定位和预留洞尺寸定位；

2)图 8-7 中构件脱模用预埋件 M2 采用的是吊环，也可选用内埋式螺母等其他形式。

(3)配筋图(图 8-9)。具体的钢筋名称、钢筋规格、配筋数量、配筋形状和钢筋搭接要求如图 8-8 所示。

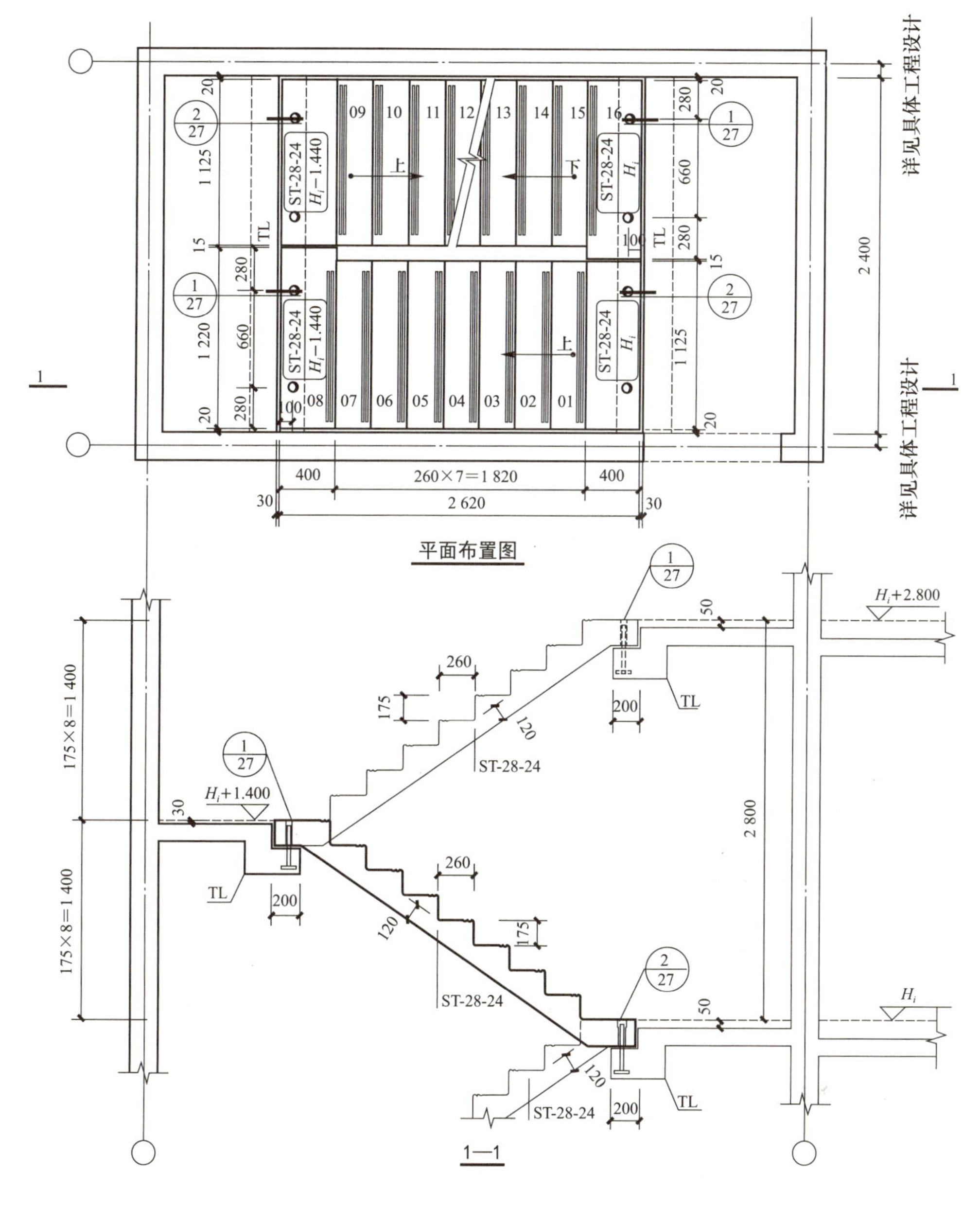

图 8-7　ST-28-24 安装图

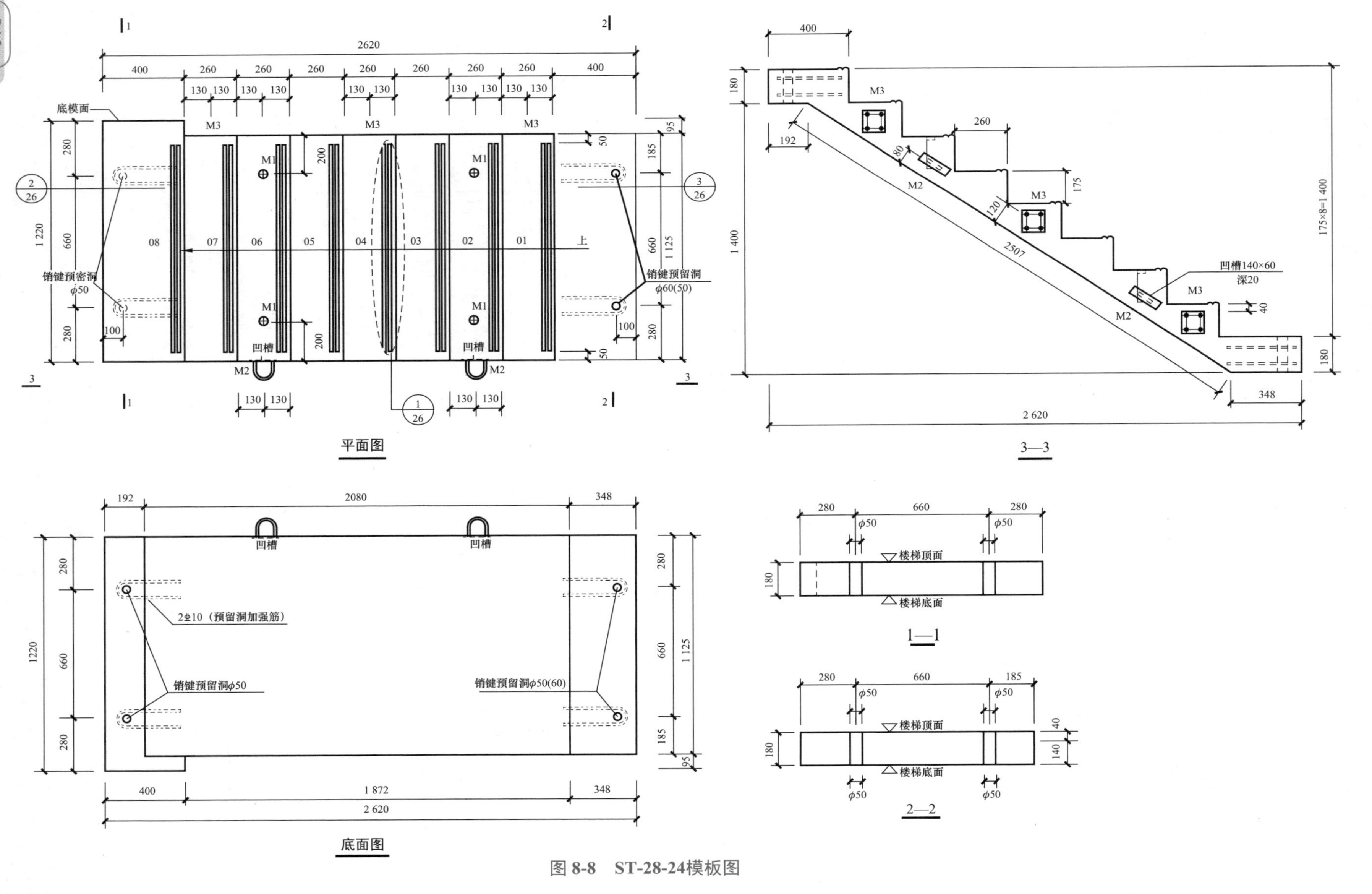

图 8-8 ST-28-24模板图

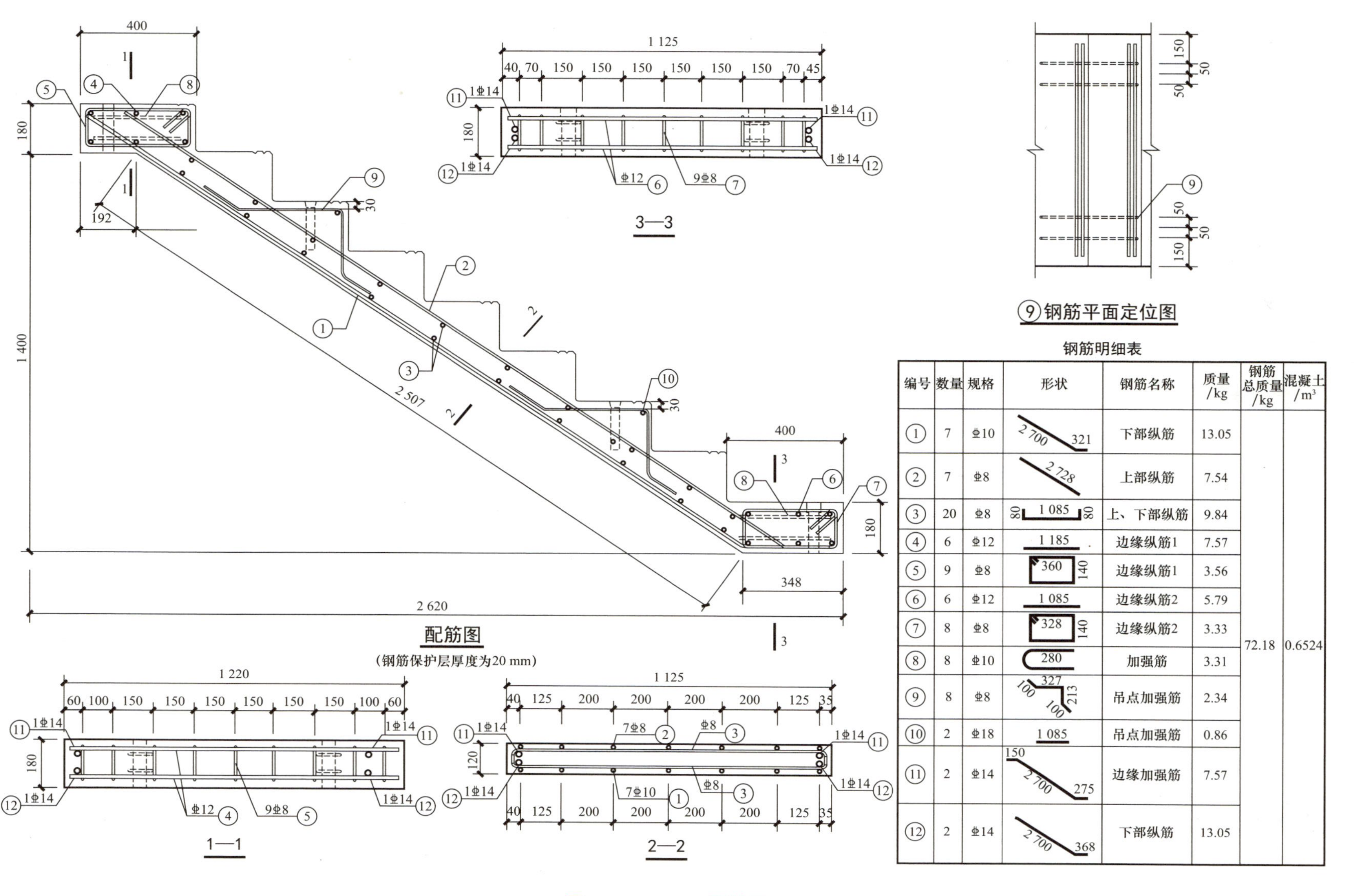

钢筋明细表

编号	数量	规格	形状	钢筋名称	质量/kg	钢筋总质量/kg	混凝土/m³
①	7	Φ10	2 700, 321	下部纵筋	13.05	72.18	0.6524
②	7	Φ8	2 728	上部纵筋	7.54		
③	20	Φ8	80, 1 085, 80	上、下部纵筋	9.84		
④	6	Φ12	1 185	边缘纵筋1	7.57		
⑤	9	Φ8	360, 140	边缘纵筋1	3.56		
⑥	6	Φ12	1 085	边缘纵筋2	5.79		
⑦	8	Φ8	328, 140	边缘纵筋2	3.33		
⑧	8	Φ10	280	加强筋	3.31		
⑨	8	Φ8	100, 327, 213, 100	吊点加强筋	2.34		
⑩	2	Φ18	1 085	吊点加强筋	0.86		
⑪	2	Φ14	150, 2 700, 275	边缘加强筋	7.57		
⑫	2	Φ14	2 700, 368	下部纵筋	13.05		

图 8-9 ST-28-24配筋图

8.3.3 双跑楼梯节点详图

1. 防滑槽

防滑槽的加工做法如图 8-10 所示，防滑槽中线与踏步边缘的距离为 30 mm，防滑槽之间的距离为 30 mm。

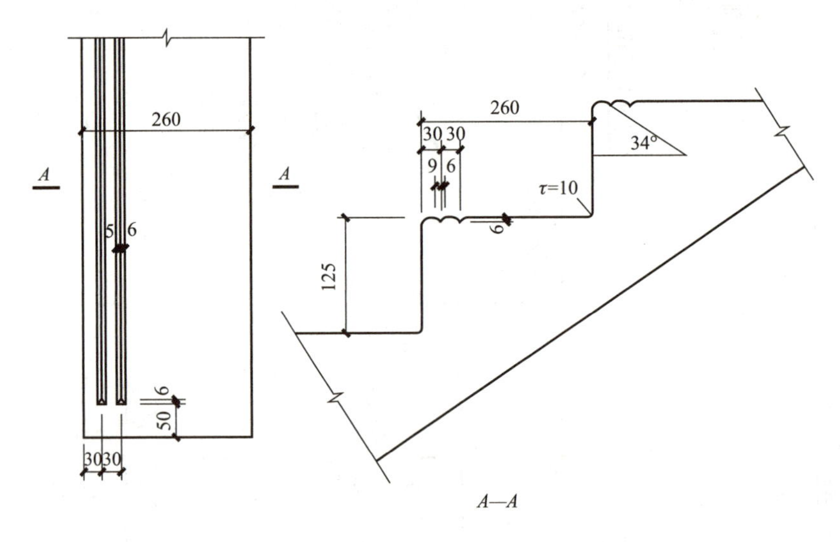

防滑槽为推荐做法，设计可另行确定

图 8-10　防滑槽加工做法

2. 上端销键预留洞加强筋做法

上端销键预留洞加强筋做法如图 8-11 所示。销键预留洞的直径为 50 mm，预留洞内设置加强筋采用 2⌀10，具体位置如图 8-11 所示。图中销键安装预留洞的加强筋做法也可按设计另行设计。

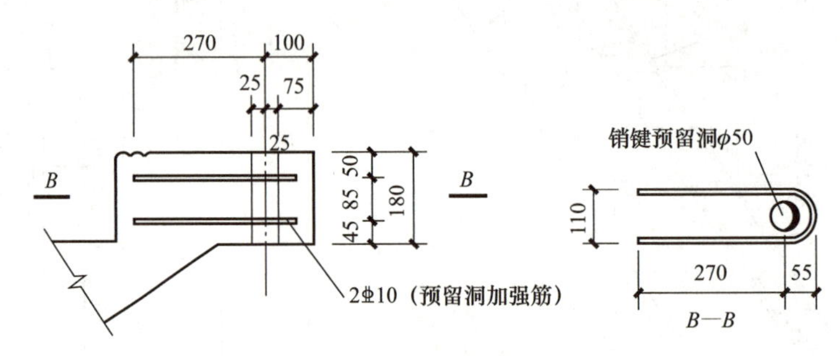

图 8-11　上端销键预留洞加强筋做法

3. 下端销键预留洞加强筋做法

下端销键预留洞加强筋做法如图 8-12 所示。销键预留洞的直径为 60 mm，预留洞内设置加强筋采用 2 ⌀10，具体位置如图 8-12 所示。图中销键安装预留洞的加强筋做法也可按设计另行设计。

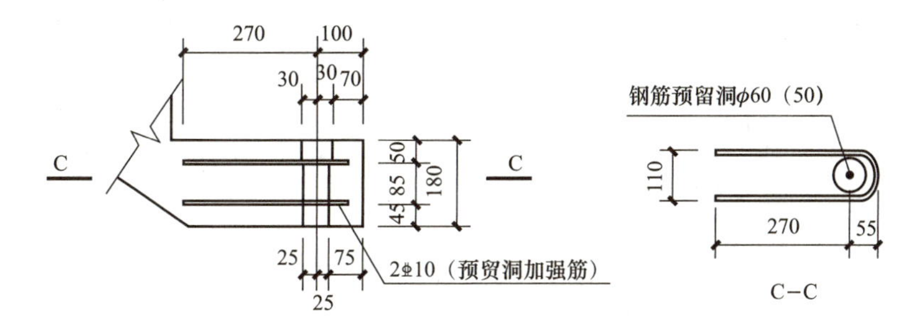

图 8-12　下端销键预留洞加强筋做法

4. TL 与梯段板之间空隙处理做法

TL 与梯段板之间空隙处理做法如图 8-13 所示，空隙采用注胶做法。

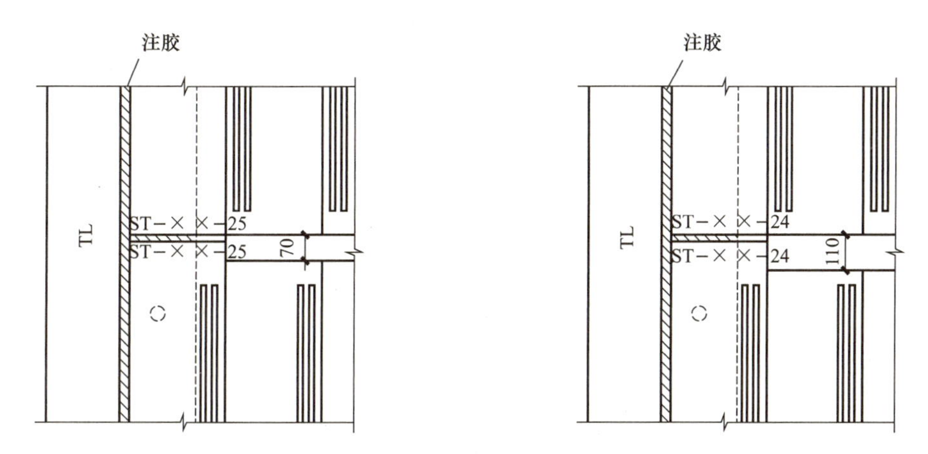

图 8-13　TL 与梯段板之间空隙处理做法

5. 大样图

双跑楼梯梯段的安装连接有固定铰端和滑动铰端安装两种方式。构造要求如图 8-14、图 8-15 所示。

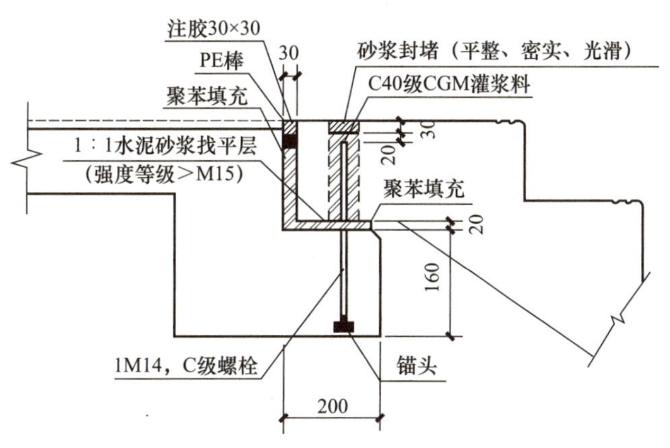

图 8-14　双跑梯固定铰端安装节点大样

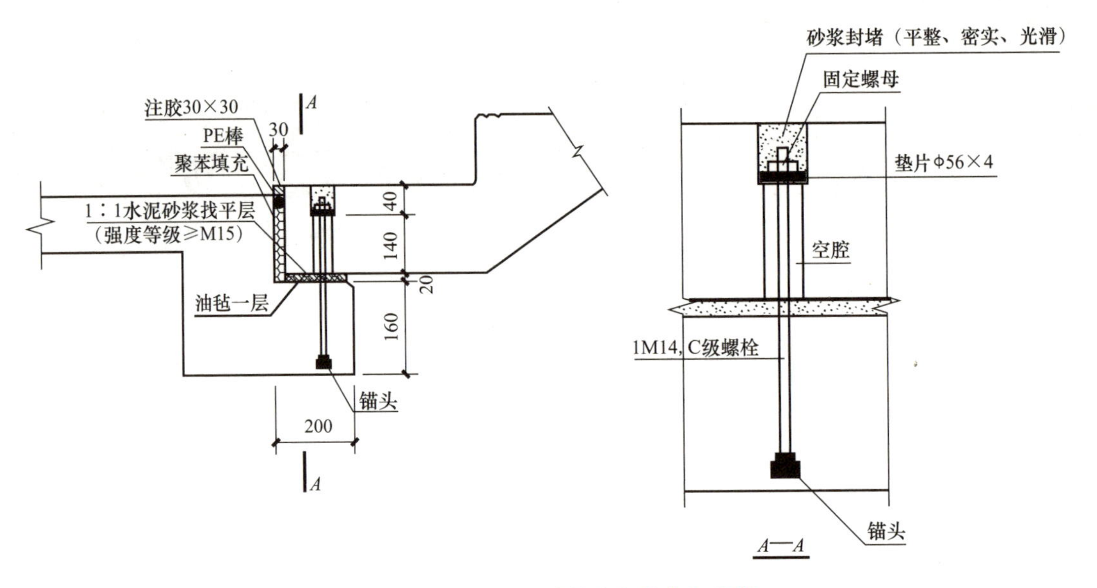

图 8-15　双跑梯滑动铰端安装节点大样

8.4　剪刀楼梯

8.4.1　剪刀楼梯的楼梯选用表

剪刀楼梯的楼梯选用表，见表 8-3。剪刀楼梯尺寸示意图如图 8-16 所示。

表 8-3　剪刀楼梯选用表

层高 /m	楼梯间净宽 /mm	梯井宽度 /mm	梯段板水平投影长 /mm	梯段板宽 /mm	踏步高 /mm	踏步宽 /mm	钢筋质量 /kg	混凝土方量 /m³	梯段板质量 /t	梯段板型号
2.8	2 500	140	4 900	1 160	175	260	194.35	1.736	4.34	JT-28-25
	2 600	140	4 900	1 210	175	260	193.77	1.813	4.5	JT-28-26
2.9	2 500	140	5 160	1 160	170.6	260	206.67	1.856	4.64	JT-29-25
	2 600	140	5 160	1 210	170.6	260	208.51	1.930	4.83	JT-29-26
3.0	2 500	140	5 420	1 160	166.7	260	213.26	1.993	4.98	JT-30-25
	2 600	140	5 420	1 210	166.7	260	215.20	2.078	5.20	JT-30-26

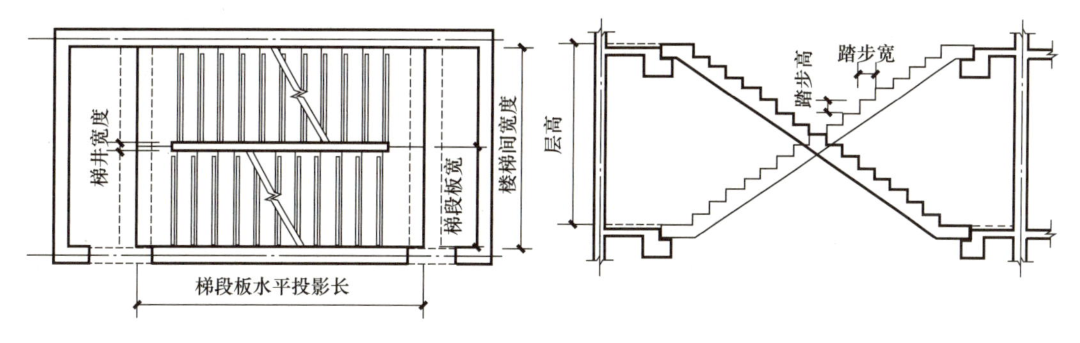

图 8-16　剪刀楼梯尺寸示意

8.4.2　剪刀楼梯的模板及配筋要求

以 JT-28-25 型为例说明一下剪刀楼梯的模板及配筋要求，其余型号详见图集《预制钢筋混凝土板式楼梯》(15G367—1)。

(1)安装图(图 8-17)。构造要求如下：

1)梯梁截面高度应满足建筑梯段的净高要求，避免碰头；

2)本图仅适用于标准层；

3)H_i 表示楼层标高；TL 详具体工程设计；

4)因隔墙做法不同，预制楼梯的形状也可采用做法一。

(2)模板图(图 8-18)。构造要求如下：

1)本图用于表示梯段板具体尺寸、梯板上埋件具体定位和预留洞尺寸定位；

2)本图中构件脱模用预埋件 M2 采用的是吊环，也可选用内埋式螺母等其他形式。

(3)配筋图(图 8-19)。具体的钢筋名称、钢筋规格、配筋数量、配筋形状和钢筋搭接要求如图 8-8 所示。

平面布置图

1—1

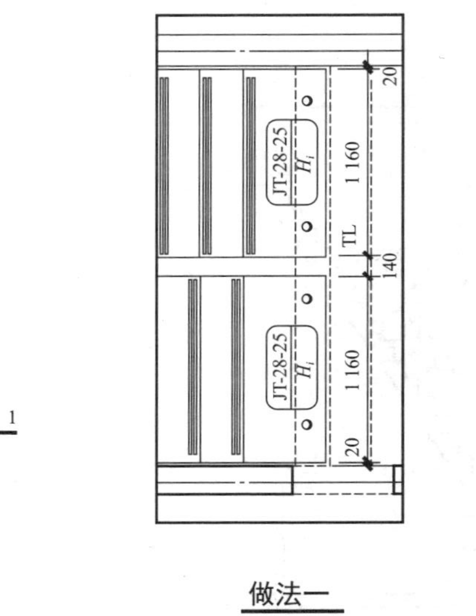

做法一

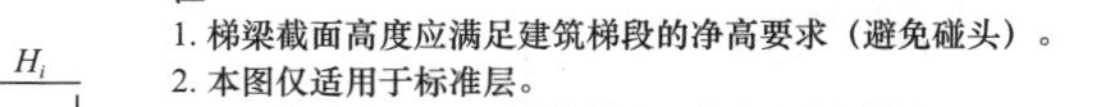

注：
1. 梯梁截面高度应满足建筑梯段的净高要求（避免碰头）。
2. 本图仅适用于标准层。
3. 因隔墙做法不同，预制楼梯的形状也可采用做法一。
4. H_i表示楼层标高；TL详具体工程设计。

图 8-17　JT-28-25安装图

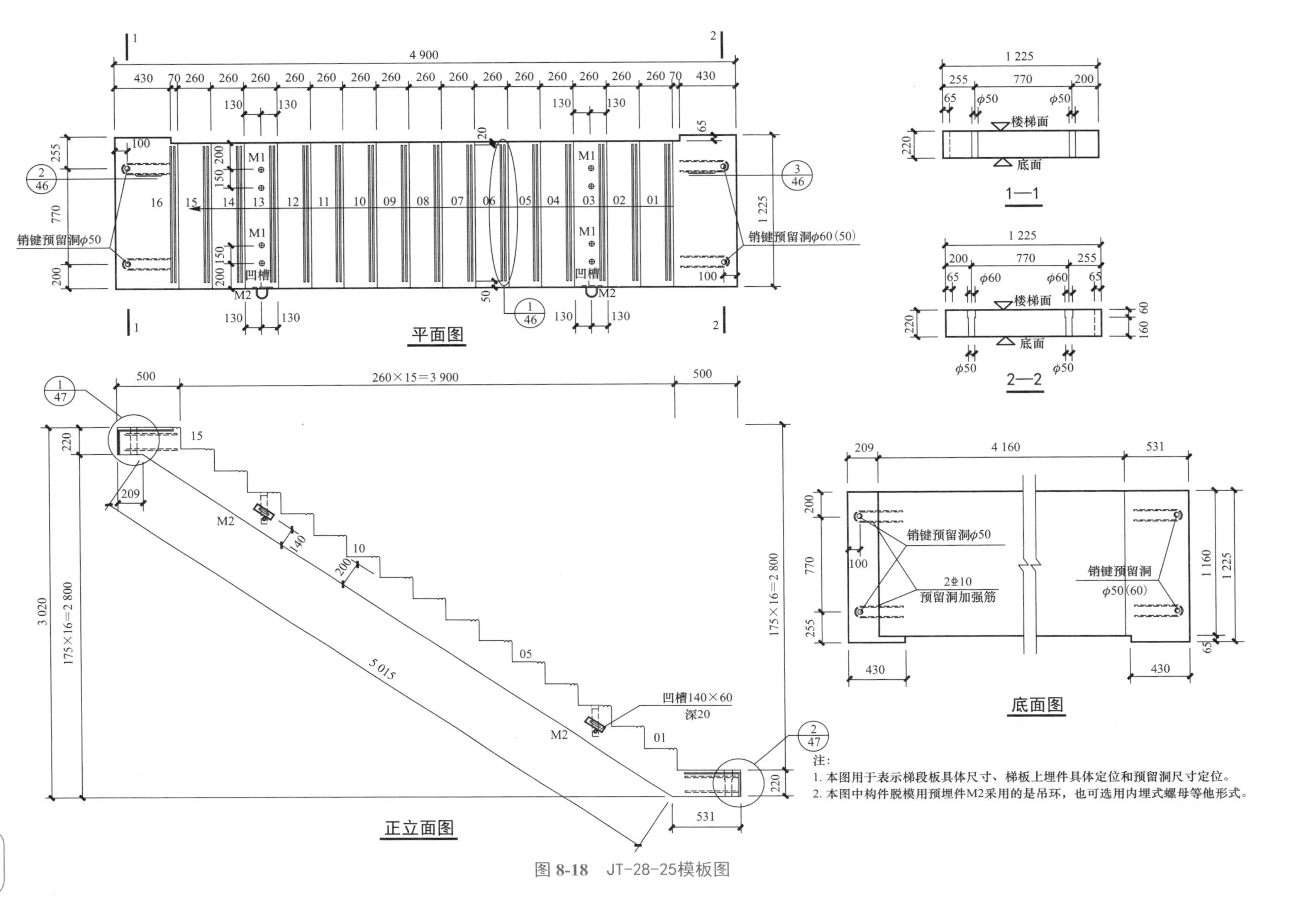

注：

1. 本图用于表示梯段板具体尺寸、梯板上埋件具体定位和预留洞尺寸定位。
2. 本图中构件脱模用预埋件M2采用的是吊环，也可选用内埋式螺母等他形式。

图 8-18 JT-28-25模板图

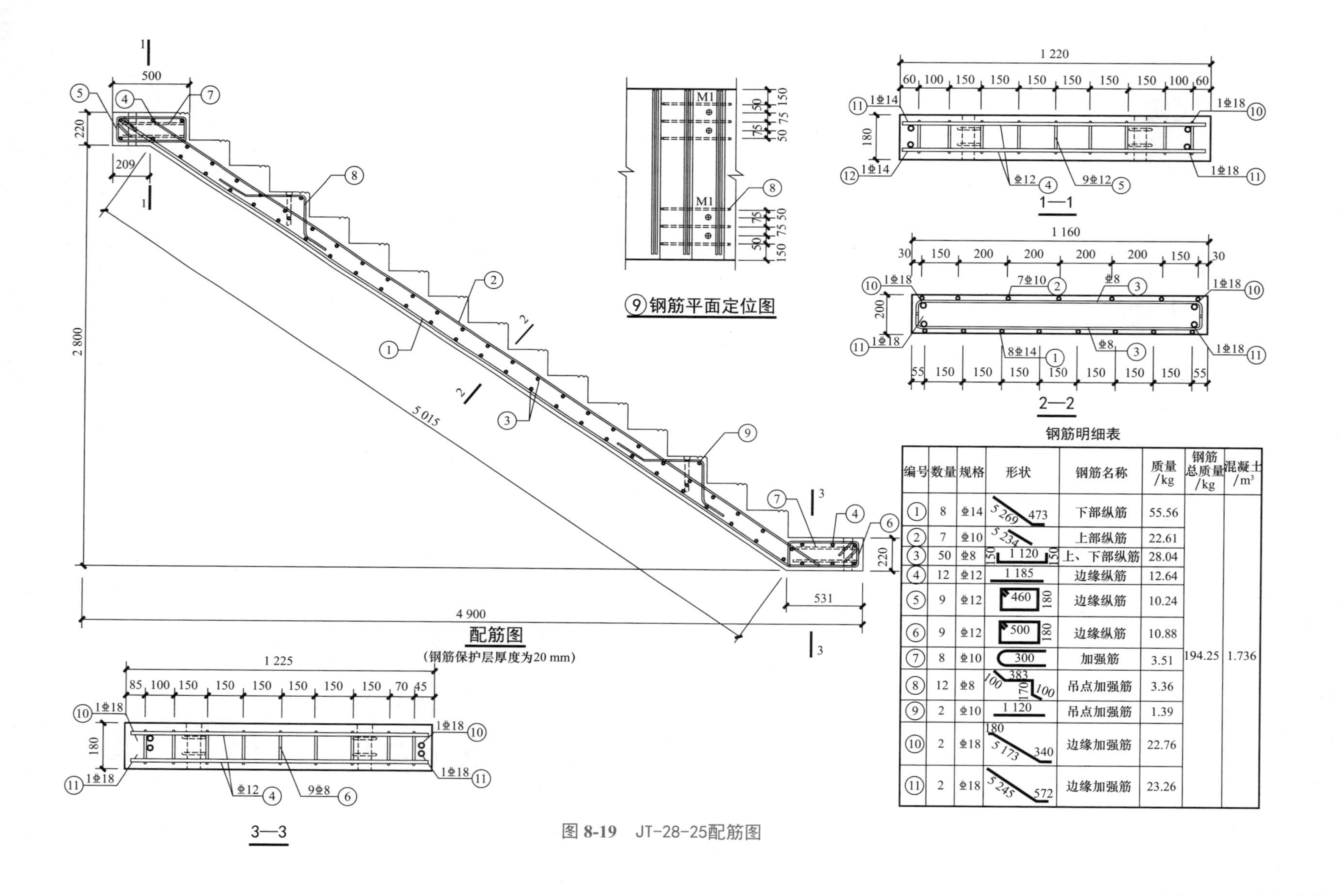

钢筋明细表

编号	数量	规格	形状	钢筋名称	质量/kg	钢筋总质量/kg	混凝土/m³
①	8	⏀14	5 269, 473	下部纵筋	55.56	194.25	1.736
②	7	⏀10	5 234	上部纵筋	22.61		
③	50	⏀8	50, 1 120, 50	上、下部纵筋	28.04		
④	12	⏀12	1 185	边缘纵筋	12.64		
⑤	9	⏀12	460, 180	边缘纵筋	10.24		
⑥	9	⏀12	500, 180	边缘纵筋	10.88		
⑦	8	⏀10	300	加强筋	3.51		
⑧	12	⏀8	100, 383, 170, 100	吊点加强筋	3.36		
⑨	2	⏀10	1 120	吊点加强筋	1.39		
⑩	2	⏀18	180, 5 173, 340	边缘加强筋	22.76		
⑪	2	⏀18	5 245, 572	边缘加强筋	23.26		

图 8-19　JT-28-25配筋图

8.4.3 剪刀楼梯的节点构造

1. 防滑槽

防滑槽的做法如图 8-20 所示，防滑槽中线与踏步边缘的距离为 30 mm，防滑槽之间的距离为 30 mm。

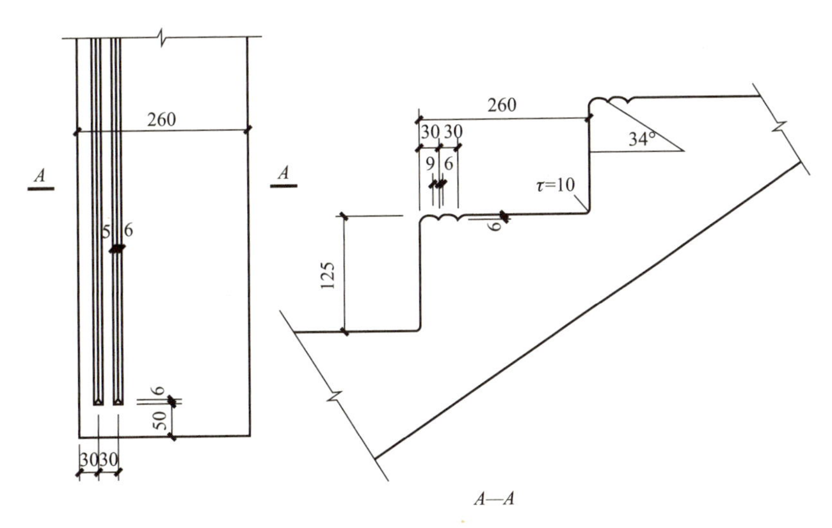

图 8-20 防滑槽加工做法

2. 销键预留洞加强筋做法

销键预留洞加强筋做法如图 8-21、图 8-22 所示。销键预留洞的直径为 50 mm 或 60 mm，预留洞内设置加强筋采用 2ф10，具体位置如图 8-21 所示。图中销键安装预留洞的加强筋做法也可按设计另行设计。

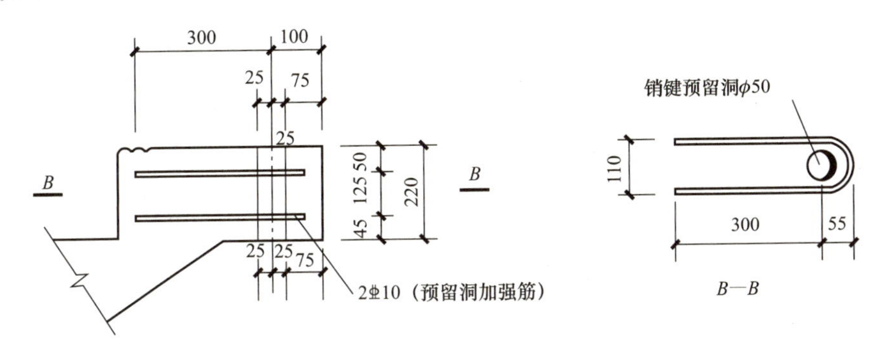

图 8-21 销键预留洞加强筋做法(一)

3. TL 与梯段板之间空隙处理做法

TL 与梯段板之间空隙处理做法如图 8-23 所示，空隙采用注胶做法。

4. 大样图

剪刀楼梯梯段的安装连接有固定铰端和滑动铰端安装两种方式。构造要求如图 8-24、图 8-25 所示。

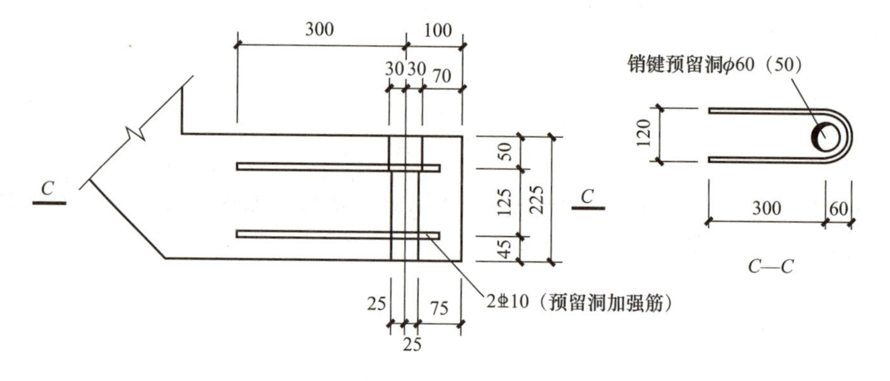

图 8-22　销键预留洞加强筋做法(二)

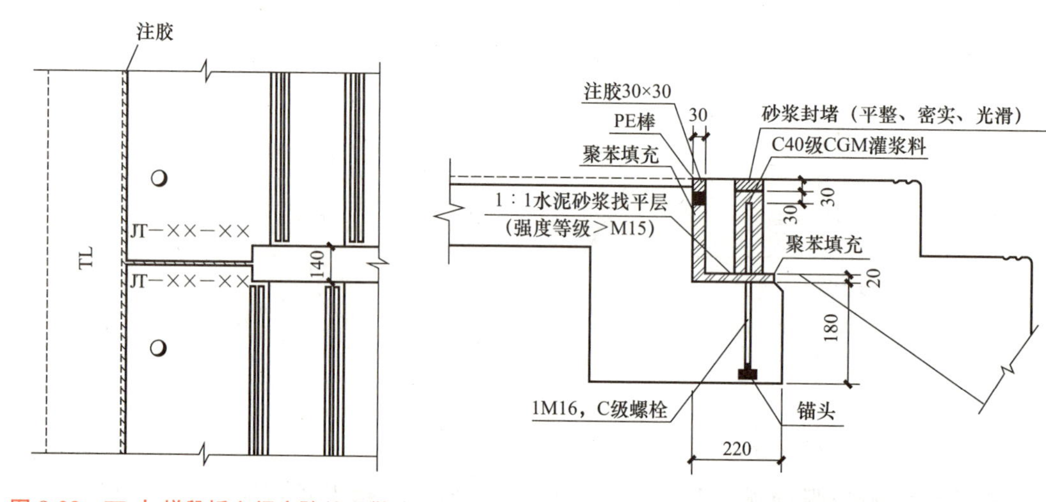

图 8-23　TL 与梯段板之间空隙处理做法

图 8-24　剪刀梯固定铰端安装节点大样

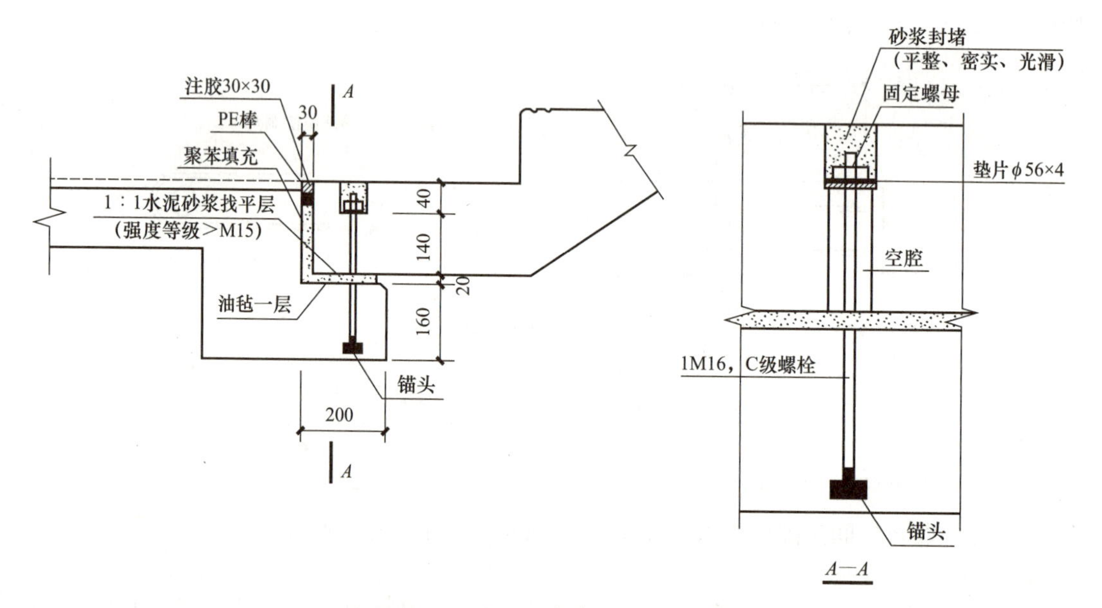

图 8-25　剪刀梯固定铰端安装节点大样

8.5 预制混凝土楼梯构造要求

8.5.1 预制混凝土楼梯的基本构造要求

《装配式混凝土结构设计规程》(JGJ 1—2014)中规定：

(1)预制板式楼梯的梯段板应配置通长的纵向钢筋。板面宜配置通长的纵向钢筋；当楼梯两端均不能滑动时，板面应配置通长的纵向钢筋。

(2)预制楼梯与支承构件之间宜采用简支连接。采用简支连接时，应符合下列规定：

1)预制楼梯宜一端设置固定铰，另一端设置滑动铰，其转动及滑动变形能力应满足结构层间位移的要求，且预制楼梯端部在支承构件上的最小搁置长度应满足表 8-4 的规定。

表 8-4　预制楼梯在支承构件上的最小搁置长度

抗震设防烈度	6 度	7 度	8 度
最小搁置长度/mm	75	75	100

2)预制楼梯设置滑动铰的端部应采取防止滑落的构造措施。

8.5.2 预制混凝土楼梯的连接构造要求

预制楼梯的连接可分为三种情况，第一种是高端支承为固定铰支座，低端支承为滑动铰支座；第二种是高端支承为固定支座，低端支承为滑动支座；第三种是高端支承和低端支承均为固定支座。

(1)高端支承为固定铰支座，低端支承为滑动铰支座。高端支承为固定铰支座，低端支承为滑动铰支座，如图 8-26 所示。高端梯板预留 2 个孔，孔径不小于 50 mm，预留孔的间距由设计确定，并在预留孔相应位置的梯梁挑耳预留螺栓 A_{sd}，螺栓 A_{sd} 等级为 C 级，由设计确定，螺栓下端用钢筋锚固板锚固。挑耳厚度在图中用 h 表示，由设计确定，但应不小于梯板厚度。孔边加强筋 A_{s1} 由设计确定。预制梯板与叠合或现浇梯梁之间的缝隙用聚苯板填充，表面由建筑设计处理，缝隙间距应≥30 mm，预留孔中心距梯板边缘的距离应≥$5d$。

低端梯板预留 2 个孔，孔径不小于 50 mm，预留孔的间距由设计确定，并在预留孔相应位置的梯梁挑耳预留螺栓 A_{sd}，螺栓 A_{sd} 等级为 C 级，由设计确定，螺栓下端用钢筋锚固板锚固。挑耳厚度在图中用 h 表示，由设计确定，但应不小于梯板厚度。孔边加强筋 A_{s1}，由设计确定。预制梯板与叠合或现浇梯梁之间的缝隙不用填充材料，表面由建筑设计处理。

(2)高端支承为固定支座，低端支承为滑动支座。高端支承为固定支座，低端支承为滑动支座，如图 8-27 所示。高端梯板上部钢筋应外伸至现浇或叠合梯梁的钢筋内侧，并向下弯折 $15d$，外伸水平段长度应≥$0.6l_{ab}$(按铰接设计时应≥$0.35l_{ab}$)。下部钢筋应外伸至梁中线，长度应≥$5d$ 且至少到梁中线。低端梯板与梯梁之间应留缝，缝宽为 δ 由设计确定，且应大于 Δu_p，留缝内不填充材料，表面由建筑设计处理。预制梯板与叠合或现浇梯梁之间采用预埋件连接，预埋件 M 由设计确定，钢板之间满铺石墨粉(或采用聚四氟乙烯板)。

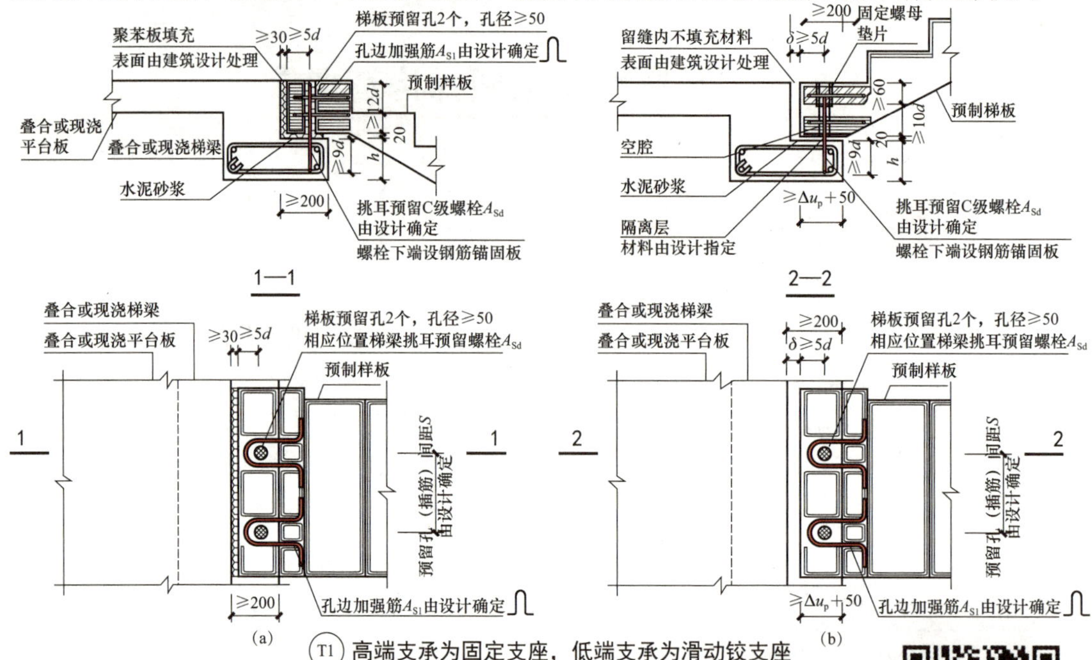

T1 高端支承为固定支座，低端支承为滑动铰支座

注：1. 本图中高端支承和低端支承节点应配套使用。
2. 图中δ为预制梯板与梯梁之间的留缝宽度，由设计确定，且应不大于Δu_p。
3. 图中Δu_p为结构弹塑性层间位移，$\Delta u_p=\theta_p h_1$，θ_p为结构弹塑性层间位移角限值，按现行国家标准GB 50011确定，h_1为梯段高度。
4. 图中h为挑耳厚度，由设计确定，且不小于梯板厚度。
5. 梯板安装后，梯板预留孔（空腔除外）用强度小于400MPa的灌浆料灌实。
6. 挑耳配筋仅为示意，由设计确定。
7. 图中d为预留螺栓直径。

高端支承为固定铰支座，低端支承为滑动铰支座

图 8-26　高端支承为固定铰支座，低端支承为滑动铰支座

(a)高端支承固定铰支座；(b)低端支承滑动铰支座

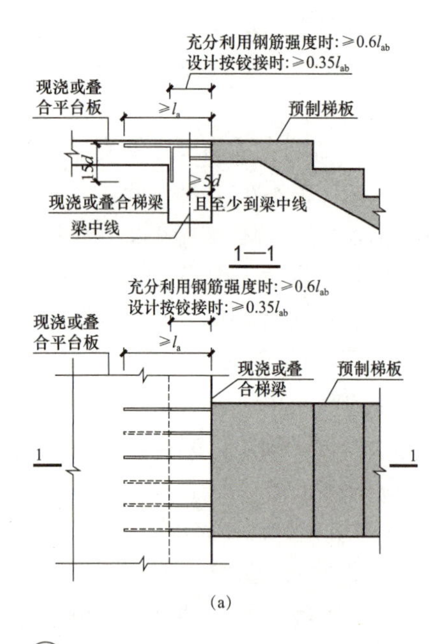

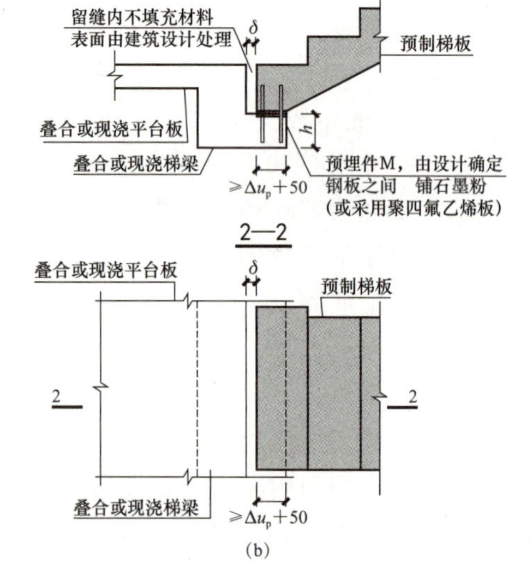

T2 高端支承为固定支座，低端支承为滑动支座

注：1. 本图中高端支承和低端支承节点应配套使用。
2. 图中δ为预制梯板与梯梁之间的留缝宽度，由设计确定，且应不大于Δu_p。
3. 图中Δu_p为结构弹塑性层间位移，$\Delta u_p=\theta_p h_1$，θ_p为结构弹塑性层间位移角限值，按现行国家标准GB 50011确定，h_1为梯段高度。
4. 图中h为挑耳厚度，由设计确定，且不小于梯板厚度。

图 8-27　高端支承为固定支座，低端支承为滑动支座

(a)高端支承固定支座；(b)低端支承固定支座

(3)高端支承和低端支承均为固定支座，高端支承和低端支承均为固定支座，如图 8-28 所示。高端梯板或低端梯板的上部钢筋应外伸至现浇或叠合梯梁的钢筋内侧，并向下弯折 $15d$，外伸水平段长度应≥$0.6l_{ab}$(按铰接设计时应≥$0.35l_{ab}$)。下部钢筋应外伸至梁中线，长度应≥$5d$ 且至少到梁中线。

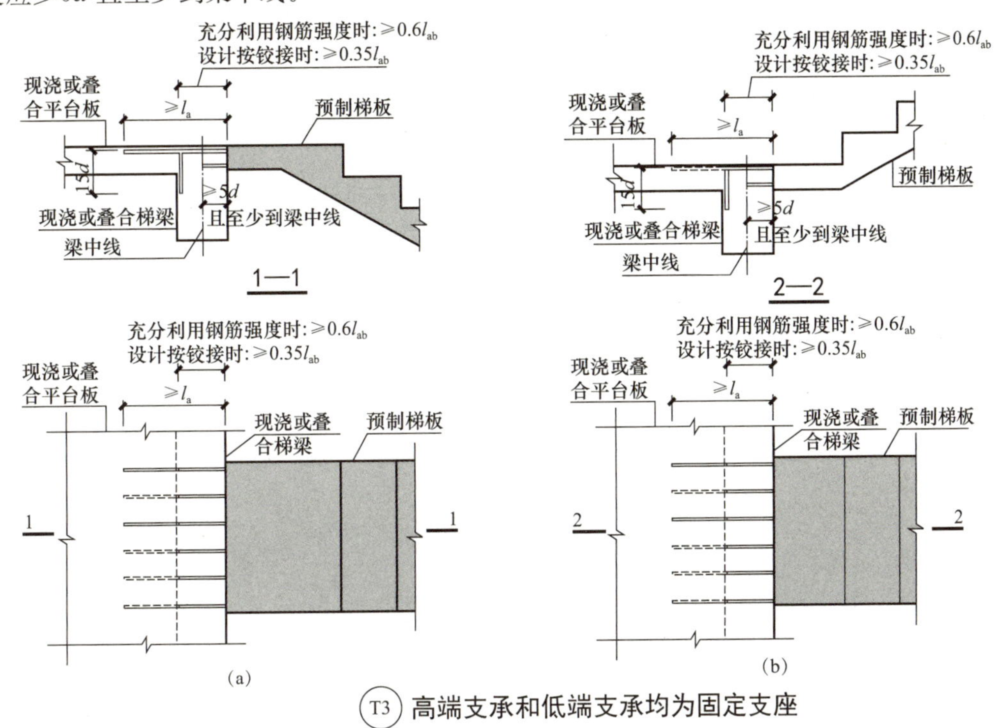

注：本图中高端支承和低端支承节点应配套使用。

图 8-28 高端支承和低端支承均为固定支座

(a)高端支承固定支座；(b)低端支承固定支座

思考题

1. 预制楼梯常见的形式有哪几种？
2. 双跑楼梯和剪刀楼梯如何进行编号？
3. 预制楼梯节点的连接方式有哪几种？

参考文献

[1] 中国建筑标准设计研究院．16G101—1 混凝土结构施工图平面整体表示方法制图规则和构造详图(现浇混凝土框架、剪力墙、梁、板)[S]. 北京：中国计划出版社，2016.
[2] 中国建筑标准设计研究院．16G101—2 混凝土结构施工图平面整体表示方法制图规则和构造详图(现浇混凝土板式楼梯)[S]. 北京：中国计划出版社，2016.
[3] 中国建筑标准设计研究院．16G101—3 混凝土结构施工图平面整体表示方法制图规则和构造详图(独立基础、条形基础、筏形基础、桩基础)[S]. 北京：中国计划出版社，2016.
[4] 中国建筑标准设计研究院．15G107—1 装配式混凝土结构表示方法及示例(剪力墙结构)[S]. 北京：中国计划出版社，2015.
[5] 中国建筑标准设计研究院．15G310—1 装配式混凝土结构连接节点构造(楼盖和楼梯)[S]. 北京：中国计划出版社，2015.
[6] 中国建筑标准设计研究院．15G310—2 装配式混凝土结构表示方法及示例(剪力墙)[S]. 北京：中国计划出版社，2015.
[7] 中国建筑标准设计研究院．15G367—1 预制钢筋混凝土板式楼梯[S]. 北京：中国计划出版社，2015.
[8] 中国建筑标准设计研究院．15G366—1 桁架钢筋混凝土叠合板(60 mm 厚底板)[S]. 北京：中国计划出版社，2015.
[9] 中国建筑标准设计研究院．15G368—1 预制钢筋混凝土阳台板、空调板及女儿墙[S]. 北京：中国计划出版社，2015.
[10] 中国建筑标准设计研究院．15G365—1 预制混凝土剪力墙外墙板[S]. 北京：中国计划出版社，2015.
[11] 中国建筑标准设计研究院．15G365—2 预制混凝土剪力墙内墙板[S]. 北京：中国计划出版社，2015.
[12] 中华人民共和国国家标准．GB 50010—2010 混凝土结构设计规范[S]. 2015 年版．北京：中国建筑工业出版社，2016.
[13] 中华人民共和国国家标准．GB 50011—2010 建筑抗震设计规范[S]. 2016 年版．北京：中国建筑工业出版社，2016.
[14] 中华人民共和国行业标准．JGJ 1—2014 装配式混凝土结构技术规程[S]. 北京：中国建筑工业出版社，2014.
[15] 中华人民共和国行业标准．JGJ 107—2016 钢筋机械连接技术规程[S]. 北京：中国建筑工业出版社，2016.
[16] 中华人民共和国行业标准．JGJ 355—2015 钢筋套筒灌浆连接应用技术规程[S]. 北京：中国建筑工业出版社，2015.
[17] 中华人民共和国国家标准．GB 50204—2015 混凝土结构工程施工质量验收规范[S]. 北京：中国建筑工业出版社，2015.
[18] 中华人民共和国国家标准．GB 50666—2011 混凝土结构工程施工规范[S]. 北京：中国建筑工业出版社，2011.
[19] 胡敏．平法识图与钢筋翻样[M]. 北京：高等教育出版社，2017.
[20] 肖明和，高玉灿，范忠波．新平法识图与钢筋计算[M]. 2 版．北京：人民交通出版社，2017.
[21] 陈达飞．平法识图与钢筋计算[M]. 3 版．北京：中国建筑工业出版社，2017.
[22] 张玉敏，司道林．平法识图与钢筋算量[M]. 大连：大连理工大学出版社，2015.